普通高等教育基础课规划教材

微积分同步学习指导

上 册

钟漫如 编

机 械 工 业 出 版 社

本书是理工科微积分或高等数学课程的学习指导书，以与学过的知识"同步"的方式解答问题．对于初学者来说，"同步"的方式可以帮助他们更好地理解和巩固当时所学的知识．为了达到同步学习的目的，编者选择了机械工业出版社出版的由陈一宏、张润琦主编的《微积分》（上、下册）作为配套教材，本书与教材一致，也分为上、下册，上册内容包括函数的极限与连续、导数与微分、微分中值定理及其应用、一元函数积分学及常微分方程，下册内容包括向量代数与空间解析几何、多元函数微分学、重积分、曲线积分和曲面积分及级数．

考虑到读者在阶段复习时已经具备了用更多的知识解决问题的能力，书中有些题采用一题多解，但在编排上把"同步"的解法始终放在"法1"中解答．因此，本书也可以作为准备报考硕士研究生的考生考前综合复习的参考书．

配套教材是依据教育部颁布的《高等数学课程教学基本要求》编写的，因而使用其他教材的读者，选择本书也是适合的．

图书在版编目（CIP）数据

微积分同步学习指导．上册/钟漫如编．—北京：机械工业出版社，2016.11（2024.7 重印）

普通高等教育基础课规划教材

ISBN 978-7-111-55243-7

Ⅰ.①微…　Ⅱ.①钟…　Ⅲ.①微积分－高等学校－教学参考资料　Ⅳ.①O172

中国版本图书馆 CIP 数据核字（2016）第 257492 号

机械工业出版社（北京市百万庄大街 22 号　邮政编码 100037）
策划编辑：郑　玫　责任编辑：郑　玫　李　乐
责任校对：刘秀芝　封面设计：路恩中
责任印制：单爱军
北京虎彩文化传播有限公司印刷
2024 年 7 月第 1 版第 4 次印刷
190mm×210mm·13.667 印张·458 千字
标准书号：ISBN 978-7-111-55243-7
定价：39.80 元

电话服务　　　　　　　　　　网络服务
客服电话：010-88361066　　机　工　官　网：www.cmpbook.com
　　　　　010-88379833　　机　工　官　博：weibo.com/cmp1952
　　　　　010-68326294　　金　书　网：www.golden-book.com
封底无防伪标均为盗版　　　机工教育服务网：www.cmpedu.com

前　言

　　微积分或高等数学是高等院校非数学专业的理工科学生的一门重要的基础课, 学好这门课程对后续课程以及专业课程的学习有着很大的帮助.

　　由于微积分内容多、课时紧, 要想学好这门课程, 解题指导是重要的不可或缺的一个环节, 为了帮助学生厘清概念, 抓住重点, 系统地掌握微积分的思想、方法和技巧, 编者根据近 30 年微积分课程的教学经验, 编写了这本《微积分同步学习指导》.

　　一本指导书如果没有把解题的方法与学生当时是否具备相关的知识相联系, 使用起来就会事倍功半. 因为对一个初学者来说, 他是无法知道自己之前学习的知识能否解决目前的问题, 会在看解答之前苦思冥想, 浪费很多时间. 更糟糕的是, 当自己解决不了问题时, 会对自己的能力产生怀疑——这是学好这门课程最忌讳的一点. 这本指导书在解题时充分考虑了这个问题, 以与学过的知识"同步"的方式解答问题, 同时这本指导书又考虑到读者在阶段复习的时候可以用更多的知识解决问题, 开阔思路, 书中有些题采用了一题多解, 在编排上把"同步"的解法始终放在"法 1"中解答, 其他解法放在"法 1"之后.

　　为了达到同步学习的目的, 编者选择了机械工业出版社出版的由陈一宏、张润琦主编的《微积分》(上、下册) 作为配套主教材 (简称主教材), 主教材每节的习题难易适中、理论与计算兼有, 内容丰富全面. 这本指导书按照"熟练掌握、掌握、理解、会、了解"列出了各章内容学习的程度, 同时以主要篇幅对每章所有习题 (除主教材标有"＊"号的内容) 进行分析和详细解答, 并提示数学思维的过程, 总结解题规律, 从而起到对理论教学内容的消化和巩固的作用. 对于使用其他主教材的初学者来说, 这本指导书可以起到同样的作用, 因为所有的理工科高等数学课程都是依据教育部颁布的《高等数学课程教学基本要求》编写的, 只是在内容的编排顺序上略有不同而已. 初学者选择此书可得事半功倍之效.

　　本书既可以作为微积分初学者的学习指导书, 同时也可以作为准备报考硕士研究生的考生考前综合复习的参考书. 主教材每一章最后一节为"综合例题", 精选了一些历年研究生考题中的综合题来讲解, 同时配置了难度深、综合性强的习题, 本书对这部分习题也进行了详细的解答, 目的在于起到对理论教学内容的深入和提高的作用.

由于主教材中习题较多，受篇幅所限，只能从其每节的习题中挑选较难或具有代表性的题作为典型例题，同时为了便于读者参考，本书保持了主教材原有的习题顺序，典型例题只标出题号.

为了能够检验读者掌握的程度，每一节内容都为读者精选了自测题，并为自测题提供了详细的解答.

为了解答过程的连贯，在编排中必要时对涉及的知识点或公式在解答之后用【注】列出；为了节省篇幅，有些题一题多解时，重复的步骤在【续】中.

本书的特色：一是解题方法与所学内容完全同步；二是对习题的解题思路进行总结，对习题中容易出现的问题进行分析，所做的提示是直接针对实际题目提出的.

为了与主教材配套和方便使用，《微积分同步学习指导》也分为上、下两册.

由于编者水平有限，书中不足和错误在所难免，恳请广大读者批评指正.

编　者
2016 年春 于北京理工大学

目　录

第 0 章
预备知识

一、 学习要求

1. 理解函数的概念，会求函数的定义域、函数值，掌握函数的其他表示方法：由参数方程及极坐标方程表示的函数.

2. 了解函数的单调性、奇偶性、周期性和有界性.

3. 理解分段函数、复合函数及反函数的概念；会求分段函数的定义域、函数值，了解几个特殊分段函数（符号函数、取整函数、狄利克雷函数、取最值函数）的定义域、值域和图像；熟练掌握复合函数的复合过程；了解函数 $y = f(x)$ 与其反函数 $y = f^{-1}(x)$ 之间的关系（定义域、值域、图像）；会求单调函数的反函数.

4. 掌握基本初等函数的性质及其图像.

5. 理解初等函数的概念.

6. 会建立简单实际问题的函数关系式.

7. 了解双曲函数和双曲反函数的定义域、值域、图像及其相关性质.

二、 典型例题

0.2 函数

P5 第 5 题、P5 第 6 题、P6 第 8 题、P7 第 13 题、P9 第 19 题、P9 第 20（6）题、P10 第 22（4）题.

三、习题及解答

0.1 集合与区间

无习题.

0.2 函数

1. 解下列不等式, 用区间表示 x 的范围.

(1) $\left|\dfrac{x}{1+x}\right| > \dfrac{x}{1+x}$;　　　　(2) $|x-1| < |x+1|$;

(3) $0 < |x-2| < 4$;　　　　(4) $|x+1| \geqslant 2$.

【解】 (1) 当 $\dfrac{x}{1+x} < 0$ 时不等式成立, 故有 $\begin{cases} x > 0 \\ 1+x < 0 \end{cases} \Rightarrow$ 无解;

或有 $\begin{cases} x < 0 \\ x > -1 \end{cases}$, 得 $x \in (-1, 0)$.

(2) $\left|\dfrac{x-1}{x+1}\right| < 1$, 即 $-1 < \dfrac{x-1}{x+1} < 1 \Rightarrow -1 < 1 - \dfrac{2}{x+1} < 1$

$\Rightarrow -1 < -\dfrac{1}{x+1} < 0 \Rightarrow 1 < x+1 < +\infty \Rightarrow 0 < x < +\infty$, 即 $x \in (0, +\infty)$.

(3) $-4 < x-2 < 4$, 且 $x-2 \neq 0 \Rightarrow -2 < x < 6$, 且 $x \neq 2$; 即 $x \in (-2, 2) \cup (2, 6)$.

(4) $x+1 \leqslant -2$, 或 $x+1 \geqslant 2$; 故 $x \leqslant -3$, 或 $x \geqslant 1$, 即 $x \in (-\infty, -3] \cup [1, +\infty)$.

2. 求下列函数的定义域.

(1) $y = \dfrac{1}{\lg(x+1)}$;　　　　(2) $y = \arccos \dfrac{2x}{1+x}$;

(3) $y = \sqrt{\tan \dfrac{x}{2}}$;　　　　(4) $y = \ln \dfrac{x+2}{x-1} + 3$;

(5) $y = \arcsin(2 + 3^x)$;　　　　(6) $y = \sqrt{3-x} + \arctan \dfrac{1}{x}$;

(7) $y = \sqrt{\sin x} + \sqrt{16 - x^2}$;　　　　(8) $y = \sqrt[3]{\dfrac{1}{x-2}} - \log_a(2x-3)$

$(a > 1)$;

(9) $y = \dfrac{1}{[x+1]}$;　　　　(10) $y = (x + |x|) \sqrt{x \sin^2 \pi x}$.

【解题要点】　掌握基本初等函数及一些特殊的分段函数（符号函数、取整函数、取最值函数等）的定义域及值域.

【解】　(1) $x+1>0$ 且 $x+1\neq1$，故 $x>-1$ 且 $x\neq0$，因而 $x\in(-1,0)\cup(0,+\infty)$.

(2) $-1\leqslant\dfrac{2x}{1+x}\leqslant1\Rightarrow-1\leqslant2-\dfrac{2}{1+x}\leqslant1\Rightarrow-3\leqslant-\dfrac{2}{1+x}\leqslant-1$

$\Rightarrow\dfrac{1}{3}\leqslant\dfrac{1+x}{2}\leqslant1\Rightarrow\dfrac{2}{3}\leqslant1+x\leqslant2\Rightarrow-\dfrac{1}{3}\leqslant x\leqslant1$，故 $x\in\left[-\dfrac{1}{3},1\right]$.

(3) $\tan\dfrac{x}{2}\geqslant0\Rightarrow k\pi\leqslant\dfrac{x}{2}<\dfrac{\pi}{2}+k\pi$　$(k\in\mathbf{Z})$

$\Rightarrow2k\pi\leqslant x<\pi+2k\pi$　$(k\in\mathbf{Z})$，

故 $x\in[2k\pi,\pi+2k\pi)(k\in\mathbf{Z})$.

(4) $\dfrac{x+2}{x-1}>0$，且 $x\neq1$，故由 $\begin{cases}x+2<0\\x-1<0\end{cases}$ 得 $x<-2$，或由

$\begin{cases}x+2>0\\x-1>0\end{cases}$ 得 $x>1$，故 $x\in(-\infty,-2)\cup(1,+\infty)$.

(5) $-1\leqslant2+3^x\leqslant1\Rightarrow-3\leqslant3^x\leqslant-1$，由于 $3^x>0$，故此函数的定义域为空集.

(6) $3-x\geqslant0$ 且 $x\neq0$，$x\leqslant3$ 且 $x\neq0$，故 $x\in(-\infty,0)\cup(0,3]$.

(7) $\sin x\geqslant0$ 且 $16-x^2\geqslant0$

$\Rightarrow2k\pi\leqslant x\leqslant\pi+2k\pi$　$(k\in\mathbf{Z})$ 且 $-4\leqslant x\leqslant4$

$\Rightarrow-4\leqslant x\leqslant-\pi$ 或 $0\leqslant x\leqslant\pi$，故 $x\in[-4,-\pi]\cup[0,\pi]$.

(8) $x-2\neq0$ 且 $2x-3>0\Rightarrow x>\dfrac{3}{2}$ 且 $x\neq2$，故 $x\in\left(\dfrac{3}{2},2\right)\cup(2,+\infty)$.

(9) $[x+1]\neq0$，即 $x+1\notin[0,1)\Rightarrow x\notin[-1,0)$，故

$x\in(-\infty,-1)\cup[0,+\infty)$.

(10) 该式有意义必有 $x\sin^2\pi x\geqslant0$，由于 $\sin^2\pi x\geqslant0$，所以当 $x\geqslant0$ 时，$x\sin^2\pi x\geqslant0$；当 $x<0$ 时，使得 $\sin^2\pi x=0$ 的 $x=-1,-2,-3,\cdots$；故定义域为 $\{x\mid x\geqslant0$，或 $x=-1,-2,-3,\cdots\}$.

3. 下列各组函数相同吗？

(1) $\lg(x^2)$ 与 $2\lg x$；　　　　　　(2) $\sqrt{x^2}$ 与 x；

(3) $\dfrac{x^2 - 1}{x + 1}$ 与 $x - 1$; (4) $\sin(\arcsin x)$ 与 x;

(5) 1 与 $\sec^2 x - \tan^2 x$; (6) $\dfrac{\sqrt{x - 1}}{\sqrt{x + 1}}$ 与 $\sqrt{\dfrac{x - 1}{x + 1}}$.

【解题要点】 函数的两个要素是：定义域、对应法则，所以两个函数相同必须这两个要素都相同. 由于当两个函数值域不同时，这两个函数的定义域和对应法则中必有一个是不相同的，因而，当两个函数的定义域、对应法则和值域这三项有一个不相同时，说明它们不是同一个函数.

【解】 这 6 组函数都不相同.

(1) $\lg(x^2)$ 的定义域为 $(-\infty, 0) \cup (0, +\infty)$，而 $2\lg x$ 的定义域为 $(0, +\infty)$.

(2) $\sqrt{x^2}$ 的值域为 $[0, +\infty)$，而 x 的值域为 $(-\infty, +\infty)$.

(3) $\dfrac{x^2 - 1}{x + 1}$ 的定义域为 $(-\infty, -1) \cup (-1, +\infty)$，而 $x - 1$ 的定义域为 $(-\infty, +\infty)$.

(4) $\sin(\arcsin x)$ 的定义域和值域为 $[-1, 1]$，而 x 的定义域和值域为 $(-\infty, +\infty)$.

(5) 1 的定义域为 $(-\infty, +\infty)$，而 $\sec^2 x - \tan^2 x$ 的定义域为 $\left\{ x \mid x \neq k\pi + \dfrac{\pi}{2} \quad (k \in \mathbf{Z}) \right\}$.

(6) $\dfrac{\sqrt{x - 1}}{\sqrt{x + 1}}$ 的定义域为 $[1, +\infty)$，而 $\sqrt{\dfrac{x - 1}{x + 1}}$ 的定义域为 $(-\infty, -1) \cup [1, +\infty)$.

4. 设 $f(x) = \begin{cases} 2x & -1 < x < 0 \\ 2 & 0 \leqslant x < 1 \\ x - 1 & 1 \leqslant x \leqslant 3 \end{cases}$，求 $f(3)$，$f(2)$，$f(0)$，$f(0.5)$，$f(-0.5)$.

【解】 $f(3) = (x - 1)\big|_{x=3} = 2$; $f(2) = (x - 1)\big|_{x=2} = 1$;

$f(0) = (2)\big|_{x=0} = 2$; $f(0.5) = (2)\big|_{x=0.5} = 2$;

$f(-0.5) = (2x)\big|_{x=-0.5} = -1$.

5. 设 $f(x) = \begin{cases} 2x+1 & x \geqslant 0 \\ x^2+4 & x < 0 \end{cases}$，求 $f(x-1)$ 和 $f(x+1)$.

【解】 $f(x-1) = \begin{cases} 2(x-1)+1 & x-1 \geqslant 0 \\ (x-1)^2+4 & x-1 < 0 \end{cases} = \begin{cases} 2x-1 & x \geqslant 1 \\ x^2-2x+5 & x < 1 \end{cases}$；

$f(x+1) = \begin{cases} 2(x+1)+1 & x+1 \geqslant 0 \\ (x+1)^2+4 & x+1 < 0 \end{cases} = \begin{cases} 2x+3 & x \geqslant -1 \\ x^2+2x+5 & x < -1 \end{cases}$.

6. 已知 $f\left(\dfrac{1}{x}\right) = x + \sqrt{1+x^2}\ (x<0)$，求 $f(x)$.

【解题要点】 给出 $f(g(x))$ 的表达式，求 $f(x)$ 的表达式时，利用函数的表示与符号无关的性质，因而有如下方法：①令 $t = g(x)$，再把 t 换为 x；②当 $g(x)$ 表达式较为复杂时，则利用代数恒等式把 $f(g(x))$ 的表达式改写为关于 $g(x)$ 的函数（见 P5 0.2 节第 7(2)(3) 题解法），再按方法①做.

【解】 令 $t = \dfrac{1}{x}\ (t<0)$，则

$$f(t) = \frac{1}{t} + \sqrt{1 + \frac{1}{t^2}} = \frac{1}{t}\left(1 - \sqrt{1+t^2}\right),$$

故 $$f(x) = \frac{1}{x}\left(1 - \sqrt{1+x^2}\right)\ (x<0).$$

7.（1）设 $f(x-2) = x^2 - 2x + 3$，求 $f(x+2)$；

（2）设 $f\left(x + \dfrac{1}{x}\right) = x^2 + \dfrac{1}{x^2}$，求 $f(x)$；

（3）设 $f\left(\sin\dfrac{x}{2}\right) = 1 + \cos x$，求 $f(\cos x)$.

【解】（1）法 1：$f(x+2) = f((x+4)-2)$
$$= (x+4)^2 - 2(x+4) + 3$$
$$= x^2 + 6x + 11.$$

法 2：$f(x-2) = x^2 - 2x + 3 = (x-2+1)^2 + 2$，即
$$f(x) = (x+1)^2 + 2,$$

故 $$f(x+2) = (x+2+1)^2 + 2 = (x+3)^2 + 2.$$

（2）$f\left(x + \dfrac{1}{x}\right) = \left(x + \dfrac{1}{x}\right)^2 - 2$，令 $t = x + \dfrac{1}{x}$，得
$$f(t) = t^2 - 2,$$

由于 $|t| \geqslant 2$，故 $f(x) = x^2 - 2\ (|x| \geqslant 2)$.

(3) $f\left(\sin\dfrac{x}{2}\right)=2-(1-\cos x)=2-2\sin^2\dfrac{x}{2}=2\left(1-\sin^2\dfrac{x}{2}\right)$，令

$t=\sin\dfrac{x}{2}$，得 $f(t)=2(1-t^2)$，

所以 $f(x)=2(1-x^2)$，故　$f(\cos x)=2(1-\cos^2 x)=2\sin^2 x$.

8. 若 $y=f(x)$ 的定义域是 $[0,1]$，试求 $f(x^2)$，$f(\sin x)$，$f(x+a)$，$f(x+a)+f(x-a)(a>0)$ 的定义域.

【解题要点】　已知 $f(x)$ 的定义域 D，求 $f(g(x))$ 的定义域时，由 $g(x)\in D$ 解出 x 的取值范围即可；当出现多个取值范围时，则取其交集.

【解】　$f(x^2)$：由 $0\leqslant x^2\leqslant 1$，得 $-1\leqslant x\leqslant 1$；

$f(\sin x)$：由 $0\leqslant\sin x\leqslant 1$，得 $2k\pi\leqslant x\leqslant(2k+1)\pi(k\in\mathbf{Z})$；

$f(x+a)$：由 $0\leqslant x+a\leqslant 1$，得 $-a\leqslant x\leqslant 1-a$；

$f(x+a)+f(x-a)$：由 $0\leqslant x-a\leqslant 1$，得 $a\leqslant x\leqslant 1+a$，

即 $\begin{cases}-a\leqslant x\leqslant 1-a\\a\leqslant x\leqslant 1+a\end{cases}$，

由于 $a>0$，故当 $1-a<a$ 时，即 $a>0.5$，$D=\varnothing$；

当 $1-a\geqslant a$ 时，即 $a\leqslant 0.5$，D 非空.

故当 $a=0.5$ 时，$D=\{0.5\}$，当 $0<a<0.5$ 时，$D=[a,1-a]$.

9. 画出下列方程所表示的曲线的图形.

(1) $\begin{cases}x=a(t-\sin t)\\y=a(1-\cos t)\end{cases}$　$(a>0,t\in[0,2\pi])$；　　　(2) $\rho=\sin\theta$；

(3) $\begin{cases}x=a\cos t\\y=b\sin t\end{cases}$　$(a,b>0,t\in[0,2\pi])$.

【解】　(1) 图 0-1；　　　(2) 图 0-2；　　　(3) 图 0-3.

10. 下列函数是否具有奇偶性?

(1) $y=(1-x)^{\frac{2}{3}}(1+x)^{\frac{2}{3}}$；　　　(2) $y=\ln(x+\sqrt{1+x^2})$；

(3) $y=x\dfrac{\mathrm{e}^x+1}{\mathrm{e}^x-1}$；　　　(4) $y=2^x$.

【解】　(1) $f(-x)=(1+x)^{\frac{2}{3}}(1-x)^{\frac{2}{3}}=f(x)$，故其为偶函数；

(2) $f(-x)=\ln(\sqrt{1+x^2}-x)=\ln\dfrac{1}{\sqrt{1+x^2}+x}$

$=-\ln(x+\sqrt{1+x^2})=-f(x)$，

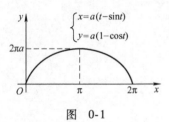

图　0-1

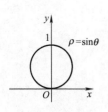

图　0-2

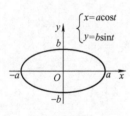

图　0-3

故其为奇函数；

(3) $f(-x)=(-x)\dfrac{e^{-x}+1}{e^{-x}-1}=(-x)\dfrac{1+e^x}{1-e^x}=x\dfrac{e^x+1}{e^x-1}=f(x)$，故其为偶函数；

(4) $f(-x)=2^{-x}\neq f(x)$，$f(-x)=2^{-x}\neq -f(x)$，故其为非奇非偶函数.

11. 证明：两个偶函数的乘积是偶函数，两个奇函数的乘积是偶函数，一个偶函数与一个奇函数的乘积是奇函数.

【证明】 设　　　$F(x)=f(x)g(x)$，

若 $f(x)$，$g(x)$ 都是偶函数，即　$f(-x)=f(x)$，$g(-x)=g(x)$，

则 $F(-x)=f(-x)g(-x)=f(x)g(x)=F(x)$，即 $F(x)$ 是偶函数；

若 $f(x)$，$g(x)$ 都是奇函数，即

$$f(-x)=-f(x),\ g(-x)=-g(x),$$

则 $F(-x)=f(-x)g(-x)=[-f(x)]\cdot[-g(x)]=f(x)g(x)=F(x)$，即 $F(x)$ 是偶函数；

若 $f(x)$ 是偶函数，$g(x)$ 是奇函数，即

$$f(-x)=f(x),\ g(-x)=-g(x),$$

则 $F(-x)=f(-x)g(-x)=f(x)\cdot[-g(x)]=-f(x)g(x)=-F(x)$，即 $F(x)$ 是奇函数.

12. 对于任一定义在对称区间 $(-l,l)$ 上的函数 $f(x)$，证明：$g(x)=\dfrac{1}{2}[f(x)+f(-x)]$ 是偶函数，$h(x)=\dfrac{1}{2}[f(x)-f(-x)]$ 是奇函数.

【证明】 $g(-x)=\dfrac{1}{2}[f(-x)+f(x)]=\dfrac{1}{2}[f(x)+f(-x)]=g(x)$，故 $g(x)$ 是偶函数；

$h(-x)=\dfrac{1}{2}[f(-x)-f(x)]=-\dfrac{1}{2}[f(x)-f(-x)]=-h(x)$，故 $h(x)$ 是奇函数.

13. 证明：任一定义在对称区间 $(-l,l)$ 上的函数 $f(x)$ 总可以表示为一个偶函数与一个奇函数的和.

【证明】 设 $g(x)=\dfrac{1}{2}[f(x)+f(-x)]$，　$h(x)=\dfrac{1}{2}[f(x)-$

$f(-x)]$,

由 P7 0.2 节第 12 题知 $g(x)$ 是偶函数，$h(x)$ 是奇函数，则 $f(x) = g(x) + h(x)$.

14. 设函数 $y = f(x)$ 是以 T 为周期的周期函数，证明：函数 $f(\omega x)(\omega > 0$，常数$)$ 是以 T/ω 为周期的周期函数.

【证明】 因为 $y = f(x)$ 是以 T 为周期的，则有 $f(x+T) = f(x)$，设 $g(x) = f(\omega x)$，则 $g(x + T/\omega) = f(\omega(x + T/\omega)) = f(\omega x + T) = f(\omega x) = g(x)$.

15. 已知 $f(x)$ 以 2 为周期，且在 $[-1, 1)$ 上 $f(x) = \begin{cases} x^2 & -1 \leqslant x \leqslant 0 \\ 0 & 0 < x < 1 \end{cases}$，在 $[-5, 5)$ 上画出 $y = f(x)$ 的图形.

【解】 见图 0-4.

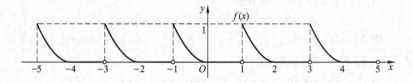

图 0-4

16. 设 $f(x) = x^2$，$\varphi(x) = 2^x$，求 $f(\varphi(x))$，$\varphi(f(x))$.

【解】 $f(\varphi(x)) = (2^x)^2 = 2^{2x} = 4^x$，$\varphi(f(x)) = 2^{x^2}$.

17. 设 $f(x) = \dfrac{1}{1-x}$，求 $f(f(x))$，$f(f(f(x)))$.

【解】 $f(f(x)) = \dfrac{1}{1 - \dfrac{1}{1-x}} = 1 - \dfrac{1}{x}$，$f(f(f(x))) = \dfrac{1}{1 - \left(1 - \dfrac{1}{x}\right)} = x$.

18. 设 $f(x) = \dfrac{|x|}{x}$，$g(x) = \begin{cases} 1 & x < 10 \\ 5 & x > 10 \end{cases}$，证明：$g(x) = 2f(x-10) + 3$.

【证明】 $f(x) = \begin{cases} -1 & x < 0 \\ 1 & x > 0 \end{cases}$，

$f(x-10) = \begin{cases} -1 & x-10 < 0 \\ 1 & x-10 > 0 \end{cases} = \begin{cases} -1 & x < 10 \\ 1 & x > 10 \end{cases}$，

$2f(x-10) + 3 = \begin{cases} 2 \times (-1) + 3 & x < 10 \\ 2 \times 1 + 3 & x > 10 \end{cases} = \begin{cases} 1 & x < 10 \\ 5 & x > 10 \end{cases} = g(x)$.

19. 设 $f(x) = \begin{cases} 1 & |x| < 1 \\ 0 & |x| = 1 \\ -1 & |x| > 1 \end{cases}$, $g(x) = \mathrm{e}^x$, 求 $f(g(x))$, $g(f(x))$,

并作图.

【解题要点】 求两个分段函数 $y = f(u)$ 和 $u = g(x)$ 的复合函数 $y = f(g(x))$, 实际上与初等函数的复合一样, 都是将 $u = g(x)$ 代入 $y = f(u)$（见 P8 0.2 节第 16、17 题）, 但要弄清分段函数 $y = f(u)$ 定义域的各个分段区间上对应的 $g(x)$ 的定义区间.

【解】 $f(g(x)) = \begin{cases} 1 & |g(x)| < 1 \\ 0 & |g(x)| = 1 \\ -1 & |g(x)| > 1 \end{cases} = \begin{cases} 1 & |\mathrm{e}^x| < 1 \\ 0 & |\mathrm{e}^x| = 1 \\ -1 & |\mathrm{e}^x| > 1 \end{cases} = \begin{cases} 1 & x < 0 \\ 0 & x = 0, \\ -1 & x > 0 \end{cases}$

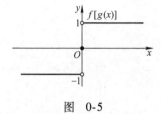

图 0-5

见图 0-5.

$g(f(x)) = \mathrm{e}^{f(x)} = \begin{cases} \mathrm{e}^1 & |x| < 1 \\ \mathrm{e}^0 & |x| = 1 \\ \mathrm{e}^{-1} & |x| > 1 \end{cases} = \begin{cases} \mathrm{e} & |x| < 1 \\ 1 & |x| = 1 \\ \mathrm{e}^{-1} & |x| > 1 \end{cases}$, 见图 0-6.

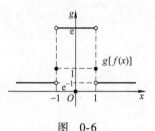

图 0-6

20. 写出下列初等函数的复合过程.

(1) $y = \mathrm{e}^{x^2}$;　　　　　　　(2) $y = \tan^3(1 - 3x)$;

(3) $y = (\sin\sqrt{1 - 2x})^2$;　　(4) $y = \arctan\sqrt[3]{\dfrac{x-1}{2}}$;

(5) $y = 4^{(3x-2)^5}$;　　　　　(6) $y = \ln(x + \sqrt{1 + x^2})$.

【解题要点】 分解复合函数的复合过程, 其目的在于为复合函数的求导做准备. 因而要求在分解时把每个函数写为基本初等函数或者常数与基本初等函数四则运算的形式, 这样就可以运用复合函数求导法, 并结合基本导数公式及导数四则运算法则顺利地求出复合函数的导数.

【解】 (1) $y = \mathrm{e}^u$, $u = x^2$;

(2) $y = u^3$, $u = \tan v$, $v = 1 - 3x$;

(3) $y = u^2$, $u = \sin v$, $v = w^{\frac{1}{2}}$, $w = 1 - 2x$;

(4) $y = \arctan u$, $u = v^{\frac{1}{3}}$, $v = \dfrac{x-1}{2}$;

(5) $y = 4^u$, $u = v^5$, $v = 3x - 2$;

(6) $y = \ln u$, $u = x + v$, $v = w^{\frac{1}{2}}$, $w = 1 + x^2$.

21. 已知 $y = u^2$，$u = \sqrt[3]{x+1}$，$x = \arcsin t$，把 y 表示为 t 的函数.

【解】 $y = u^2 = (\sqrt[3]{x+1})^2 = (\sqrt[3]{\arcsin t + 1})^2$.

22. 求下列函数的反函数.

(1) $y = \dfrac{2^x + 1}{2^x}$；　　　　　　　　(2) $y = 1 + \lg(x+2)$；

(3) $y = \cosh x, (x \in [0, +\infty))$；　(4) $f(x) = \begin{cases} 2x+1 & x \geqslant 0 \\ x^3 & x < 0 \end{cases}$；

(5) $y = f(x) = \dfrac{ax-b}{cx-a}$；　　　　(6) $f(x) = \begin{cases} x & -\infty < x < 1 \\ x^2 & 1 \leqslant x \leqslant 4 \\ 2^x & 4 < x < +\infty \end{cases}$.

【解题要点】 求分段函数的反函数，要分段考虑.

【解】 (1) $y = 1 + \dfrac{1}{2^x} \Rightarrow 2^x = \dfrac{1}{y-1} \Rightarrow x = -\log_2(y-1)$，

故反函数 $\qquad\qquad\qquad y = -\log_2(x-1)$.

(2) $\lg(x+2) = y - 1 \Rightarrow x + 2 = 10^{y-1} \Rightarrow x = 10^{y-1} - 2$，

故反函数 $\qquad\qquad\qquad y = 10^{x-1} - 2$.

(3) $y = \dfrac{e^x + e^{-x}}{2} = \dfrac{e^{2x} + 1}{2e^x} (y \geqslant 1) \Rightarrow (e^x)^2 - 2ye^x + 1 = 0$，

令 $u = e^x \Rightarrow u^2 - 2yu + 1 = 0 \Rightarrow u = \dfrac{2y \pm \sqrt{(-2y)^2 - 4}}{2} = y \pm \sqrt{y^2 - 1}$，

由于 $x \in [0, +\infty)$，故 $u \in [1, +\infty)$，而 $y - \sqrt{y^2 - 1}$ 是单调减少函数，其最大值为 1，所以 $e^x = y + \sqrt{y^2 - 1} \Rightarrow x = \ln(y + \sqrt{y^2 - 1})$，故反函数 $y = \ln(x + \sqrt{x^2 - 1})$.

(4) 当 $x \geqslant 0$ 时，$y \geqslant 1$，由 $y = 2x + 1$，得 $x = \dfrac{y-1}{2}$；

当 $x < 0$ 时，$y < 0$，由 $y = x^3$，得 $x = \sqrt[3]{y}$；

即 $x = \begin{cases} \dfrac{y-1}{2} & y \geqslant 1 \\ \sqrt[3]{y} & y < 0 \end{cases}$，　故反函数 $y = \begin{cases} \dfrac{x-1}{2} & x \geqslant 1 \\ \sqrt[3]{x} & x < 0 \end{cases}$.

(5) $cxy - ay = ax - b \Rightarrow (cy - a)x = ay - b \Rightarrow x = \dfrac{ay-b}{cy-a}$，

即反函数 $y = \dfrac{ax-b}{cx-a}$.

（6）当 $-\infty < x < 1$ 时，$-\infty < y < 1$，由 $y = x$，得 $x = y$；

当 $1 \leqslant x \leqslant 4$ 时，$1 \leqslant y \leqslant 16$，由 $y = x^2$，得 $x = \sqrt{y}$；

当 $4 < x < +\infty$ 时，$16 < y < +\infty$，由 $y = 2^x$，得 $x = \log_2 y$；

即 $x = \begin{cases} y & -\infty < y < 1 \\ \sqrt{y} & 1 \leqslant y \leqslant 16 \\ \log_2 y & 16 < y < +\infty \end{cases}$，　故反函数 $y = \begin{cases} x & -\infty < x < 1 \\ \sqrt{x} & 1 \leqslant x \leqslant 16 \\ \log_2 x & 16 < x < +\infty \end{cases}$.

23. 已知函数 $y = f(x)$ 的图形，作出下列各函数的图形.

（1）$y = -f(x)$，$y = f(-x)$；　　　（2）$y = f(x - x_0)$，$y = y_0 + f(x)$.

【解】　（1）$y = -f(x)$ 与原图形关于 x 轴对称，$y = f(-x)$ 与原图形关于 y 轴对称. 见图 0-7.

（2）$y = f(x - x_0)$ 把原图形向左（$x_0 < 0$）或向右（$x_0 > 0$）平行移动了 $|x_0|$，$y = y_0 + f(x)$ 把原图形向上（$y_0 > 0$）或向下（$y_0 < 0$）垂直移动了 $|y_0|$，见图 0-8.

24. 自一圆铁片中心处剪下中心角为 α 的扇形，用此扇形铁片围成一个无底圆锥，试将此圆锥的容积 V 表示成角度 α 的函数（设圆铁片的半径为 R）.

【解】　剪下的扇形如图 0-9 所示，设圆锥的高和底半径分别为 h 和 r，见图 0-10，则有 $2\pi r = \alpha R$，即 $r = \dfrac{\alpha R}{2\pi}$，　又

$$V = \frac{1}{3}\pi r^2 \cdot h = \frac{1}{3}\pi r^2 \cdot \sqrt{R^2 - r^2},$$

所以　　　$V = \dfrac{1}{3}\pi \left(\dfrac{\alpha R}{2\pi}\right)^2 \cdot \sqrt{R^2 - \left(\dfrac{\alpha R}{2\pi}\right)^2} = \dfrac{\alpha^2 R^3}{24\pi^2} \cdot \sqrt{4\pi^2 - \alpha^2}.$

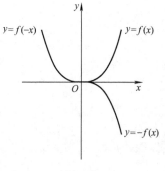

图　0-7

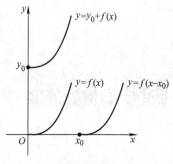

图　0-8

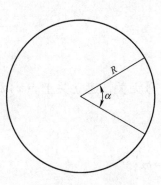

图　0-9

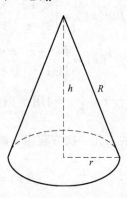

图　0-10

四、自测题

0.2 函数

1. 设 $f(x) = \dfrac{1}{2}(x + |x|)$，$g(x) = \begin{cases} x & x < 0 \\ x^2 & x > 0 \end{cases}$，求 $f(g(x))$，$g(f(x))$．

2. 设 $f(x) = \begin{cases} 2 - x & x \leqslant 0 \\ x + 2 & x > 0 \end{cases}$，$g(x) = \begin{cases} x^2 & x < 0 \\ -x & x \geqslant 0 \end{cases}$，求 $f(g(x))$．

3. 设 $f(x) = \begin{cases} e^x & x \leqslant 0 \\ -x^2 & x > 0 \end{cases}$，求其反函数 $f^{-1}(x)$．

4. 已知 $f(x)$ 满足 $af(x) + bf\left(\dfrac{1}{x}\right) = \dfrac{c}{x}$，$a$，$b$，$c$ 为常数且 $|a| \neq |b|$，求 $f(x)$．

5. 设 $f(x)$ 为偶函数，$g(x)$ 为奇函数，试问 $f(x) \cdot g(x)$，$f(g(x))$，$g(f(x))$，$f(f(x))$，$g(g(x))$ 是偶函数还是奇函数？

五、自测题答案

0.2 函数

1. $f(g(x)) = \begin{cases} 0 & x < 0 \\ x^2 & x > 0 \end{cases}$； $g(f(x)) = \dfrac{1}{4}(x + |x|)^2$，$x > 0$．

2. $f(g(x)) = \begin{cases} x^2 + 2 & x < 0 \\ 2 + x & x \geqslant 0 \end{cases}$．

3. $f^{-1}(x) = \begin{cases} \sqrt{-x} & x < 0 \\ \ln x & 0 < x \leqslant 1 \end{cases}$．

4. 设 $t = \dfrac{1}{x}$，利用函数的表示与符号无关，建立关于 $f(x)$ 和 $f\left(\dfrac{1}{x}\right)$ 的二元一次方程组，解得

$$f(x) = \frac{c}{a^2 - b^2}\left(\frac{a}{x} - bx\right).$$

5. 奇函数、偶函数、偶函数、偶函数、奇函数．

1

第 1 章
极限与连续

1. 理解极限的概念（对极限定义中 "ε-N" "ε-δ" "ε-X" 的描述不作要求），能根据极限概念分析函数的变化趋势，理解函数左极限、右极限的概念，以及极限与左、右极限的关系. 会求函数在一点处的左极限与右极限.

2. 掌握极限的性质及四则运算法则，掌握求极限的常用方法.

3. 掌握极限存在的两个准则（单调有界准则和夹逼准则），学会利用它们求极限；熟练掌握用两个重要极限求极限的方法.

4. 理解无穷小、无穷大的概念，掌握无穷小的性质、无穷小与无穷大的关系，理解无穷小阶的概念. 会进行无穷小阶的比较，会确定无穷小的阶，会运用等价无穷小代换求极限.

5. 理解函数在一点连续的概念，了解间断点的概念，会求函数的间断点并确定其类型；掌握判定函数（含分段函数）在一点是否连续.

6. 理解初等函数在其定义区间上连续，并会利用连续性求极限.

7. 掌握在闭区间上连续函数的性质（有界性、最值定理和介值定理），会运用介值定理与零点定理推证一些简单命题.

二、典型例题

1.1　数列的极限

P16 第 3（2）题、P16 第 4 题、P18 第 8 题.

1.2　函数的极限

P21 第 2（5）（6）题、P22 第 6 题、P23 第 8 题.

1.3　极限的运算法则

P25 第 4 题、P26 第 6 题、P26 第 8 题、P26 第 11 题、P26 第 12 题、P26 第 15 题、P26 第 16 题、P27 第 20 题、P27 第 22 题、P27 第 23 题.

1.4　两个重要极限

P29 第 1（2）（3）（4）（6）（9）（10）（13）（16）（20）题、P30 第 2 题、P31 第 4 题.

1.5　无穷小与无穷大

P33 第 4（3）（5）（6）（8）题、P35 第 5（4）（5）（6）题.

1.6　函数的连续性

P37 第 1（2）题、P38 第 2（5）题、P40 第 5 题、P40 第 6 题、P41 第 8 题.

1.7　综合例题

P43 第 1（7）（8）（9）（11）题、P44 第 2 题、P46 第 4 题、P47 第 7 题、P48 第 8 题、P48 第 9（2）题、P49 第 10 题、P49 第 11（1）题、P51 第 12 题、P51 第 13 题、P52 第 14 题、P52 第 15 题、P52 第 16 题.

三、习题及解答

1.1　数列的极限

1. 回答下列问题（可举例说明）.

（1）如果在 n 无限变大过程中，数列 $\{y_n\}$ 的各项越来越接近 A，那么 $\{y_n\}$ 是否一定以 A 为极限？

（2）设在常数 A 的无论怎样小的 ε 邻域内密集着数列 $\{y_n\}$ 的无穷多个点，那么 $\{y_n\}$ 是否以 A 为极限？

（3）设 $\lim\limits_{n\to\infty} y_n = A$，那么 $\{y_n\}$ 中各项的值是否必须大于或小于 A，能否等于 A？

（4）有界数列是否一定有极限？无界数列是否一定无极限？

（5）单调数列是否一定有极限？

【答】（1）否．例：$y_n = 1 + \dfrac{1}{n}$，$A = 0.99$．

（2）否．例：$y_n = 1 + (-1)^n$，$A = 0$．

（3）$\{y_n\}$ 中各项的值不一定必须大于或小于 A，能等于 A．

例：$y_n = 1 + \left(-\dfrac{1}{n}\right)^n$，$A = 1$；　或 $y_n = \begin{cases} \dfrac{1}{n} & n \text{ 为偶数} \\ 0 & n \text{ 为奇数} \end{cases}$，$A = 0$．

（4）有界数列不一定有极限，例：$y_n = 1 + (-1)^n$，$|y_n| \leqslant 2$；

无界数列一定无极限．因为如果无界数列有极限，则由性质"收敛数列必有界"知：该数列必有界，矛盾！

（5）否．例：$y_n = n$．

2. 设 $y_n = \dfrac{3n+2}{n+1}$，

（1）求 $|y_{10} - 3|$，$|y_{100} - 3|$ 的值；（2）求 N，使当 $n > N$ 时，恒有 $|y_n - 3| < 10^{-4}$；

（3）求 N，使当 $n > N$ 时，恒有 $|y_n - 3| < \varepsilon$．

【解】（1）$|y_{10} - 3| = \left| \dfrac{3 \times 10 + 2}{10 + 1} - 3 \right| = \dfrac{1}{11}$，$|y_{100} - 3| = \left| \dfrac{3 \times 100 + 2}{100 + 1} - 3 \right| = \dfrac{1}{101}$；

（2）$|y_n - 3| = \left| \dfrac{3n+2}{n+1} - 3 \right| = \dfrac{1}{n+1} < 10^{-4}$，得 $n > 10^4 - 1$，故 $N \geqslant 10^4 - 1$；

（3）$|y_n - 3| = \left| \dfrac{3n+2}{n+1} - 3 \right| = \dfrac{1}{n+1} < \varepsilon$，得 $n > \dfrac{1}{\varepsilon} - 1$，故 $N \geqslant \left[\dfrac{1}{\varepsilon} - 1 \right]$．

3. 用数列极限的定义证明下列极限．

（1）$\lim\limits_{n\to\infty} (\sqrt{n+1} - \sqrt{n}) = 0$；

（2）$\lim\limits_{n\to\infty} \left[\dfrac{1}{1 \times 2} + \dfrac{1}{2 \times 3} + \cdots + \dfrac{1}{(n-1) \cdot n} \right] = 1$．

【解题要点】 $\forall \varepsilon > 0$，通过使 $|x_n - A| < \varepsilon$，找出 N，注意到 N 不唯一，故当 $|x_n - A| < \varepsilon$ 不易找出 N 时，可把 $|x_n - A|$ 适当放大后使其小于 ε，再找出 N.

【证明】 （1） $\forall \varepsilon > 0$，欲使 $\left| \sqrt{n+1} - \sqrt{n} - 0 \right| = \left| \dfrac{1}{\sqrt{n+1} + \sqrt{n}} \right| \leq$

$\dfrac{1}{\sqrt{n}} < \varepsilon \Rightarrow n > \dfrac{1}{\varepsilon^2}$，取 $N = \left[\dfrac{1}{\varepsilon^2} \right]$，

所以，$\exists N = \left[\dfrac{1}{\varepsilon^2} \right]$，当 $n > N$ 时， $\left| \sqrt{n+1} - \sqrt{n} - 0 \right| < \varepsilon$，

即 $\lim\limits_{n \to \infty} (\sqrt{n+1} - \sqrt{n}) = 0$.

（2） $\forall \varepsilon > 0$，欲使 $\left| \dfrac{1}{1 \times 2} + \dfrac{1}{2 \times 3} + \cdots + \dfrac{1}{(n-1) \cdot n} - 1 \right| = \left| \left(1 - \dfrac{1}{2} \right) + \right.$

$\left(\dfrac{1}{2} - \dfrac{1}{3} \right) + \cdots + \left(\dfrac{1}{n-1} - \dfrac{1}{n} \right) - 1 \Bigg| = \dfrac{1}{n} < \varepsilon \Rightarrow n > \dfrac{1}{\varepsilon}$，取 $N = \left[\dfrac{1}{\varepsilon} \right]$，

所以，$\exists N = \left[\dfrac{1}{\varepsilon} \right]$，当 $n > N$ 时， $\left| \dfrac{1}{1 \times 2} + \dfrac{1}{2 \times 3} + \cdots + \dfrac{1}{(n-1) \cdot n} - 1 \right| < \varepsilon$，

即 $\lim\limits_{n \to \infty} \left[\dfrac{1}{1 \times 2} + \dfrac{1}{2 \times 3} + \cdots + \dfrac{1}{(n-1) \cdot n} \right] = 1$.

4. 证明数列 $y_n = \dfrac{1}{1+2} + \dfrac{1}{1+2^2} + \cdots + \dfrac{1}{1+2^n}$ 存在极限.

【解题要点】 要证明由递归形式（数列的后项由前项得出）给出的数列存在极限，往往用单调有界准则来证明.

证明数列 $\{y_n\}$ 单调性常用的方法：

（1）数学归纳法；

（2）$y_{n+1} - y_n \geq 0 (\leq 0)$；

（3）$\dfrac{y_{n+1}}{y_n} \geq 1 (\leq 1)$：依据 $\{y_n\}$ 的符号确定单调增减性；

（4）利用有界性缩放：见 P17 1.1 节第 6 题；

（5）由 $f(n) = y_n$，利用 3.1 节学习的内容，根据导数 $f'(x)$ 的符号讨论 $f(x)$ 的单调性（此法适用于用通项表示的数列）.

证明数列 $\{y_n\}$ 有界性常用的方法：

（1）数学归纳法；

（2）利用单调性缩放：见 P45 1.7 节第 3 题有界性证明法 2；

（3）利用已知的数学不等式缩放，例如：

$$y_n = \sqrt{y_{n-1}(4 - y_{n-1})} \leqslant \frac{1}{2}(y_{n-1} + 4 - y_{n-1}) = 2;$$

$$y_n = \frac{1}{2}\left(y_{n-1} + \frac{1}{y_{n-1}}\right) \geqslant \sqrt{y_{n-1} \cdot \frac{1}{y_{n-1}}} = 1.$$

【提示】　对于由递归形式给出的数列求极限，必须先证明存在极限后才能求极限，否则会导致错误的结论. 例如：数列 $y_1 = 1$，$y_{n+1} = -y_n$，如果未证明该数列极限存在先设 $\lim\limits_{n\to\infty} y_n = A$，则有 $\lim\limits_{n\to\infty} y_{n+1} = -\lim\limits_{n\to\infty} y_n$，得 $A = 0$. 实际上该数列为 1，−1，1，−1，…，其极限不存在. 即假设错误！

【证明】　把数列写为

$$y_{n+1} = \frac{1}{1+2} + \cdots + \frac{1}{1+2^n} + \frac{1}{1+2^{n+1}} = y_n + \frac{1}{1+2^{n+1}},$$

因为 $y_{n+1} = y_n + \dfrac{1}{1+2^{n+1}} > y_n$，即 $\{y_n\}$ 单调递增；

又 $y_n < \dfrac{1}{2} + \dfrac{1}{2^2} + \cdots + \dfrac{1}{2^n} = \dfrac{1}{2}\left[1 - \left(\dfrac{1}{2}\right)^n\right] \Big/ \left(1 - \dfrac{1}{2}\right) = 1 - \dfrac{1}{2^n} < 1$，即 $\{y_n\}$ 有上界，

由单调有界准则知，该数列存在极限.

5. 设 $y_1 = 10$，$y_{n+1} = \sqrt{6 + y_n}$（$n = 1, 2, \cdots$），试证明：数列 $\{y_n\}$ 存在极限.

【证明】　已知 $y_1 > y_2$，假设 $y_{k-1} > y_k$，则

$$y_{k+1} = \sqrt{6 + y_k} < \sqrt{6 + y_{k-1}} = y_k \ (k = 2, 3, \cdots),$$

由归纳法知 $\{y_n\}$ 单调递减.

因为 $y_n = \sqrt{6 + y_{n-1}} > 0$，即 $\{y_n\}$ 有下界.

由单调有界准则知，$\lim\limits_{n\to\infty} y_n$ 存在.

设 $\lim\limits_{n\to\infty} y_n = A$，则对等式 $y_{n+1} = \sqrt{6 + y_n}$ 两端取极限，得 $A = \sqrt{6 + A}$，即 $A = 3$（$A = -2$ 不合题意，舍去），所以 $\lim\limits_{n\to\infty} y_n = 3$.

6. 设 $a_1 = 2$，$a_{n+1} = \dfrac{1}{2}\left(a_n + \dfrac{1}{a_n}\right)$（$n = 1, 2, \cdots$），证明：$\lim\limits_{n\to\infty} a_n = 1$.

【证明】　因为 $a_1 = 2 > 1$，$a_n = \dfrac{1}{2}\left(a_{n-1} + \dfrac{1}{a_{n-1}}\right) \geqslant \sqrt{a_{n-1} \cdot \dfrac{1}{a_{n-1}}} = 1$ $(n = 2, 3, \cdots)$，即 $a_n \geqslant 1 (n = 1, 2, 3, \cdots)$，故 $\{a_n\}$ 有下界.

从而得 $a_{n+1} = \dfrac{1}{2}\left(a_n + \dfrac{1}{a_n}\right) \leqslant \dfrac{1}{2}\left(a_n + \dfrac{1}{1}\right) \leqslant \dfrac{1}{2}(a_n + a_n) = a_n$，故 $\{a_n\}$ 单调递减.

由单调有界准则知，$\lim\limits_{n \to \infty} a_n$ 存在.

设 $\lim\limits_{n \to \infty} a_n = A$，则得 $A = \dfrac{1}{2}\left(A + \dfrac{1}{A}\right)$，即 $A = 1$（$A = -1$ 不合题意，舍去），所以 $\lim\limits_{n \to \infty} a_n = 1$.

7. 设 $x_1 = 1$，$x_2 = 1 + \dfrac{x_1}{1 + x_1}$，$x_n = 1 + \dfrac{x_{n-1}}{1 + x_{n-1}}$，求 $\lim\limits_{n \to \infty} x_n$.

【解】　$x_n = 1 + \dfrac{x_{n-1}}{1 + x_{n-1}} = 2 - \dfrac{1}{1 + x_{n-1}}$，

已知 $x_1 < x_2$；假设 $x_{k-1} < x_k$，则

$$x_{k+1} = 2 - \dfrac{1}{1 + x_k} > 2 - \dfrac{1}{1 + x_{k-1}} = x_k，$$

由归纳法知 $\{x_n\}$ 单调递增.

因为 $x_n = 2 - \dfrac{1}{1 + x_{n-1}} < 2$，即 $\{x_n\}$ 有上界.

由单调有界准则知，$\lim\limits_{n \to \infty} x_n$ 存在.

设 $\lim\limits_{n \to \infty} x_n = A$，则得 $A = 2 - \dfrac{1}{1 + A}$，即 $A = \dfrac{1 + \sqrt{5}}{2}$（$A = \dfrac{1 - \sqrt{5}}{2}$ 不合题意，舍去），所以 $\lim\limits_{n \to \infty} x_n = \dfrac{1 + \sqrt{5}}{2}$.

8. 设 a_1，a_2，$\cdots$，a_m 为非负数，求证：$\lim\limits_{n \to \infty}(a_1^n + a_2^n + \cdots + a_m^n)^{\frac{1}{n}} = \max\limits_{1 \leqslant k \leqslant m}\{a_k\}$.

【解题要点】　求一个和式的极限而且和式的项数随着 $n \to \infty$ 而无限增加时，有可能利用夹逼定理（也有可能化为定积分）可以解决. 利用夹逼定理证明时，一定要注意缩放得当，放得过大及缩得过小，都会导致两端表达式的极限不相等.

【证明】　设 $\max\limits_{1\le k\le m}\{a_k\}=A$，由 a_1，a_2，$\cdots$，a_m 为非负数得.

$$A=(A^n)^{\frac{1}{n}}\le(a_1^n+a_2^n+\cdots+a_m^n)^{\frac{1}{n}}$$

$$\le\underbrace{(A^n+A^n+\cdots+A^n)}_{m\text{项}}{}^{\frac{1}{n}}$$

$$=m^{\frac{1}{n}}\cdot(A^n)^{\frac{1}{n}}=m^{\frac{1}{n}}\cdot A.$$

因为 $\lim\limits_{n\to\infty}m^{\frac{1}{n}}\cdot A=A$，由夹逼定理得

$$\lim\limits_{n\to\infty}(a_1^n+a_2^n+\cdots+a_m^n)^{\frac{1}{n}}=\max\limits_{1\le k\le m}\{a_k\}.$$

9. 证明：若 $\lim\limits_{n\to\infty}y_n=A$ 且 $A>0$，则存在正整数 N，当 $n>N$ 时，恒有 $y_n>0$.

【证明】　因为 $\lim\limits_{n\to\infty}y_n=A$ 且 $A>0$，对于给定的 $\varepsilon=\dfrac{A}{2}$，$\exists N>0$，当 $n>N$ 时，恒有 $|y_n-A|<\dfrac{A}{2}$，即 $y_n>\dfrac{A}{2}>0$.

1.2　函数的极限

1. 已知 $\lim\limits_{x\to3}\dfrac{x-3}{x}=0$，问 x 满足什么条件时，才能使 $\left|\dfrac{x-3}{x}\right|<0.001$？

【解】　$\left|\dfrac{x-3}{x}\right|<0.001$，即 $-\dfrac{1}{1000}<1-\dfrac{3}{x}<\dfrac{1}{1000}$，故

$$\dfrac{3000}{1001}<x<\dfrac{1000}{333}.$$

2. 用函数极限的定义证明下列各式成立.

(1) $\lim\limits_{x\to1}(3x-2)=1$；　　　　(2) $\lim\limits_{x\to9}\dfrac{x-9}{\sqrt{x}-3}=6$；

(3) $\lim\limits_{x\to\infty}\dfrac{2-x}{x}=-1$；　　　　(4) $\lim\limits_{x\to+\infty}\dfrac{\sin x}{\sqrt{x}}=0$；

(5) $\lim\limits_{x\to4}\sqrt{x}=2$；　　　　(6) $\lim\limits_{x\to0}e^x=1$.

【解题要点】　证明 $\lim\limits_{x\to x_0}f(x)=A$ 时，通过使 $|f(x)-A|<\varepsilon$，找出 $\delta>0$，注意到 δ 不唯一，我们只关注 δ 的存在性，所以无论用什么方法，只要找到一个 δ 就可以，并不要求找最大的 δ. 找 δ 常用的方法：一是 $|f(x)-A|$ 适当地条件放大（可将 x 限制在 $x=x_0$ 附近，如不妨设 $0<|x-x_0|<1$，见 P20 1.2 节第 2（2）题法 2）或无条件地

放大，适当地将 $|f(x)-A|$ 放大后再小于 $k|x-x_0|$（$k>0$，k 与 x_0 及 δ 无关），有时需要考虑函数 $f(x)$ 的定义域（见 P20 1.2 节第 2（2）（5）题）；二是通过不等式形式的变换，找出 δ，使得 $|f(x)-A|<\varepsilon$（见 P21 1.2 节第 2（6）题）．证明 $\lim\limits_{x\to\infty}f(x)=A$ 相应地有类似的方法．

【证明】（1）$\forall\varepsilon>0$，欲使 $|(3x-2)-1|=3|x-1|<3\delta=\varepsilon$，取 $\delta=\dfrac{\varepsilon}{3}$，所以 $\exists\delta=\dfrac{\varepsilon}{3}$，当 $0<|x-1|<\delta$ 时，$|(3x-2)-1|<\varepsilon$，即

$$\lim\limits_{x\to1}(3x-2)=1.$$

（2）法 1（无条件放大法）：

$\forall\varepsilon>0$，欲使

$$\left|\dfrac{x-9}{\sqrt{x}-3}-6\right|=|\sqrt{x}+3-6|=|\sqrt{x}-3|=\left|\dfrac{x-9}{\sqrt{x}+3}\right|\leqslant\dfrac{|x-9|}{3}<\dfrac{\delta}{3}=\varepsilon,$$

又要使 $x\geqslant0$，即 $|x-9|<9$，故取 $\delta=\min\{9,3\varepsilon\}$，所以

$$\exists\delta=\min\{9,3\varepsilon\}\text{（转续）；}$$

法 2（条件放大法）：$\forall\varepsilon>0$，限制 $0<|x-9|<1$，

欲使 $\left|\dfrac{x-9}{\sqrt{x}-3}-6\right|=|\sqrt{x}+3-6|=|\sqrt{x}-3|=\left|\dfrac{x-9}{\sqrt{x}+3}\right|$

$$\leqslant\dfrac{|x-9|}{3}<\dfrac{\delta}{3}=\varepsilon,$$

故取 $\delta=\min\{1,3\varepsilon\}$，所以 $\exists\delta=\min\{1,3\varepsilon\}$．

【续】 当 $0<|x-9|<\delta$ 时，$\left|\dfrac{x-9}{\sqrt{x}-3}-6\right|<\varepsilon$，即 $\lim\limits_{x\to9}\dfrac{x-9}{\sqrt{x}-3}=6.$

（3）$\forall\varepsilon>0$，欲使 $\left|\dfrac{2-x}{x}-(-1)\right|=\dfrac{2}{|x|}<\varepsilon$，即 $|x|>\dfrac{2}{\varepsilon}$，故取 $X=\dfrac{2}{\varepsilon}$，所以 $\exists X=\dfrac{2}{\varepsilon}$，当 $|x|>X$ 时，$\left|\dfrac{2-x}{x}-(-1)\right|<\varepsilon$，即

$$\lim\limits_{x\to\infty}\dfrac{2-x}{x}=-1.$$

（4）$\forall\varepsilon>0$，欲使 $\left|\dfrac{\sin x}{\sqrt{x}}-0\right|\leqslant\left|\dfrac{1}{\sqrt{x}}\right|=\dfrac{1}{\sqrt{x}}<\varepsilon\Rightarrow x>\dfrac{1}{\varepsilon^2}$，故取 $X=\dfrac{1}{\varepsilon^2}$，所以 $\exists X=\dfrac{1}{\varepsilon^2}$，当 $x>X$ 时，$\left|\dfrac{\sin x}{\sqrt{x}}-0\right|<\varepsilon$，即 $\lim\limits_{x\to+\infty}\dfrac{\sin x}{\sqrt{x}}=0.$

（5）$\forall \varepsilon > 0$，欲使 $\left| \sqrt{x} - 2 \right| = \dfrac{|x - 4|}{\sqrt{x} + 2} \leqslant \dfrac{|x - 4|}{2} < \dfrac{\delta}{2} = \varepsilon$，又要使 $x > 0$，即 $|x - 4| < 4$，故取 $\delta = \min\{4, 2\varepsilon\}$，所以 $\exists \delta = \min\{4, 2\varepsilon\}$，当 $0 < |x - 4| < \delta$ 时，$\left| \sqrt{x} - 2 \right| < \varepsilon$，则 $\lim\limits_{x \to 4} \sqrt{x} = 2$.

（6）$\forall \varepsilon > 0$，欲找 $\delta > 0$，当 $0 < |x| < \delta$ 时，使 $|e^x - 1| < \varepsilon$，即 $1 - \varepsilon < e^x < 1 + \varepsilon$，亦即 $\ln(1 - \varepsilon) < x < \ln(1 + \varepsilon)$，取 $\delta = \min\{|\ln(1 - \varepsilon)|, \ln(1 + \varepsilon)\}$.

所以 $\exists \delta$，当 $0 < |x| < \delta$ 时，$|e^x - 1| < \varepsilon$. 则 $\lim\limits_{x \to 0} e^x = 1$.

3. 证明：$\lim\limits_{x \to \infty} f(x)$ 存在的充要条件是 $\lim\limits_{x \to -\infty} f(x)$，$\lim\limits_{x \to +\infty} f(x)$ 都存在且相等.

【证明】 必要性：设 $\lim\limits_{x \to \infty} f(x) = A$，则 $\forall \varepsilon > 0$，$\exists X > 0$，当 $|x| > X$ 时，即当 $x > X$ 或 $x < -X$ 时，必有 $|f(x) - A| < \varepsilon$，由定义知

$$\lim\limits_{x \to -\infty} f(x) = A, \quad \lim\limits_{x \to +\infty} f(x) = A.$$

充分性：设 $\lim\limits_{x \to -\infty} f(x) = A$，$\lim\limits_{x \to +\infty} f(x) = A$，则 $\forall \varepsilon > 0$，

$\exists X_1 > 0$，当 $x < -X_1$ 时，必有 $|f(x) - A| < \varepsilon$；

$\exists X_2 > 0$，当 $x > X_2$ 时，必有 $|f(x) - A| < \varepsilon$，

取 $X = \max\{X_1, X_2\}$，则当 $x < -X$ 且 $x > X$ 时，即当 $|x| > X$ 时，必有 $|f(x) - A| < \varepsilon$，由定义知 $\lim\limits_{x \to \infty} f(x) = A$.

4. 给出下列极限的定义.

（1）$\lim\limits_{x \to a^+} f(x) = A$；　　　　　　（2）$\lim\limits_{x \to a^-} f(x) = A$.

【解】 （1）设函数 $y = f(x)$ 在点 a 的去心右邻域内有定义，A 是常数，若对任意给定的 $\varepsilon > 0$，存在正数 δ，当 $0 < x - a < \delta$ 时，恒有 $|f(x) - A| < \varepsilon$ 成立，则称常数 A 为函数 $y = f(x)$ 当 x 趋于 a 时的右极限，记作 $\lim\limits_{x \to a^+} f(x) = A$，简记为 $f(x) \to A (x \to a^+)$ 或 $f(a + 0) = A$.

（2）设函数 $y = f(x)$ 在点 a 的去心左邻域内有定义，A 是常数，若对任意给定的 $\varepsilon > 0$，存在正数 δ，当 $-\delta < x - a < 0$ 时，恒有 $|f(x) - A| < \varepsilon$ 成立，则称常数 A 为函数 $y = f(x)$ 当 x 趋于 a 时的左极限，记作 $\lim\limits_{x \to a^-} f(x) = A$，简记为 $f(x) \to A (x \to a^-)$ 或 $f(a - 0) = A$.

5. 设 $f(x) = \begin{cases} -x+1 & 0 \leqslant x < 1 \\ 1 & x = 1 \\ -x+3 & 1 < x \leqslant 2 \end{cases}$，画出 $y = f(x)$ 的图形；求 $x \to 1$

时函数的左、右极限，并讨论极限的存在性.

【解】 图形见图 1-1.

$$\lim_{x \to 1^-} f(x) = \lim_{x \to 1^-} (-x+1) = 0, \quad \lim_{x \to 1^+} f(x) = \lim_{x \to 1^+} (-x+3) = 2,$$

因为 $\lim\limits_{x \to 1^-} f(x) \neq \lim\limits_{x \to 1^+} f(x)$，故 $\lim\limits_{x \to 1} f(x)$ 不存在.

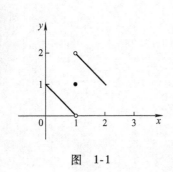

图 1-1

6. 设 $f(x) = \begin{cases} \dfrac{1}{x-1} & x < 0 \\ 0 & x = 0 \\ x & 0 < x < 1 \\ 1 & 1 \leqslant x \leqslant 2 \end{cases}$，

求 $x \to 0$，$x \to 1$ 时函数的左、右极限，并讨论极限的存在性.

【解】 $\lim\limits_{x \to 0^-} f(x) = \lim\limits_{x \to 0^-} \dfrac{1}{x-1} = -1, \quad \lim\limits_{x \to 0^+} f(x) = \lim\limits_{x \to 0^+} x = 0$，

因为 $\lim\limits_{x \to 0^-} f(x) \neq \lim\limits_{x \to 0^+} f(x)$，故 $\lim\limits_{x \to 0} f(x)$ 不存在；

$$\lim_{x \to 1^-} f(x) = \lim_{x \to 1^-} x = 1, \quad \lim_{x \to 1^+} f(x) = \lim_{x \to 1^+} 1 = 1,$$

因为 $\lim\limits_{x \to 1^-} f(x) = \lim\limits_{x \to 1^+} f(x)$，故 $\lim\limits_{x \to 1} f(x) = 1$.

7. 证明函数极限的唯一性、局部有界性.

【证明】 （1）唯一性的表述：如果 $\lim\limits_{\substack{x \to a \\ (x \to \infty)}} f(x) = A$，$\lim\limits_{\substack{x \to a \\ (x \to \infty)}} f(x) = B$，

则 $A = B$.

（反证法）：假设 $A \neq B$，不妨设 $A < B$，

由于 $\lim\limits_{\substack{x \to a \\ (x \to \infty)}} f(x) = A$，$\lim\limits_{\substack{x \to a \\ (x \to \infty)}} f(x) = B$，

对于给定的 $\varepsilon = \dfrac{B-A}{2}$，必存在某个时刻（$\exists \delta$ 或 $\exists X$），

使得在这个时刻之后（$0 < |x-a| < \delta$，或 $|x| > X$），

有 $|f(x) - A| < \varepsilon = \dfrac{B-A}{2}$ 与 $|f(x) - B| < \varepsilon = \dfrac{B-A}{2}$ 同时成立，

即 $f(x) > \dfrac{B+A}{2}$ 与 $f(x) < \dfrac{B+A}{2}$ 同时成立，

这是不可能的，故必有 $A = B$.

（2）局部有界性的表述：如果 $\lim\limits_{\substack{x \to a \\ (x \to \infty)}} f(x) = A$，则必存在 $M > 0$，使得在某个时刻（$\exists \delta$ 或 $\exists X$）之后（$0 < |x - a| < \delta$，或 $|x| > X$），有 $|f(x)| \leqslant M$.

（证明）：由于 $\lim\limits_{\substack{x \to a \\ (x \to \infty)}} f(x) = A$，对于给定的 $\varepsilon = 1$，必存在某个时刻（$\exists \delta$ 或 $\exists X$），

使得在这个时刻之后（$0 < |x - a| < \delta$，或 $|x| > X$），有 $|f(x) - A| < \varepsilon = 1$，

即 $A - 1 < f(x) < A + 1$，取 $M = \max\{|A - 1|, |A + 1|\}$，则有 $|f(x)| \leqslant M$.

8. 若 $\lim\limits_{x \to a} f(x) = A$，用定义证明：$\lim\limits_{x \to a} |f(x)| = |A|$. 并举例说明反之未必成立.

【证明】　由于 $\lim\limits_{x \to a} f(x) = A$，故 $\forall \varepsilon > 0$，$\exists \delta > 0$，当 $0 < |x - a| < \delta$ 时，恒有 $|f(x) - A| < \varepsilon$.

因而 $\big| |f(x)| - |A| \big| \leqslant |f(x) - A| < \varepsilon$，即 $\lim\limits_{x \to a} |f(x)| = |A|$.

反之未必成立！例如：

$$f(x) = \begin{cases} -x + 1 & x \leqslant 0 \\ -x - 1 & x > 0 \end{cases}, \quad 则 |f(x)| = \begin{cases} -x + 1 & x \leqslant 0 \\ x + 1 & x > 0 \end{cases}, \quad 所以$$

$$\lim\limits_{x \to 0} |f(x)| = 1,$$

而 $\lim\limits_{x \to 0^-} f(x) = 1$，$\lim\limits_{x \to 0^+} f(x) = -1$，即 $\lim\limits_{x \to 0} f(x)$ 不存在.

*9. 证明：当 $x \to +\infty$ 时，$\sin \sqrt{x}$ 没有极限.

【证明】　取 $x_n = (2n\pi)^2$，则当 $n \to \infty$ 时，$\lim\limits_{n \to \infty} \sin \sqrt{x_n} = 0$；

取 $y_n = \left(2n\pi + \dfrac{\pi}{2}\right)^2$，则当 $n \to \infty$ 时，$\lim\limits_{n \to \infty} \sin \sqrt{y_n} = 1$；

故 $\sin \sqrt{x}$ 没有极限.

1.3　极限的运算法则

求下列极限.

1. $\lim\limits_{x \to 1} \dfrac{3x^2 - 1}{x^2 + 2x + 4}$；

2. $\lim\limits_{x \to 3} \dfrac{2x^2 - 7x + 3}{x^2 + 4x - 21}$；

3. $\lim\limits_{x \to \infty} \dfrac{3x^2 - 1}{x^2 - 2x + 3}$；

4. $\lim\limits_{x \to +\infty} \dfrac{\sqrt{x^2 + 1}}{x + 1}$；

5. $\lim\limits_{x\to 0}\dfrac{4x^3+x}{5x^2+2x}$;

6. $\lim\limits_{x\to 0^+}\dfrac{x-\sqrt{x}}{\sqrt{x}}$;

7. $\lim\limits_{x\to 0}\dfrac{\sqrt{x^2+9}-3}{x^2}$;

8. $\lim\limits_{x\to 2}\dfrac{\sqrt{x+2}-2}{\sqrt{x+7}-3}$;

9. $\lim\limits_{x\to 1}\left(\dfrac{1}{1-x}-\dfrac{3}{1-x^3}\right)$;

10. $\lim\limits_{h\to 0}\dfrac{(x+h)^2-x^2}{h}$;

11. $\lim\limits_{x\to +\infty}\sqrt{x}\ \left(\sqrt{x+1}-\sqrt{x}\right)$;

12. $\lim\limits_{x\to 1}\dfrac{x^m-1}{x^n-1}$ $(m\neq n$ 为正整数$)$;

13. $\lim\limits_{x\to +\infty}\dfrac{\sqrt{x+\sqrt{x+\sqrt{x}}}}{\sqrt{2x+1}}$;

14. $\lim\limits_{x\to \infty}\dfrac{x+\cos x}{x-\cos x}$;

15. $\lim\limits_{x\to 1}\dfrac{x+x^2+\cdots+x^n-n}{x-1}$;

16. $\lim\limits_{x\to 0}\dfrac{(1+mx)^n-(1+nx)^m}{x^2}$ $(m\neq n$ 为正整数$)$;

17. $\lim\limits_{n\to \infty}\dfrac{2^{n+1}+3^{n+1}}{2^n+3^n}$;

18. $\lim\limits_{n\to \infty}\dfrac{1+2+3+\cdots+(n-1)}{n^2}$;

19. $\lim\limits_{n\to \infty}\dfrac{(n+1)(n+2)(n+3)}{3n^3}$;

20. $\lim\limits_{n\to \infty}\dfrac{(\sqrt{n^2+1}+n)^2}{\sqrt[3]{n^6+1}}$;

21. $\lim\limits_{n\to \infty}\left(1+\dfrac{1}{2}+\cdots+\dfrac{1}{2^n}\right)$;

22. $\lim\limits_{n\to \infty}\left(\dfrac{1}{2!}+\dfrac{2}{3!}+\cdots+\dfrac{n}{(n+1)!}\right)$;

23. $\lim\limits_{n\to \infty}n\left(\dfrac{1}{n^2+\pi}+\dfrac{1}{n^2+2\pi}+\cdots+\dfrac{1}{n^2+n\pi}\right)$.

【解题要点】 利用现有知识可以求极限的方法有:

（1）多项式函数及有理函数代入法（学习了 1.6 节函数的连续性后就可以把此法转变为初等函数代入法，即 $\lim\limits_{x\to x_0}f(x)=f(x_0)$）;

（2）消去零因子法 $\left(\text{针对}\dfrac{0}{0}\text{型}\right)$;

（3）无穷小因子分出法 $\Bigg($针对 $\lim\limits_{x\to \infty}\dfrac{a_0x^m+a_1x^{m-1}+\cdots+a_m}{b_0x^n+b_1x^{n-1}+\cdots+b_n}$ $(a_0\neq 0$, $b_0\neq 0)$，分子分母同除 $x^n\Bigg)$，其他相似形式也有对应的方法可分出无穷小因子（见 1.3 节 P25 第 4 题、P26 第 6 题、P26 第 11 题、P26 第 13 题、P27 第 17 题、P27 第 20 题）;

（4）有理化法（针对带根式的表达式）；

（5）利用左右极限讨论分段函数及特殊形式指数型函数的极

限 $\left(\text{例}\lim\limits_{x \to 0}\dfrac{1}{e^{\frac{1}{x}}+1}\right)$；

（6）$\infty - \infty$ 型一般先做代数恒等变换（如通分）化成 $\dfrac{0}{0}$ 型后再

求极限；

（7）夹逼定理.

【注】 随着知识的递进，还会有其他的方法，如：两个重要极限、等价无穷小替换法、洛必达法则、泰勒公式法、定积分定义法、级数求和法等. 做题前要搞清所求极限的类型，找出对应的方法.

【提示】 用【注】中的其他方法来求目前的极限题目，会简单许多.

【解】 1. 原式 $\xlongequal[\text{代入法}]{\text{有理函数}} \dfrac{3 \times 1^2 - 1}{1^2 + 2 \times 1 + 4} = \dfrac{2}{7}$.

2. 原式 $= \lim\limits_{x \to 3}\dfrac{(2x-1)(x-3)}{(x+7)(x-3)} \xlongequal[\text{因子法}]{\text{消去零}} \lim\limits_{x \to 3}\dfrac{2x-1}{x+7} = \dfrac{1}{2}$.

3. 原式 $\xlongequal[\text{子分出法}]{\text{无穷小因}} \lim\limits_{x \to \infty}\dfrac{3 - \dfrac{1}{x^2}}{1 - \dfrac{2}{x} + \dfrac{3}{x^2}} = 3$.

4. 原式 $\xlongequal[\text{子分出法}]{\text{无穷小因}} \lim\limits_{x \to +\infty}\dfrac{\sqrt{1 + \dfrac{1}{x^2}}}{1 + \dfrac{1}{x}} = 1$.

【提示】 此题若改为 $x \to -\infty$，则分子分母应同除以 $-x$！为避免出错，可令 $x = -t$（$t > 0$），见 1.7 节 P44 第 1（11）题.

5. 原式 $\xlongequal[\text{因子法}]{\text{消去零}} \lim\limits_{x \to 0}\dfrac{4x^2 + 1}{5x + 2} = \dfrac{1}{2}$.

6. 原式 $\xlongequal[\text{同除}\sqrt{x}]{\text{分子分母}} \lim\limits_{x \to 0^+}\dfrac{\sqrt{x} - 1}{1} = -1$.

7. 原式 $\xlongequal[\text{化法}]{\text{有理}}$ $\lim\limits_{x\to 0}\dfrac{1}{(\sqrt{x^2+9}+3)}=\dfrac{1}{6}$.

8. 原式 $\xlongequal[\text{化法}]{\text{有理}}$ $\lim\limits_{x\to 2}\dfrac{(x-2)(\sqrt{x+7}+3)}{(x-2)(\sqrt{x+2}+2)}=\lim\limits_{x\to 2}\dfrac{\sqrt{x+7}+3}{\sqrt{x+2}+2}=\dfrac{3}{2}$.

9. 原式 $\xlongequal[\text{通分}]{\infty-\infty\ \text{型}}$ $\lim\limits_{x\to 1}\dfrac{-(x+2)}{1+x+x^2}=-1$.

10. 原式 $=\lim\limits_{h\to 0}\dfrac{h(2x+h)}{h}=\lim\limits_{h\to 0}(2x+h)=2x$.

11. 原式 $\xlongequal[\text{化法}]{\text{有理}}$ $\lim\limits_{x\to+\infty}\dfrac{\sqrt{x}}{(\sqrt{x+1}+\sqrt{x})}$ $\xlongequal[\text{同除}\sqrt{x}]{\text{分子分母}}$ $\lim\limits_{x\to+\infty}\dfrac{1}{\left(\sqrt{1+\dfrac{1}{x}}+1\right)}=\dfrac{1}{2}$.

12. 原式 $=\lim\limits_{x\to 1}\dfrac{(x-1)(x^{m-1}+x^{m-2}+\cdots+1)}{(x-1)(x^{n-1}+x^{n-2}+\cdots+1)}=\lim\limits_{x\to 1}\dfrac{x^{m-1}+x^{m-2}+\cdots+1}{x^{n-1}+x^{n-2}+\cdots+1}=\dfrac{m}{n}$.

【注】　$a^n-b^n=(a-b)(a^{n-1}+a^{n-2}b+\cdots+ab^{n-2}+b^{n-1})$.

13. 原式 $\xlongequal[\text{同除}\sqrt{x}]{\text{分子分母}}$ $\lim\limits_{x\to+\infty}\dfrac{\sqrt{1+\sqrt{\dfrac{1}{x}}+\sqrt{\dfrac{1}{x^3}}}}{\sqrt{2+\dfrac{1}{x}}}=\dfrac{\sqrt{2}}{2}$.

14. 原式 $=\lim\limits_{x\to\infty}\dfrac{1+\dfrac{\cos x}{x}}{1-\dfrac{\cos x}{x}}=1$.

15. 原式 $=\lim\limits_{x\to 1}\dfrac{(x-1)+(x^2-1)+\cdots+(x^n-1)}{x-1}$

$=\lim\limits_{x\to 1}[1+(x+1)+(x^2+x+1)+\cdots+(x^{n-1}+x^{n-2}+\cdots+1)]$

$=1+2+3+\cdots+n=\dfrac{n(n+1)}{2}$.

16. 原式 $\xlongequal[\text{定理}]{\text{二项式}}$

$\lim\limits_{x\to 0}\dfrac{(1+nmx+C_n^2m^2x^2+\cdots+m^nx^n)-(1+mnx+C_m^2n^2x^2+\cdots+n^mx^m)}{x^2}$

$=\lim\limits_{n\to 0}[(C_n^2m^2+C_n^3m^3x+\cdots+m^nx^{n-2})-(C_m^2n^2+C_m^3n^3x+\cdots+n^mx^{m-2})]$

$=C_n^2m^2-C_m^2n^2=\dfrac{mn(n-m)}{2}$.

17. 原式 $\xlongequal[\text{同除}3^{n+1}]{\text{分子分母}} \lim\limits_{n\to\infty} \dfrac{\left(\dfrac{2}{3}\right)^{n+1}+1}{\dfrac{1}{3}\left(\dfrac{2}{3}\right)^{n}+\dfrac{1}{3}} = 3.$

18. 原式 $= \lim\limits_{n\to\infty} \dfrac{(n-1)n/2}{n^2} = \dfrac{1}{2}.$

19. 原式 $= \lim\limits_{n\to\infty} \dfrac{1}{3}\left(1+\dfrac{1}{n}\right)\left(1+\dfrac{2}{n}\right)\left(1+\dfrac{3}{n}\right) = \dfrac{1}{3}.$

20. 原式 $\xlongequal[\text{同除}n^2]{\text{分子分母}} \lim\limits_{n\to\infty} \dfrac{\left(\sqrt{1+\dfrac{1}{n^2}}+1\right)^2}{\sqrt[3]{1+\dfrac{1}{n^6}}} = 4.$

21. 原式 $= \lim\limits_{n\to\infty} \dfrac{1-\left(\dfrac{1}{2}\right)^{n+1}}{1-\dfrac{1}{2}} = 2.$

22. 原式 $= \lim\limits_{n\to\infty} \dfrac{1}{2} + \dfrac{3-1}{3!} + \cdots + \dfrac{(n+1)-1}{(n+1)!}$

$$= \lim\limits_{n\to\infty}\left[\dfrac{1}{2} + \left(\dfrac{1}{2!}-\dfrac{1}{3!}\right) + \left(\dfrac{1}{3!}-\dfrac{1}{4!}\right) + \cdots + \left(\dfrac{1}{n!}-\dfrac{1}{(n+1)!}\right)\right]$$

$$= \lim\limits_{n\to\infty}\left(1-\dfrac{1}{(n+1)!}\right) = 1.$$

23. 因为 $n\cdot\dfrac{n}{n^2+n\pi} \leqslant n\left(\dfrac{1}{n^2+\pi} + \dfrac{1}{n^2+2\pi} + \cdots + \dfrac{1}{n^2+n\pi}\right) \leqslant n\cdot\dfrac{n}{n^2+\pi}$,

而 $\lim\limits_{n\to\infty}\dfrac{n^2}{n^2+n\pi} = 1$, $\lim\limits_{n\to\infty}\dfrac{n^2}{n^2+\pi} = 1$,

由夹逼定理得原式 $= 1$.

1.4 两个重要极限

1. 求下列函数的极限.

(1) $\lim\limits_{x\to 0}\dfrac{\tan kx}{x}$ (k 为常数);　　(2) $\lim\limits_{x\to 0^+}\dfrac{x}{\sqrt{1-\cos x}}$;

(3) $\lim\limits_{x\to 0}\dfrac{\tan x - \sin x}{x^3}$;　　(4) $\lim\limits_{x\to\pi}\dfrac{\sin 2x}{\sin 3x}$;

(5) $\lim\limits_{x\to 0^+}\dfrac{\cos x - 1}{x^{\frac{3}{2}}}$;　　(6) $\lim\limits_{x\to 1}(1-x)\tan\dfrac{\pi x}{2}$;

（7）$\lim\limits_{x\to0}x\cot2x$；

（8）$\lim\limits_{x\to0}\dfrac{\sqrt{2}-\sqrt{1+\cos x}}{\sin^2x}$；

（9）$\lim\limits_{x\to a}\dfrac{\sin x-\sin a}{x-a}$；

（10）$\lim\limits_{x\to\infty}x\arcsin\dfrac{n}{x}$（$n\in\mathbf{N}_+$）；

（11）$\lim\limits_{x\to0}\dfrac{\sqrt{2+\tan x}-\sqrt{2+\sin x}}{x^3}$；

（12）$\lim\limits_{x\to\frac{\pi}{6}}\tan3x\cdot\tan\left(\dfrac{\pi}{6}-x\right)$；

（13）$\lim\limits_{x\to\frac{\pi}{3}}\dfrac{1-2\cos x}{\sin\left(x-\dfrac{\pi}{3}\right)}$；

（14）$\lim\limits_{x\to0}(1-x)^{\frac{1}{x}}$；

（15）$\lim\limits_{x\to\infty}\left(\dfrac{x}{1+x}\right)^x$；

（16）$\lim\limits_{x\to\infty}\left(\dfrac{3-2x}{2-2x}\right)^x$；

（17）$\lim\limits_{x\to0}\left(1+\dfrac{x}{2}\right)^{\frac{x-1}{x}}$；

（18）$\lim\limits_{x\to\infty}\left(\dfrac{x^2}{x^2-1}\right)^x$；

（19）$\lim\limits_{x\to\infty}\left(\dfrac{x^2-1}{x^2+1}\right)^{x^2}$；

（20）$\lim\limits_{x\to0}\dfrac{\arcsin x}{x}$.

【解题要点】 利用两个重要极限 $\lim\limits_{\square\to0}\dfrac{\sin\square}{\square}=1$ 或 $\lim\limits_{\square\to0}(1+\square)^{\frac{1}{\square}}=e$ 求极限.

当求 1^∞ 型极限时，可用 $\lim\limits_{\square\to0}(1+\square)^{\frac{1}{\square}}=e\left(\lim\limits_{\square\to\infty}\left(1+\dfrac{1}{\square}\right)^{\square}=e\right)$ 求极限，或利用下述方法：

设 $\lim f(x)=0$，$\lim g(x)=\infty$，且 $\lim f(x)g(x)=A$，则
$$\lim[1+f(x)]^{g(x)}=e^{\lim f(x)g(x)}=e^A.$$

当 $f(x)$，$g(x)$ 的表达式比较复杂时，这种方法会很方便.

【解】 （1）原式 $=\lim\limits_{x\to0}\dfrac{k}{\cos kx}\cdot\dfrac{\sin kx}{kx}=k$.

（2）原式 $=\lim\limits_{x\to0^+}\dfrac{x}{\sqrt{2\sin^2\dfrac{x}{2}}}=\lim\limits_{x\to0^+}\dfrac{2}{\sqrt{2}}\cdot\dfrac{\dfrac{x}{2}}{\sin\dfrac{x}{2}}=\sqrt{2}$.

（3）原式 $=\lim\limits_{x\to0}\dfrac{\dfrac{\sin x}{\cos x}(1-\cos x)}{x^3}=\lim\limits_{x\to0}\dfrac{1}{\cos x}\cdot\dfrac{\sin x}{x}\cdot\dfrac{2\sin^2(x/2)}{x^2}$

$=\lim\limits_{x\to0}\dfrac{1}{\cos x}\cdot\dfrac{\sin x}{x}\cdot\dfrac{2\sin^2(x/2)}{4(x/2)^2}=\dfrac{1}{2}$.

(4) 原式 $\xlongequal{t=x-\pi} \lim\limits_{t\to 0}\dfrac{\sin(2\pi+2t)}{\sin(3\pi+3t)} = \lim\limits_{t\to 0}\dfrac{\sin 2t}{-\sin 3t}$

$\qquad = -\lim\limits_{t\to 0}\dfrac{\sin 2t}{2t}\cdot\dfrac{3t}{\sin 3t}\cdot\dfrac{2}{3} = -\dfrac{2}{3}.$

(5) 原式 $= \lim\limits_{x\to 0^+}\dfrac{-2\sin^2\dfrac{x}{2}}{x^{\frac{3}{2}}} = -\lim\limits_{x\to 0^+}\dfrac{x^{\frac{1}{2}}}{2}\lim\limits_{x\to 0^+}\dfrac{\sin^2\dfrac{x}{2}}{\left(\dfrac{x}{2}\right)^2} = 0.$

(6) 原式 $\xlongequal{t=1-x} \lim\limits_{t\to 0}t\cdot\cot\left(\dfrac{\pi t}{2}\right) = \dfrac{2}{\pi}\lim\limits_{t\to 0}\dfrac{\dfrac{\pi t}{2}}{\sin\left(\dfrac{\pi t}{2}\right)}\cdot\cos\left(\dfrac{\pi t}{2}\right) = \dfrac{2}{\pi}.$

(7) 原式 $= \lim\limits_{x\to 0}\dfrac{2x}{\sin 2x}\cdot\dfrac{\cos 2x}{2} = \dfrac{1}{2}.$

(8) 原式 $= \lim\limits_{x\to 0}\dfrac{1-\cos x}{\sin^2 x\,(\sqrt{2}+\sqrt{1+\cos x})} = \dfrac{1}{2\sqrt{2}}\lim\limits_{x\to 0}\dfrac{2\sin^2(x/2)}{\sin^2 x}$

$\qquad = \dfrac{1}{2\sqrt{2}}\lim\limits_{x\to 0}\dfrac{\sin^2(x/2)}{2(x/2)^2}\cdot\dfrac{x^2}{\sin^2 x}$

$\qquad = \dfrac{1}{4\sqrt{2}}\lim\limits_{x\to 0}\left(\dfrac{\sin(x/2)}{(x/2)}\right)^2\cdot\left(\dfrac{x}{\sin x}\right)^2 = \dfrac{\sqrt{2}}{8}.$

(9) 原式 $\xlongequal{\text{令}\ t=x-a} \lim\limits_{t\to 0}\dfrac{\sin(a+t)-\sin a}{t} = \lim\limits_{t\to 0}\dfrac{2\cos\left(a+\dfrac{t}{2}\right)\sin\dfrac{t}{2}}{t}$

$\qquad = \lim\limits_{t\to 0}\cos\left(a+\dfrac{t}{2}\right)\cdot\dfrac{\sin t/2}{t/2} = \cos a.$

(10) 原式 $\xlongequal[x=\frac{n}{\sin t}]{\text{令}\ t=\arcsin\frac{n}{x}} \lim\limits_{t\to 0}\dfrac{n}{\sin t}\cdot t = n.$

(11) 原式 $= \lim\limits_{x\to 0}\dfrac{\tan x-\sin x}{x^3(\sqrt{2+\tan x}+\sqrt{2+\sin x})} \xlongequal[\text{即得}]{\text{由 1.4 节第 1(3)题}} \dfrac{\sqrt{2}}{8}.$

(12) 原式 $\xlongequal{\text{令}\ t=\frac{\pi}{6}-x} \lim\limits_{t\to 0}\tan 3\left(\dfrac{\pi}{6}-t\right)\cdot\tan t$

$\qquad = \lim\limits_{t\to 0}\tan\left(\dfrac{\pi}{2}-3t\right)\cdot\tan t = \lim\limits_{t\to 0}\cot 3t\cdot\tan t$

$$= \frac{1}{3}\lim_{t\to 0}\frac{\cos 3t}{\cos t} \cdot \frac{3t}{\sin 3t} \cdot \frac{\sin t}{t} = \frac{1}{3}.$$

（13）原式$\xlongequal{\text{令} t = x - \frac{\pi}{3}}\lim_{t\to 0}\frac{1 - 2\cos\left(t + \frac{\pi}{3}\right)}{\sin t}$

$$= \lim_{t\to 0}\frac{1 - 2\left(\cos t\cos\frac{\pi}{3} - \sin t\sin\frac{\pi}{3}\right)}{\sin t}$$

$$= \lim_{t\to 0}\frac{1 - \cos t + \sqrt{3}\sin t}{\sin t} = \lim_{t\to 0}\frac{2\sin^2(t/2)}{\sin t} + \sqrt{3} = \sqrt{3}.$$

（14）原式$= e^{\lim_{x\to 0}(-x)\cdot\frac{1}{x}} = e^{-1}.$

（15）原式$= \lim_{x\to\infty}\left(1 - \frac{1}{1 + x}\right)^x = e^{\lim_{x\to\infty}\left(-\frac{1}{1 + x}\right)\cdot x} = e^{-1}.$

（16）原式$= \lim_{x\to\infty}\left(1 + \frac{1}{2 - 2x}\right)^x = e^{\lim_{x\to\infty}\left(\frac{1}{2 - 2x}\right)\cdot x} = e^{-\frac{1}{2}}.$

（17）原式$= e^{\lim_{x\to 0}\frac{x}{2}\cdot\frac{x - 1}{x}} = e^{-\frac{1}{2}}.$

（18）原式$= \lim_{x\to\infty}\left(1 + \frac{1}{x^2 - 1}\right)^x = e^{\lim_{x\to\infty}\frac{1}{x^2 - 1}\cdot x} = e^0 = 1.$

（19）原式$= \lim_{x\to\infty}\left(1 - \frac{2}{x^2 + 1}\right)^{x^2} = e^{\lim_{x\to\infty}\left(-\frac{2}{x^2 + 1}\right)\cdot x^2} = e^{-2}.$

（20）原式$\xlongequal{\text{令} t = \arcsin x}\lim_{t\to 0}\frac{t}{\sin t} = \lim_{t\to 0}\frac{1}{\sin t/t} = 1.$

2. 已知$\lim_{x\to\infty}\left(\frac{x - 2}{x}\right)^{kx} = \frac{1}{e}$，求常数$k$.

【解】 原式$= \lim_{x\to\infty}\left(1 - \frac{2}{x}\right)^{kx} = e^{\lim_{x\to\infty}\left(-\frac{2}{x}\right)\cdot kx} = e^{-2k} = \frac{1}{e}$，即

$-2k = -1$，得$k = \frac{1}{2}.$

3. 讨论函数$f(x) = \begin{cases} \dfrac{\sin x}{x} & x < 0 \\ (1 + x)^{\frac{1}{x}} & x > 0 \end{cases}$，当$x\to 0$时，极限是否存在.

【解】 $f(0 - 0) = \lim_{x\to 0^-}\frac{\sin x}{x} = 1$，$f(0 + 0) = \lim_{x\to 0^+}(1 + x)^{\frac{1}{x}} = e$，

$f(0 - 0)\neq f(0 + 0)$，故当$x\to 0$时，极限不存在.

4. 计算 $\lim\limits_{n\to\infty}\cos\dfrac{\theta}{2}\cos\dfrac{\theta}{2^2}\cdots\cos\dfrac{\theta}{2^n}$，$\theta$ 为任意非零常数.

【解】　原式 $=\lim\limits_{n\to\infty}\dfrac{\cos\dfrac{\theta}{2}\cos\dfrac{\theta}{2^2}\cdots\cos\dfrac{\theta}{2^n}\cdot 2^n\sin\dfrac{\theta}{2^n}}{2^n\sin\dfrac{\theta}{2^n}}$

$=\lim\limits_{n\to\infty}\dfrac{\cos\dfrac{\theta}{2}\cos\dfrac{\theta}{2^2}\cdots\cos\dfrac{\theta}{2^{n-1}}\cdot 2^{n-1}\sin\dfrac{\theta}{2^{n-1}}}{2^n\sin\dfrac{\theta}{2^n}}=\cdots$

$=\lim\limits_{n\to\infty}\dfrac{\sin\theta}{2^n\sin\dfrac{\theta}{2^n}}=\lim\limits_{n\to\infty}\dfrac{\sin\theta}{\theta}\cdot\lim\limits_{n\to\infty}\dfrac{\dfrac{\theta}{2^n}}{\sin\dfrac{\theta}{2^n}}=\dfrac{\sin\theta}{\theta}.$

1.5　无穷小与无穷大

1. 下列函数在指定的变化过程中哪些是无穷小量，哪些是无穷大量？

(1) $\dfrac{x-2}{x}(x\to 0)$；　　　　　(2) $\ln x(x\to 0^+)$；

(3) $\mathrm{e}^{\frac{1}{x}}(x\to 0^+)$；　　　　　(4) $\mathrm{e}^{\frac{1}{x}}(x\to 0^-)$；

(5) $1-\mathrm{e}^{\frac{1}{x^2}}(x\to\infty)$；　　　(6) $\tan x\left(x\to-\dfrac{\pi}{2}\right)$.

【答】　(4)、(5) 为无穷小量；(1)、(2)、(3)、(6) 为无穷大量.

2. 下列函数在 x 的什么趋势之下为无穷小量，什么趋势之下为无穷大量？

(1) $\dfrac{x+1}{x^3-1}$；　　　(2) $\sqrt{3x-2}$；　　　(3) $\dfrac{x^2-1}{x-2}$；

(4) e^{-x}；　　　(5) $\dfrac{\sin x}{1+\cos x}$ $(0\leqslant x\leqslant 2\pi)$.

【答】　无穷小量：(1) $x\to-1$ 或 $x\to\infty$；　(2) $x\to\dfrac{2}{3}^+$；

(3) $x\to 1$ 或 $x\to-1$；　(4) $x\to+\infty$；

(5) $x\to 0$ 或 $x\to 2\pi$.

无穷大量： (1) $x \to 1$；　　　　　(2) $x \to +\infty$；

(3) $x \to 2$ 或 $x \to \infty$；　　(4) $x \to -\infty$；

(5) $x \to \pi$.

3. 下列各题中的无穷小量是等价无穷小、同阶无穷小还是高阶无穷小?

(1) $\sqrt{1-x}-1$ 与 $x(x \to 0)$；　　(2) $\sqrt{x^2+2}-\sqrt{x^2+1}$ 与 $\dfrac{1}{x^2}(x \to \infty)$；

(3) $\dfrac{1-x}{1+x}$ 与 $1-\sqrt{x}(x \to 1)$；　　(4) $\arcsin x$ 与 $x(x \to 0)$；

(5) $\arctan x$ 与 $x(x \to 0)$；　　(6) $\sin^p x$ 与 $x(p>0)(x \to 0)$；

(7) $x^2+x^3\sin\dfrac{1}{x}$ 与 $x^2(x \to 0)$；(8) $\sqrt{x+\sqrt{x}}$ 与 $\sqrt[8]{x}(x \to 0^+)$.

【解】 (1) $\lim\limits_{x \to 0}\dfrac{\sqrt{1-x}-1}{x}=\lim\limits_{x \to 0}\dfrac{-x}{x(\sqrt{1-x}+1)}=-\dfrac{1}{2}$，为同阶无穷小.

(2) $\lim\limits_{x \to \infty}\dfrac{\frac{1}{x^2}}{\sqrt{x^2+2}-\sqrt{x^2+1}}=\lim\limits_{x \to \infty}\dfrac{\sqrt{x^2+2}+\sqrt{x^2+1}}{x^2}$

$=\lim\limits_{x \to \infty}\dfrac{\sqrt{1+\frac{2}{x^2}}+\sqrt{1+\frac{1}{x^2}}}{|x|}=0$，

$\dfrac{1}{x^2}$ 是 $\sqrt{x^2+2}-\sqrt{x^2+1}$ 的高阶无穷小.

(3) $\lim\limits_{x \to 1}\dfrac{\frac{1-x}{1+x}}{1-\sqrt{x}}=\lim\limits_{x \to 1}\dfrac{(1-x)\cdot(1+\sqrt{x})}{(1+x)\cdot(1-x)}=\lim\limits_{x \to 1}\dfrac{1+\sqrt{x}}{1+x}=1$，是等价无穷小.

(4) $\lim\limits_{x \to 0}\dfrac{\arcsin x}{x}\xlongequal{令\,t=\arcsin x}\lim\limits_{t \to 0}\dfrac{t}{\sin t}=1$，是等价无穷小.

(5) $\lim\limits_{x \to 0}\dfrac{\arctan x}{x}\xlongequal{令\,t=\arctan x}\lim\limits_{t \to 0}\dfrac{t}{\tan t}=1$，是等价无穷小.

(6) $\lim\limits_{x \to 0}\dfrac{\sin^p x}{x}=\lim\limits_{x \to 0}\dfrac{\sin x}{x}\cdot\sin^{p-1}x=\begin{cases}0 & p>1\\1 & p=1\\\infty & 0<p<1\end{cases}$，

当 $p > 1$ 时，$\sin^p x$ 是 x 的高阶无穷小；当 $p = 1$ 时，是等价无穷小；当 $0 < p < 1$ 时，x 是 $\sin^p x$ 的高阶无穷小．

（7）$\lim\limits_{x \to 0} \dfrac{x^2 + x^3 \sin \dfrac{1}{x}}{x^2} = 1 + \lim\limits_{x \to 0} x \sin \dfrac{1}{x} = 1 + 0 = 1$，是等价无穷小．

（8）法1：$\lim\limits_{x \to 0^+} \dfrac{\sqrt{x + \sqrt{x}}}{\sqrt[8]{x}} = \lim\limits_{x \to 0^+} \dfrac{\sqrt{x + \sqrt{x}}}{\sqrt{x^{\frac{1}{4}}}} = \lim\limits_{x \to 0^+} \sqrt{x^{\frac{3}{4}} + x^{\frac{1}{4}}} = 0$（转续）；

法2：$0 \leqslant \dfrac{\sqrt{x + \sqrt{x}}}{\sqrt[8]{x}} \leqslant \dfrac{\sqrt{2\sqrt{x}}}{\sqrt[8]{x}} \leqslant \dfrac{2\sqrt[4]{x}}{\sqrt[8]{x}} = 2\sqrt[8]{x}$，$x \in (0, 1)$，

因为 $\lim\limits_{x \to 0^+} \sqrt[8]{x} = 0$，由夹逼定理得 $\lim\limits_{x \to 0^+} \dfrac{\sqrt{x + \sqrt{x}}}{\sqrt[8]{x}} = 0$．

【续】　所以 $\sqrt{x + \sqrt{x}}$ 是 $\sqrt[8]{x}$ 的高阶无穷小．

4. 当 $x \to 0$ 时，试确定下列无穷小量的阶.

（1）$\sqrt{x} + \sin x$；　　（2）$\sqrt{x} + x + 3x^2$；　　（3）$\sqrt{x + \sqrt{x + \sqrt{x}}}$；

（4）$x^{\frac{3}{4}} + x^{\frac{1}{3}}$；　　（5）$\tan x - \sin x$；　　（6）$\sqrt[3]{\cos x} - 1$；

（7）$\sqrt{1 + \tan^2 x} - 1$；（8）$\sqrt{1 + \tan x} - \sqrt{1 + \sin x}$.

【解题要点】　当 $x \to 0$ 时，要确定无穷小量 $f(x)$ 的阶，即找到 $k > 0$，使得 $\lim\limits_{x \to 0} \dfrac{f(x)}{x^k} = C$（$C$ 为非零常数）；也可以利用等价无穷小代换找到 $f(x)$ 的阶．

【注】　学习泰勒公式后，可以用泰勒公式来确定无穷小量的阶，有时把几种方法结合起来使用会更快捷．

【解】　（1）$\lim\limits_{x \to 0^+} \dfrac{\sqrt{x} + \sin x}{\sqrt{x}} = 1 + \lim\limits_{x \to 0^+} \sqrt{x} \left(\dfrac{\sin x}{x} \right) = 1$，为 $\dfrac{1}{2}$ 阶无穷小．

（2）$\lim\limits_{x \to 0^+} \dfrac{\sqrt{x} + x + 3x^2}{\sqrt{x}} = 1 + \lim\limits_{x \to 0^+} \left(\sqrt{x} + 3x^{\frac{3}{2}} \right) = 1$，为 $\dfrac{1}{2}$ 阶无穷小．

(3) $\lim\limits_{x \to 0^+} \dfrac{\sqrt{x + \sqrt{x + \sqrt{x}}}}{\sqrt[8]{x}} = \lim\limits_{x \to 0^+} \dfrac{\sqrt{x + \sqrt{x + \sqrt{x}}}}{\sqrt{x^{\frac{1}{4}}}} = \lim\limits_{x \to 0^+} \sqrt{x^{\frac{3}{4}} + \sqrt{x^{\frac{1}{2}} + 1}} = 1$,

为 $\dfrac{1}{8}$ 阶无穷小.

(4) $\lim\limits_{x \to 0} \dfrac{x^{\frac{3}{4}} + x^{\frac{1}{3}}}{x^{\frac{1}{3}}} = \lim\limits_{x \to 0} \left(x^{\frac{5}{12}} + 1 \right) = 1$，为 $\dfrac{1}{3}$ 阶无穷小.

(5) $\lim\limits_{x \to 0} \dfrac{\tan x - \sin x}{x^3} = \lim\limits_{x \to 0} \dfrac{\tan x (1 - \cos x)}{x^3} \overset{\substack{\tan x \sim x \\ 1-\cos x \sim x^2/2}}{=\!=\!=\!=\!=} \lim\limits_{x \to 0} \dfrac{x(x^2/2)}{x^3} = \dfrac{1}{2}$,

为 3 阶无穷小.

(6) 法 1：$\lim\limits_{x \to 0} \dfrac{\sqrt[3]{\cos x} - 1}{x^2} = \lim\limits_{x \to 0} \dfrac{\cos x - 1}{x^2 \left(\sqrt[3]{\cos^2 x} + \sqrt[3]{\cos x} + 1 \right)}$

$\qquad = \lim\limits_{x \to 0} \dfrac{-x^2/2}{x^2 \left(\sqrt[3]{\cos^2 x} + \sqrt[3]{\cos x} + 1 \right)} = -\dfrac{1}{6}$ （转续）；

法 2：利用 $\sqrt[n]{1 + x} - 1 \sim \dfrac{x}{n}$ 　$(x \to 0)$,

$\sqrt[3]{\cos x} - 1 = \sqrt[3]{1 + (\cos x - 1)} - 1 \sim \dfrac{1}{3} (\cos x - 1) \sim \dfrac{1}{3} \left(-\dfrac{x^2}{2} \right) =$

$-\dfrac{1}{6} x^2 \, (x \to 0)$,

【续】 为 2 阶无穷小.

(7) 法 1：$\lim\limits_{x \to 0} \dfrac{\sqrt{1 + \tan^2 x} - 1}{x^2} = \lim\limits_{x \to 0} \dfrac{\tan^2 x}{x^2 \left(\sqrt{1 + \tan^2 x} + 1 \right)}$

$\qquad = \lim\limits_{x \to 0} \dfrac{x^2}{x^2 \left(\sqrt{1 + \tan^2 x} + 1 \right)} = \dfrac{1}{2}$，为 2 阶无穷小；

法 2：$\sqrt{1 + \tan^2 x} - 1 \sim \dfrac{1}{2} \tan^2 x \sim \dfrac{1}{2} x^2 \, (x \to 0)$，为 2 阶无穷小.

(8) $\lim\limits_{x \to 0} \dfrac{\sqrt{1 + \tan x} - \sqrt{1 + \sin x}}{x^3} = \lim\limits_{x \to 0} \dfrac{\tan x - \sin x}{x^3} \cdot \dfrac{1}{\sqrt{1 + \tan x} + \sqrt{1 + \sin x}}$

$\qquad = \dfrac{1}{2} \lim\limits_{x \to 0} \dfrac{\tan x - \sin x}{x^3} = \dfrac{1}{4}$，为 3 阶无穷小.

【注】 最后一步见 P34 1.5 节第 4 (5) 题.

5. 利用等价无穷小的替换性质，求下列极限.

(1) $\lim\limits_{x \to 0} \dfrac{\tan 2x}{5x}$; (2) $\lim\limits_{x \to 0} \dfrac{\sin(x^n)}{(\tan x)^m}$（$m, n$ 为正整数）;

(3) $\lim\limits_{x \to 0} \dfrac{1 - \cos mx}{(\sin x)^2}$; (4) $\lim\limits_{x \to 0} \dfrac{\tan x - \sin x}{\sin^3 x}$;

(5) $\lim\limits_{x \to 0} \dfrac{\sqrt{1 + \tan^2 x} - 1}{x \sin x}$; (6) $\lim\limits_{x \to 0} \dfrac{5x^2 - 2(1 - \cos^2 x)}{6x^3 + 4\sin^2 x}$;

(7) $\lim\limits_{x \to 0} \dfrac{\sqrt{1 + x\sin x} - 1}{e^{x^2} - 1}$; (8) $\lim\limits_{x \to 0} \dfrac{\sqrt{1 + x} + \sqrt{1 - x} - 2}{x^2}$.

【解】 (1) 原式 $= \lim\limits_{x \to 0} \dfrac{2x}{5x} = \dfrac{2}{5}$.

(2) 原式 $= \lim\limits_{x \to 0} \dfrac{x^n}{x^m} = \lim\limits_{x \to 0} x^{n-m} = \begin{cases} 0 & n > m \\ 1 & n = m. \\ \infty & n < m \end{cases}$

(3) 原式 $= \lim\limits_{x \to 0} \dfrac{(mx)^2/2}{x^2} = \dfrac{m^2}{2}$.

(4) 原式 $= \lim\limits_{x \to 0} \dfrac{\tan x(1 - \cos x)}{\sin^3 x} = \lim\limits_{x \to 0} \dfrac{x \cdot x^2/2}{x^3} = \dfrac{1}{2}$.

(5) 法 1：原式 $= \lim\limits_{x \to 0} \dfrac{\tan^2 x}{x \sin x(\sqrt{1 + \tan^2 x} + 1)}$

$= \lim\limits_{x \to 0} \dfrac{x^2}{x \cdot x(\sqrt{1 + \tan^2 x} + 1)} = \dfrac{1}{2}$;

法 2：原式 $\xlongequal{\sqrt[n]{1+x} - 1 \sim \frac{x}{n}} \lim\limits_{x \to 0} \dfrac{\frac{1}{2}\tan^2 x}{x \sin x} = \lim\limits_{x \to 0} \dfrac{\frac{1}{2}x^2}{x \cdot x} = \dfrac{1}{2}$.

(6) 原式 $= \lim\limits_{x \to 0} \dfrac{5x^2 - 2\sin^2 x}{6x^3 + 4\sin^2 x} \xlongequal[\text{同除 } x^2]{\text{分子分母}} \dfrac{5 - 2\lim\limits_{x \to 0}\dfrac{\sin^2 x}{x^2}}{6\lim\limits_{x \to 0} x + 4\lim\limits_{x \to 0}\dfrac{\sin^2 x}{x^2}}$

$= \dfrac{5 - 2\lim\limits_{x \to 0}\dfrac{x^2}{x^2}}{6\lim\limits_{x \to 0} x + 4\lim\limits_{x \to 0}\dfrac{x^2}{x^2}} = \dfrac{3}{4}$.

(7) 原式 $\xlongequal[e^x - 1 \sim x]{\sqrt[n]{1+x} - 1 \sim x/n} \lim\limits_{x \to 0} \dfrac{x\sin x/2}{x^2} = \lim\limits_{x \to 0} \dfrac{x \cdot x/2}{x^2} = \dfrac{1}{2}$.

（8）原式 $= \lim\limits_{x \to 0} \dfrac{2(\sqrt{1-x^2}-1)}{x^2(\sqrt{1+x}+\sqrt{1-x}+2)}$

$= \lim\limits_{x \to 0} \dfrac{2(-x^2/2)}{x^2(\sqrt{1+x}+\sqrt{1-x}+2)} = -\dfrac{1}{4}$.

【提示】 等价无穷小代换是求 $\dfrac{0}{0}$ 型极限的一种快捷简洁的方法，但必须注意：对于乘积因子为无穷小的可以用等价无穷小代换，但对加减运算中的无穷小则不能随意替换（见之后的【补充知识】），随意替换可能导致错误的结果. 例如 P35 1.5 节第 5（4）题分子上两项直接替换就会得到错误的结果.

【补充知识】 两个等价无穷小之差代换法则：

设 α, β 是同一过程中的无穷小，已知 $\alpha \sim \alpha'$，$\beta \sim \beta'$，$\lim \dfrac{\alpha}{\beta} = \lambda$，其中 λ 或为不等于 1 的常数或为 ∞，则 $\alpha - \beta \sim \alpha' - \beta'$.

例如，P35 1.5 节第 5（6）题，因为 $\lim\limits_{x \to 0} \dfrac{5x^2}{2\sin^2 x} \neq 1$，及 $\lim\limits_{x \to 0} \dfrac{6x^3}{-4\sin^2 x} \neq 1$，

则 $\lim\limits_{x \to 0} \dfrac{5x^2 - 2\sin^2 x}{6x^3 + 4\sin^2 x} = \lim\limits_{x \to 0} \dfrac{5x^2 - 2x^2}{6x^3 + 4x^2} = \lim\limits_{x \to 0} \dfrac{3x^2}{6x^3 + 4x^2} = \lim\limits_{x \to 0} \dfrac{3}{6x + 4} = \dfrac{3}{4}$.

【注】 使用该结论时必须写上"因为 $\lim \dfrac{\alpha}{\beta} \neq 1$"，否则会被认为是错用等价无穷小替换法！

1.6 函数的连续性

1. 讨论下列函数在指定点的连续性. 若是间断点，说明它的类型.

（1）$y = \sqrt{x}$，$x = 1$，$x = 0$； （2）$f(x) = \dfrac{x-3}{x^2-9}$，$x = 3$，$x = -3$；

（3）$y = \cos x$，$x = x_0 (x_0 \in \mathbf{R})$； （4）$y = \mathrm{e}^{\frac{1}{x-1}}$，$x = 1$；

（5）$f(x) = \begin{cases} \dfrac{x^2}{3} & -1 \leqslant x \leqslant 0 \\ 3-x & 0 < x \leqslant 1 \end{cases}$，$x = 0$；

（6）$f(x) = \begin{cases} \dfrac{\tan x}{x} & x \neq k\pi \\ 0 & x = k\pi \end{cases}$ $(k \in \mathbf{Z})$，$x = k\pi$，$x = k\pi + \dfrac{\pi}{2}$.

【解】（1）因为 $\lim\limits_{x\to 1}f(x)=\lim\limits_{x\to 1}\sqrt{x}=1=f(1)$，故函数在 $x=1$ 处连续；

因为 $\lim\limits_{x\to 0^+}f(x)=\lim\limits_{x\to 0^+}\sqrt{x}=0=f(0)$，故函数在 $x=0$ 处右连续.

（2）因为 $f(x)$ 在 $x=\pm 3$ 处无定义，又

$$\lim_{x\to 3}f(x)=\lim_{x\to 3}\frac{x-3}{x^2-9}=\lim_{x\to 3}\frac{1}{x+3}=\frac{1}{6},$$

故 $x=3$ 为可去间断点（第一类间断点）；

$$\lim_{x\to -3}f(x)=\lim_{x\to -3}\frac{x-3}{x^2-9}=\lim_{x\to -3}\frac{1}{x+3}=\infty,$$

故 $x=-3$ 为无穷间断点（第二类间断点）.

（3）因为 $\lim\limits_{x\to x_0}f(x)=\lim\limits_{x\to x_0}\cos x=\cos x_0=f(x_0)$，故函数在 $x=x_0$ 处连续.

（4）函数在 $x=1$ 处无定义，又 $\lim\limits_{x\to 1^-}e^{\frac{1}{x-1}}=0$，$\lim\limits_{x\to 1^+}e^{\frac{1}{x-1}}=+\infty$，故 $x=1$ 为无穷间断点（第二类间断点）.

（5）$\lim\limits_{x\to 0^-}f(x)=\lim\limits_{x\to 0^-}\frac{x^2}{3}=0$，$\lim\limits_{x\to 0^+}f(x)=\lim\limits_{x\to 0^+}(3-x)=3$，

故 $x=0$ 是跳跃间断点（第一类间断点）.

（6）$\lim\limits_{x\to 0}f(x)=\lim\limits_{x\to 0}\frac{\tan x}{x}=1\neq f(0)$，

$k\neq 0$，$\lim\limits_{x\to k\pi}f(x)=\lim\limits_{x\to k\pi}\frac{\tan x}{x}=0=f(k\pi)$，

$$\lim_{x\to k\pi+\frac{\pi}{2}}f(x)=\lim_{x\to k\pi+\frac{\pi}{2}}\frac{\tan x}{x}=\infty,$$

故 $x=0$ 为可去间断点（第一类间断点），$x=k\pi$（$k\neq 0$）处连续，$x=k\pi+\dfrac{\pi}{2}$ 为无穷间断点（第二类间断点）.

2. 指出下列函数的间断点，并说明它的类型.

（1）$f(x)=\dfrac{1}{x^2-1}$；　　　　（2）$f(x)=e^{\frac{1}{x}}$；

（3）$f(x)=\dfrac{1-\cos x}{x^2}$；　　　（4）$f(x)=x\cos^2\dfrac{1}{x}$；

（5）$f(x)=\dfrac{1}{1+2^{\frac{1}{x-1}}}$；　　　（6）$f(x)=\begin{cases}e^x-1 & x\leqslant 0\\ 2x-1 & x>0\end{cases}$.

【解】　(1) $f(x)$ 在 $x = \pm 1$ 处无定义，又 $\lim\limits_{x \to \pm 1} f(x) = \lim\limits_{x \to \pm 1} \dfrac{1}{x^2 - 1} = \infty$，

故 $x = \pm 1$ 为无穷间断点（第二类间断点）.

(2) 函数在 $x = 0$ 处无定义，又 $\lim\limits_{x \to 0^-} e^{\frac{1}{x}} = 0$，$\lim\limits_{x \to 0^+} e^{\frac{1}{x}} = +\infty$，

故 $x = 0$ 为无穷间断点（第二类间断点）.

(3) 函数在 $x = 0$ 处无定义，又 $\lim\limits_{x \to 0} f(x) = \lim\limits_{x \to 0} \dfrac{1 - \cos x}{x^2} = \lim\limits_{x \to 0} \dfrac{x^2/2}{x^2} = \dfrac{1}{2}$，

故 $x = 0$ 为可去间断点（第一类间断点）.

(4) 函数在 $x = 0$ 处无定义，又 $\lim\limits_{x \to 0} x \cos^2 \dfrac{1}{x} = 0$，

故 $x = 0$ 为可去间断点（第一类间断点）.

(5) 函数在 $x = 1$ 处无定义，又 $\lim\limits_{x \to 1^-} f(x) = \lim\limits_{x \to 1^-} \dfrac{1}{1 + 2^{\frac{1}{x-1}}} = 1$，

$\lim\limits_{x \to 1^+} f(x) = \lim\limits_{x \to 1^+} \dfrac{1}{1 + 2^{\frac{1}{x-1}}} = 0$，故 $x = 1$ 为跳跃间断点（第一类间断点）.

(6) $\lim\limits_{x \to 0^-} f(x) = \lim\limits_{x \to 0^-} (e^x - 1) = 0$，$\lim\limits_{x \to 0^+} f(x) = \lim\limits_{x \to 0^+} (2x - 1) = -1$，

故 $x = 0$ 为跳跃间断点（第一类间断点）.

3. 求下列函数的极限.

(1) $\lim\limits_{x \to 0} \dfrac{e^x - \sqrt{x + 1}}{x}$;

(2) $\lim\limits_{x \to \frac{\pi}{4}} \ln(\tan x)$;

(3) $\lim\limits_{x \to +\infty} \dfrac{\ln(1 + x) - \ln x}{x}$;

(4) $\lim\limits_{x \to 0} \dfrac{\ln(1 + x)}{\sqrt{1 + x} - 1}$;

(5) $\lim\limits_{x \to 0} \dfrac{\ln(a + x) - \ln a}{x}$;

(6) $\lim\limits_{x \to e} \dfrac{\ln x - 1}{x - e}$;

(7) $\lim\limits_{x \to +\infty} \left(\sqrt{1 - \dfrac{1}{x}} - 1 \right) x$;

(8) $\lim\limits_{x \to 0} \dfrac{\sin(\sin x)}{\ln(1 + x)}$;

(9) $\lim\limits_{x \to 0} (\cos x)^{\frac{4}{x^2}}$;

(10) $\lim\limits_{x \to +\infty} \left(\sqrt{x^2 + x} - \sqrt{x^2 - x} \right)$;

(11) $\lim\limits_{x \to +\infty} \ln(1 + 2^x) \ln \left(1 + \dfrac{3}{x} \right)$;

(12) $\lim\limits_{x \to 0} \dfrac{3 \sin x + x^2 \cos \dfrac{1}{x}}{(1 + \cos x) \ln(1 + x)}$;

$(13) \quad \lim\limits_{n\to\infty} \dfrac{\tan^3\dfrac{1}{n} \cdot \arctan\dfrac{3}{n\sqrt{n}}}{\sin\dfrac{3}{n^3} \cdot \tan\dfrac{1}{\sqrt{n}} \cdot \arcsin\dfrac{7}{n}}.$

【解】 （1）原式 $= \lim\limits_{x\to 0} \dfrac{(e^x - 1) + (1 - \sqrt{x+1})}{x}$

$$= \lim\limits_{x\to 0} \dfrac{e^x - 1}{x} + \lim\limits_{x\to 0} \dfrac{1 - \sqrt{x+1}}{x}$$

$$= \lim\limits_{x\to 0} \dfrac{x}{x} + \lim\limits_{x\to 0} \dfrac{-x/2}{x} = \dfrac{1}{2}.$$

（2）原式 $= \ln\left(\lim\limits_{x\to\frac{\pi}{4}} \tan x\right) = \ln 1 = 0.$

（3）原式 $= \lim\limits_{x\to +\infty} \dfrac{\ln\left(1 + \dfrac{1}{x}\right)}{x} = \lim\limits_{x\to +\infty} \dfrac{\dfrac{1}{x}}{x} = \lim\limits_{x\to +\infty} \dfrac{1}{x^2} = 0.$

（4）原式 $= \lim\limits_{x\to 0} \dfrac{x}{\dfrac{x}{2}} = 2.$

（5）原式 $= \lim\limits_{x\to 0} \dfrac{\ln\left(1 + \dfrac{x}{a}\right)}{x} = \lim\limits_{x\to 0} \dfrac{\dfrac{x}{a}}{x} = \dfrac{1}{a}.$

（6）原式 $\xlongequal{x - e = t} \lim\limits_{t\to 0} \dfrac{\ln(e + t) - \ln e}{t} = \lim\limits_{t\to 0} \dfrac{\ln\left(1 + \dfrac{t}{e}\right)}{t} = \lim\limits_{t\to 0} \dfrac{\dfrac{t}{e}}{t}$

$$= \lim\limits_{t\to 0} \dfrac{1}{e} = \dfrac{1}{e}.$$

（7）原式 $= \lim\limits_{x\to +\infty} \dfrac{1}{2} \cdot \left(-\dfrac{1}{x}\right) \cdot x = -\dfrac{1}{2}.$

（8）原式 $= \lim\limits_{x\to 0} \dfrac{\sin x}{x} = 1.$

（9）原式 $= \lim\limits_{x\to 0} \left[1 + (\cos x - 1)\right]^{\frac{4}{x^2}},$

由于 $\lim\limits_{x\to 0}(\cos x - 1) = 0,\ \lim\limits_{x\to 0}\dfrac{4}{x^2} = \infty,$

$\lim\limits_{x\to 0}(\cos x - 1)\dfrac{4}{x^2} = \lim\limits_{x\to 0}\left(-\dfrac{x^2}{2}\right)\dfrac{4}{x^2} = -2,$

原式 $= e^{-2}$.

或直接求：原式 $= \lim\limits_{x\to 0}\left[1+(\cos x-1)\right]^{\frac{4}{x^2}} = e^{\lim\limits_{x\to 0}(\cos x-1)\frac{4}{x^2}} = e^{-2}$.

(10) 原式 $= \lim\limits_{x\to +\infty}\dfrac{2x}{\sqrt{x^2+x}+\sqrt{x^2-x}} = \lim\limits_{x\to +\infty}\dfrac{2}{\sqrt{1+\dfrac{1}{x}}+\sqrt{1-\dfrac{1}{x}}} = 1$.

(11) 原式 $= \lim\limits_{x\to +\infty}\dfrac{3\ln(1+2^x)}{x} = 3\lim\limits_{x\to +\infty}\ln(1+2^x)^{\frac{1}{x}}$

$= 3\lim\limits_{x\to +\infty}\ln 2\left(1+\dfrac{1}{2^x}\right)^{\frac{1}{x}} = 3\ln(2\times 1^0) = 3\ln 2$.

(12) 原式 $= \lim\limits_{x\to 0}\dfrac{3\sin x+x^2\cos\dfrac{1}{x}}{2x} = \lim\limits_{x\to 0}\dfrac{3\sin x}{2x}+\lim\limits_{x\to 0}\dfrac{x\cos\dfrac{1}{x}}{2} = \dfrac{3}{2}$.

(13) 原式 $= \lim\limits_{n\to\infty}\dfrac{\left(\dfrac{1}{n}\right)^3\cdot\dfrac{3}{n\sqrt{n}}}{\dfrac{3}{n^3}\cdot\dfrac{1}{\sqrt{n}}\cdot\dfrac{7}{n}} = \dfrac{1}{7}$.

4. 证明：方程 $\sin x-x+1=0$ 在 0 和 π 之间有实根.

【证明】 设 $f(x)=\sin x-x+1$，则 $f(x)$ 在 $[0,\pi]$ 上连续，且 $f(0)\cdot f(\pi)=1\times(1-\pi)<0$，由零点定理得：至少存在一点 $\xi\in(0,\pi)$，使得 $f(\xi)=0$，即 $\sin\xi-\xi+1=0$，亦即 ξ 是方程 $\sin x-x+1=0$ 在 0 和 π 之间的实根.

5. 证明：方程 $x-a\sin x-b=0$ $(a,b>0)$ 至少有一个正根，且不大于 $a+b$.

【证明】 设 $f(x)=x-a\sin x-b$，则 $f(x)$ 在 $[0,a+b]$ 上连续，且

$f(0)\cdot f(a+b)=-b\times a[1-\sin(a+b)]\leqslant 0$，

(1) 若 $f(0)\cdot f(a+b)=0$，即 $\sin(a+b)=1$，则取 $\xi=a+b$，有 $f(\xi)=0$；

(2) 若 $f(0)\cdot f(a+b)<0$，则由零点定理得：至少存在一点 $\xi\in(0,a+b)$，使得 $f(\xi)=0$；

综上所述，即知 ξ 是方程 $x-a\sin x-b=0$ $(a,b>0)$ 在 $(0,a+b]$ 上的正根.

6. 设 $f(x)$ 在 $[0,1]$ 上连续，且 $0\leqslant f(x)\leqslant 1$，证明：在 $[0,1]$

上至少有一点 ξ，使 $f(\xi)=\xi$.

【证明】 设 $F(x)=f(x)-x$，则 $F(x)$ 在 $[0,1]$ 上连续，

由条件 $0\leqslant f(x)\leqslant 1$ 可得 $F(0)\cdot F(1)=f(0)\cdot[f(1)-1]\leqslant 0$

（1）若 $f(0)=0$，则取 $\xi=0$，有 $f(\xi)=\xi$；

（2）若 $f(1)-1=0$，则取 $\xi=1$，有 $f(\xi)=\xi$；

（3）若 $f(0)\neq 0$ 且 $f(1)-1\neq 0$，此时 $F(0)\cdot F(1)<0$，由零点

定理得：至少存在一点 $\xi\in(0,1)$，使得 $f(\xi)=\xi$.

综上所述，即知在 $[0,1]$ 上至少有一点 ξ，使 $f(\xi)=\xi$.

7. 设 $f(x)$ 在 $[0,2a]$ 上连续，$f(0)=f(2a)$，$f(a)\neq f(0)$.

求证：至少存在一点 $\xi\in(0,a)$，使 $f(\xi)=f(\xi+a)$.

【证明】 设 $F(x)=f(x)-f(x+a)$，

则由 $f(x)$ 在 $[0,2a]$ 上连续得：$F(x)$ 在 $[0,a]$ 上连续，

由条件 $f(0)=f(2a)$，$f(a)\neq f(0)$ 可得

$$F(0)\cdot F(a)=[f(0)-f(a)]\cdot[f(a)-f(2a)]$$
$$=[f(0)-f(a)]\cdot[f(a)-f(0)]$$
$$=-[f(0)-f(a)]^2<0,$$

由零点定理得：至少存在一点 $\xi\in(0,a)$，使得 $F(\xi)=0$，即 $f(\xi)=f(\xi+a)$.

8. 求证：方程 $x^3+px+q=0$ $(p>0)$ 有且只有一个实根.

【证明】 （1）根的存在性：

设 $f(x)=x^3+px+q$，则 $f(x)$ 在 $(-\infty,+\infty)$ 上连续，

又 $\lim\limits_{x\to-\infty}f(x)=-\infty$，$\lim\limits_{x\to+\infty}f(x)=+\infty$，

由无穷大的定义知：$\exists a<0$，使得 $f(a)<0$；$\exists b>0$，使得 $f(b)>0$，由零点定理得：至少存在一点 $\xi\in(a,b)\subset(-\infty,+\infty)$，使得 $f(\xi)=0$，即 ξ 是方程 $x^3+px+q=0$ $(p>0)$ 的一个实根；

（2）根的唯一性：

法1（反证法）：设存在 x_1，$x_2\in\mathbf{R}$，$x_1\neq x_2$，使得 $x_1^3+px_1+q=0$，且 $x_2^3+px_2+q=0$，

两式相减有 $x_1^3-x_2^3+p(x_1-x_2)=0$，即 $(x_1-x_2)(x_1^2+x_1x_2+x_2^2+p)=0$，

由 $x_1\neq x_2$，有 $x_1^2+x_1x_2+x_2^2+p=0\Rightarrow p=-(x_1^2+x_1x_2+x_2^2)$，

而 $x_1^2+x_1x_2+x_2^2\geqslant x_1^2-|x_1x_2|+x_2^2\geqslant x_1^2-2|x_1x_2|+x_2^2=(|x_1|-|x_2|)^2\geqslant 0$，

从而有 $p\leqslant 0$，与已知 $p>0$ 矛盾！

因而，方程 $x^3 + px + q = 0$（$p > 0$）有且只有一个实根.

法 2（学习了 3.1 节利用导数符号研究函数的单调性后，可用函数的单调性来证明唯一性）：.

设 $f(x) = x^3 + px + q(p > 0)$，则 $f'(x) = 3x^2 + p > 0$，即 $f(x)$ 是严格单调递增的，故 $f(x) = 0$ 只有唯一的根.

9. 一个登山运动员从早上 7：00 开始攀登某座山峰，在下午 7：00 到达山顶，第二天早上 7：00 再从山顶开始沿着上山的路下山，下午 7：00 到达山脚，试利用介值定理说明：这个运动员在这两天的某一相同时刻经过登山路线的同一地点.

【说明】 设开始攀登的高度为 0，并设上山路线高度函数为 $f(t)$，下山路线高度函数为 $g(t)$，$t \in [7, 19]$，山的高度为 M，则 $f(t)$ 是 $[7, 19]$ 上单调递增的连续函数，$g(t)$ 是 $[7, 19]$ 上单调递减的连续函数，且 $f(7) = 0$，$f(19) = M$，$g(7) = M$，$g(19) = 0$，令 $F(t) = f(t) - g(t)$，则 $F(t)$ 是 $[7, 19]$ 上的连续函数，且有

$$F(7) \cdot F(19) = [f(7) - g(7)] \cdot [f(19) - g(19)] = -M^2 < 0,$$

由零点定理得：至少存在一点 $\xi \in (7, 19)$，使得 $F(\xi) = 0$，即 $f(\xi) = g(\xi)$，由于上下山是沿着同一路线，故该运动员在两天的某一相同时刻经过登山路线的同一地点.

1.7 综合例题

1. 求下列各极限.

(1) $\lim\limits_{n \to \infty} \left(1 - \dfrac{1}{\sqrt[n]{2}}\right) \cos n$;

(2) $\lim\limits_{x \to \infty} \dfrac{(2x-1)^{30} \cdot (3x-2)^{20}}{(2x+1)^{50}}$;

(3) $\lim\limits_{n \to \infty} \left(\dfrac{1^2}{n^3} + \dfrac{2^2}{n^3} + \cdots + \dfrac{n^2}{n^3}\right)$;

(4) $\lim\limits_{x \to 0} \dfrac{1 - \cos x}{(e^x - 1)\ln(1 + x)}$;

(5) $\lim\limits_{x \to 0}(1 + \sin x)^{\cot x}$;

(6) $\lim\limits_{x \to 1} \left(\dfrac{1+x}{2+x}\right)^{\frac{1-\sqrt{x}}{1-x}}$;

(7) $\lim\limits_{n \to \infty} \left(\dfrac{\sqrt[n]{a} + \sqrt[n]{b}}{2}\right)^n (a > 0, b > 0)$;

(8) $\lim\limits_{x \to \infty} \left(\dfrac{1}{x} + 2^{\frac{1}{x}}\right)^x$;

(9) $\lim\limits_{x \to 0} \dfrac{2^{\sin x} - 2^{\tan x}}{(e^{x^2} - 1)(\sqrt{1 + \sin x} - 1)}$;

(10) $\lim\limits_{x \to 0}[1 + \ln(1 + x)]^{\frac{1}{x}}$;

(11) $\lim\limits_{x \to -\infty} \dfrac{\sqrt{4x^2 + x - 1} + x - 1}{\sqrt{x^2 + \sin x}}$;

（12）$\lim\limits_{x\to 0}(\cos x)^{\frac{1}{\ln(1+x^2)}}$；　　　　　（13）$\lim\limits_{x\to 0}(1+3x)^{\frac{2}{\sin x}}$；

（14）$\lim\limits_{x\to 1}\dfrac{\sqrt{3-x}-\sqrt{1+x}}{x^2+x-2}$；

（15）$\lim\limits_{x\to 0}e^{x+1}(1+e^x\sin^2 x)^{\frac{1}{\sqrt{1+x^2}-1}}$.

【解】（1）因为 $\lim\limits_{n\to\infty}\left(1-\dfrac{1}{\sqrt[n]{2}}\right)=0$，$|\cos n|\leqslant 1$，故原式 $=0$.

（2）原式 $\xlongequal[\text{同除 }x^{50}]{\text{分子分母}}\lim\limits_{x\to\infty}\dfrac{\left(2-\dfrac{1}{x}\right)^{30}\cdot\left(3-\dfrac{2}{x}\right)^{20}}{\left(2+\dfrac{1}{x}\right)^{50}}=\dfrac{2^{30}\times 3^{20}}{2^{50}}=\left(\dfrac{3}{2}\right)^{20}$.

（3）原式 $=\lim\limits_{n\to\infty}\dfrac{n(n+1)(2n+1)}{6n^3}=\dfrac{1}{3}$.

（4）原式 $=\lim\limits_{x\to 0}\dfrac{x^2/2}{x\cdot x}=\dfrac{1}{2}$.

（5）原式 $=\lim\limits_{x\to 0}[\,(1+\sin x)^{\frac{1}{\sin x}}\,]^{\cos x}=e^1=e$.

（6）原式 $=\lim\limits_{x\to 1}\left(\dfrac{1+x}{2+x}\right)^{\frac{1}{1+\sqrt{x}}}=\left(\dfrac{2}{3}\right)^{\frac{1}{2}}$.

（7）原式 $=e^{\lim\limits_{n\to\infty}n\ln\left(1+\frac{\sqrt[n]{a}-1+\sqrt[n]{b}-1}{2}\right)}\xlongequal{\ln(1+x)\sim x}e^{\lim\limits_{n\to\infty}n\left(\frac{\sqrt[n]{a}-1+\sqrt[n]{b}-1}{2}\right)}$

$=e^{\frac{1}{2}\left(\lim\limits_{n\to\infty}n(\sqrt[n]{a}-1)+\lim\limits_{n\to\infty}n(\sqrt[n]{b}-1)\right)}$

$\xlongequal{a^x-1\sim x\ln a}e^{\frac{1}{2}\left[\lim\limits_{n\to\infty}n\left(\frac{1}{n}\ln a\right)+\lim\limits_{n\to\infty}n\left(\frac{1}{n}\ln b\right)\right]}$.

$=e^{\frac{1}{2}(\ln a+\ln b)}=\sqrt{ab}$.

（8）原式 $=e^{\lim\limits_{x\to\infty}x\ln\left(1+\left(\frac{1}{x}+2^{\frac{1}{x}}-1\right)\right)}\xlongequal{\ln(1+x)\sim x}e^{\lim\limits_{x\to\infty}x\left(\frac{1}{x}+2^{\frac{1}{x}}-1\right)}$

$=e^{1+\lim\limits_{x\to\infty}x(2^{\frac{1}{x}}-1)}\xlongequal{a^x-1\sim x\ln a}e^{1+\lim\limits_{x\to\infty}x\left(\frac{1}{x}\ln 2\right)}=e^{1+\ln 2}=2e$.

（9）原式 $\xlongequal[\sqrt[n]{1+x}-1\sim x/n]{e^x-1\sim x}\lim\limits_{x\to 0}\dfrac{2^{\tan x}(2^{\sin x-\tan x}-1)}{x^2\cdot(x/2)}$

$\xlongequal{a^x-1\sim x\ln a}\lim\limits_{x\to 0}\dfrac{2^{\tan x}(\sin x-\tan x)\ln 2}{x^3/2}$

$=\lim\limits_{x\to 0}\dfrac{2^{\tan x}\tan x(\cos x-1)\ln 2}{x^3/2}$

$$\xlongequal[1-\cos x \sim x^2/2]{\tan x \sim x} \lim_{x \to 0} \frac{2^{\tan x}x(-x^2/2)\ln 2}{x^3/2} = -\ln 2.$$

（10）原式 $= \mathrm{e}^{\lim\limits_{x\to 0}\frac{1}{x}\ln[1+\ln(1+x)]} \xlongequal{\ln(1+x)\sim x} \mathrm{e}^{\lim\limits_{x\to 0}\frac{1}{x}\ln(1+x)} = \mathrm{e}^{\lim\limits_{x\to 0}\frac{1}{x}\cdot x} = \mathrm{e}.$

（11）原式 $\xlongequal[t>0]{x=-t} \lim\limits_{t\to +\infty} \dfrac{\sqrt{4t^2-t-1}-t-1}{\sqrt{t^2-\sin t}} \xlongequal[\text{同除}\,t]{\text{分子分母}}$

$$\lim_{t\to +\infty} \frac{\sqrt{4-\dfrac{1}{t}-\dfrac{1}{t^2}}-1-\dfrac{1}{t}}{\sqrt{1-\dfrac{\sin t}{t^2}}} = 1.$$

（12）原式 $= \mathrm{e}^{\lim\limits_{x\to 0}\frac{\ln[1+(\cos x-1)]}{\ln(1+x^2)}} \xlongequal{\ln(1+x)\sim x} \mathrm{e}^{\lim\limits_{x\to 0}\frac{\cos x-1}{x^2}}$

$$\xlongequal{1-\cos x \sim x^2/2} \mathrm{e}^{\lim\limits_{x\to 0}\frac{-x^2/2}{x^2}} = \mathrm{e}^{-\frac{1}{2}}.$$

（13）原式 $= \mathrm{e}^{\lim\limits_{x\to 0}\frac{2\ln(1+3x)}{\sin x}} \xlongequal[\sin x \sim x]{\ln(1+x)\sim x} \mathrm{e}^{\lim\limits_{x\to 0}\frac{2\cdot(3x)}{x}} = \mathrm{e}^6.$

（14）原式 $\xlongequal[\text{理化}]{\text{分子有}} \lim\limits_{x\to 1} \dfrac{-2}{(x+2)(\sqrt{3-x}+\sqrt{1+x})} = -\dfrac{\sqrt{2}}{6}.$

（15）原式 $= \lim\limits_{x\to 0}\mathrm{e}^{x+1} \lim\limits_{x\to 0} (1+\mathrm{e}^x\sin^2 x)^{\frac{1}{\sqrt{1+x^2}-1}}$

$$= \mathrm{e}\cdot \mathrm{e}^{\lim\limits_{x\to 0}\frac{\ln(1+\mathrm{e}^x\sin^2 x)}{\sqrt{1+x^2}-1}} \xlongequal[\sqrt[n]{1+x}-1\sim x/n]{\ln(1+x)\sim x} \mathrm{e}\cdot \mathrm{e}^{\lim\limits_{x\to 0}\frac{\mathrm{e}^x\sin^2 x}{x^2/2}}$$

$$= \mathrm{e}\cdot \mathrm{e}^{\lim\limits_{x\to 0}\frac{\mathrm{e}^x\cdot x^2}{x^2/2}} = \mathrm{e}\times \mathrm{e}^2 = \mathrm{e}^3.$$

【提示】 P43 1.7 节第 1（5）（7）（8）（10）（12）（13）（15）题及 P47 1.7 节第 6（1）（2）均为 1^∞ 型极限，可以运用 P28 1.4 节第 1 题【解题要点】介绍的方法求极限.

2. 设 $f(x) = \lim\limits_{n\to\infty} \dfrac{\ln(\mathrm{e}^x+x^n)}{\sqrt{n}}$，求 $f(x)$ 的定义域.

【解】 对一切的 n，使得 $f(x)$ 有意义，必须 $\mathrm{e}^x+x^n>0$，当 n 为奇数时，可得 $x>-1$；

当 $|x|<1$ 时，$\lim\limits_{n\to\infty}x^n=0$，故 $\lim\limits_{n\to\infty}\dfrac{\ln(\mathrm{e}^x+x^n)}{\sqrt{n}}=0$；

当 $x=1$ 时，$\lim\limits_{n\to\infty}\dfrac{\ln(\mathrm{e}^x+x^n)}{\sqrt{n}}=\lim\limits_{n\to\infty}\dfrac{\ln(\mathrm{e}+1)}{\sqrt{n}}=0$；

当 $x > 1$ 时，$\lim\limits_{n\to\infty}\dfrac{\ln(e^x + x^n)}{\sqrt{n}} = \lim\limits_{n\to\infty}\dfrac{\ln\left[x^n\left(\dfrac{e^x}{x^n} + 1\right)\right]}{\sqrt{n}}$

$$= \lim\limits_{n\to\infty}\dfrac{n\ln x + \ln\left(\dfrac{e^x}{x^n} + 1\right)}{\sqrt{n}} = \infty,$$

综上所述，由 $f(x) = \lim\limits_{n\to\infty}\dfrac{\ln(e^x + x^n)}{\sqrt{n}} = 0$ 得定义域为 $x \in (-1,\ 1]$.

3. 设 $x_1 = \sqrt{a}$，$x_2 = \sqrt{a + x_1}$，$\cdots$，$x_n = \sqrt{a + x_{n-1}}$，$\cdots$，其中 $a > 0$，求 $\lim\limits_{n\to\infty}x_n$.

【解】 （1）证 $\{x_n\}$ 单调递增（归纳法）：

因为 $x_2 = \sqrt{a + \sqrt{a}} > \sqrt{a} = x_1$，假设 $x_{k-1} < x_k$，

则 $x_{k+1} = \sqrt{a + x_k} > \sqrt{a + x_{k-1}} = x_k$，

由归纳法知 $\{x_n\}$ 单调递增；

（2）证 $\{x_n\}$ 有上界：

法1（归纳法）：$x_1 = \sqrt{a} < \sqrt{1 + 4a}$，假设 $x_{k-1} < \sqrt{1 + 4a}$，

则 $x_k = \sqrt{a + x_{k-1}} < \sqrt{a + \sqrt{1 + 4a}} < \sqrt{a + \sqrt{(1 + 2a)^2}}$

$$= \sqrt{1 + 3a} < \sqrt{1 + 4a},$$

由归纳法知 $\{x_n\}$ 有上界（转续）；

法2（利用单调性）：由于 $x_n^2 = a + x_{n-1} < a + x_n$，故

$$x_n < 1 + \frac{a}{x_n} < 1 + \frac{a}{x_1} < 1 + \sqrt{a},$$

即 $\{x_n\}$ 有上界；

【续】 由单调有界准则知，$\lim\limits_{n\to\infty}x_n$ 存在.

（3）求 $\lim\limits_{n\to\infty}x_n$：

设 $\lim\limits_{n\to\infty}x_n = A$，对 $x_n = \sqrt{a + x_{n-1}}$ 取极限得 $A = \sqrt{a + A}$，

解得 $A = \dfrac{1 + \sqrt{1 + 4a}}{2}$（$A = \dfrac{1 - \sqrt{1 + 4a}}{2} < 0$ 不合题意，舍去），

所以 $\lim\limits_{n\to\infty}x_n = \dfrac{1 + \sqrt{1 + 4a}}{2}$.

4. 设当 $x \to 0$ 时，$(1 - \cos x)\ln(1 + x^2)$ 是比 $x\sin x^n$ 高阶的无穷小，

而 $x\sin x^n$ 是比 $(e^{x^2}-1)$ 高阶的无穷小，求正整数 n 的值.

【解】 $(1-\cos x)\ln(1+x^2) \sim \dfrac{x^2}{2} \cdot x^2 \sim \dfrac{x^4}{2}$, $x\sin x^n \sim x \cdot x^n \sim x^{n+1}$,

$e^{x^2}-1 \sim x^2$,

即 $(1-\cos x)\ln(1+x^2)$, $x\sin x^n$ 及 $(e^{x^2}-1)$ 分别是 4 阶、$n+1$ 及 2 阶的无穷小，

由题意得 $2 < n+1 < 4$ $(n \in \mathbf{N}_+)$, 即 $n+1=3$, 故 $n=2$.

5. 选择 a 的值，使下列函数在其定义域内处处连续.

(1) $f(x) = \begin{cases} e^x & x<0 \\ a+x & x \geqslant 0 \end{cases}$;

(2) $f(x) = \begin{cases} \dfrac{2}{x} & x \geqslant 1 \\ a\cos \pi x & x < 1 \end{cases}$;

(3) $f(x) = \begin{cases} e^x(\sin x + \cos x) & x>0 \\ 2x+a & x \leqslant 0 \end{cases}$;

(4) $f(x) = \begin{cases} \dfrac{1-e^{\tan x}}{\arcsin(x/2)} & x>0 \\ ae^{2x} & x \leqslant 0 \end{cases}$.

【解题要点】 欲确定常数 a 使函数在点 x_0 连续，则根据 $\lim\limits_{x \to x_0^-} f(x) = \lim\limits_{x \to x_0^+} f(x) = f(x_0)$ 确定即可.

【解】 (1) $\lim\limits_{x \to 0^-} f(x) = \lim\limits_{x \to 0^-} e^x = 1$, $\lim\limits_{x \to 0^+} f(x) = \lim\limits_{x \to 0^+} (a+x) = a$,

由 $\lim\limits_{x \to 0^-} f(x) = \lim\limits_{x \to 0^+} f(x) = f(0) = a$, 得 $a=1$.

(2) $\lim\limits_{x \to 1^-} f(x) = \lim\limits_{x \to 1^-} a\cos \pi x = -a$, $\lim\limits_{x \to 1^+} f(x) = \lim\limits_{x \to 1^+} \dfrac{2}{x} = 2$,

由 $\lim\limits_{x \to 1^-} f(x) = \lim\limits_{x \to 1^+} f(x) = f(1) = -a$, 得 $a = -2$.

(3) $\lim\limits_{x \to 0^-} f(x) = \lim\limits_{x \to 0^-} (2x+a) = a$, $\lim\limits_{x \to 0^+} f(x) = \lim\limits_{x \to 0^+} e^x(\sin x + \cos x) = 1$,

由 $\lim\limits_{x \to 0^-} f(x) = \lim\limits_{x \to 0^+} f(x) = f(0) = a$, 得 $a=1$.

(4) $\lim\limits_{x \to 0^-} f(x) = \lim\limits_{x \to 0^-} ae^{2x} = a$,

$\lim\limits_{x \to 0^+} f(x) = \lim\limits_{x \to 0^+} \dfrac{1-e^{\tan x}}{\arcsin(x/2)} = \lim\limits_{x \to 0^+} \dfrac{-\tan x}{x/2} = \lim\limits_{x \to 0^+} \dfrac{-x}{x/2} = -2$,

由 $\lim\limits_{x \to 0^-} f(x) = \lim\limits_{x \to 0^+} f(x) = f(0) = a$, 得 $a = -2$.

6. 求常数 a 的值.

（1）$\lim\limits_{x\to\infty}\left(\dfrac{x+a}{x-a}\right)^{x}=9$；　　　　　（2）$\lim\limits_{x\to\infty}\left(\dfrac{x+2a}{x-a}\right)^{x}=8$；

（3）当 $x\to0$ 时，$(1-ax^2)^{\frac{1}{4}}-1$ 与 $x\tan x$ 是等价无穷小.

【解】　（1）原式 $=\lim\limits_{x\to\infty}\left(1+\dfrac{2a}{x-a}\right)^{x}=\mathrm{e}^{\lim\limits_{x\to\infty}x\ln\left(1+\frac{2a}{x-a}\right)}$

$$=\mathrm{e}^{\lim\limits_{x\to\infty}x\left(\frac{2a}{x-a}\right)}=\mathrm{e}^{2a}=9=3^2,$$

得 $a=\ln3$.

（2）原式 $=\lim\limits_{x\to\infty}\left(1+\dfrac{3a}{x-a}\right)^{x}=\mathrm{e}^{\lim\limits_{x\to\infty}x\ln\left(1+\frac{3a}{x-a}\right)}=\mathrm{e}^{\lim\limits_{x\to\infty}x\left(\frac{3a}{x-a}\right)}=\mathrm{e}^{3a}=8=2^3,$

得 $a=\ln2$.

（3）$\lim\limits_{x\to0}\dfrac{(1-ax^2)^{\frac{1}{4}}-1}{x\tan x}=\lim\limits_{x\to0}\dfrac{\dfrac{1}{4}\left(-ax^2\right)}{x\cdot x}=-\dfrac{a}{4}=1$，得 $a=-4$.

7. 已知 $\lim\limits_{x\to0}\dfrac{\sqrt{1+\dfrac{f(x)}{\tan x}}-1}{x\ln(1+x)}=A\neq0$，求 c 及 k，使 $f(x)\sim cx^k$

（当 $x\to0$ 时）.

【解】　因为 $\lim\limits_{x\to0}\dfrac{\sqrt{1+\dfrac{f(x)}{\tan x}}-1}{x\ln(1+x)}=A\neq0$，

所以 $\lim\limits_{x\to0}\sqrt{1+\dfrac{f(x)}{\tan x}}-1=\lim\limits_{x\to0}\dfrac{\sqrt{1+\dfrac{f(x)}{\tan x}}-1}{x\ln(1+x)}\cdot\left[x\ln(1+x)\right]=A\cdot0=0,$

可得 $\lim\limits_{x\to0}\dfrac{f(x)}{\tan x}=0$，

故 $\lim\limits_{x\to0}\dfrac{\sqrt{1+\dfrac{f(x)}{\tan x}}-1}{x\ln(1+x)}=\lim\limits_{x\to0}\dfrac{\dfrac{f(x)}{2\tan x}}{x\cdot x}=\lim\limits_{x\to0}\dfrac{f(x)}{2x^2\cdot\tan x}=\lim\limits_{x\to0}\dfrac{f(x)}{2x^2\cdot x}$

$$=\lim\limits_{x\to0}\dfrac{f(x)}{2x^3}=A,$$

即 $f(x)\sim2Ax^3$，所以 $c=2A$，$k=3$.

8. 设函数

$$f(x) = \begin{cases} \dfrac{\sin(ax)}{\sqrt{1-\cos x}} & x < 0 \\ b & x = 0, \\ \dfrac{1}{x}\left[\ln x - \ln(x^2 + x)\right] & x > 0 \end{cases}$$

当 a，b 为何值时，$f(x)$ 在点 $x = 0$ 处连续？

【解】 $\lim\limits_{x \to 0^-} f(x) = \lim\limits_{x \to 0^-} \dfrac{\sin(ax)}{\sqrt{1-\cos x}} = \lim\limits_{x \to 0^-} \dfrac{ax}{\sqrt{x^2/2}} = \lim\limits_{x \to 0^-} \dfrac{ax}{-x/\sqrt{2}} = -\sqrt{2}a$，

$\lim\limits_{x \to 0^+} f(x) = \lim\limits_{x \to 0^+} \dfrac{1}{x}\left[\ln x - \ln(x^2 + x)\right] = \lim\limits_{x \to 0^+} \dfrac{-\ln(1+x)}{x} = \lim\limits_{x \to 0^+} \dfrac{-x}{x} = -1$，

由 $\lim\limits_{x \to 0^+} f(x) = \lim\limits_{x \to 0^-} f(x) = \lim\limits_{x \to 0} f(x) = f(0)$，得 $a = \dfrac{1}{\sqrt{2}}$，$b = -1$.

9. 试求常数 a，b 的值，使得下列等式成立.

（1） $\lim\limits_{x \to \infty}\left(\dfrac{x^2 + 1}{x + 1} - ax - b\right) = 0$；

（2） $\lim\limits_{x \to +\infty}\left(\sqrt{x^2 - x + 1} - ax + b\right) = 0$.

【解】 （1）法 1： $\lim\limits_{x \to \infty} \dfrac{\dfrac{x^2 + 1}{x + 1} - ax - b}{x} = \lim\limits_{x \to \infty}\left(\dfrac{x^2 + 1}{x^2 + x} - a - \dfrac{b}{x}\right)$

$$= 1 - a = 0, \text{ 故 } a = 1;$$

$b = \lim\limits_{x \to \infty}\left(\dfrac{x^2 + 1}{x + 1} - x\right) = \lim\limits_{x \to \infty}\left(\dfrac{1 - x}{x + 1}\right) = -1$.

法 2： $\lim\limits_{x \to \infty}\left(\dfrac{x^2 + 1}{x + 1} - ax - b\right) = \lim\limits_{x \to \infty} \dfrac{x^2 + 1 - (ax + b)(x + 1)}{x + 1}$

$$= \lim\limits_{x \to \infty} \dfrac{(1 - a)x^2 - (a + b)x + (1 - b)}{x + 1} = 0,$$

必有 $\begin{cases} 1 - a = 0 \\ a + b = 0 \end{cases}$，即 $a = 1$，$b = -1$.

法 3：学习了渐近线的求法后，可以把 $ax + b$ 当成函数 $\dfrac{x^2 + 1}{x + 1}$ 的渐近线，从而求出 a，b.

（2） $\lim\limits_{x \to +\infty} \dfrac{\sqrt{x^2 - x + 1} - ax + b}{x} = \lim\limits_{x \to +\infty}\left(\sqrt{1 - \dfrac{1}{x} + \dfrac{1}{x^2}} - a + \dfrac{b}{x}\right)$

$$= 1 - a = 0, \text{ 故 } a = 1;$$

$$b = -\lim_{x \to +\infty} (\sqrt{x^2 - x + 1} - x) = -\lim_{x \to +\infty} \frac{1 - x}{\sqrt{x^2 - x + 1} + x}$$

$$= \lim_{x \to +\infty} \frac{1 - \dfrac{1}{x}}{\sqrt{1 - \dfrac{1}{x} + \dfrac{1}{x^2}} + 1} = \frac{1}{2}.$$

10. 确定常数 c，使极限 $\lim\limits_{x \to \infty} \left[(x^5 + 7x^4 + 2)^c - x \right]$ 存在，并求极限的值.

【解】 由已知条件 $\lim\limits_{x \to \infty} \left[(x^5 + 7x^4 + 2)^c - x \right]$ 存在，可知 $c > 0$，且函数的最高方幂为 $5c$，设 $\lim\limits_{x \to \infty} \left[(x^5 + 7x^4 + 2)^c - x \right] = A$，则

$$\lim_{x \to \infty} \frac{(x^5 + 7x^4 + 2)^c - x}{x^{5c}} = 0,$$

即

$$\lim_{x \to \infty} \left[\left(1 + \frac{7}{x} + \frac{2}{x^5} \right)^c - x^{1-5c} \right] = 0,$$

又 $\lim\limits_{x \to \infty} \left(1 + \dfrac{7}{x} + \dfrac{2}{x^5} \right)^c = 1$，得 $\lim\limits_{x \to \infty} x^{1-5c} = 1$，推得 $1 - 5c = 0$，即 $c = \dfrac{1}{5}$，

$$\lim_{x \to \infty} \left[(x^5 + 7x^4 + 2)^{\frac{1}{5}} - x \right] = \lim_{x \to \infty} x \cdot \left[\left(1 + \frac{7}{x} + \frac{2}{x^5} \right)^{\frac{1}{5}} - 1 \right]$$

$$\xup020{(1+x)^\alpha \sim \alpha x} \lim_{x \to \infty} x \cdot \frac{1}{5} \left(\frac{7}{x} + \frac{2}{x^5} \right) = \frac{7}{5}.$$

11. 求下列函数的间断点，并指出间断点的类型.

(1) $f(x) = \lim\limits_{n \to \infty} \dfrac{(1 - x^{2n})x}{1 + x^{2n}}$；

(2) $f(x) = \begin{cases} e^{\frac{1}{x-1}} & x > 0 \text{ 且 } x \neq 1 \\ \ln(1 + x) & -1 < x \leqslant 0 \end{cases}$；

(3) $f(x) = \dfrac{\sqrt{1+x} - \sqrt[3]{1+x}}{\sin x}$.

【解】 (1) 当 $|x| < 1$ 时，$\lim\limits_{n \to \infty} \dfrac{(1 - x^{2n})x}{1 + x^{2n}} = x$，当 $|x| = 1$ 时，

$$\lim_{n \to \infty} \frac{(1 - x^{2n})x}{1 + x^{2n}} = 0,$$

当 $|x| > 1$ 时，$\lim\limits_{n \to \infty} \dfrac{(1 - x^{2n})x}{1 + x^{2n}} = \lim\limits_{n \to \infty} \dfrac{\left(\dfrac{1}{x^{2n}} - 1\right)x}{\dfrac{1}{x^{2n}} + 1} = -x$，故

$$f(x) = \begin{cases} x & |x| < 1 \\ 0 & |x| = 1 \\ -x & |x| > 1 \end{cases},$$

$\lim\limits_{x \to -1^-} f(x) = \lim\limits_{x \to -1^-}(-x) = 1$，$\lim\limits_{x \to -1^+} f(x) = \lim\limits_{x \to -1^+} x = -1$；

$\lim\limits_{x \to 1^-} f(x) = \lim\limits_{x \to 1^-} x = 1$，$\lim\limits_{x \to 1^+} f(x) = \lim\limits_{x \to 1^+}(-x) = -1$；

$\lim\limits_{x \to -1^-} f(x) \neq \lim\limits_{x \to -1^+} f(x)$，$\lim\limits_{x \to 1^-} f(x) \neq \lim\limits_{x \to 1^+} f(x)$

故 $x = \pm 1$ 为跳跃间断点（第一类间断点）.

（2）$x = 0$ 为分段点，而函数 $f(x)$ 在点 $x = 1$ 处无定义，故讨论这两点：

$\lim\limits_{x \to 0^-} f(x) = \lim\limits_{x \to 0^-} \ln(1 + x) = 0$，$\lim\limits_{x \to 0^+} f(x) = \lim\limits_{x \to 0^+} e^{\frac{1}{x-1}} = e^{-1}$，

故 $x = 0$ 为跳跃间断点（第一类间断点）；

$\lim\limits_{x \to 1^-} f(x) = \lim\limits_{x \to 1^-} e^{\frac{1}{x-1}} = 0$，$\lim\limits_{x \to 1^+} f(x) = \lim\limits_{x \to 1^+} e^{\frac{1}{x-1}} = \infty$，

故 $x = 1$ 为无穷间断点（第二类间断点）.

（3）欲使 $f(x)$ 有意义，则 $\sin x \neq 0$ 且 $1 + x \geqslant 0$，

故 $f(x)$ 的定义域为 $x \geqslant -1$，且 $x \neq k\pi$（k 为自然数），

因而 $x = k\pi$（k 为自然数）是间断点，

当 $k = 0$ 时，$\lim\limits_{x \to 0} f(x) = \lim\limits_{x \to 0} \dfrac{\sqrt{1 + x} - \sqrt[3]{1 + x}}{\sin x}$

$$= \lim\limits_{x \to 0} \dfrac{\sqrt{1 + x} - 1 + 1 - \sqrt[3]{1 + x}}{\sin x}$$

$$= \dfrac{\lim\limits_{x \to 0} \dfrac{\sqrt{1 + x} - 1}{x} + \lim\limits_{x \to 0} \dfrac{1 - \sqrt[3]{1 + x}}{x}}{\lim\limits_{x \to 0} \dfrac{\sin x}{x}}$$

$$\xrightarrow{\sqrt[n]{1+x} - 1 \sim x/n} \dfrac{\lim\limits_{x \to 0} \dfrac{x/2}{x} + \lim\limits_{x \to 0} \dfrac{-x/3}{x}}{\lim\limits_{x \to 0} \dfrac{\sin x}{x}} = \dfrac{1}{6},$$

故 $x = 0$ 为可去间断点（第一类间断点）；

当 $k \neq 0$ 时，$\lim\limits_{x \to k\pi} f(x) = \lim\limits_{x \to k\pi} \dfrac{\sqrt{1+x} - \sqrt[3]{1+x}}{\sin x} = \infty$，

故 $x = k\pi$（k 为正整数）为无穷间断点（第二类间断点）.

12. 设 $f(x) = \lim\limits_{n \to \infty} \dfrac{x^{2n-1} + ax^2 + bx}{x^{2n} + 1}$ 为连续函数，试确定 a，b 的值.

【解】　当 $|x| < 1$ 时，$\lim\limits_{n \to \infty} \dfrac{x^{2n-1} + ax^2 + bx}{x^{2n} + 1} = ax^2 + bx$，

当 $x = 1$ 时，$\lim\limits_{n \to \infty} \dfrac{x^{2n-1} + ax^2 + bx}{x^{2n} + 1} = \dfrac{a+b+1}{2}$，

当 $x = -1$ 时，$\lim\limits_{n \to \infty} \dfrac{x^{2n-1} + ax^2 + bx}{x^{2n} + 1} = \dfrac{a-b-1}{2}$，

当 $|x| > 1$ 时（此时为 $\dfrac{\infty}{\infty}$ 型），$\lim\limits_{n \to \infty} \dfrac{x^{2n-1} + ax^2 + bx}{x^{2n} + 1} \xrightarrow[\text{同除 } x^{2n-1}]{\text{分子分母}}$

$\lim\limits_{n \to \infty} \dfrac{1 + ax^{3-2n} + bx^{2-2n}}{x + x^{1-2n}} = \dfrac{1}{x}$，

故 $f(x) = \begin{cases} ax^2 + bx & |x| < 1 \\ \dfrac{a+b+1}{2} & x = 1 \\ \dfrac{a-b-1}{2} & x = -1 \\ \dfrac{1}{x} & |x| > 1 \end{cases}$.

$\lim\limits_{x \to -1^-} f(x) = \lim\limits_{x \to -1^-} \dfrac{1}{x} = -1$，$\lim\limits_{x \to -1^+} f(x) = \lim\limits_{x \to -1^+} (ax^2 + bx) = a - b$，

$\lim\limits_{x \to -1^-} f(x) = \lim\limits_{x \to -1^+} f(x)$，故得 $a - b = -1$，

$\lim\limits_{x \to 1^-} f(x) = \lim\limits_{x \to 1^-} (ax^2 + bx) = a + b$，$\lim\limits_{x \to 1^+} f(x) = \lim\limits_{x \to 1^+} \dfrac{1}{x} = 1$，

$\lim\limits_{x \to 1^-} f(x) = \lim\limits_{x \to 1^+} f(x)$，故得 $a + b = 1$，解得 $a = 0$，$b = 1$，

可验证此时 $\lim\limits_{x \to -1} f(x) = f(-1)$，$\lim\limits_{x \to 1} f(x) = f(1)$.

13. 设函数 $f(x)$ 对一切 x_1，x_2 满足等式 $f(x_1 + x_2) = f(x_1) \cdot f(x_2)$，且 $f(x)$ 在 $x = 0$ 点连续，证明：$f(x)$ 在任一点 x 处都连续.

【证明】　$\forall x$，则有

$$f(x + \Delta x) = f(x) \cdot f(\Delta x), \ f(x) = f(x + 0) = f(x) \cdot f(0),$$

故 $\Delta y = f(x + \Delta x) - f(x) = f(x)[f(\Delta x) - f(0)]$.

由 $f(x)$ 在 $x = 0$ 点连续性得 $\lim\limits_{\Delta x \to 0}[f(\Delta x) - f(0)] = 0$,

因而得 $\lim\limits_{\Delta x \to 0}\Delta y = \lim\limits_{\Delta x \to 0}f(x)[f(\Delta x) - f(0)] = f(x)\lim\limits_{\Delta x \to 0}[f(\Delta x) - f(0)] = 0$,

由 x 的任意性知: $f(x)$ 在任一点 x 处都连续.

14. 证明: 若 $f(x)$ 在 $[a, b]$ 上连续, 且 $a < x_1 < x_2 < \cdots < x_n < b$,

则在 $[x_1, x_n]$ 上必有一点 ξ, 使 $f(\xi) = \dfrac{1}{n}[f(x_1) + f(x_2) + \cdots + f(x_n)]$.

【证明】 因为 $[x_1, x_n] \subset [a, b]$, 由题设知: $f(x)$ 在 $[x_1, x_n]$ 上连续, 故 $f(x)$ 在 $[x_1, x_n]$ 上取得最大值 M 和最大值 m, 即

$$m \leqslant f(x_i) \leqslant M \quad (i = 1, 2, \cdots, n).$$

不等式相加得 $m \leqslant \dfrac{1}{n}[f(x_1) + f(x_2) + \cdots + f(x_n)] \leqslant M$,

令 $\mu = \dfrac{1}{n}[f(x_1) + f(x_2) + \cdots + f(x_n)]$, 则 $m \leqslant \mu \leqslant M$,

(1) 若 $\mu = m$ 或 $\mu = M$, 则由最大值最小值定理知, $\exists \xi \in [x_1, x_n]$, 使得 $f(\xi) = \mu$;

(2) 若 $m < \mu < M$, 则由介值定理知, $\exists \xi \in (x_1, x_n)$, 使得 $f(\xi) = \mu$,

综上所述, $\exists \xi \in [x_1, x_n]$, 使得

$$f(\xi) = \dfrac{1}{n}[f(x_1) + f(x_2) + \cdots + f(x_n)].$$

15. 设 $f(x)$ 在 (a, b) 内连续, $f(a^+)$, $f(b^-)$ 存在, 证明: $f(x)$ 在 (a, b) 内有界.

【证明】 构造辅助函数

$$F(x) = \begin{cases} f(a^+) & x = a \\ f(x) & x \in (a, b), \\ f(b^-) & x = b \end{cases} \ \text{则} \ F(x) \ \text{在} \ [a, b] \ \text{上连续},$$

由最大值最小值定理的推论知: $F(x)$ 在 $[a, b]$ 上有界, 因而 $F(x)$ 在 (a, b) 内也有界,

而 $F(x) = f(x)$, $x \in (a, b)$, 即 $f(x)$ 在 (a, b) 内有界.

16. 设函数 $f(x) = x^n + a_1 x^{n-1} + \cdots + a_{n-1} x + a_n$ $(a_1, a_2, \cdots, a_n$

为实常数），证明：

（1）若 $a_n > 0$，且 n 为奇数，则方程 $f(x) = 0$ 至少有一负根.

（2）若 $a_n < 0$，则方程 $f(x) = 0$ 至少有一正根.

（3）若 $a_n < 0$，且 n 为偶数，则方程 $f(x) = 0$ 至少有一个正根和一个负根.

【证明】（1）n 为奇数，故有 $\lim\limits_{x \to -\infty} f(x) = -\infty$，由负无穷大的定义知：$\exists\, a < 0$，使得 $f(a) < 0$，

又 $f(0) = a_n > 0$，在 $[a, 0]$ 上应用零点定理：$\exists\, \xi \in (a, 0)$，使得 $f(\xi) = 0$，

即方程 $f(x) = 0$ 至少有一负根.

（2）因为 $\lim\limits_{x \to +\infty} f(x) = +\infty$，由正无穷大的定义知：$\exists\, b > 0$，使得 $f(b) > 0$，

又 $f(0) = a_n < 0$，在 $[0, b]$ 上应用零点定理：$\exists\, \xi \in (0, b)$，使得 $f(\xi) = 0$，

即方程 $f(x) = 0$ 至少有一正根.

（3）n 为偶数，故有 $\lim\limits_{x \to \infty} f(x) = +\infty$，由正无穷大的定义知：$\exists\, a < 0$，使得 $f(a) > 0$，$\exists\, b > 0$，使得 $f(b) > 0$，又 $f(0) = a_n < 0$，分别在 $[a, 0]$ 及 $[0, b]$ 上应用零点定理：$\exists \xi_1 \in (a, 0)$，$\exists \xi_2 \in (0, b)$，使得 $f(\xi_i) = 0$ （$i = 1, 2$），即方程 $f(x) = 0$ 至少有一个正根和一个负根.

四、 自测题

1.1 数列的极限

1. 用数列极限的定义证明 $\lim\limits_{n \to \infty} \dfrac{\sqrt{n^2 + a^2}}{n} = 1$.

2. 设数列 $\{x_n\}$ 有界，又 $\lim\limits_{n \to \infty} y_n = 0$，证明：$\lim\limits_{n \to \infty} x_n y_n = 0$.

3. 设 $x_1 = \sqrt{a}$，$x_2 = \sqrt{a + \sqrt{a}}$，$\cdots$，$x_n = \sqrt{a + \sqrt{a + \cdots + \sqrt{a}}}$ （$a > 0$），求 $\lim\limits_{n \to \infty} x_n$.

4. 求极限 $\lim\limits_{n\to\infty}\sqrt[n]{1+\dfrac{1}{2}+\dfrac{1}{3}+\cdots+\dfrac{1}{n}}$.

1.2 函数的极限

1. 用极限的定义证明 $\lim\limits_{x\to3}x^2=9$.

2. 设 $f(x)=\begin{cases}2+\sin x & x<0\\ 1 & x=0\\ x+a & x>0\end{cases}$，确定常数 a，使得函数 $f(x)$ 当 $x\to$

0 时极限存在.

3. 若 $\lim\limits_{x\to x_0}f(x)$，$\lim\limits_{x\to x_0}g(x)$ 都存在，则 $\lim\limits_{x\to x_0}f(x)g(x)$ 必存在，试问逆命题是否成立？试举例说明.

4. 设 $f(x)=\dfrac{\sqrt{x^2+3x+2}}{x-3}$，极限 $\lim\limits_{x\to\infty}f(x)$ 是否存在？

1.3 极限的运算法则

1. $\lim\limits_{x\to\infty}(\sqrt[3]{x^3+2x^2+1}-x)$；

2. $\lim\limits_{x\to+\infty}\left(\dfrac{1}{n^3}+\dfrac{1+2}{n^3}+\dfrac{1+2+3}{n^3}+\cdots+\dfrac{1+2+\cdots+n}{n^3}\right)$；

3. $\lim\limits_{x\to-\infty}\dfrac{\sqrt{x^2-1}-2x}{x+1}$；　　　　4. $\lim\limits_{x\to0}\dfrac{\sqrt{x^2+4}-2}{\sqrt{x^2+9}-3}$.

1.4 两个重要极限

1. $\lim\limits_{x\to0}\dfrac{1-\cos2x}{x\sin x}$；　　　　　　2. $\lim\limits_{x\to\infty}\dfrac{2x-3}{x^2\sin\dfrac{1}{x}}$；

3. $\lim\limits_{x\to0}\dfrac{\sqrt{1+3x}-1}{x(1-x^2)^{\frac{1}{\sin^2 x}}}$；　　　　4. $\lim\limits_{x\to0}(\sqrt{2x+1})^{\frac{1}{\tan x}}$.

1.5 无穷小与无穷大

1. $\lim\limits_{x\to0}\dfrac{\ln(1+\sin x)}{2^x-1}$；　　　　　2. $\lim\limits_{x\to0}\dfrac{(3+x)^x-3^x}{\tan^2 x}$；

3. $\lim\limits_{x\to0}\dfrac{\sqrt{1+\tan x}-\sqrt{1+\sin x}}{x\sqrt{1+\tan^2 x}-x}$；

4. 已知 $\lim\limits_{x\to0}\dfrac{\ln\left(1+\dfrac{f(x)}{\sin2x}\right)}{e^x-1}=5$，求 $\lim\limits_{x\to0}\dfrac{f(x)}{x^2}$.

1.6 函数的连续性

1. 已知 $f(x) = \begin{cases} (\cos x)^{x-2} & x \neq 0 \\ a & x = 0 \end{cases}$ 在 $x = 0$ 处连续，则 $a = \underline{\qquad}$.

2. 讨论 $f(x) = (1+x)^{\frac{x}{\tan(x-\pi/4)}}$ 在点 $\dfrac{3\pi}{4}$，$\dfrac{5\pi}{4}$ 处的连续性，如果是间断点，判别其类型.

3. 试证方程 $x = \sin x + 1$ 在 （0，2） 内至少有一个根.

4. 设 $f(x)$，$g(x)$ 在 $[a, b]$ 上连续，且均为严格单增的正函数，证明：$\exists \xi \in (a, b)$，使得 $f(b)g(a) + f(a)g(b) = 2f(\xi)g(\xi)$.

1.7 综合例题

1. 试确定 a，b 的值，使 $f(x) = \dfrac{e^x - b}{(x-a)(x-1)}$ 在 $x = 0$ 处为无穷间断点、在 $x = 1$ 处为可去间断点.

2. 设 $f(x) = \begin{cases} x & x < 1 \\ a & x \geq 1 \end{cases}$，$\varphi(x) = \begin{cases} b & x \leq 0 \\ x+1 & x > 0 \end{cases}$，

求 a，b 的值，使 $f(x) + \varphi(x)$ 在 （$-\infty$，$+\infty$） 上连续.

3. 试求常数 k，使得极限 $\lim\limits_{x \to +\infty} \left[(e^{3x} + 3e^x + 5)^k - e^{2x} \right]$ 存在，且求出该极限.

4. 设 $f(x)$ 在 $[a, b]$ 上连续，且 $a < c < d < b$，证明：在 （a，b） 内至少存在一点 ξ，使得

$$pf(c) + qf(d) = (p + q)f(\xi)，$$ 其中 p，q 为任意正常数.

五、 自测题答案

1.1 数列的极限

1. $\forall \varepsilon > 0$，欲使

$$\left| \frac{\sqrt{n^2 + a^2}}{n} - 1 \right| = \frac{\sqrt{n^2 + a^2} - n}{n} = \frac{a^2}{n(\sqrt{n^2 + a^2} + n)} < \frac{a^2}{n} < \varepsilon,$$

只要 $n > \dfrac{a^2}{\varepsilon}$，取 $N = \left[\dfrac{a^2}{\varepsilon} \right]$，

所以 $\exists N = \left[\dfrac{a^2}{\varepsilon}\right]$，当 $n > N$ 时，恒有 $\left|\dfrac{\sqrt{n^2 + a^2}}{n} - 1\right| < \varepsilon$，故

$$\lim_{n \to \infty} \frac{\sqrt{n^2 + a^2}}{n} = 1.$$

2. 因为 $\{x_n\}$ 有界，故 $\exists M > 0$，对所有的 n，均有 $|x_n| \leqslant M$．

$\forall \varepsilon > 0$，因为 $\lim_{n \to \infty} y_n = 0$，所以 $\exists N > 0$，当 $n > N$ 时，恒有 $|y_n - 0| = |y_n| < \varepsilon$，

从而 $|x_n y_n - 0| = |x_n| \cdot |y_n| < M\varepsilon$，故 $\lim_{n \to \infty} x_n y_n = 0$．

3. $x_n = \sqrt{a + x_{n-1}}$，显然 $\{x_n\}$ 单增，由归纳法可得

$$x_n < 1 + \sqrt{1 + a},$$

由单调有界准则知 $\{x_n\}$ 收敛，等式两端取极限可得

$$\lim_{n \to \infty} x_n = \frac{1 + \sqrt{1 + 4a}}{2}.$$

4. 因为 $\sqrt[n]{1} < \sqrt[n]{1 + \dfrac{1}{2} + \dfrac{1}{3} + \cdots + \dfrac{1}{n}} < \sqrt[n]{n}$，$\lim_{n \to \infty} \sqrt[n]{1} = 1$，$\lim_{n \to \infty} \sqrt[n]{n} = 1$，

由夹逼定理得 $\lim_{n \to \infty} \sqrt[n]{1 + \dfrac{1}{2} + \dfrac{1}{3} + \cdots + \dfrac{1}{n}} = 1$．

1.2 函数的极限

1. $\forall \varepsilon > 0$，限制 $0 < |x - 3| < 1$，欲使

$$|x^2 - 9| = |x + 3||x - 3| < 7|x - 3| < 7\delta < \varepsilon,$$

取 $\delta = \min\left\{1, \dfrac{\varepsilon}{7}\right\}$，所以 $\exists \delta = \min\left\{1, \dfrac{\varepsilon}{7}\right\}$，当 $0 < |x - 3| < \delta$ 时，恒有 $|x^2 - 9| < \varepsilon$，故 $\lim_{x \to 3} x^2 = 9$．

2. $\lim_{x \to 0^-} f(x) = \lim_{x \to 0^-}(2 + \sin x) = 2$，$\lim_{x \to 0^+} f(x) = \lim_{x \to 0^+}(x + a) = a$，$\lim_{x \to 0} f(x)$ 存在，必有 $\lim_{x \to 0^-} f(x) = \lim_{x \to 0^+} f(x)$，故 $a = 2$．

3. 逆命题不成立．

例：设 $f(x) = x$，$g(x) = \sin \dfrac{1}{x}$，$\lim_{x \to 0} f(x) g(x) = \lim_{x \to 0} x \sin \dfrac{1}{x} = 0$，但 $\lim_{x \to 0} g(x)$ 不存在．

4. $\lim_{x \to +\infty} f(x) = 1$，$\lim_{x \to -\infty} f(x) = -1$，因为 $\lim_{x \to +\infty} f(x) \neq \lim_{x \to -\infty} f(x)$，故极限 $\lim_{x \to \infty} f(x)$ 不存在．

1.3 极限的运算法则

1. 原式 =

$$\lim_{x\to\infty}\frac{(\sqrt[3]{x^3+2x^2+1}-x)\cdot[(\sqrt[3]{x^3+2x^2+1})^2+x\cdot\sqrt[3]{x^3+2x^2+1}+x^2]}{(\sqrt[3]{x^3+2x^2+1})^2+x\cdot\sqrt[3]{x^3+2x^2+1}+x^2}$$

$$=\lim_{x\to\infty}\frac{2x^2+1}{(\sqrt[3]{x^3+2x^2+1})^2+x\cdot\sqrt[3]{x^3+2x^2+1}+x^2}$$

$$=\lim_{x\to\infty}\frac{2+\dfrac{1}{x^2}}{\left(\sqrt[3]{1+\dfrac{2}{x}+\dfrac{1}{x^3}}\right)^2+\sqrt[3]{1+\dfrac{2}{x}+\dfrac{1}{x^3}}+1}=\frac{2}{3}.$$

2. 因为 $1+2+\cdots+n=\dfrac{n(n+1)}{2}=\dfrac{n^2+n}{2}$，则

$$原式=\lim_{x\to+\infty}\left(\frac{\dfrac{1^2+1}{2}}{n^3}+\frac{\dfrac{2^2+2}{2}}{n^3}+\frac{\dfrac{3^2+3}{2}}{n^3}+\cdots+\frac{\dfrac{n^2+n}{2}}{n^3}\right)$$

$$=\lim_{x\to+\infty}\frac{(1^2+2^2+\cdots+n^2)+(1+2+\cdots+n)}{2n^3}$$

$$=\lim_{x\to+\infty}\frac{\dfrac{n(n+1)(2n+1)}{6}}{2n^3}+\lim_{x\to+\infty}\frac{\dfrac{n(n+1)}{2}}{2n^3}$$

$$=\lim_{x\to+\infty}\frac{\left(1+\dfrac{1}{n}\right)\left(2+\dfrac{1}{n}\right)}{12}+\lim_{x\to+\infty}\frac{1+\dfrac{1}{n}}{4n}=\frac{1}{6}.$$

3. 原式 $\overset{x=-t}{\underset{t>0}{=\!=\!=}}\lim_{t\to+\infty}\frac{\sqrt{t^2-1}+2t}{-t+1}=\lim_{t\to+\infty}\frac{\sqrt{1-\dfrac{1}{t^2}}+2}{-1+\dfrac{1}{t}}=-3.$

4. 原式 $=\lim_{x\to0}\dfrac{x^2(\sqrt{x^2+9}+3)}{x^2(\sqrt{x^2+4}+2)}=\dfrac{3}{2}.$

1.4 两个重要极限

1. 原式 $=\lim_{x\to0}\dfrac{2\sin^2 x}{x\sin x}=\lim_{x\to0}\dfrac{2\sin x}{x}=2.$

2. 原式 $= \lim\limits_{x\to\infty} \dfrac{2 - \dfrac{3}{x}}{\sin\dfrac{1}{x}\Big/\dfrac{1}{x}} = 2.$

3. 原式 $= \lim\limits_{x\to0} \dfrac{3x}{(\sqrt{1+3x}+1)} \cdot \dfrac{1}{x(1-x^2)^{\frac{1}{\sin^2 x}}}$

$= \lim\limits_{x\to0} \dfrac{3}{(\sqrt{1+3x}+1)} \cdot \dfrac{1}{e^{-\lim\limits_{x\to0}(\frac{x}{\sin x})^2}} = \dfrac{3}{2}e.$

4. 原式 $= \lim\limits_{x\to0}\big[1 + (\sqrt{2x+1}-1)\big]^{\frac{1}{\tan x}} = e^{\lim\limits_{x\to0}(\sqrt{2x+1}-1)\cdot\frac{1}{\tan x}}$

$= e^{\lim\limits_{x\to0}\frac{2\cos x}{\sqrt{2x+1}+1}\cdot\frac{x}{\sin x}} = e.$

1.5 无穷小与无穷大

1. 原式 $= \lim\limits_{x\to0} \dfrac{\sin x}{x\ln2} = \dfrac{1}{\ln2}.$

2. 原式 $= \lim\limits_{x\to0} 3^x \cdot \dfrac{\left(1+\dfrac{x}{3}\right)^x - 1}{x^2} = \lim\limits_{x\to0} \dfrac{e^{x\ln\left(1+\frac{x}{3}\right)} - 1}{x^2} = \lim\limits_{x\to0} \dfrac{x\ln\left(1+\dfrac{x}{3}\right)}{x^2}$

$= \lim\limits_{x\to0} \dfrac{x\cdot\left(\dfrac{x}{3}\right)}{x^2} = \dfrac{1}{3}.$

3. 原式 $= \lim\limits_{x\to0} \dfrac{1}{\sqrt{1+\tan x}+\sqrt{1+\sin x}} \cdot \lim\limits_{x\to0} \dfrac{\tan x - \sin x}{x(\sqrt{1+\tan^2 x}-1)}$

$= \dfrac{1}{2}\lim\limits_{x\to0} \dfrac{\tan x - \sin x}{x\cdot\dfrac{\tan^2 x}{2}} = \lim\limits_{x\to0} \dfrac{\tan x - \sin x}{x^3} \overset{\text{见1.5节第}}{\underset{4(5)\text{题}}{=\!=\!=}} \dfrac{1}{2}.$

4. 因为 $\lim\limits_{x\to0}\ln\left(1+\dfrac{f(x)}{\sin2x}\right) = \lim\limits_{x\to0} \dfrac{\ln\left(1+\dfrac{f(x)}{\sin2x}\right)}{e^x-1} \cdot \lim\limits_{x\to0}(e^x-1) = 5\times0 =$

0，从而 $\lim\limits_{x\to0}\dfrac{f(x)}{\sin2x} = 0$，故原式 $= \lim\limits_{x\to0}\dfrac{\dfrac{f(x)}{\sin2x}}{x} = \dfrac{1}{2}\lim\limits_{x\to0}\dfrac{f(x)}{x^2} = 5$，所以

$\lim\limits_{x\to0}\dfrac{f(x)}{x^2} = 10.$

1.6 函数的连续性

1. 因为 $\lim\limits_{x\to0}f(x) = \lim\limits_{x\to0}(\cos x)^{x-2} = \lim\limits_{x\to0}\big[1+(\cos x-1)\big]^{x-2}$

$$= \mathrm{e}^{\lim\limits_{x \to 0}(\cos x - 1) \cdot x^{-2}} = \mathrm{e}^{\lim\limits_{x \to 0}\left(-\frac{x^2}{2}\right) \cdot x^{-2}} = \mathrm{e}^{-\frac{1}{2}},$$

$f(x)$ 在 $x = 0$ 处连续，即 $\lim\limits_{x \to 0} f(x) = f(0) = a$，故 $a = \mathrm{e}^{-\frac{1}{2}}$.

2. $f(x)$ 在点 $\dfrac{3\pi}{4}$，$\dfrac{5\pi}{4}$ 处没有定义，故都是间断点；又 $\lim\limits_{x \to \frac{3\pi}{4}} f(x) = 1$，

$\lim\limits_{x \to \frac{5\pi}{4}^+} f(x) = +\infty$，

故 $x = \dfrac{3\pi}{4}$ 为可去间断点（第一类间断点）；$x = \dfrac{5\pi}{4}$ 为无穷间断点（第二类间断点）.

3. 令 $F(x) = x - \sin x - 1$，则 $F(x)$ 在 $[0, 2]$ 上连续，

$F(0) = -1 < 0$，$F(2) = 1 - \sin 2 > 0$，

由零点定理得：至少 $\exists \xi \in (0, 2)$，使得 $F(\xi) = 0$，

即 ξ 是方程 $x = \sin x + 1$ 在 $(0, 2)$ 内的一个根.

4. 令 $F(x) = f(b)g(a) + f(a)g(b) - 2f(x)g(x)$，则 $F(x)$ 在 $[a, b]$ 上连续，

由正函数 $f(x)$，$g(x)$ 的严格单增性可得

$F(a) = f(b)g(a) + f(a)g(b) - 2f(a)g(a)$

　　$= [f(b) - f(a)]g(a) + [g(b) - g(a)]f(a) > 0$，

$F(b) = f(b)g(a) + f(a)g(b) - 2f(b)g(b)$

　　$= [g(a) - g(b)]f(b) + [f(a) - f(b)]g(b) < 0$，

由零点定理得：$\exists \xi \in (a, b)$，使得 $F(\xi) = 0$，即 $f(b)g(a) + f(a)g(b) = 2f(\xi)g(\xi)$.

1.7　综合例题

1. 由 $x = 0$ 为 $f(x)$ 的无穷间断点，得 $\lim\limits_{x \to 0} \dfrac{\mathrm{e}^x - b}{(x-a)(x-1)} = \infty$，

即 $\lim\limits_{x \to 0} \dfrac{(x-a)(x-1)}{\mathrm{e}^x - b} = \dfrac{a}{1-b} = 0$，得 $a = 0$ 且 $b \neq 1$；

由 $x = 1$ 为 $f(x)$ 的可去间断点，可知 $\lim\limits_{x \to 1} \dfrac{\mathrm{e}^x - b}{(x-a)(x-1)}$ 存在，设

$\lim\limits_{x \to 1} \dfrac{\mathrm{e}^x - b}{(x-a)(x-1)} = C$，

则 $C = \lim\limits_{x \to 1} \dfrac{\mathrm{e}^x - b}{x(x-1)} = \lim\limits_{x \to 1} \dfrac{b(\mathrm{e}^{x - \ln b} - 1)}{x-1}$，

当 $b = \mathrm{e}$ 时，$C = \lim\limits_{x \to 1} \dfrac{\mathrm{e}(\mathrm{e}^{x-1} - 1)}{x - 1} = \lim\limits_{x \to 1} \dfrac{\mathrm{e}(x - 1)}{x - 1} = \mathrm{e}$，

所以 $a = 0, b = \mathrm{e}$.

2. $f(x) + \varphi(x) \xlongequal{\triangle} T(x) = \begin{cases} x + b & x \leqslant 0 \\ 2x + 1 & 0 < x < 1, \\ x + a + 1 & x \geqslant 1 \end{cases}$

$\lim\limits_{x \to 0^-} T(x) = \lim\limits_{x \to 0^-} (x + b) = b$，$\lim\limits_{x \to 0^+} T(x) = \lim\limits_{x \to 0^+} (2x + 1) = 1$，$T(0) = b$，

$\lim\limits_{x \to 1^-} T(x) = \lim\limits_{x \to 1^-} (2x + 1) = 3$，$\lim\limits_{x \to 1^+} T(x) = \lim\limits_{x \to 1^+} (x + a + 1) = a + 2$，

$T(1) = a + 2$，

$T(x)$ 在 $(-\infty, +\infty)$ 上连续，则有

$\lim\limits_{x \to 0^-} T(x) = \lim\limits_{x \to 0^+} T(x) = T(0)$，$\lim\limits_{x \to 1^-} T(x) = \lim\limits_{x \to 1^+} T(x) = T(1)$，

得 $a = b = 1$.

3. $\lim\limits_{x \to +\infty} \dfrac{(\mathrm{e}^{3x} + 3\mathrm{e}^x + 5)^k - \mathrm{e}^{2x}}{\mathrm{e}^{3kx}} = \lim\limits_{x \to +\infty} \left[\left(1 + \dfrac{3}{\mathrm{e}^{2x}} + \dfrac{5}{\mathrm{e}^{3x}}\right)^k - \mathrm{e}^{(2-3k)x} \right]$

$= 1 - \lim\limits_{x \to +\infty} \mathrm{e}^{(2-3k)x} = 0$，故 $k = \dfrac{2}{3}$；

$\lim\limits_{x \to +\infty} \left[(\mathrm{e}^{3x} + 3\mathrm{e}^x + 5)^{\frac{2}{3}} - \mathrm{e}^{2x} \right] = \lim\limits_{x \to +\infty} \mathrm{e}^{2x} \cdot \left[\left(1 + \dfrac{3}{\mathrm{e}^{2x}} + \dfrac{5}{\mathrm{e}^{3x}}\right)^{\frac{1}{3}} - 1 \right]$

$\xeq{(1+x)^\alpha \sim \alpha x} \lim\limits_{x \to +\infty} \mathrm{e}^{2x} \cdot \dfrac{1}{3}\left(\dfrac{3}{\mathrm{e}^{2x}} + \dfrac{5}{\mathrm{e}^{3x}}\right) = 1$.

4. 令 $F(x) = (p + q)f(x) - pf(c) - qf(d)$，则 $F(x)$ 在 $[c, d]$ 上连续，

$F(c) = q[f(c) - f(d)]$，$F(d) = p[f(d) - f(c)]$，

$F(c) \cdot F(d) = -pq[f(c) - f(d)]^2 \leqslant 0$，

（1）当 $f(c) - f(d) = 0$ 时，可取 $\xi = c$ 或 $\xi = d$，所以 $\exists \xi \in (a, b)$，使得 $F(\xi) = 0$；

（2）【证法1】当 $f(c) - f(d) < 0$ 时，由零点定理：至少存在一点 $\xi \in (c, d) \subset (a, b)$，使得 $F(\xi) = 0$，

即 $pf(c) + qf(d) = (p + q)f(\xi)$.

【证法2】因为 $f(x)$ 在 $[a, b]$ 上连续，$a < c < d < b$，故 $f(x)$ 在 $[c, d]$ 上有最大值 M 与最小值 m，且有 $m \leqslant f(x) \leqslant M$（$x \in [c, d]$）.

故有 $pm \leqslant pf(c) \leqslant pM$, $qm \leqslant qf(d) \leqslant qM$,

两式相加得 $\quad (p+q)m \leqslant pf(c)+qf(d) \leqslant (p+q)M$

即 $$m \leqslant \frac{pf(c)+qf(d)}{p+q} \leqslant M$$

由介值定理，至少存在一点 $\xi \in [c,d] \subset (a,b)$，使得

$$\frac{pf(c)+qf(d)}{p+q}=f(\xi),$$

即 $pf(c)+qf(d)=(p+q)f(\xi)$.

第 2 章

导数与微分

一、 学习要求

1. 理解导数的概念及其几何意义，理解函数可导性与连续性的关系，会用导数描述一些物理量，会用定义求函数在一点处的导数，会求曲线上一点处的切线方程与法线方程.

2. 熟练掌握基本导数公式（基本初等函数及双曲函数的导数公式）、四则运算法则以及复合函数的求导方法，会求反函数的导数.

3. 掌握隐函数的求导法、对数求导法及由参数方程所确定的函数的求导方法. 会求隐函数、参数方程所确定的函数的一阶、二阶导数.

4. 理解左、右导数的概念，会求分段函数的一阶、二阶导数.

5. 理解高阶导数的概念，会利用已知函数的高阶导数及莱布尼茨公式求简单函数的 n 阶导数.

6. 理解函数的微分概念，掌握微分四则运算法则，了解可微与可导的关系，会求函数的微分.

7. 了解一阶微分形式的不变性，了解微分在近似计算中的应用.

二、 典型例题

2.1 导数概念

P63 第 1 题、P65 第 3 （3）题、P66 第 5 （1）（3）题、P67 第 6 （1）（3）题、P68 第 7 题、P70 第 12 题、P70 第 14 题、P71 第 16 题.

62

2.2　求导法则和求导基本公式

P73 第 1 （9）（13）题、P74 第 2 （6）（11）（13）题、P77 第 4 （3）（8）题、P78 第 5 题、P80 第 10 题.

2.3　隐函数和参数方程确定的函数的导数

P81 第 1 （5）（6）题、P81 第 2 题、P82 第 4 （3）（5）题、P84 第 8 题、P84 第 9 题、P86 第 13 题.

2.4　高阶导数

P88 第 1 （5）（6）（7）（8）（9）（10）题、P91 第 4 （4）题、P92 第 5 题、P92 第 6 题、P93 第 7 （3）（4）题.

2.5　函数的微分

P96 第 4 （3）（4）题、P96 第 5 题、P97 第 6 （4）题、P97 第 7 （1）题、P97 第 8 题.

2.6　综合例题

P99 第 2 题、P100 第 4 题、P101 第 6 题、P102 第 8 题、P102 第 9 题、P103 第 10 题、P106 第 13 （4）题、P108 第 17 题、P108 第 18 题、P109 第 19 题.

三、习题及解答

2.1　导数概念

1. 有一质量分布不均匀的细杆 AB，长 10cm，AM 段质量与从 A 到点 M 的距离平方成正比，并且已知一段 $AM = 2$cm 的质量等于 8g，试求：

（1）$AM = 2$cm 一段上的平均线密度.

（2）全杆的平均线密度.

（3）在 AM 等于 4cm 的点 M 处的线密度.

（4）在任意点 M 处的线密度.

【解】（1）$AM = 2$cm 一段上的平均线密度为 8g/2cm = 4g/cm；

（2）设 AM 段质量为 m，A 到点 M 的距离为 x，

由题意得 $m = kx^2$，当 $x = 2$ 时，$m = 8$，得 $k = 2$，即 $m = 2x^2$，

所以当 $x = 10$ 时，得 $m = 200$，故全杆的平均线密度为 200g/10cm = 20g/cm.

（3）在 $x = 4$ 处给以增量 Δx，则在区间段 $[4, 4 + \Delta x]$ 的质量为

$\Delta m = 2(4 + \Delta x)^2 - 2 \times 4^2 = 2(8\Delta x + (\Delta x)^2)$，

故在 AM 等于 4cm 的点 M 处的线密度为

$$\lim_{\Delta x \to 0} \frac{\Delta m}{\Delta x} = \lim_{\Delta x \to 0} 2\ (8 + \Delta x) = 16\,(\mathrm{g/cm}).$$

（4）在任意点 x 处给以增量 Δx，则在区间段 $[x, x + \Delta x]$ 的质量为

$$\Delta m = 2(x + \Delta x)^2 - 2 \cdot x^2 = 2(2x \cdot \Delta x + (\Delta x)^2),$$

故在任意点 M 处的线密度为 $\lim_{\Delta x \to 0} \dfrac{\Delta m}{\Delta x} = \lim_{\Delta x \to 0} 2(2x + \Delta x) = 4x\,(\mathrm{g/cm}).$

2. 若质点运动规律为 $s = vt - \dfrac{1}{2}gt^2$，求：

（1）在 $t_0 = 1$，$t = 1 + \Delta t$ 之间的平均速度（$\Delta t = 0.5$，0.1，0.05，0.01）.

（2）在 $t_0 = 1$ 时，质点的瞬时速度.

【解】（1）在 $t_0 = 1$，$t = 1 + \Delta t$ 之间的平均速度（$\Delta t = 0.5$，0.1，0.05，0.01）分别为

$$\frac{\left[v(1 + 0.5) - \frac{1}{2}g(1 + 0.5)^2\right] - \left[v \cdot 1 - \frac{1}{2}g \cdot 1^2\right]}{0.5} = v - 1.25g,$$

$$\frac{\left[v(1 + 0.1) - \frac{1}{2}g(1 + 0.1)^2\right] - \left[v \cdot 1 - \frac{1}{2}g \cdot 1^2\right]}{0.1} = v - 1.05g,$$

$$\frac{\left[v(1 + 0.05) - \frac{1}{2}g(1 + 0.05)^2\right] - \left[v \cdot 1 - \frac{1}{2}g \cdot 1^2\right]}{0.05} = v - 1.025g,$$

$$\frac{\left[v(1 + 0.01) - \frac{1}{2}g(1 + 0.01)^2\right] - \left[v \cdot 1 - \frac{1}{2}g \cdot 1^2\right]}{0.01} = v - 1.005g.$$

（2）在 $t_0 = 1$ 处给以增量 Δt，则在 $t_0 = 1$，$t = 1 + \Delta t$ 之间的平均速度为

$$\frac{\left[v(1 + \Delta t) - \frac{1}{2}g(1 + \Delta t)^2\right] - \left[v \cdot 1 - \frac{1}{2}g \cdot 1^2\right]}{\Delta t} = v - g - \frac{1}{2}g\Delta t,$$

故在 $t_0 = 1$ 时，质点的瞬时速度为 $\lim_{\Delta t \to 0}\left[v - g - \dfrac{1}{2}g\Delta t\right] = v - g.$

3. 利用导数定义，求下列函数在指定点 x_0 处的导数.

（1）$f(x) = \dfrac{1}{x^2}$，$x_0 = 1$；　　　　（2）$f(x) = \dfrac{1}{\sqrt{x}}$，$x_0 = 4$；

(3) $f(x) = x|x|$, $x_0 = 0$;　　　　(4) $f(x) = \cos x$, $x_0 = \dfrac{\pi}{4}$.

【解】 (1) $f'(1) = \lim\limits_{\Delta x \to 0} \dfrac{f(1 + \Delta x) - f(1)}{\Delta x} = \lim\limits_{\Delta x \to 0} \dfrac{\dfrac{1}{(1 + \Delta x)^2} - 1}{\Delta x}$

$$= \lim\limits_{\Delta x \to 0} \dfrac{-\Delta x - 2}{(1 + \Delta x)^2} = -2.$$

(2) $f'(4) = \lim\limits_{\Delta x \to 0} \dfrac{f(4 + \Delta x) - f(4)}{\Delta x} = \lim\limits_{\Delta x \to 0} \dfrac{\dfrac{1}{\sqrt{4 + \Delta x}} - \dfrac{1}{2}}{\Delta x}$

$$= \lim\limits_{\Delta x \to 0} \dfrac{2 - \sqrt{4 + \Delta x}}{2 \cdot \Delta x \cdot \sqrt{4 + \Delta x}}$$

$$= \lim\limits_{\Delta x \to 0} \dfrac{-1}{2\sqrt{4 + \Delta x} \cdot (2 + \sqrt{4 + \Delta x})} = -\dfrac{1}{16}.$$

(3) $f'(0) = \lim\limits_{\Delta x \to 0} \dfrac{f(0 + \Delta x) - f(0)}{\Delta x} = \lim\limits_{\Delta x \to 0} \dfrac{\Delta x |\Delta x| - 0}{\Delta x}$

$$= \lim\limits_{\Delta x \to 0} |\Delta x| = 0.$$

(4) $f'\left(\dfrac{\pi}{4}\right) = \lim\limits_{\Delta x \to 0} \dfrac{f\left(\dfrac{\pi}{4} + \Delta x\right) - f\left(\dfrac{\pi}{4}\right)}{\Delta x}$

$$= \lim\limits_{\Delta x \to 0} \dfrac{\cos\left(\dfrac{\pi}{4} + \Delta x\right) - \cos\left(\dfrac{\pi}{4}\right)}{\Delta x}$$

$$= -2 \lim\limits_{\Delta x \to 0} \dfrac{\sin\left(\dfrac{\pi}{4} + \dfrac{\Delta x}{2}\right) \cdot \sin\left(\dfrac{\Delta x}{2}\right)}{\Delta x}$$

$$= -\lim\limits_{\Delta x \to 0} \sin\left(\dfrac{\pi}{4} + \dfrac{\Delta x}{2}\right) \cdot \lim\limits_{\Delta x \to 0} \dfrac{\sin\left(\dfrac{\Delta x}{2}\right)}{\dfrac{\Delta x}{2}} = -\dfrac{\sqrt{2}}{2}.$$

4. 利用定义求下列函数的导数.

(1) $y = \sin 2x$;　　　　(2) $y = e^{ax}$.

【解】 (1) $(\sin 2x)' = \lim\limits_{\Delta x \to 0} \dfrac{\sin 2(x + \Delta x) - \sin 2x}{\Delta x}$

$$= \lim\limits_{\Delta x \to 0} \dfrac{2\sin \Delta x \cdot \cos(2x + \Delta x)}{\Delta x} = 2\cos 2x.$$

$$(2) \ (e^{ax})' = \lim_{\Delta x \to 0} \frac{e^{a(x+\Delta x)} - e^{ax}}{\Delta x} = \lim_{\Delta x \to 0} \frac{e^{ax}(e^{a\Delta x} - 1)}{\Delta x} \xlongequal{e^x - 1 \sim x}$$

$$\lim_{\Delta x \to 0} \frac{e^{ax} \cdot a\Delta x}{\Delta x} = ae^{ax}.$$

5. 求下列分段函数在分段点处的左、右导数，并指出函数在该点的可导性.

$$(1) \ y = \begin{cases} x & x \geq 0 \\ x^2 & x < 0 \end{cases}; \qquad (2) \ y = \begin{cases} x & x < 0 \\ \ln(1+x) & x \geq 0 \end{cases};$$

$$(3) \ y = \begin{cases} x^2 \sin \dfrac{1}{x} & x \neq 0 \\ 0 & x = 0 \end{cases}; \qquad (4) \ y = \begin{cases} \sin x & x \in [0, \pi] \\ -\sin x & x \in [-\pi, 0) \end{cases}.$$

【解题要点】 分段函数在分段点 $x = x_0$ 处的左（右）导数必须单独讨论！其方法有两种：

(1) 定义法：$f'_{-}(0) = \lim\limits_{x \to x_0^-} \dfrac{f(x) - f(x_0)}{x - x_0}$，$f'_{+}(0) = \lim\limits_{x \to x_0^+} \dfrac{f(x) - f(x_0)}{x - x_0}$；

(2) 定理法：设 $f(x)$ 在区间 $[x_0 - h, x_0]$ 上连续（$h > 0$），且当 $x < x_0$ 时存在导数 $f'(x)$，如果 $\lim\limits_{x \to x_0^-} f'(x) = A$，则 $f(x)$ 在 x_0 处的左导数存在，且 $f'_{-}(0) = \lim\limits_{x \to x_0^-} f'(x) = A$；设 $f(x)$ 在区间 $[x_0, x_0 + h]$ 上连续（$h > 0$），且当 $x > x_0$ 时存在导数 $f'(x)$，如果 $\lim\limits_{x \to x_0^+} f'(x) = B$，则 $f(x)$ 在 x_0 处的右导数存在，且 $f'_{+}(0) = \lim\limits_{x \to x_0^+} f'(x) = B$，$A$，$B$ 为 ∞ 时该定理法也成立.

【提示】 用定理法计算左（右）导数前，一是必须明确指出（不需要证明）$f(x)$ 在点 x_0 处左（右）连续！若不考虑连续性直接用上述定理中的等式求左（右）导数，会导致错误的结果！例：设 $f(x) = \begin{cases} \sin x & x \in [0, \pi] \\ -\sin x + 1 & x \in [-\pi, 0) \end{cases}$，求 $f'_{-}(0)$. 由于在 $x = 0$ 处不左连续，故用 $f'_{-}(x_0) = \lim\limits_{x \to x_0^-} f'(x) = A$ 求 $f'_{-}(0)$ 时，得出的是错误的结果；二是定理中涉及的极限 $\lim\limits_{x \to x_0^-} f'(x)$（$\lim\limits_{x \to x_0^+} f'(x)$）要求存在或为 ∞，若极限不存在且不为 ∞，不能说明 x_0 处左（右）导数不存在，见 P67 2.1 节第 5（3）题.

【解】 （1）法 1：$f'_{-}(0) = \lim\limits_{x \to 0^-} \dfrac{f(x) - f(0)}{x - 0} = \lim\limits_{x \to 0^-} \dfrac{x^2 - 0}{x - 0} = 0$，

$$f'_+(0) = \lim_{x \to 0^+} \frac{f(x) - f(0)}{x - 0} = \lim_{x \to 0^+} \frac{x - 0}{x - 0} = \lim_{x \to 0^+} \frac{x}{x} = 1 \text{（转续）；}$$

法 2：$f'(x) = \begin{cases} 1 & x > 0 \\ 2x & x < 0 \end{cases}$，由于 $f(x)$ 在 $x = 0$ 处连续，故

$$f'_-(0) = \lim_{x \to 0^-} f'(x) = \lim_{x \to 0^-} 2x = 0,$$

$$f'_+(0) = \lim_{x \to 0^+} f'(x) = \lim_{x \to 0^+} 1 = 1;$$

【续】 因为 $f'_-(0) \neq f'_+(0)$，故函数在点 $x = 0$ 处不可导.

（2）法 1：$f'_-(0) = \lim_{x \to 0^-} \frac{f(x) - f(0)}{x - 0} = \lim_{x \to 0^-} \frac{x - 0}{x - 0} = 1$，

$$f'_+(0) = \lim_{x \to 0^+} \frac{f(x) - f(0)}{x - 0} = \lim_{x \to 0^+} \frac{\ln(1 + x) - 0}{x - 0} = \lim_{x \to 0^+} \frac{x}{x} = 1;$$

因为 $f'_-(0) = f'_+(0)$，故 $f'(0) = 1$.

法 2：见 P66 2.1 节第 5 题【解题要点】（2）.

（3）$f'_-(0) = f'_+(0) = \lim_{x \to 0} \dfrac{x^2 \sin \dfrac{1}{x}}{x - 0} = 0$；

因为 $f'_-(0) = f'_+(0)$，故 $f'(0) = 0$.

【提示】 该题不能用 P66 2.1 节第 5 题【解题要点】（2）的
方法.

（4）法 1：$f'_-(0) = \lim_{x \to 0^-} \frac{f(x) - f(0)}{x - 0} - \lim_{x \to 0^-} \frac{-\sin x - 0}{x - 0} = -1$，

$$f'_+(0) = \lim_{x \to 0^+} \frac{f(x) - f(0)}{x - 0} = \lim_{x \to 0^+} \frac{\sin x - 0}{x - 0} = 1;$$

因为 $f'_-(0) \neq f'_+(0)$，故函数在点 $x = 0$ 处不可导.

法 2：见 P66 2.1 节第 5 题【解题要点】（2）.

6. 设函数 $f(x)$ 在点 x_0 处可导，试用 $f'(x_0)$ 表示下列极限.

（1）$\lim\limits_{h \to 0} \dfrac{f(x_0 + 2h) - f(x_0)}{h}$；　　　（2）$\lim\limits_{h \to 0} \dfrac{f(x_0) - f(x_0 - h)}{h}$；

（3）$\lim\limits_{n \to \infty} n \left[f\left(x_0 - \dfrac{1}{n}\right) - f(x_0) \right]$；

（4）$\lim\limits_{h \to 0} \dfrac{f(x_0 + 2h) - f(x_0 - h)}{h}$.

【解】 （1）原式 $= 2 \lim\limits_{h \to 0} \dfrac{f(x_0 + 2h) - f(x_0)}{2h} \xlongequal{\text{令 } \Delta x = 2h} 2 f'(x_0)$.

(2) 原式 $= \lim\limits_{h \to 0} \dfrac{f(x_0 - h) - f(x_0)}{-h} \xlongequal{\text{令}\Delta x = -h} f'(x_0)$.

(3) 原式 $= -\lim\limits_{n \to \infty} \dfrac{f\left(x_0 - \dfrac{1}{n}\right) - f(x_0)}{-\dfrac{1}{n}} \xlongequal{\text{令}\Delta x = -\frac{1}{n}} -f'(x_0)$.

(4) 原式 $= \lim\limits_{h \to 0} \dfrac{[f(x_0 + 2h) - f(x_0)] - [f(x_0 - h) - f(x_0)]}{h}$

$= \lim\limits_{h \to 0} \dfrac{f(x_0 + 2h) - f(x_0)}{h} - \lim\limits_{h \to 0} \dfrac{f(x_0 - h) - f(x_0)}{h}$

$= 2\lim\limits_{h \to 0} \dfrac{f(x_0 + 2h) - f(x_0)}{2h} + \lim\limits_{h \to 0} \dfrac{f(x_0 - h) - f(x_0)}{-h}$

$= 2f'(x_0) + f'(x_0) = 3f'(x_0)$.

7. 设函数 $f(x) = \begin{cases} x^2 + 2 & x \leqslant 1 \\ ax + b & x > 1 \end{cases}$，问 a，b 取何值时，$f(x)$ 在点 $x = 1$ 处连续且可导？

【解】　$\lim\limits_{x \to 1^+} f(x) = \lim\limits_{x \to 1^+} (ax + b) = a + b$，

　　　　$\lim\limits_{x \to 1^-} f(x) = \lim\limits_{x \to 1^-} (x^2 + 2) = 3$，$f(1) = 3$，

因为函数 $f(x)$ 在点 $x = 1$ 处连续，

故有 $\lim\limits_{x \to 1^+} f(x) = \lim\limits_{x \to 1^-} f(x) = f(1)$，推得 $a + b = 3$，　　　　　　(2-1)

又函数 $f(x)$ 在点 $x = 1$ 处可导，

$f'_-(1) = \lim\limits_{x \to 1^-} \dfrac{f(x) - f(1)}{x - 1} = \lim\limits_{x \to 1^-} \dfrac{(x^2 + 2) - 3}{x - 1} = 2$，

$f'_+(1) = \lim\limits_{x \to 1^+} \dfrac{f(x) - f(1)}{x - 1} = \lim\limits_{x \to 1^+} \dfrac{(ax + b) - 3}{x - 1}$

$= \lim\limits_{x \to 1^+} \dfrac{a(x - 1) + (a + b - 3)}{x - 1} = a$，

应有 $f'_-(1) = f'_+(1)$，从而 $a = 2$，代入式 (2-1) 得 $b = 1$.

8. 求曲线 $y = \sin x$ 在点 $\left(\dfrac{\pi}{4}, \dfrac{\sqrt{2}}{2}\right)$ 处的切线方程和法线方程.

【解】　$y' = \cos x$，$y'|_{x = \frac{\pi}{4}} = \cos x|_{x = \frac{\pi}{4}} = \dfrac{\sqrt{2}}{2}$，

由导数的几何意义知：曲线在点 $\left(\dfrac{\pi}{4}, \dfrac{\sqrt{2}}{2}\right)$ 处的切线斜率 $k_1 = \dfrac{\sqrt{2}}{2}$，

法线的斜率 $k_2 = -\dfrac{1}{k_1} = -\sqrt{2}$，故所求切线方程为

$$y - \frac{\sqrt{2}}{2} = \frac{\sqrt{2}}{2}\left(x - \frac{\pi}{4}\right)，或\ y - \frac{\sqrt{2}}{2}x - \frac{\sqrt{2}}{2} + \frac{\sqrt{2}}{8}\pi = 0，$$

法线方程为 $y - \dfrac{\sqrt{2}}{2} = -\sqrt{2}\left(x - \dfrac{\pi}{4}\right)$，或 $y + \sqrt{2}x - \dfrac{\sqrt{2}}{2} - \dfrac{\sqrt{2}}{4}\pi = 0.$

9. 求垂直于直线 $2x - 6y + 1 = 0$ 且与曲线 $y = x^3 + 3x^2 - 5$ 相切的直线方程.

【解】 直线 $2x - 6y + 1 = 0$ 的斜率 $k_1 = \dfrac{1}{3}$，

曲线在点 $M(x_0, y_0)$ 处的切线斜率为 $k_2 = y'|_{x=x_0} = 3x_0^2 + 6x_0$，

由于已知直线与切线垂直，即 $k_2 = -\dfrac{1}{k_1}$，即 $3x_0^2 + 6x_0 = -3$，

解得 $x_0 = -1$，代入曲线方程得 $y_0 = -3$，

故所求直线方程为 $y + 3 = -3(x + 1)$，或 $y + 3x + 6 = 0.$

10. 讨论函数 $f(x) = \begin{cases} \ln(1+x) & -1 < x < 0 \\ \sqrt{1+x} - \sqrt{1-x} & x \geq 0 \end{cases}$ 在点 $x = 0$ 处的连续性和可导性.

【解题要点】 分段函数在分段点处既要讨论连续性又要讨论可导性时，一般先观察一下分段点处的连续性和可导性再讨论，依据"可导必连续"即"不连续一定不可导"，一般如果分段点处可导，则先证可导性，如果不连续，则先证不连续，这样另一个性质就不用证明了，使得过程简捷.

【解】 $f'_-(0) = \lim\limits_{x \to 0^-} \dfrac{f(x) - f(0)}{x - 0} = \lim\limits_{x \to 0^-} \dfrac{\ln(1+x) - 0}{x - 0} = \lim\limits_{x \to 0^-} \dfrac{x}{x} = 1$，

$f'_+(0) = \lim\limits_{x \to 0^+} \dfrac{f(x) - f(0)}{x - 0} = \lim\limits_{x \to 0^+} \dfrac{(\sqrt{1+x} - \sqrt{1-x}) - 0}{x - 0}$

$\qquad = \lim\limits_{x \to 0^+} \dfrac{2x}{x(\sqrt{1+x} + \sqrt{1-x})} = 1$，

$f'_-(0) = f'_+(0)$，故 $f(x)$ 在点 $x = 0$ 处可导；

由于可导必连续，故 $f(x)$ 在点 $x = 0$ 处连续.

11. 如果 $f(x)$ 是偶函数，且 $f'(0)$ 存在，证明：$f'(0) = 0.$

【证明】 由于 $f(x)$ 是偶函数，则有 $f(-x) = f(x)$，

又 $f'(0)$ 存在，应有 $f'_-(0) = f'_+(0) = f'(0)$，

$$f'_+(0) = \lim_{t \to 0^+} \frac{f(t) - f(0)}{t - 0} \xrightarrow{\ \Leftrightarrow x = -t\ } \lim_{x \to 0^-} \frac{f(-x) - f(0)}{-x}$$

$$= -\lim_{x \to 0^-} \frac{f(x) - f(0)}{x} = -f'_-(0),$$

即得 $f'(0) = -f'(0)$，从而 $f'(0) = 0$.

12. 如果 $f(x)$ 是奇函数，且 $f'(x_0) = 1$，求 $f'(-x_0)$.

【解】　$f(x)$ 是奇函数，则有 $f(-x) = -f(x)$，

$$f'(-x_0) = \lim_{\Delta x \to 0} \frac{f(-x_0 + \Delta x) - f(-x_0)}{\Delta x} = \lim_{\Delta x \to 0} \frac{-f(x_0 - \Delta x) + f(x_0)}{\Delta x}$$

$$= \lim_{\Delta x \to 0} \frac{f(x_0 - \Delta x) - f(x_0)}{-\Delta x} = f'(x_0) = 1.$$

【提示】　求解过程表明：若 $f(x)$ 是奇函数，且 $f(x)$ 可导，则其导函数 $f'(x)$ 是偶函数；可以证明：若 $f(x)$ 是偶函数，且 $f(x)$ 可导，则其导函数 $f'(x)$ 是奇函数. 因而 2.1 节第 11 题要证明的结论是显然的.

13. 设 $f(0) = 0$，$f'(0)$ 存在，求极限 $\lim\limits_{x \to 0} \dfrac{f(x)}{x}$.

【解】　原式 $= \lim\limits_{x \to 0} \dfrac{f(x) - f(0)}{x - 0} = f'(0)$.

14. 设 $f(x)$ 在区间 $[-\delta, \delta]$ 内有定义，且当 $x \in (-\delta, \delta)$ 时，恒有 $|f(x)| \leqslant x^2$，证明：$f(x)$ 在点 $x = 0$ 处可导，并求 $f'(0)$.

【证明】　由条件可得 $0 \in (-\delta, \delta)$，有 $0 \leqslant |f(0)| \leqslant 0^2$，即 $f(0) = 0$，

再次利用条件得 $0 \leqslant \left| \dfrac{f(x)}{x} \right| \leqslant \dfrac{x^2}{|x|} = |x|$，

由于 $\lim\limits_{x \to 0} |x| = 0$，由夹逼定理得 $\lim\limits_{x \to 0} \dfrac{f(x)}{x} = 0$，

所以 $f'(0) = \lim\limits_{x \to 0} \dfrac{f(x) - f(0)}{x - 0} = \lim\limits_{x \to 0} \dfrac{f(x)}{x} = 0$.

15. 设函数 $y = x^{\frac{1}{3}}$，试画出导函数的草图.

【解】　$y' = \dfrac{1}{3} x^{-\frac{2}{3}}$，由导函数是偶函数，且 $\dfrac{1}{3} x^{-\frac{2}{3}} > 0$，

知图形是关于 y 轴对称，且图形在 x 轴上方；

由 $\lim\limits_{x \to 0} \dfrac{1}{3} x^{-\frac{2}{3}} = +\infty$ ，知 $x = 0$ 为铅直渐近线；

由 $\lim\limits_{x \to \infty} \dfrac{1}{3} x^{-\frac{2}{3}} = 0$，知 $y = 0$ 为水平渐近线；

故草图为图 2-1.

16. 图 2-2 中，a、b、c、d 是函数的图形，1、2、3、4 是相应导函数的图形，选择编号，使函数与导函数的图形相匹配.

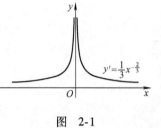

图　2-1

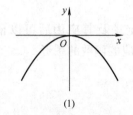

(1)

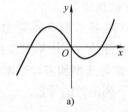

a)

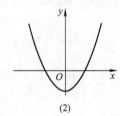

(2)

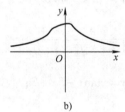

b)

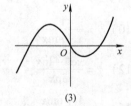

(3)

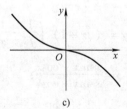

c)

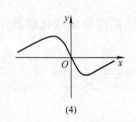

(4)

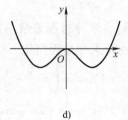

d)

图　2-2

【解题要点】　观察 $y = f(x)$ 的图形，根据导数的几何意义找出相应的导函数的图形.

【解】　图 2-2a：曲线 $y = f(x)$ 斜率先大于 0、后小于 0、再大于 0，故选图 2；

图 2-2b：曲线 $y = f(x)$ 斜率先大于 0、后小于 0，故选图 4；

图 2-2c：曲线 $y = f(x)$ 斜率小于 0，故选图 1；

图 2-2d：曲线 $y = f(x)$ 斜率先小于 0、再大于 0、再小于 0、然后大于 0，故选图 3.

【注】　学习了第 3 章微分中值定理及其应用后可以根据图形中 $f'(x)$ 的符号，利用单调性找出相应的函数的图形.

2.2　求导法则和求导基本公式

1. 求下列函数的导数.

(1) $y = \dfrac{1}{\sqrt{x}} + \dfrac{1}{2}\sqrt[3]{x}$; 　　　　(2) $y = x^4 \sin^2 x$;

(3) $y = \dfrac{1}{1+\sqrt{x}} + \dfrac{1}{1-\sqrt{x}}$; 　　　　(4) $y = x\ln x - x^n \lg x$;

(5) $y = x\tan x - 5x + 3$; 　　　　(6) $y = \dfrac{\sin x}{x^4}\ln \dfrac{1}{x}$;

(7) $y = 2^x \cdot x^4 \cdot \sec x$; 　　　　(8) $y = 10^x \cdot \sec x + \dfrac{\cos x}{x}$;

(9) $y = (\sqrt{x}+1)\left(\dfrac{1}{\sqrt{x}} - \dfrac{1}{x}\right)$; 　(10) $y = \dfrac{1}{x+\sin x}$;

(11) $y = \dfrac{x\sin x + \cos x}{x\sin x - \cos x}$; 　　　　(12) $y = \dfrac{xe^x - \ln x}{\sin x}$;

(13) $y = \dfrac{2}{\tan x} + \dfrac{\cot x}{2}$; 　　　　(14) $y = \dfrac{1+\tan x}{\sqrt[3]{x}} + \ln \sqrt{x}$.

【提示】　求导过程繁杂易出错，因而应将函数化成最简形式后再求导，使得求导过程简化.

【解】　(1) $y' = \left(x^{-\frac{1}{2}} + \dfrac{1}{2}x^{\frac{1}{3}}\right)' = -\dfrac{1}{2}x^{-\frac{3}{2}} + \dfrac{1}{6}x^{-\frac{2}{3}}$.

(2) $y' = 4x^3 \sin^2 x + 2x^4 \sin x \cos x$.

(3) $y = \dfrac{1}{1+\sqrt{x}} + \dfrac{1}{1-\sqrt{x}} = \dfrac{2}{1-x}$, 　$y' = [2(1-x)^{-1}]' = \dfrac{2}{(1-x)^2}$.

(4) $y' = \left(\ln x + x \cdot \dfrac{1}{x}\right) - \left(nx^{n-1}\lg x + x^n \cdot \dfrac{1}{x\ln 10}\right)$

$\qquad = \ln x + 1 - x^{n-1}\left(n\lg x + \dfrac{1}{\ln 10}\right).$

(5) $y' = \tan x + x\sec^2 x - 5.$

(6) $y = -x^{-4}\sin x\ln x,$

$y' = 4x^{-5}\sin x\ln x - x^{-4}\cos x\ln x - x^{-5}\sin x$

$\qquad = \dfrac{1}{x^5}(4\sin x\ln x - x\cos x\ln x - \sin x).$

(7) $y' = 2^x(\ln 2) \cdot x^4 \cdot \sec x + 4 \cdot 2^x \cdot x^3 \cdot \sec x + 2^x \cdot x^4 \cdot \sec x \cdot \tan x$

$\qquad = 2^x((\ln 2)x^4\sec x + 4x^3\sec x + x^4\sec x\tan x).$

(8) $y' = 10^x\ln 10 \cdot \sec x + 10^x \cdot \sec x\tan x + \dfrac{-x\sin x - \cos x}{x^2}$

$\qquad = 10^x\sec x(\ln 10 + \tan x) - \dfrac{1}{x^2}(x\sin x + \cos x).$

(9) $y = (\sqrt{x} + 1)\left(\dfrac{1}{\sqrt{x}} - \dfrac{1}{x}\right) = 1 - \dfrac{1}{x},\quad y' = \dfrac{1}{x^2}.$

(10) $y' = -\dfrac{1 + \cos x}{(x + \sin x)^2}.$

(11) $y = \dfrac{x + \cot x}{x - \cot x} = \dfrac{x - \cot x + 2\cot x}{x - \cot x} = 1 + 2\,\dfrac{\cot x}{x - \cot x},$

$y' = 2\,\dfrac{-\csc^2 x(x - \cot x) - \cot x(1 + \csc^2 x)}{(x - \cot x)^2}$

$\qquad = 2\,\dfrac{-x\csc^2 x - \cot x}{(x - \cot x)^2} = \dfrac{-2(x\csc^2 x + \cot x)}{(x - \cot x)^2}.$

(12) $y' = \dfrac{\left(e^x + xe^x - \dfrac{1}{x}\right)\sin x - (xe^x - \ln x)\cos x}{\sin^2 x}.$

(13) $y = \dfrac{2}{\tan x} + \dfrac{\cot x}{2} = 2\cot x + \dfrac{\cot x}{2} = \dfrac{5}{2}\cot x,\quad y' = -\dfrac{5}{2}\csc^2 x.$

(14) $y = (1 + \tan x)x^{-\frac{1}{3}} + \dfrac{1}{2}\ln x,$

$y' = \sec^2 x \cdot x^{-\frac{1}{3}} - \dfrac{1}{3}(1 + \tan x)x^{-\frac{4}{3}} + \dfrac{1}{2x}.$

2. 求下列复合函数的导数.

(1) $y = e^{\sqrt[3]{x}}$;　　　　　　　　　(2) $y = e^{\cos x}\sin x$;

(3) $y = \arccos \sqrt{x}$;　　　　(4) $y = \left(\dfrac{x+1}{x^2+1} \right)^2$;

(5) $y = e^{-2x^3} \cdot \sin \dfrac{x}{2}$;　　　　(6) $y = \dfrac{\arcsin \sqrt{x}}{\arccos \sqrt{x}}$;

(7) $y = \sin^2 (\cos 3x)$;　　　　(8) $y = \ln (x + \sqrt{x^2 + a^2})$;

(9) $y = \sqrt{x + \sqrt{x + \sqrt{x}}}$;　　　　(10) $y = \arcsin x^2 - xe^{x^2}$;

(11) $y = \dfrac{1}{4} \ln \dfrac{1+x}{1-x} - \dfrac{1}{2} \arctan x$;

(12) $y = \ln (\sinh x) + \dfrac{1}{2\sinh^2 x}$;

(13) $y = \dfrac{1}{2} \ln \left| \dfrac{a+x}{a-x} \right|$;　　　　(14) $y = e^{ax} (\cos bx + \sin bx)$;

(15) $y = \dfrac{x}{2} \sqrt{a^2 - x^2} + \dfrac{a^2}{2} \arcsin \dfrac{x}{a}$ $(a > 0)$;

(16) $y = \dfrac{\sqrt{1+x} - \sqrt{1-x}}{\sqrt{1+x} + \sqrt{1-x}}$.

【解】 (1) $y' = e^{3\sqrt{x}} \cdot 3 \cdot \dfrac{1}{2} x^{-\frac{1}{2}} = \dfrac{3e^{3\sqrt{x}}}{2\sqrt{x}}$.

(2) $y' = -e^{\cos x} \sin^2 x + e^{\cos x} \cos x = (\cos x - \sin^2 x) e^{\cos x}$.

(3) $y' = -\dfrac{1}{\sqrt{1-x}} \cdot \dfrac{1}{2} \dfrac{1}{\sqrt{x}} = -\dfrac{1}{2\sqrt{x-x^2}}$.

(4) $y' = 2\left(\dfrac{x+1}{x^2+1} \right) \cdot \dfrac{(x^2+1) - 2x(x+1)}{(x^2+1)^2}$

$= -\dfrac{2(x+1)(x^2+2x-1)}{(x^2+1)^3}$.

(5) $y' = e^{-2x^3} \cdot (-6x^2) \cdot \sin \dfrac{x}{2} + e^{-2x^3} \cdot \cos \dfrac{x}{2} \cdot \dfrac{1}{2}$

$= e^{-2x^3} \left(-6x^2 \sin \dfrac{x}{2} + \dfrac{1}{2} \cos \dfrac{x}{2} \right)$.

(6) $y' \xlongequal{令 t = \sqrt{x}} \dfrac{\dfrac{1}{\sqrt{1-x}} \arccos \sqrt{x} - \arcsin \sqrt{x} \left(-\dfrac{1}{\sqrt{1-x}} \right)}{(\arccos \sqrt{x})^2} \cdot \dfrac{1}{2\sqrt{x}}$

$= \dfrac{\arccos \sqrt{x} + \arcsin \sqrt{x}}{2\sqrt{x(1-x)} (\arccos \sqrt{x})^2} = \dfrac{\pi}{4\sqrt{x(1-x)} (\arccos \sqrt{x})^2}$.

(7) $y' = 2\sin(\cos 3x) \cdot \cos(\cos 3x) \cdot (-\sin 3x) \cdot 3 = -3\sin(2\cos 3x)\sin 3x.$

(8) $y' = \dfrac{1}{x + \sqrt{x^2 + a^2}} \cdot [1 + (\sqrt{x^2 + a^2})']$

$\quad = \dfrac{1}{x + \sqrt{x^2 + a^2}} \cdot \left[1 + \dfrac{1}{2\sqrt{x^2 + a^2}} \cdot (x^2 + a^2)'\right] = \dfrac{1}{\sqrt{x^2 + a^2}}.$

(9) $y' = \dfrac{1}{2} \dfrac{1}{\sqrt{x + \sqrt{x + \sqrt{x}}}} \left(x + \sqrt{x + \sqrt{x}}\right)'$

$\quad = \dfrac{1}{2} \dfrac{1}{\sqrt{x + \sqrt{x + \sqrt{x}}}} \left(1 + \dfrac{1}{2} \dfrac{1}{\sqrt{x + \sqrt{x}}} \left(x + \sqrt{x}\right)'\right)$

$\quad = \dfrac{1}{2\sqrt{x + \sqrt{x + \sqrt{x}}}} \left(1 + \dfrac{1}{2\sqrt{x + \sqrt{x}}} \left(1 + \dfrac{1}{2\sqrt{x}}\right)\right).$

(10) $y' = \dfrac{2x}{\sqrt{1 - x^4}} - (e^{x^2} + 2x^2 e^{x^2}).$

(11) $y = \dfrac{1}{4}[\ln(1 + x) - \ln(1 - x)] - \dfrac{1}{2}\arctan x,$

$y' = \dfrac{1}{4(1 + x)} + \dfrac{1}{4(1 - x)} - \dfrac{1}{2(1 + x^2)} = \dfrac{x^2}{1 - x^4}.$

(12) $y' = \dfrac{\cosh x}{\sinh x} - \dfrac{\cosh x}{\sinh^3 x} = \dfrac{\cosh x(\sinh^2 x - 1)}{\sinh^3 x} = \coth x\left(1 - \dfrac{1}{\sinh^2 x}\right).$

(13) $y = \dfrac{1}{2}\ln\left|\dfrac{a + x}{a - x}\right| = \dfrac{1}{2}(\ln|a + x| - \ln|a - x|),$

$y' = \dfrac{1}{2}\left(\dfrac{1}{a + x} - \dfrac{-1}{a - x}\right) = \dfrac{a}{a^2 - x^2}.$

【注】 运用结论：$(\ln|f(x)|)' = \dfrac{f'(x)}{f(x)}.$

(14) $y' = ae^{ax}(\cos bx + \sin bx) + e^{ax}(-b\sin bx + b\cos bx)$

$\quad = e^{ax}[(a + b)\cos bx + (a - b)\sin bx].$

(15) $y' = \dfrac{1}{2}\sqrt{a^2 - x^2} + \dfrac{x}{2} \cdot \dfrac{1}{2} \cdot \dfrac{-2x}{\sqrt{a^2 - x^2}} +$

$\quad \dfrac{a^2}{2} \cdot \dfrac{1}{\sqrt{1 - \left(\dfrac{x}{a}\right)^2}} \cdot \dfrac{1}{a} = \sqrt{a^2 - x^2}.$

（16）法 1：$y = \dfrac{\sqrt{1+x} - \sqrt{1-x}}{\sqrt{1+x} + \sqrt{1-x}} = \dfrac{2x}{(\sqrt{1+x} + \sqrt{1-x})^2}$

$$y' = 2 \cdot \frac{(\sqrt{1+x} + \sqrt{1-x})^2 - x \cdot 2(\sqrt{1+x} + \sqrt{1-x}) \cdot \left[\dfrac{1}{2\sqrt{1+x}} + \dfrac{-1}{2\sqrt{1-x}} \right]}{(\sqrt{1+x} + \sqrt{1-x})^4}$$

$$= \frac{4(1 + \sqrt{1-x^2})}{\sqrt{1-x^2}(\sqrt{1+x} + \sqrt{1-x})^4} = \frac{4(1 + \sqrt{1-x^2})}{\sqrt{1-x^2}\left[(\sqrt{1+x} + \sqrt{1-x})^2 \right]^2}$$

$$= \frac{1}{\sqrt{1-x^2}(1 + \sqrt{1-x^2})}.$$

法 2：$y = \dfrac{\sqrt{1+x} - \sqrt{1-x}}{\sqrt{1+x} + \sqrt{1-x}} = \dfrac{(\sqrt{1+x} - \sqrt{1-x})^2}{2x} = \dfrac{1}{x} - \dfrac{\sqrt{1-x^2}}{x}$,

再求 y'.

3. 求下列函数在给定点处的导数.

（1）$y = x\sin x + \dfrac{1}{2}\cos x$，求 $\left. \dfrac{\mathrm{d}y}{\mathrm{d}x} \right|_{x=\frac{\pi}{4}}$；

（2）$y = \dfrac{3}{5-x} + \dfrac{1}{5}x^3$，求 $f'(0)$，$f'(1)$；

（3）$y = \mathrm{e}^{3(\sin 2x)^2}$，求 $y'\left(\dfrac{\pi}{6} \right)$；　　（4）$y = \log_x (\ln x)$，求 $y'(\mathrm{e})$；

（5）$y = \ln\sin\left(x - \dfrac{1}{x} \right)$，求 $y'|_{x=2}$；

（6）$f(x) = \begin{cases} 3x - 3 & x \leqslant 1 \\ 3x^2 - 3x & x > 1 \end{cases}$，求 $f'(1)$.

【解】　（1）$\dfrac{\mathrm{d}y}{\mathrm{d}x} = \sin x + x\cos x - \dfrac{1}{2}\sin x = \dfrac{1}{2}\sin x + x\cos x$,

$\qquad\qquad \left. \dfrac{\mathrm{d}y}{\mathrm{d}x} \right|_{x=\frac{\pi}{4}} = \dfrac{\sqrt{2}}{4} + \dfrac{\sqrt{2}}{8}\pi.$

（2）$y' = \dfrac{3}{(5-x)^2} + \dfrac{3}{5}x^2$，$f'(0) = \dfrac{3}{25}$，$f'(1) = \dfrac{63}{80}$.

（3）$y' = \mathrm{e}^{3(\sin 2x)^2} \cdot 6\sin 2x \cdot \cos 2x \cdot 2 = 12\mathrm{e}^{3(\sin 2x)^2}\sin 2x\cos 2x$,

$\qquad y'\left(\dfrac{\pi}{6} \right) = 3\sqrt{3}\mathrm{e}^{\frac{9}{4}}.$

(4) $y = \dfrac{\ln(\ln x)}{\ln x}$, $y' = \dfrac{\dfrac{1}{x\ln x} \cdot \ln x - \dfrac{1}{x}\ln(\ln x)}{\ln^2 x} = \dfrac{1 - \ln(\ln x)}{x\ln^2 x}$,

$\qquad y'(\mathrm{e}) = \dfrac{1}{\mathrm{e}}$.

(5) $y' = \dfrac{1}{\sin\left(x - \dfrac{1}{x}\right)} \cdot \cos\left(x - \dfrac{1}{x}\right) \cdot \left(1 + \dfrac{1}{x^2}\right)$

$\qquad = \cot\left(x - \dfrac{1}{x}\right) \cdot \left(1 + \dfrac{1}{x^2}\right)$,

$\qquad y'\big|_{x=2} = \dfrac{5}{4}\cot\left(\dfrac{3}{2}\right)$.

(6) $f'_-(1) = \lim\limits_{\Delta x \to 0^-} \dfrac{f(1 + \Delta x) - f(1)}{\Delta x} = \lim\limits_{\Delta x \to 0^-} \dfrac{3(1 + \Delta x) - 3 - 0}{\Delta x} = 3$,

$f'_+(1) = \lim\limits_{\Delta x \to 0^+} \dfrac{f(1 + \Delta x) - f(1)}{\Delta x} = \lim\limits_{\Delta x \to 0^+} \dfrac{3(1 + \Delta x)^2 - 3(1 + \Delta x) - 0}{\Delta x} = 3$,

$f'(1) = 3$.

4. 已知 $f(x)$、$g(x)$ 可导, 求下列函数的导数.

(1) $y = xf\left(\dfrac{1}{x}\right)$; (2) $y = f(f(x))$;

(3) $y = f(\mathrm{e}^{f(x)})\mathrm{e}^{f(\mathrm{e}^x)}$; (4) $y = f(\sin^2 x) + f(\cos^2 x)$;

(5) $y = \sqrt{f^2(x) + g^2(x)}$; (6) $y = \arctan\dfrac{f(x)}{g(x)}$;

(7) $y = \sqrt[g(x)]{f(x)}$ $(g(x) \neq 0, f(x) > 0)$;

(8) $y = \log_{g(x)}f(x)$ $(g(x) > 0,\ 且\ g(x) \neq 1,\ f(x) > 0)$.

【解】 (1) $y' = f\left(\dfrac{1}{x}\right) + xf'\left(\dfrac{1}{x}\right)\left(-\dfrac{1}{x^2}\right) = f\left(\dfrac{1}{x}\right) - \dfrac{1}{x}f'\left(\dfrac{1}{x}\right)$.

(2) $y' = f'(f(x)) \cdot f'(x)$.

(3) $y' = f'(\mathrm{e}^{f(x)}) \cdot \mathrm{e}^{f(x)} \cdot f'(x) \cdot \mathrm{e}^{f(\mathrm{e}^x)} + f(\mathrm{e}^{f(x)}) \cdot \mathrm{e}^{f(\mathrm{e}^x)} \cdot f'(\mathrm{e}^x) \cdot \mathrm{e}^x$

$\qquad = \mathrm{e}^{f(\mathrm{e}^x)}[f'(\mathrm{e}^{f(x)}) \cdot \mathrm{e}^{f(x)}f'(x) + f(\mathrm{e}^{f(x)}) \cdot f'(\mathrm{e}^x)\mathrm{e}^x]$.

(4) $y' = f'(\sin^2 x) \cdot 2\sin x\cos x + f'(\cos^2 x) \cdot 2\cos x \cdot (-\sin x)$

$\qquad = \sin 2x[f'(\sin^2 x) - f'(\cos^2 x)]$.

(5) $y' = \dfrac{1}{2} \cdot \dfrac{2f'(x)f(x) + 2g'(x)g(x)}{\sqrt{f^2(x) + g^2(x)}} = \dfrac{f'(x)f(x) + g'(x)g(x)}{\sqrt{f^2(x) + g^2(x)}}$.

(6) $y' = \dfrac{1}{1 + \left[\dfrac{f(x)}{g(x)}\right]^2} \cdot \dfrac{f'(x)g(x) - f(x)g'(x)}{g^2(x)}$

$\qquad = \dfrac{f'(x)g(x) - f(x)g'(x)}{f^2(x) + g^2(x)}.$

(7) $y = e^{\frac{1}{g(x)}\ln f(x)}$,

$\qquad y' = e^{\frac{1}{g(x)}\ln f(x)} \cdot \dfrac{\dfrac{f'(x)}{f(x)}g(x) - g'(x)\ln f(x)}{g^2(x)}$

$\qquad = \sqrt[g(x)]{f(x)} \cdot \dfrac{f'(x)g(x) - f(x)g'(x)\ln f(x)}{g^2(x)f(x)}.$

(8) $y = \log_{g(x)} f(x) = \dfrac{\ln f(x)}{\ln g(x)}$,

$y' = \dfrac{\dfrac{f'(x)}{f(x)} \cdot \ln g(x) - \ln f(x) \cdot \dfrac{g'(x)}{g(x)}}{\ln^2 g(x)}$

$\quad = \dfrac{f'(x)g(x)\ln g(x) - f(x)g'(x)\ln f(x)}{f(x)g(x)\ln^2 g(x)} \ (g(x) > 0, \text{且} g(x) \neq 1, f(x) > 0).$

5. 设 $y = f\left(\dfrac{3x-2}{3x+2}\right)$，且 $f'(x) = \arctan x$，求 $\left.\dfrac{\mathrm{d}y}{\mathrm{d}x}\right|_{x=0}$.

【解】　$\dfrac{\mathrm{d}y}{\mathrm{d}x} = f'\left(\dfrac{3x-2}{3x+2}\right) \cdot \dfrac{3(3x+2) - (3x-2) \cdot 3}{(3x+2)^2}$

$\qquad = f'\left(\dfrac{3x-2}{3x+2}\right) \cdot \dfrac{12}{(3x+2)^2}$

$\qquad = \dfrac{12}{(3x+2)^2} \arctan\left(\dfrac{3x-2}{3x+2}\right),$

故 $\left.\dfrac{\mathrm{d}y}{\mathrm{d}x}\right|_{x=0} = 3 \cdot \arctan(-1) = -\dfrac{3\pi}{4}.$

6. 设 $f(x) = \max\{x^2,\ 2\}$，求 $f'(x)$.

【解】　$f(x) = \max\{x^2,\ 2\} = \begin{cases} x^2 & x^2 \geqslant 2 \\ 2 & x^2 < 2 \end{cases} = \begin{cases} x^2 & |x| \geqslant \sqrt{2} \\ 2 & |x| < \sqrt{2} \end{cases}$

法 1: $f'_-(-\sqrt{2}) = \lim\limits_{x \to -\sqrt{2}^-} \dfrac{f(x) - f(-\sqrt{2})}{x - (-\sqrt{2})} = \lim\limits_{x \to -\sqrt{2}^-} \dfrac{x^2 - 2}{x + \sqrt{2}}$

$$= \lim_{x \to -\sqrt{2}^-} (x - \sqrt{2}) = -2\sqrt{2},$$

$$f'_+(-\sqrt{2}) = \lim_{x \to -\sqrt{2}^+} \frac{f(x) - f(-\sqrt{2})}{x - (-\sqrt{2})} = \lim_{x \to -\sqrt{2}^+} \frac{2 - 2}{x + \sqrt{2}} = 0,$$

$$f'_-(\sqrt{2}) = \lim_{x \to \sqrt{2}^-} \frac{f(x) - f(\sqrt{2})}{x - \sqrt{2}} = \lim_{x \to \sqrt{2}^-} \frac{2 - 2}{x - \sqrt{2}} = 0,$$

$$f'_+(\sqrt{2}) = \lim_{x \to \sqrt{2}^+} \frac{f(x) - f(\sqrt{2})}{x - \sqrt{2}} = \lim_{x \to \sqrt{2}^+} \frac{x^2 - 2}{x - \sqrt{2}} = \lim_{x \to \sqrt{2}^+} (x + \sqrt{2}) = 2\sqrt{2},$$

$f'_-(\sqrt{2}) \neq f'_+(\sqrt{2}), f'_-(-\sqrt{2}) \neq f'_+(-\sqrt{2})$，故 $f(x)$ 在 $x = \pm\sqrt{2}$ 处不可导.

因而，$f'(x) = \begin{cases} 0 & |x| < \sqrt{2} \\ 2x & |x| > \sqrt{2} \end{cases}$

法 2：见 P66 2.1 节第 5 题【解题要点】(2).

7. 设 $y = f\left(\arcsin \dfrac{1}{x}\right)$, $f'\left(\dfrac{\pi}{6}\right) = 1$. 求 $\dfrac{\mathrm{d}y}{\mathrm{d}x}\Big|_{x=2}$.

【解】　$\dfrac{\mathrm{d}y}{\mathrm{d}x} = f'\left(\arcsin \dfrac{1}{x}\right) \cdot \dfrac{1}{\sqrt{1 - \dfrac{1}{x^2}}} \cdot \left(-\dfrac{1}{x^2}\right),$

故　　　　$\dfrac{\mathrm{d}y}{\mathrm{d}x}\Big|_{x=2} = f'\left(\dfrac{\pi}{6}\right) \times \dfrac{2}{\sqrt{3}} \times \left(-\dfrac{1}{4}\right) = -\dfrac{\sqrt{3}}{6}.$

8. 试求曲线 $y = \mathrm{e}^{-x} \cdot \sqrt[3]{x+1}$ 在点 $(-1, 0)$ 及点 $(0, 1)$ 处的切线方程和法线方程.

【解】　由导数定义　$\lim_{\Delta x \to 0^-} \dfrac{f(-1 + \Delta x) - f(-1)}{\Delta x}$

$$= \lim_{\Delta x \to 0^-} \frac{\mathrm{e}^{-(-1+\Delta x)} \sqrt[3]{-1 + \Delta x + 1} - 0}{\Delta x}$$

$$= \infty,$$

所以此曲线在点 $(-1, 0)$ 处有垂直切线 $x = -1$，法线方程为 $y = 0$，

$y' = -\mathrm{e}^{-x} \cdot \sqrt[3]{x+1} + \dfrac{1}{3}\mathrm{e}^{-x} \cdot (x+1)^{-\frac{2}{3}}$，所以 $\dfrac{\mathrm{d}y}{\mathrm{d}x}\Big|_{x=0} = -\dfrac{2}{3}$，

因此点 $(0,1)$ 处切线方程为 $y = -\dfrac{2}{3}x + 1$，法线方程为

$$y = \frac{3}{2}x + 1.$$

9. 设曲线 $y = \dfrac{1}{2}(x^2 + 1)$ 和曲线 $y = 1 + \ln x$ 相切，求切点及公切线方程.

【解】 曲线 $y = \dfrac{1}{2}(x^2 + 1)$ 在点 (x, y) 处切线的斜率为 $y' = x$，

曲线 $y = 1 + \ln x$ 在点 (x, y) 处切线的斜率为 $y' = \dfrac{1}{x}$，由于两曲线相切，故有 $x = \dfrac{1}{x}$，

解得 $x = 1$（由曲线的定义域知 $x = -1$ 舍去），故切点为 $(1, 1)$；

公切线的方程为 $y - 1 = x - 1$，即 $y - x = 0$.

10. 已知曲线 $y = x^3 + bx$ 与曲线 $y = ax^2 + c$ 都经过点 $(-1, 0)$，且在点 $(-1, 0)$ 有公切线，求 a, b, c 的值.

【解】 曲线 $y = x^3 + bx$ 与曲线 $y = ax^2 + c$ 都经过点 $(-1, 0)$，故得 $-1 - b = 0$，$a + c = 0$，

又曲线 $y = x^3 + bx$ 在点 $(-1, 0)$ 处切线的斜率为 $y'|_{x=-1} = (3x^2 + b)_{x=-1} = 3 + b$；

曲线 $y = ax^2 + c$ 在点 $(-1, 0)$ 处切线的斜率为 $y'|_{x=-1} = 2ax|_{x=-1} = -2a$，

由于两曲线在点 $(-1, 0)$ 相切，故得 $3 + b = -2a$，

解三元一次代数方程组 $\begin{cases} -1 - b = 0 \\ a + c = 0 \\ 3 + b = -2a \end{cases}$ 得 $a = b = -1$，$c = 1$.

2.3 隐函数和参数方程确定的函数的导数

1. 求下列隐函数的导数.

(1) $xe^y + ye^x = 6$；

(2) $y = 1 - xe^y$；

(3) $y = x\sin y$；

(4) $e^y = \sin(x + y)$；

(5) $\arctan \dfrac{y}{x} = \ln \sqrt{x^2 + y^2}$；

(6) $x^y = y^x$.

【解】（1）两端对 x 求导：$e^y + xe^y y' + y'e^x + ye^x = 0$，故

$$y' = -\frac{e^y + ye^x}{xe^y + e^x}.$$

（2）两端对 x 求导：$y' = -e^y - xe^y \cdot y'$，故 $y' = -\dfrac{e^y}{1 + xe^y}.$

（3）两端对 x 求导：$y' = \sin y + x\cos y \cdot y'$，故 $y' = \dfrac{\sin y}{1 - x\cos y}.$

（4）两端对 x 求导：$e^y y' = (1 + y')\cos(x + y)$，故

$$y' = \frac{\cos(x + y)}{e^y - \cos(x + y)}.$$

（5）化简：$\arctan\dfrac{y}{x} = \dfrac{1}{2}\ln(x^2 + y^2)$，

两端对 x 求导：$\dfrac{1}{1 + \dfrac{y^2}{x^2}} \cdot \dfrac{y'x - y}{x^2} = \dfrac{1}{2} \cdot \dfrac{2x + 2yy'}{x^2 + y^2}$，故 $y' = \dfrac{x + y}{x - y}.$

（6）方程两端取对数：$y\ln x = x\ln y$，

两端对 x 求导：$y'\ln x + \dfrac{y}{x} = \ln y + \dfrac{x}{y} \cdot y'$，

故 $y' = \dfrac{y(x\ln y - y)}{x(y\ln x - x)}.$

【提示】（1）隐函数是由方程给出的，所以，其最终结果形式可以不唯一，但可以由原方程互相转化．因而，应利用原方程，使表达形式简单明了．例如：P81 2.3 节第 1（4）题，结果为 $y' = \dfrac{\cos(x + y)}{\sin(x + y) - \cos(x + y)}$ 也是正确的．

（2）隐函数求导（求高阶导数）时，由于商的求导法则形式复杂，所以尽量不要对分式求导，例如：P107 2.6 节第 14（2）题；其实，对显函数求导（求高阶导数）时也是如此．

2. 设 $\sin(st) + \ln(s - t) = t$，求 $\dfrac{\mathrm{d}s}{\mathrm{d}t}\Big|_{t=0}$ 的值．

【解】 由原方程可知，当 $t = 0$ 时，$s = 1$，

方程两端同时对 t 求导：$(s't + s)\cos(st) - \dfrac{s' - 1}{s - t} = 1$，

将 $t = 0$，$s = 1$ 代入得：$\dfrac{\mathrm{d}s}{\mathrm{d}t}\Big|_{t=0} = 1.$

【提示】 求隐函数在某一点处的导数时，不必求出导函数的具体表达式，等式两端求导后直接代入自变量和因变量的值，这样会使过程简单.

3. 求曲线 $x^3 + y^3 - 3xy = 0$ 在点 $(\sqrt[3]{2}, \sqrt[3]{4})$ 处的切线方程和法线方程.

【解】 两端同时对 x 求导：$3x^2 + 3y^2 y' - 3(y + xy') = 0$，故 $y' = \dfrac{y - x^2}{y^2 - x}$，$y'|_{(\sqrt[3]{2}, \sqrt[3]{4})} = 0$，所以切线方程 $y = \sqrt[3]{4}$，法线方程 $x = \sqrt[3]{2}$.

4. 用对数求导法计算下列函数的导数.

（1）$y = (\sin x)^{\cos x}$ （$\sin x > 0$）； （2）$y = \dfrac{(3-x)^4 \sqrt{x+2}}{(x+1)^5}$；

（3）$y = \sqrt[5]{\dfrac{x-5}{\sqrt[3]{x^2+2}}}$； （4）$y = (\tan 2x)^{\cot \frac{x}{2}}$；

（5）$y = x^{x^2} + 2^{x^x}$.

【解题要点】 对数求导法适合于两大类函数：

（1）一类是由多个函数相乘或相除组成的函数，通过取对数可以简化运算；

（2）另一类是幂指函数，幂指函数求导数，既不能用幂函数的导数公式也不能用指数函数的导数公式，可以用对数求导法，例如 P81 2.3 节第 1（6）题；也可以利用 $y = e^{\ln y}$（取对数后还原）转化成复合函数再求导，例如 P82 2.3 节第 4（1）（5）题.

【解】 （1）法 1：$\ln y = \cos x \ln \sin x$，

两端对 x 求导：$\dfrac{y'}{y} = (-\sin x)\ln \sin x + \cos x \cdot \dfrac{\cos x}{\sin x}$，

故 $y' = (\sin x)^{\cos x}\left[\dfrac{\cos^2 x}{\sin x} - (\sin x)\ln \sin x\right]$.

法 2：$y = e^{\cos x \ln \sin x}$，

故 $y' = e^{\cos x \ln \sin x}\left[\dfrac{\cos^2 x}{\sin x} - (\sin x)\ln \sin x\right]$

$= (\sin x)^{\cos x}\left[\dfrac{\cos^2 x}{\sin x} - (\sin x)\ln \sin x\right]$.

（2）$\ln y = 4\ln(3-x) + \dfrac{1}{2}\ln(x+2) - 5\ln(x+1)$，两端同时对 x

求导：

$$\frac{y'}{y} = \frac{4}{x-3} + \frac{1}{2(x+2)} - \frac{5}{x+1},$$

故 $y' = \frac{(3-x)^4\sqrt{x+2}}{(x+1)^5}\left(\frac{4}{x-3} + \frac{1}{2(x+2)} - \frac{5}{x+1}\right).$

（3）$\ln y = \frac{1}{5}\left[\ln(x-5) - \frac{1}{3}\ln(x^2+2)\right]$，两端同时对 x 求导：

$\frac{y'}{y} = \frac{1}{5}\left[\frac{1}{x-5} - \frac{2x}{3(x^2+2)}\right]$，故 $y' = \frac{1}{5}\sqrt[5]{\frac{x-5}{\sqrt[3]{x^2+2}}}\left[\frac{1}{x-5} - \frac{2x}{3(x^2+2)}\right].$

（4）$\ln y = \cot\frac{x}{2}\ln(\tan 2x)$，两端同时对 x 求导：

$$\frac{y'}{y} = -\frac{1}{2}\csc^2\frac{x}{2}\ln\tan 2x + \cot\frac{x}{2}\cdot\frac{1}{\tan 2x}\sec^2 2x\cdot 2$$

$$= -\frac{1}{2}\csc^2\frac{x}{2}\ln\tan 2x + 2\cot\frac{x}{2}\cot 2x\sec^2 2x,$$

故 $y' = (\tan 2x)^{\cot\frac{x}{2}}\left(-\frac{1}{2}\csc^2\frac{x}{2}\ln\tan 2x + 2\cot\frac{x}{2}\cot 2x\sec^2 2x\right)$

$\qquad = (\tan 2x)^{\cot\frac{x}{2}}\left(-\frac{1}{2}\csc^2\frac{x}{2}\ln\tan 2x + 4\cot\frac{x}{2}\sec(4x)\right).$

（5）$y = e^{x^2\ln x} + e^{x^x\ln 2} = e^{x^2\ln x} + e^{(\ln 2)e^{x\ln x}},$

故 $y' = e^{x^2\ln x}(2x\ln x + x) + e^{(\ln 2)e^{x\ln x}}\cdot\ln 2\cdot e^{x\ln x}(\ln x + 1)$

$\qquad = x^{x^2}(2x\ln x + x) + 2^{x^x}\cdot\ln 2\cdot x^x(\ln x + 1)$

$\qquad = x^{x^2+1}(2\ln x + 1) + 2^{x^x}\cdot x^x(\ln x + 1)\cdot\ln 2.$

5. 求由下列参数方程所确定函数的导数.

（1）$\begin{cases} x = a\cos^3 t \\ y = b\sin^3 t \end{cases}$；
（2）$\begin{cases} x = \theta(1-\sin\theta) \\ y = \theta\cos\theta \end{cases}$；

（3）$\begin{cases} x = te^{-t} \\ y = e^t \end{cases}$；
（4）$\begin{cases} x = \ln(1+t^2) \\ y = t - \arctan t \end{cases}.$

【解】　（1）$\begin{cases} x'_t = -3a\cos^2 t\sin t \\ y'_t = 3b\sin^2 t\cos t \end{cases}$，故 $\frac{dy}{dx} = \frac{y'_t}{x'_t} = -\frac{b\sin t}{a\cos t} = -\frac{b}{a}\tan t.$

（2）$\begin{cases} x'_\theta = 1 - \sin\theta - \theta\cos\theta \\ y'_\theta = \cos\theta - \theta\sin\theta \end{cases}$，　故 $\frac{dy}{dx} = \frac{y'_\theta}{x'_\theta} = \frac{\cos\theta - \theta\sin\theta}{1 - \sin\theta - \theta\cos\theta}.$

(3) $\begin{cases} x'_t = e^{-t} - te^{-t} \\ y'_t = e^t \end{cases}$，故 $\dfrac{dy}{dx} = \dfrac{y'_t}{x'_t} = \dfrac{e^{2t}}{1-t}$.

(4) $x'_t = \dfrac{2t}{1+t^2}$，$y'_t = 1 - \dfrac{1}{1+t^2} = \dfrac{t^2}{1+t^2}$，故 $\dfrac{dy}{dx} = \dfrac{y'_t}{x'_t} = \dfrac{t}{2}$.

6. 设有参数方程 $\begin{cases} x = f(t) - \pi \\ y = f(e^{3t} - 1) \end{cases}$，其中 $f(x)$ 可导，且 $f'(0) \neq 0$，求 $\dfrac{dy}{dx}\Big|_{t=0}$ 的值.

【解】 $\dfrac{dy}{dx} = \dfrac{y'_t}{x'_t} = \dfrac{3e^{3t}f'(e^{3t}-1)}{f'(t)}$，故 $\dfrac{dy}{dx}\Big|_{t=0} = 3$.

7. 已知参数方程 $\begin{cases} x = e^t \cos t \\ y = e^t \sin t \end{cases}$，求 $t = \dfrac{\pi}{6}$ 处的导数 $\dfrac{dy}{dx}$.

【解】 $\begin{cases} x'_t = e^t \cos t - e^t \sin t \\ y'_t = e^t \sin t + e^t \cos t \end{cases}$，$\dfrac{dy}{dx} = \dfrac{y'_t}{x'_t} = \dfrac{\sin t + \cos t}{\cos t - \sin t}$，故 $\dfrac{dy}{dx}\Big|_{t=\frac{\pi}{6}} = 2 + \sqrt{3}$.

8. 求参数方程 $\begin{cases} x = \dfrac{3at}{1+t^2} \\ y = \dfrac{3at^2}{1+t^2} \end{cases}$ 在 $t = 2$ 处的切线方程和法线方程.

【解】 $x'_t = \dfrac{3a(1+t^2) - 3at \cdot 2t}{(1+t^2)^2} = \dfrac{3a(1-t^2)}{(1+t^2)^2}$,

$y'_t = \dfrac{6at(1+t^2) - 3at^2 \cdot 2t}{(1+t^2)^2} = \dfrac{6at}{(1+t^2)^2}$,

所以 $k = \dfrac{dy}{dx}\Big|_{t=2} = \dfrac{6t}{3(1-t^2)}\Big|_{t=2} = -\dfrac{4}{3}$，且当 $t = 2$ 时，$x = \dfrac{6}{5}a$，$y = \dfrac{12}{5}a$,

故切线方程为 $y - \dfrac{12}{5}a = -\dfrac{4}{3}\left(x - \dfrac{6}{5}a\right)$，即 $3y + 4x - 12a = 0$;

法线方程为 $y - \dfrac{12}{5}a = \dfrac{3}{4}\left(x - \dfrac{6}{5}a\right)$，即 $4y - 3x - 6a = 0$.

9. 求对数螺线 $\rho = e^\theta$ 在点 $(\rho, \theta) = \left(e^{\frac{\pi}{2}}, \dfrac{\pi}{2}\right)$ 处切线的直角坐标方程.

【解】 对数螺线的参数方程为 $\begin{cases} x = e^\theta \cos\theta \\ y = e^\theta \sin\theta \end{cases}$,

且当 $\theta = \dfrac{\pi}{2}$ 时, $x = 0$, $y = e^{\frac{\pi}{2}}$,

$$\frac{dy}{dx} = \frac{e^{\theta}\sin\theta + e^{\theta}\cos\theta}{e^{\theta}\cos\theta - e^{\theta}\sin\theta} = \frac{\sin\theta + \cos\theta}{\cos\theta - \sin\theta}, \quad k = \frac{dy}{dx}\bigg|_{\theta = \frac{\pi}{2}} = -1,$$

故切线方程为 $y - e^{\frac{\pi}{2}} = -x$, 即 $x + y - e^{\frac{\pi}{2}} = 0$.

【提示】 极坐标方程在 $\theta = \theta_0$ 处切线的斜率 $k = \dfrac{dy}{dx}\bigg|_{\theta = \theta_0}$, 切记 $k \neq \rho'(\theta_0)$!

实际上 $k = \dfrac{\rho'\tan\theta + \rho}{\rho' - \rho\tan\theta}$, 见 P110 2.3 节自测题第 3 题.

10. 设球的半径以速率 v 变化, 求球的体积和表面积的变化率.

【解】 设在时刻 t 球的半径为 $R(t)$、球的体积为 $T(t)$、球的表面积为 $S(t)$, 由题意知 $\dfrac{dR}{dt} = v$, 由 $T = \dfrac{4}{3}\pi R^3$, $S = 4\pi R^2$, 得

$$\frac{dT}{dt} = 4\pi R^2 \cdot \frac{dR}{dt} = 4\pi R^2 v, \quad \frac{dS}{dt} = 8\pi R \cdot \frac{dR}{dt} = 8\pi R v.$$

11. 一倒置圆锥形容器的底半径为 2m, 高为 4m, 水以 $2\text{m}^3/\text{min}$ 的速率注入容器, 求水深 3m 时, 水面上升的速率.

【解】 设在时刻 t 容器中水面的底半径为 $r(t)$, 高为 $h(t)$, 体积为 $V(t)$,

由题意知 $\dfrac{dV}{dt} = 2\text{m}^3/\text{min}$, $r(t) = \dfrac{1}{2}h(t)$, $V = \dfrac{1}{3}\pi r^2 h = \dfrac{\pi}{12}h^3$,

上式两端对 t 求导得 $\dfrac{dV}{dt} = \dfrac{3\pi}{12}h^2\dfrac{dh}{dt}$, 所以 $2 = \dfrac{3\pi}{12}\cdot 3^2 \cdot \dfrac{dh}{dt}\bigg|_{h=3}$,

故 $\dfrac{dh}{dt}\bigg|_{h=3} = \dfrac{8}{9\pi}(\text{m/min})$.

12. 落在平静水面上的石头, 产生同心波纹, 若最外一圈波半径的增长率总是 6m/s, 问在 2s 末, 扰动水面面积的增长率为多少?

【解】 设在时刻 t 最外一圈波的半径为 $r(t)$, 水面面积为 $s(t)$, 由题意知 $\dfrac{dr}{dt} = 6\text{m/s}$, $r(2) = 12$, $s = \pi r^2$,

两端对 t 求导得 $\dfrac{\mathrm{d}s}{\mathrm{d}t}=2\pi r\cdot\dfrac{\mathrm{d}r}{\mathrm{d}t}$，故 $\dfrac{\mathrm{d}s}{\mathrm{d}t}\Big|_{t=2}=2\pi r\cdot\dfrac{\mathrm{d}r}{\mathrm{d}t}=144\pi(\mathrm{m}^2/\mathrm{s})$.

13. 一架巡逻直升机在距地面 3km 的高度以 120km/h 的常速沿着一水平笔直的高速路飞行，飞行员观察到迎面驶来一辆汽车，通过雷达测出直升机与汽车间的距离为 5km，且此距离以 160km/h 的速率减少. 试求汽车行驶的速度.

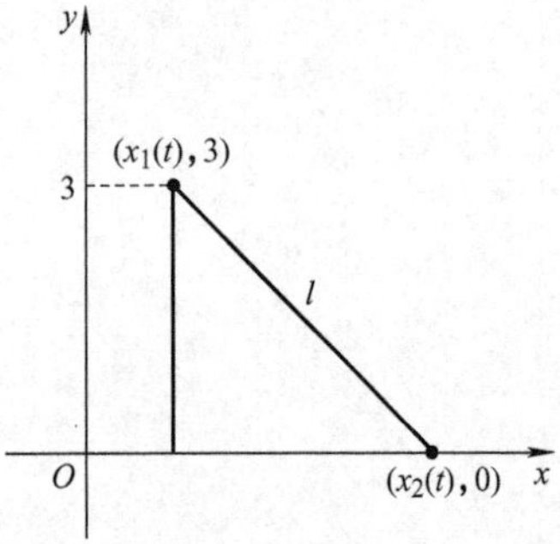

【解】 法1：如图 2-3 所示建立坐标系，设时刻 t 直升机位于点 $(x_1(t),3)$ 处，汽车位于点 $(x_2(t),0)$ 处，直升机与汽车间的距离为 $l(t)$，则

$$l^2=(x_2-x_1)^2+3^2, \text{ 且已知}\ \dfrac{\mathrm{d}x_1}{\mathrm{d}t}=120\mathrm{km/h},\ \dfrac{\mathrm{d}l}{\mathrm{d}t}\Big|_{l=5}=-160\mathrm{km/h},$$

求 $\dfrac{\mathrm{d}x_2}{\mathrm{d}t}\Big|_{l=5}$，

等式 $l^2=(x_2-x_1)^2+3^2$ 两端对 t 求导得

$$2l\dfrac{\mathrm{d}l}{\mathrm{d}t}=2(x_2-x_1)\left(\dfrac{\mathrm{d}x_2}{\mathrm{d}t}-\dfrac{\mathrm{d}x_1}{\mathrm{d}t}\right),$$

即 $l\dfrac{\mathrm{d}l}{\mathrm{d}t}=(x_2-x_1)\left(\dfrac{\mathrm{d}x_2}{\mathrm{d}t}-\dfrac{\mathrm{d}x_1}{\mathrm{d}t}\right)$，

当 $l=5$ 时，$(x_2-x_1)=4$，故 $5\times(-160)=4\left(\dfrac{\mathrm{d}x_2}{\mathrm{d}t}-120\right)$，解得

$$\dfrac{\mathrm{d}x_2}{\mathrm{d}t}=-80.$$

答：汽车行驶的速度为 80km/h，方向沿 x 轴的负方向.

法2：如图 2-4 所示，将飞行员观察的时刻设为初始时刻 $t=0$，并设时刻 t 汽车行驶了 $x(t)$km，

则此刻直升机与汽车的水平距离 $s=4-120t-x(t)$，实际距离 $d=\sqrt{3^2+(4-120t-vt)^2}$，

方程两端对 t 求导得 $d'_t=\dfrac{(4-120t-x(t))(-120-x'(t))}{\sqrt{3^2+(4-120t-x(t))^2}}$，

由题意知 $d'_t\big|_{t=0}=-160(\mathrm{km/h}),x(0)=0$，

代入上式得 $-160=\dfrac{-4[120+x'(0)]}{5}$，解得：$x'(0)=80$，

答：汽车行驶的速度为 80km/h.

图 2-3

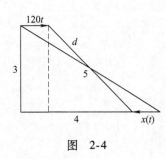

图 2-4

2.4 高阶导数

1. 求下列函数的高阶导数.

(1) $y = e^{-\sin x}$，求 y''；　　　(2) $y = \ln(x + \sqrt{x^2 + 1})$，求 y''；

(3) $y = e^{2x} \cdot \sin(2x + 1)$，求 y''；(4) $y = \dfrac{1}{4}\ln\dfrac{1+x}{1-x} - \dfrac{1}{2}\arctan x$，求 y''；

(5) $y = \ln\dfrac{a+bx}{a-bx}$，求 $y^{(n)}$；　　　(6) $y = \sin^4 x - \cos^4 x$，求 $y^{(n)}$；

(7) $y = \dfrac{2x+2}{x^2+2x-3}$，求 $y^{(n)}$；　　(8) $y = e^{ax}\sin bx$，求 $y^{(n)}$；

(9) $y = \dfrac{1-x}{1+x}$，求 $y^{(n)}$；　　　(10) $y = (x^2 + x + 1)\sin x$，求 $y^{(15)}$.

【解题要点】　求高阶导数的方法有：

（1）直接法：求出函数的前几阶导数后，分析结果的规律性，写出 n 阶导数. 一般所求导数阶数不高时，可用直接法逐次求导；见 P90 2.4 节第 3 题.

（2）间接法（或称公式法，是最常用的方法）：将给定的函数做代数恒等变形，利用已知的高阶导数公式结合复合函数求导法来求，此法只适合中间变量为 $ax + b$ 的情形.

常用高阶导数公式如下：

① $(a^x)^{(n)} = a^x(\ln a)^n \ (a > 0)$；

② $(\sin x)^{(n)} = \sin\left(x + \dfrac{n\pi}{2}\right)$；

③ $(\cos x)^{(n)} = \cos\left(x + \dfrac{n\pi}{2}\right)$；

④ $(x^\alpha)^{(n)} = \alpha(\alpha - 1)\cdots(\alpha - n + 1)x^{\alpha - n}$；

⑤ $(\ln x)^{(n)} = (-1)^{n-1}\dfrac{(n-1)!}{x^n}$；

⑥ $\left(\dfrac{1}{x}\right)^{(n)} = (-1)^n \dfrac{n!}{x^{n+1}}$.

两类特殊形式的函数利用公式求高阶导数的处理方法：

1）求有理分式函数的高阶导数时，一般是利用多项式除法将有理假分式化为有理整式与有理真分式之和，再将有理真分式化为部分分式之和（见主教材中关于有理函数不定积分的处理方法），然后利用 $(x^\alpha)^{(n)} = \alpha(\alpha - 1)\cdots(\alpha - n + 1)x^{\alpha - n}$. 见 P89 2.4 节第 1

（7）题.

2）求三角有理式的高阶导数时，常常利用 $\sin^2 x = \dfrac{1-\cos 2x}{2}$ 或 $\cos^2 x = \dfrac{1+\cos 2x}{2}$ 逐次降低三角函数的方幂，直到降到一次幂，然后利用 $(\sin x)^{(n)} = \sin\left(x + \dfrac{n\pi}{2}\right)$；$(\cos x)^{(n)} = \cos\left(x + \dfrac{n\pi}{2}\right)$ 求出结果. 见 P89 2.4 节第 1（6）题.

3）莱布尼茨公式法：如果求两个函数乘积的 n 阶导数，其中一个函数其 k 阶导数是 $0(k<n)$，此时可考虑用此法. 见 P90 2.4 节第 1(10) 题.

4）递推法：此法不常用，但用得好会禁不住脱口而出"妙哉！". 见 P106 2.6 节第 13(4) 题.

5）泰勒公式法：此法适合求 x_0 点处的高阶导数 $f^{(n)}(x_0)$. 先利用间接法把函数展开成 n 阶泰勒公式，再将 x^n 的系数与直接法的 x^n 的系数 $\dfrac{f^{(n)}(x_0)}{n!}$ 建立等式即可. 见 P110 2.4 节自测题第 2 题.

【解】 （1）$y' = -\cos x\, e^{-\sin x}$，

$$y'' = \sin x\, e^{-\sin x} + \cos^2 x\, e^{-\sin x} = e^{-\sin x}(\sin x + \cos^2 x).$$

（2）$y' = \dfrac{1 + \dfrac{x}{\sqrt{x^2+1}}}{x + \sqrt{x^2+1}} = \dfrac{1}{\sqrt{x^2+1}}$，

$$y'' = -\frac{1}{2}\frac{2x}{(\sqrt{x^2+1})^3} = \frac{-x}{(\sqrt{x^2+1})^3}.$$

（3）$y' = 2e^{2x}\cdot \sin(2x+1) + 2e^{2x}\cos(2x+1)$

$\qquad = 2e^{2x}[\sin(2x+1) + \cos(2x+1)]$，

$y'' = 4e^{2x}[\sin(2x+1) + \cos(2x+1)] + 2e^{2x}[2\cos(2x+1) - 2\sin(2x+1)]$

$\quad = 8e^{2x}\cdot \cos(2x+1).$

（4）$y = \dfrac{1}{4}[\ln(1+x) - \ln(1-x)] - \dfrac{1}{2}\arctan x$，

$$y' = \frac{1}{4}\left(\frac{1}{1+x} + \frac{1}{1-x}\right) - \frac{1}{2}\frac{1}{1+x^2} = \frac{1}{2}\left(\frac{1}{1-x^2} - \frac{1}{1+x^2}\right),$$

$$y'' = \frac{1}{2}\left[\frac{2x}{(1-x^2)^2} + \frac{2x}{(1+x^2)^2}\right] = \frac{2x(1+x^4)}{(1-x^4)^2}.$$

(5) $y = \ln(a+bx) - \ln(a-bx)$,

由 $(\ln x)^{(n)} = (-1)^{n-1} \dfrac{(n-1)!}{x^n}$ 及复合函数求导法得

$$y^{(n)} = b^n (-1)^{n-1} \frac{(n-1)!}{(a+bx)^n} - (-b)^n (-1)^{n-1} \frac{(n-1)!}{(a-bx)^n}$$

$$= b^n (n-1)! \left[\frac{(-1)^{n-1}}{(a+bx)^n} + \frac{1}{(a-bx)^n} \right].$$

(6) $y = \sin^4 x - \cos^4 x = (\sin^2 x + \cos^2 x)(\sin^2 x - \cos^2 x) = -\cos 2x$,

由 $(\cos x)^{(n)} = \cos\left(x + \dfrac{n\pi}{2}\right)$ 及复合函数求导法得

$$y^{(n)} = -2^n \cos\left(2x + \frac{n\pi}{2}\right).$$

(7) $y = \dfrac{1}{x+3} + \dfrac{1}{x-1}$,

由 $\left(\dfrac{1}{x}\right)^{(n)} = (-1)^n \dfrac{n!}{x^{n+1}}$ 及复合函数求导法得

$$y^{(n)} = (-1)^n \frac{n!}{(x+3)^{n+1}} + (-1)^n \frac{n!}{(x-1)^{n+1}}$$

$$= (-1)^n n! \left(\frac{1}{(x+3)^{n+1}} + \frac{1}{(x-1)^{n+1}} \right).$$

(8) 设 $\sin\varphi = \dfrac{b}{\sqrt{a^2+b^2}}$, 则 $\cos\varphi = \dfrac{a}{\sqrt{a^2+b^2}}$, $\varphi = \arctan\dfrac{b}{a}$,

则 $y' = ae^{ax}\sin bx + be^{ax}\cos bx = e^{ax}(a\sin bx + b\cos bx)$

$$= e^{ax}\sqrt{a^2+b^2}\left(\frac{a}{\sqrt{a^2+b^2}}\sin bx + \frac{b}{\sqrt{a^2+b^2}}\cos bx \right)$$

$$= e^{ax}\sqrt{a^2+b^2}\,(\cos\varphi\sin bx + \sin\varphi\cos bx)$$

$$= e^{ax}\sqrt{a^2+b^2}\sin(bx+\varphi),$$

以此类推即得

$$y'' = e^{ax}(\sqrt{a^2+b^2})^2 \sin(bx + 2\varphi), \cdots,$$

$$y^{(n)} = e^{ax}(\sqrt{a^2+b^2})^n \sin(bx + n\varphi) = (a^2+b^2)^{\frac{n}{2}} e^{ax} \sin\left(bx + n\arctan\frac{b}{a}\right).$$

(9) $y = \dfrac{2}{1+x} - 1, \; y^{(n)} = 2\left(\dfrac{1}{1+x}\right)^{(n)}$ ($n \geqslant 1$),

由 $\left(\dfrac{1}{x}\right)^{(n)} = (-1)^n \dfrac{n!}{x^{n+1}}$ 及复合函数求导法得

$$y^{(n)} = (-1)^n \cdot 2 \cdot \dfrac{n!}{(1+x)^{n+1}}.$$

（10）令 $u = \sin x$, $v = x^2 + x + 1$,

则 $u^{(n)} = \sin\left(x + \dfrac{n\pi}{2}\right)$, $v' = 2x + 1$, $v'' = 2$, $v^{(n)} = 0$ （$n \geqslant 3$），

由莱布尼茨公式得

$$y^{(15)} = u^{(15)}v + C_{15}^1 u^{(14)}v' + C_{15}^2 u^{(13)}v''$$
$$= (x^2 + x + 1)(-\cos x) + 15(-\sin x)(2x + 1) + 15 \times 14\cos x$$
$$= (209 - x^2 - x)\cos x - 15(2x + 1)\sin x.$$

2. 设函数 $f(x)$ 二阶可导，求下列函数的二阶导数.

（1）$y = f(e^{-x})$;　　　　　　（2）$y = \ln f(x)$　（$f(x) > 0$）;

（3）$y = e^{f(x)}$;　　　　　　　（4）$y = f(\ln^2 x)$.

【解】（1）$y' = -e^{-x}f'(e^{-x})$,

$$y'' = e^{-x}f'(e^{-x}) + (-e^{-x})f''(e^{-x}) \cdot (-e^{-x})$$
$$= e^{-x}f'(e^{-x}) + e^{-2x}f''(e^{-x}).$$

（2）$y' = \dfrac{f'(x)}{f(x)}$,　　　　$y'' = \dfrac{f''(x)f(x) - [f'(x)]^2}{f^2(x)}$.

（3）$y' = e^{f(x)}f'(x)$,

$$y'' = e^{f(x)}[f'(x)]^2 + e^{f(x)}f''(x) = e^{f(x)}\{[f'(x)]^2 + f''(x)\}.$$

（4）$y' = f'(\ln^2 x) \cdot 2\ln x \cdot \dfrac{1}{x} = \dfrac{2}{x}\ln x f'(\ln^2 x)$,

$$y'' = -\dfrac{2}{x^2}\ln x f'(\ln^2 x) + \dfrac{2}{x} \cdot \dfrac{1}{x} \cdot f'(\ln^2 x) + \dfrac{2}{x}\ln x f''(\ln^2 x) \cdot \dfrac{2}{x}\ln x$$

$$= \dfrac{2}{x^2}[(1 - \ln x)f'(\ln^2 x) + 2\ln^2 x f''(\ln^2 x)].$$

3. 设函数 $f(x)$ 有任意阶导数，且 $f'(x) = f^2(x)$，求 $f^{(n)}(x)$.

【解】$f''(x) = 2f(x)f'(x) = 2f^3(x)$,

$$f'''(x) = 3!\, f^2(x)f'(x) = 3!\, f^4(x),$$
$$\vdots$$
$$f^{(n)}(x) = n!\, f^{n+1}(x).$$

4. 求下列隐函数的二阶导数.

（1）$y = \sin(x + y)$；　　　　　（2）$\ln \sqrt{x^2 + y^2} = \arctan \dfrac{y}{x}$；

（3）$y = 1 + x\mathrm{e}^y$；　　　　　（4）$xy = \mathrm{e}^{x+y}$.

【解】（1）两端对 x 求导得 $y' = \cos(x + y)(1 + y')$，　　　　（2-2）

故　　　　　　　$y' = \dfrac{\cos(x + y)}{1 - \cos(x + y)}$，

式（2-2）两端再对 x 求导得

$$y'' = -\sin(x + y)(1 + y')^2 + \cos(x + y)y'',$$

即　　　　　$y'' = \dfrac{-\sin(x + y)(1 + y')^2}{1 - \cos(x + y)} = \dfrac{\sin(x + y)}{[\cos(x + y) - 1]^3}.$

（2）原式化为 $\dfrac{1}{2}\ln(x^2 + y^2) = \arctan \dfrac{y}{x}$，

两端对 x 求导得 $\dfrac{1}{2} \cdot \dfrac{2x + 2yy'}{x^2 + y^2} = \dfrac{1}{1 + \left(\dfrac{y}{x}\right)^2} \cdot \dfrac{y'x - y}{x^2} \Rightarrow (x - y)y' = x + y,$

$$(2\text{-}3)$$

故 $y' = \dfrac{x + y}{x - y}$，

式（2-3）两端再同时对 x 求导：$(1 - y')y' + (x - y)y'' = 1 + y'$，

即　　　　　$y'' = \dfrac{1 + (y')^2}{x - y} = \dfrac{2(x^2 + y^2)}{(x - y)^3}.$

（3）两端对 x 求导得 $y' = \mathrm{e}^y + x\mathrm{e}^y y'$，由已知 $x\mathrm{e}^y = y - 1 \Rightarrow$

$$y' = \mathrm{e}^y + (y - 1)y' \Rightarrow (2 - y)y' = \mathrm{e}^y,　　　　（2\text{-}4）$$

故 $y' = \dfrac{\mathrm{e}^y}{2 - y}$，

式（2-4）两端再对 x 求导：$(-y')y' + (2 - y)y'' = \mathrm{e}^y y'$，

所以 $y'' = \dfrac{\mathrm{e}^y y' + (y')^2}{2 - y} = \dfrac{\mathrm{e}^{2y}(3 - y)}{(2 - y)^3}.$

（4）两端对 x 求导得：$y + xy' = \mathrm{e}^{x+y}(1 + y')$，　　　　（2-5）

$$y' = \dfrac{\mathrm{e}^{x+y} - y}{x - \mathrm{e}^{x+y}},$$

式（2-5）两端再对 x 求导：$2y' + xy'' = \mathrm{e}^{x+y}(1 + y')^2 + \mathrm{e}^{x+y}y''$，

故 $y'' = \dfrac{\mathrm{e}^{x+y}(1 + y')^2 - 2y'}{x - \mathrm{e}^{x+y}} = \dfrac{\mathrm{e}^{x+y}(x - y)^2 - 2(\mathrm{e}^{x+y} - y)(x - \mathrm{e}^{x+y})}{(x - \mathrm{e}^{x+y})^3}.$

【提示】　第一次求导后利用原方程将式（2-5）化为

$y + xy' = xy(1 + y')$，应更简便，结果应为

$$y'' = \frac{y(x-y)^2 + 2y(1-x)(1-y)}{x^2(1-y)^3}, \text{ 参见 P81 2.3 节第 1 题}$$

【提示】.

5. 设函数 $y = y(x)$ 由方程 $xy - \sin(\pi y^2) = 0$ 确定，求 $\dfrac{\mathrm{d}^2 y}{\mathrm{d}x^2}\bigg|_{y=1}$.

【解】 当 $y = 1$ 时，$x = 0$， (2-6)

两端对 x 求导得：$y + xy' - 2\pi yy'\cos(\pi y^2) = 0$， (2-7)

将式 (2-6) 代入式 (2-7) 得 $1 + 2\pi y'|_{y=1} = 0$，故

$$y'|_{y=1} = -\frac{1}{2\pi}, \tag{2-8}$$

式 (2-7) 两端再对 x 求导得

$$2y' + xy'' - 2\pi\left[(y')^2\cos(\pi y^2) + yy''\cos(\pi y^2)\right.$$
$$\left. - 2\pi(yy')^2\sin(\pi y^2)\right] = 0, \tag{2-9}$$

将式 (2-6)、式 (2-8) 代入式 (2-9) 得 $-\dfrac{1}{\pi} - 2\pi\left(-\dfrac{1}{4\pi^2} - y''|_{y=1}\right) = 0$，

即 $y''|_{y=1} = \dfrac{1}{4\pi^2}$.

6. 求 $y = x + x^5 (x \in (-\infty, +\infty))$ 的反函数的二阶导数.

【解】 设反函数为 $x = x(y)$，则由反函数求导法得

$$x' = \frac{1}{y'} = \frac{1}{1 + 5x^4},$$

上式两端再对 y 求导（注意 $x = x(y)$），得

$$x'' = \left(\frac{1}{1+5x^4}\right)'_y = \left(\frac{1}{1+5x^4}\right)'_x \cdot x'_y = -\frac{20x^3}{(1+5x^4)^2} \cdot \frac{1}{1+5x^4} = -\frac{20x^3}{(1+5x^4)^3}.$$

【提示】 若函数 $y = y(x)$ 的反函数为 $x = x(y)$，则

$$x'' = -\frac{y''}{(y')^3}, \quad x''' = \frac{3(y'')^2 - y'y'''}{(y')^5}. \text{ 见 P111 2.6 节自测题 2.}$$

7. 求下列由参数方程所确定的函数的高阶导数.

(1) $\begin{cases} x = a\cos^3 t \\ y = a\sin^3 t \end{cases}$，求 $\dfrac{\mathrm{d}^2 y}{\mathrm{d}x^2}$；

(2) $\begin{cases} x = 1 - \mathrm{e}^{C\theta} \\ y = C\theta + \mathrm{e}^{-C\theta} \end{cases}$，其中 C 是常数，求 $\dfrac{\mathrm{d}^3 y}{\mathrm{d}x^3}$；

(3) $\begin{cases} x = f'(t) \\ y = tf'(t) - f(t) \end{cases}$ ，其中 $f''(t)$ 存在且不为 0，求 $\dfrac{\mathrm{d}^2 y}{\mathrm{d}x^2}$；

(4) $\begin{cases} x = \mathrm{e}^{-t} \\ y = 2t\mathrm{e}^{2t} \end{cases}$ ，求 $\dfrac{\mathrm{d}^3 y}{\mathrm{d}x^3}$.

【解】　(1) $\dfrac{\mathrm{d}y}{\mathrm{d}x} = \dfrac{y'_t}{x'_t} = \dfrac{3a\sin^2 t\cos t}{-3a\cos^2 t\sin t} = -\tan t$,

$$\dfrac{\mathrm{d}^2 y}{\mathrm{d}x^2} = \dfrac{(y'_x)'_t}{x'_t} = \dfrac{-\sec^2 t}{-3a\cos^2 t\sin t} = \dfrac{1}{3a\cos^4 t\sin t}.$$

(2) $\dfrac{\mathrm{d}y}{\mathrm{d}x} = \dfrac{y'_\theta}{x'_\theta} = \dfrac{C - C\mathrm{e}^{-C\theta}}{-C\mathrm{e}^{C\theta}} = \dfrac{\mathrm{e}^{-C\theta} - 1}{\mathrm{e}^{C\theta}} = \mathrm{e}^{-2C\theta} - \mathrm{e}^{-C\theta}$,

$$\dfrac{\mathrm{d}^2 y}{\mathrm{d}x^2} = \dfrac{(y'_x)'_\theta}{x'_\theta} = \dfrac{(-2C)\mathrm{e}^{-2C\theta} - (-C)\mathrm{e}^{-C\theta}}{-C\mathrm{e}^{C\theta}} = \dfrac{2\mathrm{e}^{-2C\theta} - \mathrm{e}^{-C\theta}}{\mathrm{e}^{C\theta}} = 2\mathrm{e}^{-3C\theta} - \mathrm{e}^{-2C\theta},$$

$$\dfrac{\mathrm{d}^3 y}{\mathrm{d}x^3} = \dfrac{(y''_{xx})'_\theta}{x'_\theta} = \dfrac{(-6C)\mathrm{e}^{-3C\theta} - (-2C)\mathrm{e}^{-2C\theta}}{-C\mathrm{e}^{C\theta}} = 6\mathrm{e}^{-4C\theta} - 2\mathrm{e}^{-3C\theta}.$$

(3) $\dfrac{\mathrm{d}y}{\mathrm{d}x} = \dfrac{y'_t}{x'_t} = \dfrac{tf''(t)}{f''(t)} = t$，$\dfrac{\mathrm{d}^2 y}{\mathrm{d}x^2} = \dfrac{(y'_x)'_t}{x'_t} = \dfrac{1}{f''(t)}$.

(4) $\dfrac{\mathrm{d}y}{\mathrm{d}x} = \dfrac{y'_t}{x'_t} = \dfrac{2\mathrm{e}^{2t}(1 + 2t)}{-\mathrm{e}^{-t}} = -2\mathrm{e}^{3t}(1 + 2t)$,

$$\dfrac{\mathrm{d}^2 y}{\mathrm{d}x^2} = \dfrac{(y'_x)'_t}{x'_t} = \dfrac{-2\mathrm{e}^{3t}(5 + 6t)}{-\mathrm{e}^{-t}} = 2\mathrm{e}^{4t}(5 + 6t),$$

$$\dfrac{\mathrm{d}^3 y}{\mathrm{d}x^3} = \dfrac{(y''_{xx})'_t}{x'_t} = \dfrac{2\mathrm{e}^{4t}(26 + 24t)}{-\mathrm{e}^{-t}} = -2\mathrm{e}^{5t}(26 + 24t).$$

8. 验证：由参数方程 $\begin{cases} x = \mathrm{e}^t\sin t \\ y = \mathrm{e}^t\cos t \end{cases}$ 所确定的函数 $y = y(x)$ 满足

关系

$$(x + y)^2 \dfrac{\mathrm{d}^2 y}{\mathrm{d}x^2} = 2\left(x\dfrac{\mathrm{d}y}{\mathrm{d}x} - y\right).$$

【解】　$\dfrac{\mathrm{d}y}{\mathrm{d}x} = \dfrac{y'_t}{x'_t} = \dfrac{\mathrm{e}^t(\cos t - \sin t)}{\mathrm{e}^t(\cos t + \sin t)} = \dfrac{y - x}{y + x}$,

$$\dfrac{\mathrm{d}^2 y}{\mathrm{d}x^2} = \dfrac{\left(\dfrac{\mathrm{d}y}{\mathrm{d}x} - 1\right)(y + x) - (y - x)\left(\dfrac{\mathrm{d}y}{\mathrm{d}x} + 1\right)}{(y + x)^2},$$

整理得 $(x+y)^2 \dfrac{\mathrm{d}^2 y}{\mathrm{d}x^2} = 2\left(x\dfrac{\mathrm{d}y}{\mathrm{d}x} - y\right)$.

9. 设参数方程 $\begin{cases} x = 3t^2 + 2t + 3 \\ \mathrm{e}^x \sin t - y + 1 = 0 \end{cases}$ 确定函数 $y = y(x)$，求 $\dfrac{\mathrm{d}^2 y}{\mathrm{d}x^2}\bigg|_{t=0}$.

【解】 当 $t = 0$ 时，$x = 3$，$y = 1$，

参数方程两端对 t 求导：$x'_t = 6t + 2$，

$\mathrm{e}^x x'_t \sin t + \mathrm{e}^x \cos t - y'_t = 0$，

$y'_t = \mathrm{e}^x x'_t \sin t + \mathrm{e}^x \cos t = \mathrm{e}^x (6t + 2)\sin t + \mathrm{e}^x \cos t$，$x'_t\big|_{t=0} = 2$，$y'_t\big|_{t=0} = \mathrm{e}^3$，

故 $\dfrac{\mathrm{d}y}{\mathrm{d}x} = \dfrac{y'_t}{x'_t} = \dfrac{\mathrm{e}^x (6t+2)\sin t + \mathrm{e}^x \cos t}{6t+2}$，$\dfrac{\mathrm{d}y}{\mathrm{d}x}\bigg|_{t=0} = \dfrac{\mathrm{e}^3}{2}$，

等式 $(6t+2)\dfrac{\mathrm{d}y}{\mathrm{d}x} = \mathrm{e}^x (6t+2)\sin t + \mathrm{e}^x \cos t$ 两端分别对 t 求导：

$6\dfrac{\mathrm{d}y}{\mathrm{d}x} + (6t+2)\dfrac{\mathrm{d}}{\mathrm{d}t}\left(\dfrac{\mathrm{d}y}{\mathrm{d}x}\right) = \mathrm{e}^x x'_t (6t+2)\sin t + 6\mathrm{e}^x \sin t +$

$$\mathrm{e}^x (6t+2)\cos t + \mathrm{e}^x x'_t \cos t - \mathrm{e}^x \sin t,$$

代入 $t = 0$，得 $\dfrac{\mathrm{d}}{\mathrm{d}t}\left(\dfrac{\mathrm{d}y}{\mathrm{d}x}\right)\bigg|_{t=0} = \dfrac{\mathrm{e}^3}{2}$，

$$\dfrac{\mathrm{d}^2 y}{\mathrm{d}x^2}\bigg|_{t=0} = \dfrac{\dfrac{\mathrm{d}}{\mathrm{d}t}\left(\dfrac{\mathrm{d}y}{\mathrm{d}x}\right)\bigg|_{t=0}}{x'_t\big|_{t=0}} = \dfrac{\dfrac{\mathrm{e}^3}{2}}{2} = \dfrac{\mathrm{e}^3}{4}.$$

2.5 函数的微分

1. 设函数 $y = \ln(1+x)$，计算在点 $x = 1$ 处当 Δx 分别等于 0.1、0.01 时的增量 Δy 和微分 $\mathrm{d}y$.

【解】 $y'\big|_{x=1} = \dfrac{1}{1+x}\bigg|_{x=1} = \dfrac{1}{2}$，

当 $\Delta x = 0.1$ 时，$\Delta y = \ln(2.1) - \ln 2 \approx 0.0488$，

$$\mathrm{d}y\big|_{x=1} = y'\big|_{x=1}\Delta x = \dfrac{1}{2} \times 0.1 = 0.05,$$

当 $\Delta x = 0.01$ 时，$\Delta y = \ln(2.01) - \ln 2 \approx 0.00499$，

$$\mathrm{d}y\big|_{x=1} = y'\big|_{x=1}\Delta x = \dfrac{1}{2} \times 0.01 = 0.005.$$

2. 在括号内填入适当的函数，使等式成立.

（1）$\mathrm{d}(\quad) = \sin\omega x\,\mathrm{d}x$；

(2) $\mathrm{d}(\quad) = \dfrac{1}{1+x}\mathrm{d}x$;

(3) $\mathrm{d}(\quad) = \mathrm{e}^{-3x}\mathrm{d}x$;

(4) $\mathrm{d}(\quad) = (x^3 + \cos 2x)\mathrm{d}x$.

【解】 (1) $\mathrm{d}\left(-\dfrac{1}{\omega}\cos\omega x + C\right) = \sin\omega x\mathrm{d}x$.

(2) $\mathrm{d}(\ln(1+x) + C) = \dfrac{1}{1+x}\mathrm{d}x$.

(3) $\mathrm{d}\left(-\dfrac{1}{3}\mathrm{e}^{-3x} + C\right) = \mathrm{e}^{-3x}\mathrm{d}x$.

(4) $\mathrm{d}\left(\dfrac{1}{4}x^4 + \dfrac{1}{2}\sin 2x + C\right) = (x^3 + \cos 2x)\mathrm{d}x$.

3. 计算下列函数的微分.

(1) $y = \arctan\dfrac{1+\mathrm{e}^x}{1-\mathrm{e}^x}$;　　　　(2) $y = 2^{-\frac{1}{\sin x}}$;

(3) $y = \arcsin\sqrt{1-x^2}$;　　　　(4) $y = f(1-2x) - \cos[f(x)]$.

【解】 (1) $\mathrm{d}y = \dfrac{1}{1+\left(\dfrac{1+\mathrm{e}^x}{1-\mathrm{e}^x}\right)^2} \cdot \mathrm{d}\left(\dfrac{1+\mathrm{e}^x}{1-\mathrm{e}^x}\right)$

$= \dfrac{1}{1+\left(\dfrac{1+\mathrm{e}^x}{1-\mathrm{e}^x}\right)^2} \cdot \dfrac{2\mathrm{e}^x}{(1-\mathrm{e}^x)^2}\mathrm{d}x = \dfrac{\mathrm{e}^x}{1+\mathrm{e}^{2x}}\mathrm{d}x$.

(2) $\mathrm{d}y = 2^{-\frac{1}{\sin x}}\ln 2\mathrm{d}\left(-\dfrac{1}{\sin x}\right) = 2^{-\frac{1}{\sin x}}\csc x\cot x \cdot \ln 2\mathrm{d}x$.

(3) $\mathrm{d}y = \dfrac{1}{\sqrt{1-(\sqrt{1-x^2})^2}}\mathrm{d}\sqrt{1-x^2} = \dfrac{1}{|x|}\dfrac{1}{2} \cdot \dfrac{-2x}{\sqrt{1-x^2}}\mathrm{d}x$

$= \dfrac{-x}{|x|\sqrt{1-x^2}}\mathrm{d}x$.

(4) $\mathrm{d}y = f'(1-2x)\mathrm{d}(1-2x) + \sin(f(x))\mathrm{d}(f(x))$

$= -2f'(1-2x)\mathrm{d}x + \sin(f(x))f'(x)\mathrm{d}x$

$= [-2f'(1-2x) + \sin(f(x))f'(x)]\mathrm{d}x$.

4. 求下列方程确定的隐函数的微分.

(1) $2^{xy} = x + y$;　　　　(2) $x^3 + y^3 - \sin 3x + 6y = 0$;

(3) $\arctan\dfrac{y}{x} = \ln\sqrt{x^2 + y^2}$;　　　　(4) $\mathrm{e}^x\sin y - \mathrm{e}^{-y}\cos x = 0$.

【解题要点】 如果对隐函数通过求导来求微分，则求导时要把其中的一个变量当作中间变量，这使得求微分的过程变得复杂. 而利用一阶微分形式的不变性求隐函数的微分使过程变简单.

【解】 （1）方程两边微分得 $2^{xy}\ln2(y\mathrm{d}x+x\mathrm{d}y)=\mathrm{d}x+\mathrm{d}y$，

$$\mathrm{d}y=\frac{1-2^{xy}y\ln2}{2^{xy}x\ln2-1}\mathrm{d}x.$$

（2）方程两边微分得 $3x^2\mathrm{d}x+3y^2\mathrm{d}y-3\cos3x\mathrm{d}x+6\mathrm{d}y=0$，

所以 $$\mathrm{d}y=\frac{\cos3x-x^2}{2+y^2}\mathrm{d}x.$$

（3）方程化简：$\arctan\dfrac{y}{x}=\dfrac{1}{2}\ln(x^2+y^2)$，

两边微分得 $\dfrac{1}{1+\left(\dfrac{y}{x}\right)^2}\left(\dfrac{x\mathrm{d}y-y\mathrm{d}x}{x^2}\right)=\dfrac{1}{2}\dfrac{2x\mathrm{d}x+2y\mathrm{d}y}{x^2+y^2}$，

化简得 $\mathrm{d}y=\dfrac{x+y}{x-y}\mathrm{d}x.$

（4）方程两边微分得

$$\mathrm{e}^x\sin y\mathrm{d}x+\mathrm{e}^x\cos y\mathrm{d}y+\mathrm{e}^{-y}\cos x\mathrm{d}x+\mathrm{e}^{-y}\sin x\,\mathrm{d}x=0,$$

所以 $\mathrm{d}y=-\dfrac{\mathrm{e}^x\sin y+\mathrm{e}^{-y}\sin x}{\mathrm{e}^x\cos y+\mathrm{e}^{-y}\cos x}\mathrm{d}x.$

5. 求由参数方程 $\begin{cases}x=t^3-3t\\y=2t^3-3t^2-12t\end{cases}$ 确定的函数 $y=y(x)$ 当 $t=0$ 时的微分.

【解】 方程组两边微分得 $\begin{cases}\mathrm{d}x=(3t^2-3)\mathrm{d}t\\\mathrm{d}y=(6t^2-6t-12)\mathrm{d}t\end{cases}$，

将 $t=0$ 代入，得 $\begin{cases}\mathrm{d}x|_{t=0}=-3\mathrm{d}t\\\mathrm{d}y|_{t=0}=-12\mathrm{d}t\end{cases}$，所以 $\dfrac{\mathrm{d}y}{\mathrm{d}x}\Big|_{t=0}=\dfrac{-12\mathrm{d}t}{-3\mathrm{d}t}=4,$

故函数 $y=y(x)$ 当 $t=0$ 时的微分 $\mathrm{d}y=\dfrac{\mathrm{d}y}{\mathrm{d}x}\Big|_{t=0}\mathrm{d}x=4\mathrm{d}x.$

6. 试给出下列函数在指定点邻近的线性近似式.

（1）$y=\mathrm{e}^x$，$x_0=0$；　　　　　（2）$y=\arccos\dfrac{1}{\sqrt{x}}$，$x_0=2$；

（3）$y=\mathrm{e}^{-x}\sin(3-x)$，$x_0=0$；　　（4）$y=\ln^2(1+x^2)$，$x_0=1$.

【解题要点】 利用近似公式 $f(x) \approx f(x_0) + f'(x_0)(x - x_0)$.

【解】 (1) $f(x) = e^x$，则 $f'(x) = e^x$，所以 $f(0) = 1$，$f'(0) = 1$，故 $e^x \approx 1 + x$.

(2) $f(x) = \arccos \dfrac{1}{\sqrt{x}}$，$f'(x) = \dfrac{1}{2x\sqrt{x-1}}$，则 $f(2) = \dfrac{\pi}{4}$，$f'(2) = \dfrac{1}{4}$，

故 $\arccos \dfrac{1}{\sqrt{x}} \approx \dfrac{\pi}{4} + \dfrac{1}{4}(x-2)$.

(3) $f(x) = e^{-x}\sin(3-x)$，$f'(x) = -e^{-x}[\sin(3-x) + \cos(3-x)]$，

则 $\qquad\qquad f(0) = \sin 3$，$f'(0) = -(\sin 3 + \cos 3)$，

故 $\qquad\qquad e^{-x}\sin(3-x) \approx \sin 3 - (\sin 3 + \cos 3)x$.

(4) $f(x) = \ln^2(1+x^2)$，$f'(x) = \dfrac{4x\ln(1+x^2)}{1+x^2}$，则

$$f(1) = \ln^2 2,\ f'(1) = 2\ln 2$$

故 $\ln^2(1+x^2) \approx \ln^2 2 + 2(\ln 2)(x-1)$.

7. 计算下列近似值.

(1) $\sqrt[4]{1.02}$；　　　　(2) $\arctan 1.05$.

【解题要点】 利用近似公式 $f(x_0 + \Delta x) \approx f(x_0) + f'(x_0)\Delta x$.

【解】 (1) 设 $f(x) = \sqrt[4]{x}$，则 $f'(x) = \dfrac{1}{4}x^{-\frac{3}{4}}$，取 $x_0 = 1$，$\Delta x = 0.02$，

则 $f(1) = 1$，$f'(1) = \dfrac{1}{4}$，

所以 $\sqrt[4]{1.02} = \sqrt[4]{1+0.02} \approx 1 + \dfrac{1}{4} \times 0.02 = 1.005$.

(2) 设 $f(x) = \arctan x$，则 $f'(x) = \dfrac{1}{1+x^2}$，$x_0 = 1$，$\Delta x = 0.05$，

则 $f(1) = \dfrac{\pi}{4}$，$f'(1) = \dfrac{1}{2}$，

所以 $\arctan 1.05 = \arctan(1+0.05) \approx \dfrac{\pi}{4} + \dfrac{1}{2} \times 0.05 \approx 0.8104$.

8. 计算球体体积时，若要求相对误差不超过 0.02，问测量直径的相对误差不能超过多少？

【解】 设球体直径为 x，球体体积为 $y(x)$，球体测量直径为 $\tilde{x}$，球体计算体积为 $\tilde{y} = y(\tilde{x})$，则 $y(x) = \dfrac{1}{6}\pi x^3$，$y'(x) = \dfrac{1}{2}\pi x^2$，

由题意知：$\varepsilon_r(\tilde{y}) = 0.02$，由 $\varepsilon_r(\tilde{y}) = \left| \dfrac{\tilde{x}\,y'(\tilde{x})}{\tilde{y}} \right| \varepsilon_r(\tilde{x}) = 3\varepsilon_r(\tilde{x})$

得 $\varepsilon_r(\tilde{x}) = \dfrac{\varepsilon_r(\tilde{y})}{3} \approx 0.0067$，

即：测量直径的相对误差不能超过 0.0067.

2.6　综合例题

1. 选择题

(1) 函数 $f(x) = (x^2 - x - 2)|x^3 - x|$ 有 (　　) 个不可导点.

A. 3　　　　　B. 2　　　　　C. 0　　　　　D. 1

【解】 $f(x) = (x - 2)|x| \cdot |x - 1| \cdot [(x + 1)|x + 1|]$，即 $f(x)$ 有三个分段点.

由于 $y = |x|$ 在 $x = 0$ 处不可导，而 $y = x|x|$ 在 $x = 0$ 处可导，

所以 $f(x)$ 在分段点 $x = -1$ 处可导，而在分段点 $x = 0$、$x = 1$ 处不可导. 故选 B.

(2) 设 $f(x) = 3x^2 + x^2|x|$，则使 $f^{(n)}(0)$ 存在的最高阶数 $n =$ (　　).

A. 0　　　　　B. 1　　　　　C. 2　　　　　D. 3

【解】 只讨论 $g(x) = x^2|x| = \begin{cases} x^3 & x \geq 0 \\ -x^3 & x < 0 \end{cases}$ 即可. 因为 $g(x)$ 在点 $x = 0$ 处连续，故

$g'_-(0) = \lim\limits_{x \to 0^-} g'(x) = \lim\limits_{x \to 0^-}(-3x^2) = 0$，$g'_+(0) = \lim\limits_{x \to 0^+} g'(x) = \lim\limits_{x \to 0^+} 3x^2 = 0$，

即 $g'(0) = 0$，所以 $g'(x) = \begin{cases} 3x^2 & x \geq 0 \\ -3x^2 & x < 0 \end{cases}$.

又因为 $g'(x)$ 在点 $x = 0$ 处连续，

故 $g''_-(0) = \lim\limits_{x \to 0^-} g''(x) = \lim\limits_{x \to 0^-}(-6x) = 0$，

$g''_+(0) = \lim\limits_{x \to 0^+} g''(x) = \lim\limits_{x \to 0^+} 6x = 0$，

即 $g''(0) = 0$，所以 $g''(x) = \begin{cases} 6x & x \geq 0 \\ -6x & x < 0 \end{cases} = 6|x|$.

因为函数 $y = |x|$ 在点 $x = 0$ 处不可导，故选 C.

(3) 若 $f(x) = -f(-x)$，在 $(0, +\infty)$ 内，$f'(x) > 0$，$f''(x) > 0$，则 $f(x)$ 在 $(-\infty, 0)$ 内，有 (　　).

A. $f'(x)<0, f''(x)<0$　　　　B. $f'(x)<0, f''(x)>0$

C. $f'(x)>0, f''(x)<0$　　　　D. $f'(x)>0, f''(x)>0$

【解】 两端对 x 求两次导：$f'(x)=-f'(-x)\cdot(-1)=f'(-x)$，

$f''(x)=-f''(-x)$，

所以 $f'(-x)=f'(x)>0, f''(-x)=-f''(x)<0$，故选 C.

（4）设 $f(x)$ 在定义域内可导，$y=f(x)$ 的图形如图 2-5 所示，则 $f'(x)$ 的图形（见图 2-6）为（　　）.

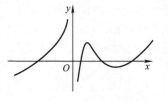

图　2-5

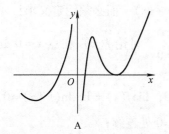

A

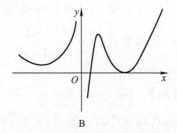

B

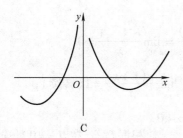

C

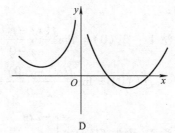

D

图　2-6

【解】 利用导数的几何意义，由图 2-5 可知：当 $x<0$ 时，曲线 $y=f(x)$ 斜率大于 0，故 $f'(x)>0$；当 $x>0$ 时，曲线 $y=f(x)$ 斜率先大于 0、后小于 0、再大于 0，故 $f'(x)$ 大于 0、后小于 0、再大于 0，故选 D.

2. 设函数 $f(x)=\varphi(a+bx)-\varphi(a-bx)$，其中 $b\neq0$，$\varphi(x)$ 在 $(-\infty,+\infty)$ 上有定义，且在点 a 处可导，求 $f'(0)$.

【解】 $f'(0)=\lim\limits_{x\to0}\dfrac{f(x)-f(0)}{x-0}$

$=\lim\limits_{x\to0}\dfrac{[\varphi(a+bx)-\varphi(a)]-[\varphi(a-bx)-\varphi(a)]}{x}$

$$= \lim_{x \to 0} \frac{\varphi(a+bx) - \varphi(a)}{x} - \lim_{x \to 0} \frac{\varphi(a-bx) - \varphi(a)}{x}$$

$$= b \lim_{x \to 0} \frac{\varphi(a+bx) - \varphi(a)}{bx} - (-b) \lim_{x \to 0} \frac{\varphi(a-bx) - \varphi(a)}{-bx}$$

$$= b\varphi'(a) + b\varphi'(a) = 2b\varphi'(a).$$

【提示】 因题设条件 $\varphi(x)$ 在点 a 处可导，其他点未给出是否可导，故不能如下直接求导：

$$f'(x) = b\varphi'(a+bx) - (-b)\varphi'(a-bx) \quad \text{而必须用定义求！}$$

3. 设函数 $f(x) = \begin{cases} e^{-x^2} - 1 & x \le 0 \\ \ln(1+x) & x > 0 \end{cases}$，讨论 $f(x)$ 在点 $x = 0$ 处的连续性与可导性.

【解】 $\lim\limits_{x \to 0^-} f(x) = \lim\limits_{x \to 0^-} (e^{-x^2} - 1) = 0$，$\lim\limits_{x \to 0^+} f(x) = \lim\limits_{x \to 0^+} \ln(1+x) = 0$，

所以 $\lim\limits_{x \to 0} f(x) = f(0)$，故 $f(x)$ 在点 $x = 0$ 处连续；

讨论分段点处的可导性有 2 种方法（参见 P66 2.1 第 5 题【解题要点】）：

法 1：$f'_-(0) = \lim\limits_{x \to 0^-} \frac{f(x) - f(0)}{x - 0} = \lim\limits_{x \to 0^-} \frac{e^{-x^2} - 1}{x} = 0$，

$$f'_+(0) = \lim\limits_{x \to 0^+} \frac{f(x) - f(0)}{x - 0} = \lim\limits_{x \to 0^-} \frac{\ln(1+x)}{x} = 1 \text{（转续）；}$$

法 2：因为 $f'(x) = \begin{cases} -2xe^{-x^2} & x < 0 \\ \dfrac{1}{1+x} & x > 0 \end{cases}$，根据 $f(x)$ 在点 $x = 0$ 处连续；

因而 $f'_-(0) = \lim\limits_{x \to 0^-} f'(x) = \lim\limits_{x \to 0^-} (-2xe^{-x^2}) = 0$，

$$f'_+(0) = \lim\limits_{x \to 0^+} f'(x) = \lim\limits_{x \to 0^+} \frac{1}{1+x} = 1,$$

【续】 因为 $f'_-(0) \ne f'_+(0)$，所以 $f(x)$ 在点 $x = 0$ 处不可导.

4. 设函数 $f(x) = \begin{cases} \ln(1+2x) & -\dfrac{1}{2} < x \le 1 \\ ax + b & x > 1 \end{cases}$，试问 a，b 取何值时，$f(x)$ 在点 $x = 1$ 处可导？

【解题要点】 题中只给出了"$f(x)$ 在点 $x=1$ 处可导"一个条件，但实际上该条件隐含了条件"$f(x)$ 在点 $x=1$ 处连续"，因而利用这两个条件可以确定题中的两个常数.

【解】 函数 $f(x)$ 在点 $x=1$ 处可导，则必有函数 $f(x)$ 在点 $x=1$ 处连续，且 $f'_-(1)=f'_+(1)$，

由函数 $f(x)$ 在点 $x=1$ 处连续，得 $\lim\limits_{x\to 1^+}f(x)=\lim\limits_{x\to 1^+}(ax+b)=f(1)$，

即 $$a+b=\ln 3, \tag{2-10}$$

$$f'_-(1)=\lim\limits_{x\to 1^-}f'(x)=\lim\limits_{x\to 1^-}\left[\ln(1+2x)\right]'=\lim\limits_{x\to 1^-}\frac{2}{1+2x}=\frac{2}{3},$$

$$f'_+(1)=\lim\limits_{x\to 1^+}f'(x)=\lim\limits_{x\to 1^+}(ax+b)'=\lim\limits_{x\to 1^+}a=a,\text{从而得 }a=\frac{2}{3},$$

代入式（2-10）得 $b=\ln 3-\dfrac{2}{3}$.

5. 设函数 $f(x)=\begin{cases}\mathrm{e}^x & x<0 \\ ax^2+bx+c & x\geqslant 0\end{cases}$，试确定 a，b，c 的值，使得 $f''(0)$ 存在.

【解】 要使得 $f''(0)$ 存在，则点 $x=0$ 处必有 $f(x)$ 连续、$f'(x)$ 存在且连续，

因而 $\lim\limits_{x\to 0^+}f(x)=\lim\limits_{x\to 0^-}f(x)$，得 $c=1$，

$$f'_-(0)=\lim\limits_{x\to 0^-}f'(x)=\lim\limits_{x\to 0^-}(\mathrm{e}^x)'=\lim\limits_{x\to 0^-}\mathrm{e}^x=1,$$

$$f'_+(0)=\lim\limits_{x\to 0^+}f'(x)=\lim\limits_{x\to 0^+}(ax^2+bx+1)'=\lim\limits_{x\to 0^+}(2ax+b)=b,$$

$f'_-(0)=f'_+(0)$，得 $b=1$，且 $f'(0)=1$，所以 $f'(x)=\begin{cases}\mathrm{e}^x & x\leqslant 0 \\ 2ax+1 & x>0\end{cases}$，

$$f''_-(0)=\lim\limits_{x\to 0^-}f''(x)=\lim\limits_{x\to 0^-}(\mathrm{e}^x)'=\lim\limits_{x\to 0^-}\mathrm{e}^x=1,$$

$$f''_+(0)=\lim\limits_{x\to 0^+}f''(x)=\lim\limits_{x\to 0^+}(2ax+1)'=\lim\limits_{x\to 0^+}2a=2a,$$

$f''_-(0)=f''_+(0)$，得 $a=\dfrac{1}{2}$.

6. 设函数 $f(x)=\begin{cases}a+bx^2 & |x|\leqslant c \\ \dfrac{m^2}{|x|} & |x|>c\end{cases}$，其中 $c>0$，试求 a，b 的值，使 $f(x)$ 在点 $x=c$，$x=-c$ 处可导.

【解】 因为 $f(x)$ 是偶函数，所以只需使 $f(x)$ 在 $x=c$ 处可导

即可,

当 $f(x)$ 在 $x=c$ 处可导时, 则 $f(x)$ 在 $x=c$ 处必连续,

故有 $\lim\limits_{x\to c^-}f(x)=\lim\limits_{x\to c^-}(a+bx^2)=a+bc^2$, $\lim\limits_{x\to c^+}f(x)=\lim\limits_{x\to c^+}\dfrac{m^2}{x}=\dfrac{m^2}{c}$,

必有 $\lim\limits_{x\to c^-}f(x)=\lim\limits_{x\to c^+}f(x)$, 即 $a+bc^2=\dfrac{m^2}{c}$, $\qquad\qquad$ (2-11)

又 $f(x)$ 在 $x=c$ 处可导, 则必有 $f'_-(c)=f'_+(c)$,

因为 $f(x)$ 在 $x=c$ 处连续, 所以

$$f'_-(c)=\lim\limits_{x\to c^-}f'(x)=\lim\limits_{x\to c^-}2bx=2bc,$$

$$f'_+(c)=\lim\limits_{x\to c^+}f'(x)=\lim\limits_{x\to c^+}\left(-\dfrac{m^2}{x^2}\right)=-\dfrac{m^2}{c^2},\text{因而有}$$

$$2bc=-\dfrac{m^2}{c^2}, \qquad\qquad (2\text{-}12)$$

联立式 (2-11)、式 (2-12) 两式, 解得 $a=\dfrac{3m^2}{2c}$, $b=-\dfrac{m^2}{2c^3}$.

7. 设函数 $f(t)=\lim\limits_{x\to\infty}t\left(1+\dfrac{1}{x}\right)^{2xt}$, 求 $f'(t)$.

【解】 $f(t)=\lim\limits_{x\to\infty}t\left(1+\dfrac{1}{x}\right)^{2xt}=t\lim\limits_{x\to\infty}\left[\left(1+\dfrac{1}{x}\right)^x\right]^{2t}=te^{2t}$,

故 $f'(t)=e^{2t}+2te^{2t}=e^{2t}(1+2t)$.

8. 已知 $f(1)=0$, $f'(1)=2$, 求 $\lim\limits_{x\to0}\dfrac{f(\sin^2x+\cos x)}{x\tan x}$.

【解】 $\lim\limits_{x\to0}\dfrac{f(\sin^2x+\cos x)}{x\tan x}\xlongequal{\tan x\sim x}\lim\limits_{x\to0}\dfrac{f(\sin^2x+\cos x)}{x^2}$

$$=\lim\limits_{x\to0}\dfrac{f(1+(\sin^2x+\cos x-1))-f(1)}{(\sin^2x+\cos x-1)}\cdot\dfrac{(\sin^2x+\cos x-1)}{x^2}$$

$$\xlongequal[\text{当}x\to0\text{时},\Delta x\to0]{\text{令}\Delta x=\sin^2x+\cos x-1}f'(1)\cdot\lim\limits_{x\to0}\left(\dfrac{\sin^2x}{x^2}+\dfrac{\cos x-1}{x^2}\right)$$

$$\xlongequal[\sin x\sim x]{1-\cos x\sim x^2/2}f'(1)\cdot\lim\limits_{x\to0}\left(\dfrac{x^2}{x^2}+\dfrac{-x^2/2}{x^2}\right)$$

$$=f'(1)\times\left(1-\dfrac{1}{2}\right)=1.$$

9. 设函数 $\varphi(x)$ 在点 $x=a$ 处连续, 讨论函数 $f(x)=|x-a|\varphi(x)$ 在点 $x=a$ 处的可导性.

【解】 $f(x) = |x-a|\varphi(x) = \begin{cases} (x-a)\varphi(x) & x \geqslant a \\ (a-x)\varphi(x) & x < a \end{cases}$,

$f'_-(a) = \lim\limits_{x \to a^-} \dfrac{f(x)-f(a)}{x-a} = \lim\limits_{x \to a^-} \dfrac{(a-x)\varphi(x)-0}{x-a} = -\lim\limits_{x \to a^-}\varphi(x) = -\varphi(a)$,

$f'_+(a) = \lim\limits_{x \to a^+} \dfrac{f(x)-f(a)}{x-a} = \lim\limits_{x \to a^+} \dfrac{(x-a)\varphi(x)-0}{x-a} = \lim\limits_{x \to a^+}\varphi(x) = \varphi(a)$,

所以，当 $\varphi(a) \neq 0$ 时，$f'_-(a) \neq f'_+(a)$，$f(x)$ 在点 $x=a$ 处不可导，

当 $\varphi(a) = 0$ 时，$f'_-(a) = f'_+(a)$，$f(x)$ 在点 $x=a$ 处可导，且 $f'(a) = 0$.

【提示】 讨论分段函数在分段点 $x = x_0$ 处的可导性时，有两种方法（参见 P66 2.1 节第 5 题【解题要点】），但该题的条件只给出"$\varphi(x)$ 在点 $x=a$ 处连续"并未给出"$\varphi(x)$ 在点 $x=a$ 的某邻域内可导"，所以该题只能用定义求左、右导数.

10. 设函数 $f(x)$ 在 $(-\infty, +\infty)$ 上有定义，对任何 $x, y \in (-\infty, +\infty)$ 有 $f(x+y) = f(x)f(y)$，且 $f'(0) = 1$. 证明：当 $x \in (-\infty, +\infty)$ 时，$f'(x) = f(x)$.

【证明】 因为 $f(x+y) = f(x)f(y)$，

所以 $f(x) = f(x+0) = f(x)f(0)$，

由于 $f'(0) = 1$，故 $f(x)$ 不恒等于 0，由上式得 $f(0) = 1$，

所以 $f'(x) = \lim\limits_{\Delta x \to 0} \dfrac{f(x+\Delta x) - f(x)}{\Delta x} = \lim\limits_{\Delta x \to 0} \dfrac{f(x)f(\Delta x) - f(x)}{\Delta x}$

$\qquad = f(x)\lim\limits_{\Delta x \to 0} \dfrac{f(\Delta x) - 1}{\Delta x} = f(x)\lim\limits_{\Delta x \to 0} \dfrac{f(\Delta x) - f(0)}{\Delta x}$

$\qquad = f(x)f'(0) = f(x) \cdot 1 = f(x)$.

11. 求下列函数的导数.

(1) $y = \arccos \dfrac{1}{|x|}$；

(2) $y = e^{\sin^2 x} + 2^{\sqrt{\cos x}}\sqrt{\cos x}$；

(3) $y = \dfrac{x}{2}\sqrt{x^2+a^2} + \dfrac{a^2}{2}\ln(x + \sqrt{x^2+a^2})$；

(4) $y = \dfrac{2}{\sqrt{a^2-b^2}}\arctan\left(\sqrt{\dfrac{a-b}{a+b}}\tan\dfrac{x}{2}\right)$ $(a > b > 0)$.

【解】　(1) 化为 $y = \arccos \dfrac{1}{\sqrt{x^2}}$,

$$y' = -\frac{1}{\sqrt{1 - \dfrac{1}{x^2}}} \cdot \left(-\frac{1}{2}\right) \cdot (x^2)^{-\frac{3}{2}} \cdot 2x = \frac{1}{\sqrt{x^2 - 1}} \quad (|x| > 1).$$

(2) $y' = 2\sin x \cos x e^{\sin^2 x} + \left(2^{\sqrt{\cos x}} + \sqrt{\cos x}\, 2^{\sqrt{\cos x}} \ln 2\right) \cdot (\sqrt{\cos x})'$

$$= \sin 2x e^{\sin^2 x} - \frac{\sin x}{2\sqrt{\cos x}} 2^{\sqrt{\cos x}} (1 + \sqrt{\cos x} \ln 2).$$

(3) $y' = \dfrac{1}{2}\sqrt{x^2 + a^2} + \dfrac{x}{2} \cdot \dfrac{1}{2} \cdot \dfrac{2x}{\sqrt{x^2 + a^2}} +$

$$\frac{a^2}{2} \frac{1}{x + \sqrt{x^2 + a^2}}\left(1 + \frac{1}{2} \cdot \frac{2x}{\sqrt{x^2 + a^2}}\right)$$

$$= \frac{1}{2}\sqrt{x^2 + a^2} + \frac{x^2}{2\sqrt{x^2 + a^2}} + \frac{a^2}{2\sqrt{x^2 + a^2}} = \sqrt{x^2 + a^2}.$$

(4) $y' = \dfrac{2}{\sqrt{a^2 - b^2}} \cdot \dfrac{1}{1 + \left(\sqrt{\dfrac{a-b}{a+b}} \tan \dfrac{x}{2}\right)^2} \cdot \sqrt{\dfrac{a-b}{a+b}} \sec^2 \dfrac{x}{2} \cdot \dfrac{1}{2}$

$$= \frac{2}{\sqrt{a^2 - b^2}} \cdot \frac{1}{1 + \left(\sqrt{\dfrac{a-b}{a+b}} \tan \dfrac{x}{2}\right)^2} \cdot \frac{\sqrt{a^2 - b^2}}{a+b} \sec^2 \frac{x}{2} \cdot \frac{1}{2}$$

$$= \frac{\sec^2 \dfrac{x}{2}}{(a+b) + (a-b)\tan^2 \dfrac{x}{2}} = \frac{1}{(a+b)\cos^2 \dfrac{x}{2} + (a-b)\sin^2 \dfrac{x}{2}}$$

$$= \frac{1}{a + b\left(\cos^2 \dfrac{x}{2} - \sin^2 \dfrac{x}{2}\right)} = \frac{1}{a + b\cos x}.$$

12. 设函数 $f(x)$, $g(x)$ 可导, 求下列函数的导数.

(1) $y = e^{f(x^2)} g(\arccos \sqrt{x})$;　　　　(2) $y = \dfrac{2^x g(\sinh x)}{\ln f(x)}, f(x) > 0.$

【解】　(1) $y' = 2x e^{f(x^2)} f'(x^2) g(\arccos \sqrt{x})$

$$-\frac{1}{2} \frac{1}{\sqrt{1-x}} \frac{1}{\sqrt{x}} e^{f(x^2)} g'(\arccos \sqrt{x}).$$

(2) 法1：利用商的导数公式直接求 $\left[\dfrac{2^x g(\sinh x)}{\ln f(x)}\right]'$（略）；

法2：$y\ln f(x) = 2^x g(\sinh x)$，

两边对 x 求导，得

$$y'\ln f(x) + y\cdot\frac{f'(x)}{f(x)} = 2^x g(\sinh x)\ln 2 + 2^x g'(\sinh x)\cosh x,$$

$$y'\ln f(x) = 2^x g(\sinh x)\ln 2 + 2^x g'(\sinh x)\cosh x - y\cdot\frac{f'(x)}{f(x)}$$

$$= 2^x g(\sinh x)\ln 2 + 2^x g'(\sinh x)\cosh x - \frac{2^x g(\sinh x)}{\ln f(x)}\cdot\frac{f'(x)}{f(x)},$$

故 $y' = \dfrac{2^x}{\ln f(x)}\left[g(\sinh x)\ln 2 + g'(\sinh x)\cosh x - \dfrac{g(\sinh x)f'(x)}{f(x)\ln f(x)}\right].$

13. 求下列函数的指定导数.

(1) $y = \ln\sqrt{\dfrac{1-x}{1+x}}$，求 $y''\big|_{x=0}$；　　　　(2) $y = \sin(f(x^2))$，求 y''；

(3) $y = \dfrac{1}{a^2 - b^2 x^2}$，求 $y^{(n)}$；　　　　(4) $y = x^{n-1}\ln x$，求 $y^{(n)}$.

【解】 (1) 化简得 $y = \dfrac{1}{2}\big[\ln(1-x) - \ln(1+x)\big]$，所以

$$y' = \frac{1}{2(x-1)} - \frac{1}{2(x+1)},$$

$$y'' = -\frac{1}{2(x-1)^2} + \frac{1}{2(x+1)^2}, \ \text{所以} \ y''\big|_{x=0} = 0.$$

(2) $y' = 2xf'(x^2)\cos(f(x^2))$，

$y'' = 2f'(x^2)\cos(f(x^2)) + 4x^2 f''(x^2)\cos(f(x^2)) +$
　　$4x^2[f'(x^2)]^2(-\sin(f(x^2)))$

$= 2f'(x^2)\cos(f(x^2)) + 4x^2\{f''(x^2)\cos(f(x^2)) -$
　$[f'(x^2)]^2\sin(f(x^2))\}.$

(3) $y = \dfrac{1}{2a}\left(\dfrac{1}{a-bx} + \dfrac{1}{a+bx}\right)$，由于 $\left(\dfrac{1}{x}\right)^{(n)} = (-1)^n\dfrac{n!}{x^{n+1}}$，

故 $y^{(n)} = \dfrac{1}{2a}\left[\left(\dfrac{1}{a-bx}\right)^{(n)} + \left(\dfrac{1}{a+bx}\right)^{(n)}\right]$

$$= \frac{1}{2a}\left[\frac{b^n n!}{(a-bx)^{n+1}} + \frac{(-1)^n b^n n!}{(a+bx)^{n+1}}\right]$$

$$= \frac{b^n n!}{2a}\Big[\frac{1}{(a-bx)^{n+1}} + \frac{(-1)^n}{(a+bx)^{n+1}}\Big].$$

（4）法 1（莱布尼茨公式法）：设 $u = \ln x$，$v = x^{n-1}$，

则 $u^{(n)} = (-1)^{n-1}\dfrac{(n-1)!}{x^n}$，$v' = (n-1)x^{n-2}$，

$$v'' = (n-1)(n-2)x^{n-3}，\cdots,$$

$v^{(k)} = (n-1)(n-2)\cdots(n-k)x^{n-k-1} \quad (k \leqslant n-1)，v^{(n)} = 0$，

由莱布尼茨公式可得

$$(x^{n-1}\ln x)^{(n)} = \sum_{k=0}^{n} C_n^k u^{(n-k)} v^{(k)} = \sum_{k=0}^{n-1} C_n^k u^{(n-k)} v^{(k)}$$

$$= \sum_{k=0}^{n-1} C_n^k (-1)^{n-k-1} \frac{(n-k-1)!}{x^{n-k}} (n-1) \cdot$$

$$(n-2)\cdots(n-k)x^{n-k-1}$$

$$= \sum_{k=0}^{n-1} C_n^k (-1)^{n-k-1} \frac{(n-1)!}{x}$$

$$= \frac{(n-1)!}{x} \sum_{k=0}^{n-1} (-1)^{n-k-1} C_n^k \xlongequal{\triangle} \frac{(n-1)!}{x} S,$$

由 $C_n^k = C_{n-1}^k + C_{n-1}^{k-1}$ 可得

$$S = \sum_{k=0}^{n-1} (-1)^{n-k-1} C_n^k = (-1)^{n-1} C_n^0 + \sum_{k=1}^{n-1} (-1)^{n-k-1} C_n^k$$

$$= (-1)^{n-1} C_n^0 + \sum_{k=1}^{n-1} (-1)^{n-k-1} \big[C_{n-1}^k + C_{n-1}^{k-1} \big]$$

$$= (-1)^{n-1} C_n^0 + (-1)^{n-2} C_{n-1}^0 + C_{n-1}^{n-1} +$$

$$\sum_{k=1}^{n-2} \big[(-1)^{n-k-1} + (-1)^{n-k-2} \big] C_{n-1}^k$$

$$= \big[(-1)^{n-1} + (-1)^{n-2} \big] + 1 + \sum_{k=1}^{n-2} 0 \cdot C_{n-1}^k = 1.$$

法 2（递推法）：令 $I_{n-1} = x^{n-1}\ln x$，$J_{n-1} = x^{n-1}$，则

$$I_0' = (\ln x)' = \frac{1}{x}，J_{n-1}^{(n)} = 0,$$

所以 $I_{n-1}' = (n-1)x^{n-2}\ln x + x^{n-2} = (n-1)I_{n-2} + J_{n-2}$，

上式两端同时求 $n-1$ 阶导数得

$$I_{n-1}^{(n)} = (n-1)I_{n-2}^{(n-1)} + J_{n-2}^{(n-1)} = (n-1)I_{n-2}^{(n-1)},$$

所以 $I_{n-1}^{(n)} = (n-1)I_{n-2}^{(n-1)} = (n-1)(n-2)I_{n-3}^{(n-2)}$

$$= \cdots = (n-1)(n-2)\cdots 1 \cdot I_0' = \frac{(n-1)!}{x}.$$

14. 设函数 $f(x)$ 二阶可导，求下列隐函数的指定导数.

(1) $y^2 f(x) + xf(y) = x^2$，求 $\dfrac{\mathrm{d}y}{\mathrm{d}x}$；(2) $xe^{f(y)} = e^y$，求 $\dfrac{\mathrm{d}^2 y}{\mathrm{d}x^2}$ $(f'(x) \neq 1)$.

【解】 (1) 方程两边对 x 求导，得

$$2yy'f(x) + y^2 f'(x) + f(y) + xf'(y)y' = 2x,$$

所以 $\qquad \dfrac{\mathrm{d}y}{\mathrm{d}x} = \dfrac{2x - y^2 f'(x) - f(y)}{2yf(x) + xf'(y)}.$

(2) 方程两边对 x 求导，得 $e^{f(y)} + xe^{f(y)}f'(y)y' = e^y y'$,

所以 $y' = \dfrac{e^{f(y)}}{e^y - xe^{f(y)}f'(y)} = \dfrac{e^{f(y)}}{e^y - e^y f'(y)}$

$\qquad = \dfrac{e^{f(y)-y}}{1 - f'(y)} \xrightarrow[\text{转化为}]{\text{由原方程}} \dfrac{1}{x(1 - f'(y))},$

即 $\qquad\qquad xy'(1 - f'(y)) = 1,$ $\qquad\qquad$ (2-13)

式 (2-13) 两端再对 x 求导，得

$$y'(1 - f'(y)) + xy''(1 - f'(y)) + x(y')^2(-f''(y)) = 0,$$

所以 $y'' = \dfrac{x(y')^2 f''(y) - y'(1 - f'(y))}{x(1 - f'(y))}$

$\xrightarrow[x(1-f'(y))^2]{\text{分子分母同乘以}} \dfrac{x^2(y')^2(1-f'(y))^2 f''(y) - xy'(1-f'(y))(1-f'(y))^2}{x^2(1 - f'(y))^3}$

$\xrightarrow[]{\text{式(2-13)代入}} \dfrac{f''(y) - (1 - f'(y))^2}{x^2(1 - f'(y))^3}.$

15. 设函数 $y = y(x)$ 由方程组 $\begin{cases} x^2 + 5xt + 4t^3 = 0 \\ e^y + y(t-1) + \ln t = 1 \end{cases}$ 确定，

求 $\dfrac{\mathrm{d}y}{\mathrm{d}x}\bigg|_{t=1}$.

【解】 方程组对 t 求导：$\begin{cases} 2xx_t' + 5tx_t' + 5x + 12t = 0 \\ e^y y_t' + (t-1)y_t' + y + \dfrac{1}{t} = 0 \end{cases}$,

当 $t=1$ 时，$x = -1$ 或 $x = -4$，即 $x(1) = -1$ 或 $x(1) = -4$，$y(1) = 0$,

$$x'_t\big|_{t=1} = -\frac{5x(t)+12t}{2x(t)+5t}\bigg|_{t=1} = -\frac{5x(1)+12}{2x(1)+5} = -\frac{7}{3}\text{或}-\frac{8}{3},$$

$$y'_t\big|_{t=1} = -\frac{y(t)+\dfrac{1}{t}}{e^{y(t)}+t-1}\bigg|_{t=1} = -\frac{y(1)+1}{e^{y(1)}} = -1,\ \text{故}$$

$$\frac{\mathrm{d}y}{\mathrm{d}x}\bigg|_{t=1} = \frac{y'_t}{x'_t}\bigg|_{t=1} = \frac{3}{7}\text{或}\frac{3}{8}.$$

16. 设函数 $f(x)$ 可导，且 $f(x)\neq 0$，证明：曲线 $y_1=f(x)$，$y_2=f(x)\sin x$ 在交点处相切.

【证明】 令 $y_1=y_2$，得 $\sin x=1$，即 $x=k\pi+\dfrac{\pi}{2}(k\in\mathbf{Z})$，

又 $y'_1=f'(x)$，$y'_2=f'(x)\sin x+f(x)\cos x$，

故在 y_1 与 y_2 的交点 $x=k\pi+\dfrac{\pi}{2}$ $(k\in\mathbf{Z})$ 处，$y'_2=f'\left(k\pi+\dfrac{\pi}{2}\right)=y'_1.$

17. 设曲线 $f(x)=x^n$ 在点 $(1,1)$ 处的切线与 x 轴的交点为 $(\xi_n,0)$，求 $\lim\limits_{n\to\infty}f(\xi_n)$.

【解】 曲线在点 $(1,1)$ 处的切线方程为 $y=nx-(n-1)$，

从而该切线与 x 轴交点的横坐标 $\xi_n=\dfrac{n-1}{n}$，

所以 $\lim\limits_{n\to\infty}f(\xi_n)=\lim\limits_{n\to\infty}\left(\dfrac{n-1}{n}\right)^n=\lim\limits_{n\to\infty}\left(1-\dfrac{1}{n}\right)^n=e^{-1}.$

18. 设函数 $f(x)=a_1\sin x+a_2\sin 2x+\cdots+a_n\sin nx$ （a_i 为实数，$i=1,2,\cdots,n$)，且 $|f(x)|\leqslant|\sin x|$，证明：
$$|a_1+2a_2+\cdots+na_n|\leqslant 1.$$

【证明】 由求导公式得 $f'(x)=a_1\cos x+2a_2\cos 2x+\cdots+na_n\cos nx$，
$$f'(0)=a_1+2a_2+\cdots+na_n,$$

由导数的定义得 $|f'(0)|=\left|\lim\limits_{x\to 0}\dfrac{f(x)-f(0)}{x}\right|$

$$\leqslant\lim\limits_{x\to 0}\left|\dfrac{f(x)-0}{x}\right|=\lim\limits_{x\to 0}\left|\dfrac{f(x)}{x}\right|$$

$$\leqslant\lim\limits_{x\to 0}\left|\dfrac{\sin x}{x}\right|=1,$$

从而 $|a_1+2a_2+\cdots+na_n|\leqslant 1.$

19. 正午时，阳光垂直地射向地面，一飞机沿抛物线 $y=x^2+1$

的轨道向地面俯冲（见图2-7），飞机到地面的距离以100m/s的速度减少．问飞机距地面2501m时，飞机影子在地面上移动的速度是多少？

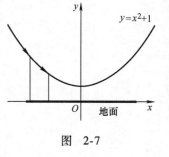

图 2-7

【解】　由题意知 $\dfrac{\mathrm{d}y}{\mathrm{d}t} = -100$，且当 $y = 2501$ 时，$x = -50$，

又 $\dfrac{\mathrm{d}y}{\mathrm{d}t} = 2x \cdot \dfrac{\mathrm{d}x}{\mathrm{d}t}$，$\dfrac{\mathrm{d}x}{\mathrm{d}t} = \dfrac{\mathrm{d}y}{\mathrm{d}t} \bigg/ 2x$，所以，

$$\dfrac{\mathrm{d}x}{\mathrm{d}t}\bigg|_{x=50} = \dfrac{-100}{2 \times (-50)} = 1，$$

即飞机影子在地面上移动的速度为 1m/s．

四、　自测题

2.1　导数概念

1. 设 $\lim\limits_{x \to 0} \dfrac{2x}{f(1) - f(1-x)} = -1$，求曲线 $y = f(x)$ 在点 $(1, f(1))$ 处的切线方程．

2. 证明：双曲线 $xy = a^2$ 上任一点处的切线与两坐标轴构成的三角形的面积都等于 $2a^2$．

3. 设 $f(x)$ 在 $x = a$ 处可导，且 $f(a) \neq 0$，求 $\lim\limits_{n \to \infty}\left[\dfrac{f\left(a + \dfrac{1}{n}\right)}{f(a)}\right]^n$．

4. 设 $f(x) = \begin{cases} \mathrm{e}^x & x \leqslant 0 \\ ax + b & x > 0 \end{cases}$，确定 a 和 b 的值，使函数 $f(x)$ 在 $x = 0$ 处连续且可导．

2.2　求导法则和求导基本公式

1. 设 $f(x) = \ln(1+x)\ln(2+x)\cdots\ln(n+x)$，求 $f'(0)$．

2. 设 $f(x)$ 在 $x = a$ 处连续，$\varphi(x) = f(x)\sin(x - a)$，求 $\varphi'(x)$．

3. 设 $f(x)$ 在 $(-\infty, +\infty)$ 上满足 $2f(1+x) + f(1-x) = \mathrm{e}^x$，试求 $f'(x)$．

4. 设 $f(x) = \begin{cases} x\arctan \dfrac{1}{x^2} & x \neq 0 \\ 0 & x = 0 \end{cases}$，试讨论 $f'(x)$ 在 $x = 0$ 处的连续性．

2.3　隐函数和参数方程确定的函数的导数

1. 设 $y^x = e^y\,(y>0)$，求 y'.

2. 设 $\begin{cases} x = e^t\sin t \\ e^t + e^y\cos t = 2 \end{cases}$，求 $\left.\dfrac{\mathrm{d}y}{\mathrm{d}x}\right|_{t=0}$.

3. 设曲线 C 的极坐标方程为 $\rho = \rho(\theta)$，证明曲线上任一点 (ρ,θ) 处的切线斜率

$$k = \frac{\rho'\tan\theta + \rho}{\rho' - \rho\tan\theta}\,(\text{其中 } \rho' = \rho'(\theta)).$$

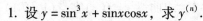

4. 一个开窗子的机构是由一些刚性细杆做成（见图 2-8），其中 S 为滑块，设 $AO = 3\text{cm}$，$AS = 4\text{cm}$，求滑块的垂直速度 $\dfrac{\mathrm{d}x}{\mathrm{d}t}$ 与 θ 的角速度 $\dfrac{\mathrm{d}\theta}{\mathrm{d}t}$ 之间的关系.

2.4　高阶导数

1. 设 $y = \sin^3 x + \sin x\cos x$，求 $y^{(n)}$.

2. 设 $f(x) = (x^2+1)\ln(1+x)$，求 $f^{(n)}(0)\,(n\geqslant 0)$.

3. 设函数 $y = y(x)$ 由方程 $e^y + 3xy + x^2 - 1 = 0$ 确定，求 $y''(0)$.

4. 设函数 $y = y(x)$ 由方程 $\begin{cases} x = \sin t \\ \cos t + e^y = 2 \end{cases}$ 确定，求 $\left.\dfrac{\mathrm{d}^2 y}{\mathrm{d}x^2}\right|_{t=0}$.

2.5　函数的微分

1. 设函数 $f(u)$ 可导，$y = f(x^2)$ 当自变量 x 在 $x = -1$ 处取得增量 $\Delta x = -0.1$ 时，相应的函数增量 Δy 的线性主部为 0.1，求 $f'(1)$.

2. 已知 $\mathrm{d}y = \dfrac{1}{1+2x}\mathrm{d}x$，求 y.

3. 设函数 $y = y(x)$ 是由方程 $x = y^x$ 确定，求 $\mathrm{d}y$.

4. 计算 $\ln 1.02$ 的近似值.

2.6　综合例题

1. 已知 $f(2) = 0$，$f'(2) = 1$，求 $\displaystyle\lim_{x\to 0}\dfrac{f(2e^{x^2})}{x\ln(1+x)}$.

2. 若函数 $y = y(x)$ 的反函数为 $x = x(y)$，证明：$x'' = -\dfrac{y''}{(y')^3}$，

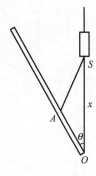

图　2-8

$$x''' = \frac{3(y'')^2 - y'y'''}{(y')^5}.$$

3. 设 $f(x)$ 是周期函数, 且在 $(-\infty, +\infty)$ 上可导, 证明: $f'(x)$ 也是周期函数.

4. 设 $f(x) = \lim_{n\to\infty} \sqrt[n]{1 + |x|^{3n}}$, 求 $f'(x)$.

五、　自测题答案

2.1　导数概念

1. $\lim_{x\to 0} \dfrac{2x}{f(1) - f(1-x)} = \lim_{x\to 0} \dfrac{2}{\dfrac{f(1-x) - f(1)}{-x}} = -1$,

得 $\lim_{x\to 0} \dfrac{f(1-x) - f(1)}{-x} = -2$, 即 $k = f'(1) = -2$,

故切线方程为 $y - f(1) = -2(x-1)$.

2. $y = \dfrac{a^2}{x}$ 的导数为 $y' = -\dfrac{a^2}{x^2}$,

故双曲线在任一点 $\left(x_0, \dfrac{a^2}{x_0}\right)$ 处的切线方程为 $y - \dfrac{a^2}{x_0} = -\dfrac{a^2}{x_0^2}(x - x_0)$,

即 $\dfrac{y}{\dfrac{2a^2}{x_0}} + \dfrac{x}{2x_0} = 1$,

于是所构成的三角形的面积 $S = \dfrac{1}{2}\left|\dfrac{2a^2}{x_0}\right| \cdot |2x_0| = 2a^2$.

3. $\lim_{n\to\infty}\left[\dfrac{f\left(a + \dfrac{1}{n}\right)}{f(a)}\right]^n = \lim_{n\to\infty}\left[1 + \dfrac{f\left(a + \dfrac{1}{n}\right) - f(a)}{f(a)}\right]^n$

$$= e^{\lim\limits_{n\to\infty} \frac{f\left(a+\frac{1}{n}\right)-f(a)}{f(a)} \cdot n}$$

$$= e^{\lim\limits_{n\to\infty} \frac{f\left(a+\frac{1}{n}\right)-f(a)}{\frac{1}{n}} \cdot \frac{1}{f(a)}} = e^{\frac{f'(a)}{f(a)}}.$$

4. $\lim_{x\to 0^-} f(x) = \lim_{x\to 0^-} e^x = 1$, $\lim_{x\to 0^+} f(x) = \lim_{x\to 0^+}(ax + b) = b$, $f(0) = 1$,

$f(x)$ 在 $x = 0$ 处连续, 即 $\lim_{x\to 0^-} f(x) = \lim_{x\to 0^+} f(x) = f(0)$, 得 $b = 1$,

法1：$f'_-(0) = \lim_{x \to 0^-}\dfrac{f(x) - f(0)}{x} = \lim_{x \to 0^-}\dfrac{e^x - 1}{x} = \lim_{x \to 0^-}\dfrac{x}{x} = 1$,

$\qquad f'_+(0) = \lim_{x \to 0^+}\dfrac{f(x) - f(0)}{x} = \lim_{x \to 0^+}\dfrac{(ax + 1) - 1}{x} = a\,(\text{转续})$;

法2：$f(x)$ 在 $x = 0$ 处连续,

故 $f'_-(0) = \lim_{x \to 0^-}(e^x)' = \lim_{x \to 0^-}e^x = 1$,

$\qquad f'_+(0) = \lim_{x \to 0^+}(ax + 1)' = \lim_{x \to 0^+}a = a.$

【续】 $f(x)$ 在 $x = 0$ 处可导, 即 $f'_-(0) = f'_+(0)$, 得 $a = 1$.

2.2 求导法则和求导基本公式

1. 当 $n = 1$ 时, $f(x) = \ln(1 + x)$, 则 $f'(x) = \dfrac{1}{1 + x}$, $f'(0) = 1$;

当 $n \geqslant 2$ 时, 记 $f(x) = \ln(1 + x) \cdot g(x)$, 则

$$f'(x) = \dfrac{1}{1 + x}g(x) + \ln(1 + x) \cdot g'(x),$$

$$f'(0) = g(0) = \ln2 \cdot \ln3 \cdots \ln n = \prod_{k=2}^{n}\ln k,\ \text{故 } f'(0) = \begin{cases} 1 & n = 1 \\ \displaystyle\prod_{k=2}^{n}\ln k & n \geqslant 2 \end{cases}.$$

2. $f(x)$ 在 $x = a$ 处连续, 故有 $\lim\limits_{x \to a}f(x) = f(a)$,

$$\varphi'(a) = \lim_{x \to a}\dfrac{\varphi(x) - \varphi(a)}{x - a} = \lim_{x \to a}\dfrac{f(x)\sin(x - a) - 0}{x - a}$$

$$= \lim_{x \to a}f(x) \cdot \lim_{x \to a}\dfrac{\sin(x - a)}{x - a} = f(a).$$

【提示】 由于题设条件没有 "$f(x)$ 在 $x = a$ 处可导", 故下列解法是错误的:

$$\varphi'(x) = f'(x)\sin(x - a) + f(x)\cos(x - a), \text{故}$$

$$\varphi'(a) = f'(a)\sin 0 + f(a)\cos 0 = f(a).$$

3. 在等式 $\qquad 2f(1 + x) + f(1 - x) = e^x \qquad\qquad$ (2-14)

中, 令 $x = -t$, 得 $2f(1 - t) + f(1 + t) = e^{-t}$,

即 $\qquad\qquad 2f(1 - x) + f(1 + x) = e^{-x}, \qquad\qquad$ (2-15)

联立式 (2-14) 和式 (2-15) 解得 $3f(1 + x) = 2e^x - e^{-x}$,

再令 $t = 1 + x$, 得 $f(t) = \dfrac{2e^{t-1} - e^{1-t}}{3}$, 即 $f(x) = \dfrac{2e^{x-1} - e^{1-x}}{3}$,

故 $f'(x) = \dfrac{2\mathrm{e}^{x-1} + \mathrm{e}^{1-x}}{3}$.

4. $f'(0) = \lim\limits_{x \to 0} \dfrac{x\arctan\dfrac{1}{x^2} - 0}{x} = \dfrac{\pi}{2}$，故 $f'(x) = \begin{cases} \arctan\dfrac{1}{x^2} - \dfrac{2x^2}{1+x^4} & x \neq 0 \\ \dfrac{\pi}{2} & x = 0 \end{cases}$，

$\lim\limits_{x \to 0} f'(x) = \lim\limits_{x \to 0}\left(\arctan\dfrac{1}{x^2} - \dfrac{2x^2}{1+x^4}\right) = \dfrac{\pi}{2} = f'(0)$，故 $f'(x)$ 在 $x = 0$

处连续.

2.3　隐函数和参数方程确定的函数的导数

1. 方程两端取对数：$x\ln y = y$，

两端同时对 x 求导：$\ln y + x \cdot \dfrac{y'}{y} = y'$，所以 $y' = \dfrac{y\ln y}{y - x}$.

2. 当 $t = 0$ 时，$x = 0$，$y = 0$，

方程分别对 t 求导，$x'_t = \mathrm{e}^t\,(\sin t + \cos t)$，$\mathrm{e}^t + \mathrm{e}^y \cdot y'_t\cos t - \mathrm{e}^y\sin t = 0$，

所以 $x'_t\big|_{t=0} = 1$，$y'_t\big|_{t=0} = -1$，故 $\dfrac{\mathrm{d}y}{\mathrm{d}x}\bigg|_{t=0} = \dfrac{y'_t}{x'_t}\bigg|_{t=0} = -1$.

3. 将极坐标方程改写为参数方程 $\begin{cases} x = \rho(\theta)\cos\theta \\ y = \rho(\theta)\sin\theta \end{cases}$，则

$$x'_\theta = \rho'\cos\theta - \rho\sin\theta = \cos\theta(\rho' - \rho\tan\theta)，$$
$$y'_\theta = \rho'\sin\theta + \rho\cos\theta = \cos\theta(\rho'\tan\theta + \rho)，$$

当 $x'_\theta \neq 0$ 时，此时 $\cos\theta \neq 0$，故 $k = \dfrac{y'_\theta}{x'_\theta} = \dfrac{\rho'\tan\theta + \rho}{\rho' - \rho\tan\theta}$.

4. 由余弦定理得 $3^2 + x^2 - 2 \times 3 \cdot x\cos\theta = 4^2$，

两端同时对 t 求导得 $2x\dfrac{\mathrm{d}x}{\mathrm{d}t} - 6\left(\dfrac{\mathrm{d}x}{\mathrm{d}t}\cos\theta - x\sin\theta \cdot \dfrac{\mathrm{d}\theta}{\mathrm{d}t}\right) = 0$，

即 $(x - 3\cos\theta)\dfrac{\mathrm{d}x}{\mathrm{d}t} + 3x\sin\theta \cdot \dfrac{\mathrm{d}\theta}{\mathrm{d}t} = 0$.

2.4　高阶导数

1. $y = \sin^3 x + \sin x\cos x = \dfrac{3}{4}\sin x - \dfrac{1}{4}\sin 3x + \dfrac{1}{2}\sin 2x$，

$$y^{(n)} = \dfrac{3}{4}\sin\left(x + \dfrac{n\pi}{2}\right) - \dfrac{3^n}{4}\sin\left(3x + \dfrac{n\pi}{2}\right) + 2^{n-1}\sin\left(2x + \dfrac{n\pi}{2}\right).$$

2. 法 1（莱布尼茨公式法）：设 $u = \ln(1 + x)$，$v = x^2 + 1$，则

$$u^{(n)} = (-1)^{n-1}\frac{(n-1)!}{(1+x)^n}, v' = 2x, v'' = 2, v^{(n)} = 0 \ (n \geq 3),$$

$$f^{(n)}(x) = (-1)^{n-1}\frac{(n-1)!}{(1+x)^n}(x^2+1) + C_n^1(-1)^{n-2}\frac{(n-2)!}{(1+x)^{n-1}} \cdot 2x$$

$$+ C_n^2(-1)^{n-3}\frac{(n-3)!}{(1+x)^{n-2}} \cdot 2,$$

$$f^{(n)}(0) = (-1)^{n-1}(n-1)! + (-1)^{n-1}n(n-1)(n-3)!$$
$$= 2(-1)^{n-1}(n-1)^2(n-3)!.$$

法 2（泰勒公式法）：$f(x) = (x^2+1)\ln(1+x)$

$$\ln(1+x) = x - \frac{1}{2}x^2 + \cdots + (-1)^{n-3}\frac{1}{n-2}x^{n-2} +$$

$$(-1)^{n-2}\frac{1}{n-1}x^{n-1} + (-1)^{n-1}\frac{1}{n}x^n + o(x^n),$$

故 $f(x)$ 麦克劳林展开式中 x^n 的系数为 $(-1)^{n-3}\frac{1}{n-2} + (-1)^{n-1}\frac{1}{n}$，

即 $\dfrac{f^{(n)}(0)}{n!} = (-1)^{n-3}\dfrac{1}{n-2} + (-1)^{n-1}\dfrac{1}{n}$，

$$f^{(n)}(0) = n!\left((-1)^{n-3}\frac{1}{n-2} + (-1)^{n-1}\frac{1}{n}\right) = 2(-1)^{n-1}(n-1)^2(n-3)!.$$

3. 由方程知，当 $x = 0$ 时，$y = 0$，　　　　　　　　　　　　　　　(2-16)

方程两端分别对 x 求导：　$e^y y' + 3y + 3xy' + 2x = 0$，　　　　(2-17)

将式（2-16）代入式（2-17）得 $y'(0) = 0$，　　　　　　　　　　(2-18)

方程（2-16）两端对 x 求导：

$$e^y(y')^2 + e^y y'' + 6y' + 3xy'' + 2 = 0,$$　　　　　　　　(2-19)

式（2-16）、式（2-18）代入式（2-19）得 $y''(0) = -2$.

4. 参数方程两端对 t 求导：$x_t' = \cos t$，$-\sin t + e^y y_t' = 0$，$y_t' = \dfrac{\sin t}{e^y}$，

所以 $\dfrac{\mathrm{d}y}{\mathrm{d}x} = \dfrac{y_t'}{x_t'} = e^{-y}\tan t$，$\left(\dfrac{\mathrm{d}y}{\mathrm{d}x}\right)_t' = -e^{-y}y_t'\tan t + e^{-y}\sec^2 t$，

$$\frac{\mathrm{d}^2 y}{\mathrm{d}x^2} = \frac{\left(\dfrac{\mathrm{d}y}{\mathrm{d}x}\right)_t'}{x_t'} = \frac{-e^{-y}y_t'\tan t + e^{-y}\sec^2 t}{\cos t},$$

当 $t = 0$ 时，$y = 0$，$y_t' = 0$，代入上式得 $\dfrac{\mathrm{d}^2 y}{\mathrm{d}x^2}\bigg|_{t=0} = 1$.

2.5 函数的微分

1. $dy = f'(x^2) \cdot 2x dx$，即 $0.1 = f'(1) \times 2 \times (-1) \times (-0.1)$，得
$f'(1) = 0.5$.

2. $d\ln(1+2x) = \dfrac{2}{1+2x}dx$，故有 $d\left(\dfrac{1}{2}\ln(1+2x) + C\right) = \dfrac{1}{1+2x}dx$，

所以 $y = \dfrac{1}{2}\ln(1+2x) + C$.

3. 取对数：$\ln x = x\ln y$，

方程两端同时求微分：$\dfrac{dx}{x} = \ln y dx + \dfrac{x}{y}dy$，

所以 $dy = \dfrac{y - xy\ln y}{x^2}dx$.

4. 设 $f(x) = \ln(1+x)$，$x_0 = 0$，$f(0) = 0$，$f'(x) = \dfrac{1}{1+x}$，$f'(0) = 1$，

则 $f(x) \approx f(0) + f'(0)x$，

故 $\ln 1.02 = \ln(1+0.02) \approx 0 + 1 \times 0.02 = 0.02$.

2.6 综合例题

1. 原式 $= \lim\limits_{x \to 0} \dfrac{f(2 + 2(e^{x^2}-1)) - f(2)}{2(e^{x^2}-1)} \cdot \lim\limits_{x \to 0} \dfrac{2(e^{x^2}-1)}{x\ln(1+x)}$

$\qquad = f'(2) \lim\limits_{x \to 0} \dfrac{2x^2}{x \cdot x} = 2$.

2. 因为 $x' = \dfrac{1}{y'}$，注意：方程右端 y' 是 x 的函数，而 x 是 y 的
函数.

两端同时对 y 求导，$x'' = \left(\dfrac{1}{y'}\right)'_y = \left(\dfrac{1}{y'}\right)'_x \cdot x'_y$

$\qquad\qquad = -\dfrac{y''}{(y')^2} \cdot \dfrac{1}{y'} = -\dfrac{y''}{(y')^3}$；

再对 y 求导，$x''' = \left(-\dfrac{y''}{(y')^3}\right)'_y = \left(-\dfrac{y''}{(y')^3}\right)'_x \cdot x'_y$

$\qquad\qquad = \dfrac{3(y'')^2 - y'y'''}{(y')^4} \cdot \dfrac{1}{y'} = \dfrac{3(y'')^2 - y'y'''}{(y')^5}$.

3. 设 $f(x)$ 的周期为 T，则有 $f(x+T) = f(x)$，所以有

$(f(x+T))' = f'(x)$,

由复合函数求导法：$(f(x+T))' = f'(x+T) \cdot (x+T)' = f'(x+T)$，

即 $f'(x+T) = f'(x)$，所以 $f'(x)$ 也是周期函数.

4. 当 $|x| < 1$ 时，$\lim\limits_{n \to \infty} \sqrt[n]{1+|x|^{3n}} = \lim\limits_{n \to \infty}(1+|x|^{3n})^{\frac{1}{n}} = 1$；

当 $|x| = 1$ 时，$\lim\limits_{n \to \infty} \sqrt[n]{1+|x|^{3n}} = \lim\limits_{n \to \infty}(1+1)^{\frac{1}{n}} = 1$；

当 $|x| > 1$ 时，$\lim\limits_{n \to \infty} \sqrt[n]{1+|x|^{3n}} = |x|^3 \lim\limits_{n \to \infty}\left(1+\dfrac{1}{|x|^{3n}}\right)^{\frac{1}{n}} = |x|^3$；

故 $f(x) = \begin{cases} -x^3 & x < -1 \\ 1 & -1 \leqslant x \leqslant 1 \text{，由于} f(x) \text{ 在 } x = \pm 1 \text{ 处连续,} \\ x^3 & x > 1 \end{cases}$

$$f'_+(-1) = \lim_{x \to -1^+} f'(x) = \lim_{x \to -1^+} 0 = 0, f'_-(-1)$$

$$= \lim_{x \to -1^-} f'(x) = \lim_{x \to -1^-}(-3x^2) = -3；$$

$f'_+(1) = \lim\limits_{x \to 1^+} f'(x) = \lim\limits_{x \to 1^+} 3x^2 = 3$，　$f'_-(1) = \lim\limits_{x \to 1^-} f'(x) = \lim\limits_{x \to 1^-} 0 = 0$；

$f'_+(-1) \neq f'_-(-1)$，$f'_+(1) \neq f'_-(1)$，所以 $f(x)$ 在 $x = \pm 1$ 处不可导,

故 $f'(x) = \begin{cases} -3x^2 & x < -1 \\ 0 & -1 < x < 1. \\ 3x^2 & x > 1 \end{cases}$

3

第 3 章
微分中值定理及其应用

一、 学习要求

1. 掌握罗尔定理和拉格朗日中值定理,并会用它们证明简单的命题、不等式和等式. 了解柯西中值定理.

2. 熟练掌握洛必达法则求 $\frac{0}{0}$、$\frac{\infty}{\infty}$ 型基本未定式的极限方法,会把求 $0 \cdot \infty$、$\infty - \infty$、1^{∞}、0^{0}、∞^{0} 型未定式的极限转化为求基本未定式的极限.

3. 理解泰勒定理,会用它证明简单的命题、不等式,会求极限、高阶导数,会确定无穷小的阶,会做近似计算.

4. 掌握利用导数判定函数的单调性及单调区间的方法,会利用函数的单调性证明简单的不等式.

5. 理解函数极值的概念,掌握求函数的极值(必要性和两个充分条件),掌握函数求最值的方法并会求解简单的应用问题.

6. 会利用导数判定曲线的凹凸性,会求曲线的拐点,并会描绘简单函数的图形(包括曲线的水平、垂直和斜渐近线).

7. 了解曲率和曲率半径的概念并会计算曲率和曲率半径,会计算弧微分,会求两曲线的交角.

8. 了解求方程近似解的二分法和牛顿迭代法.

二、典型例题

3.1 微分中值定理

P121 第 2 (3) (4) (7) 题、P123 第 5 题、P124 第 7 题、P125 第 8 题、P125 第 10 题.

3.2 未定式的极限

P127 第 1 (5) (7) (10) (11) (14) (16) (17) 题、P129 第 2 题、P130 第 3 题、P130 第 4 题、P131 第 6 题.

3.3 泰勒公式

P134 第 2 (2) 题、P136 第 5 (4) 题、P137 第 7 题、P138 第 9 题.

3.4 函数性态的研究

P143 第 3 题、P144 第 5 (2) (4) 题、P146 第 8 题、P147 第 9 题、P149 第 14 (2) (3) (4) (6) 题、P153 第 18 题、P156 第 21 (1) 题、P157 第 22 (1) 题.

3.5 曲线的曲率

P160 第 2 题、P161 第 3 (4) 题.

3.7 综合例题

P168 第 3 题、P168 第 4 题、P169 第 7 题、P170 第 8 题、P171 第 11 题、P171 第 12 题、P172 第 14 题、P174 第 15 (3) 题、P177 第 19 题.

三、习题及解答

3.1 微分中值定理

1. 选择题

(1) 设函数 $f(x) = \sqrt[3]{x - x^2}$，则（　　）.

A. 在任意区间 $[a, b]$ 上罗尔定理一定成立

B. 在区间 $[0, 1]$ 上罗尔定理不成立

C. 在区间 $[0, 1]$ 上罗尔定理成立

D. 在任意区间 $[a, b]$ 上罗尔定理都不成立

【解】 $f'(x) = \dfrac{1-2x}{3\sqrt[3]{(x-x^2)^2}}$，故 $f(x)$ 在闭区间 $[0, 1]$ 上连续，在开区间 $(0, 1)$ 内可导，$f(0) = f(1)$，由罗尔定理

$\exists \xi \in (0,1) \subset [0,1]$，使得 $f'(\xi) = 0$（此处 $\xi = \dfrac{1}{2}$）. 故选 C.

(2) 设函数 $f(x)$ 在闭区间 $[-1, 1]$ 上连续，在开区间 $(-1, 1)$ 上可导，且 $|f'(x)| \leqslant M$，$f(0) = 0$，则必有（　　）.

A. $|f(x)| \geqslant M$ B. $|f(x)| > M$

C. $|f(x)| \leqslant M$ D. $|f(x)| < M$

【解】 $\forall x \in [-1,1]$，由拉格朗日中值定理：
$$f(x) - f(0) = f'(\xi)(x-0),$$
所以 $|f(x)| = |f'(\xi)x| \leqslant |f'(\xi)| \leqslant M$，故选 C.

(3) 若函数 $f(x)$ 在开区间 (a, b) 内可导，且对任意两点 x_1，$x_2 \in (a, b)$，恒有 $|f(x_1) - f(x_2)| \leqslant (x_2 - x_1)^2$，则必有（　　）.

A. $f'(x) \neq 0$ B. $f'(x) = x$

C. $f(x) = x$ D. $f(x) = C$（常数）

【解】 $\forall x \in (a, b)$，给 x 一个增量 Δx，使得 $x + \Delta x \in (a, b)$，则由题意得 $|f(x + \Delta x) - f(x)| \leqslant (\Delta x)^2$，

故有 $|f'(x)| = \lim\limits_{\Delta x \to 0} \left| \dfrac{f(x + \Delta x) - f(x)}{\Delta x} \right|$

$\qquad\qquad \leqslant \lim\limits_{\Delta x \to 0} \left| \dfrac{(\Delta x)^2}{\Delta x} \right| = \lim\limits_{\Delta x \to 0} |\Delta x| = 0,$

所以 $f'(x) = 0$，故 $f(x) = C$. 故选 D.

(4) 已有函数 $f(x) = (x-1)(x-2)(x-3)(x-4)$，则方程 $f'(x) = 0$ 有（　　）.

A. 分别位于区间 $(1, 2)$，$(2, 3)$，$(3, 4)$ 内的三个根

B. 四个根，分别为 $x_1 = 1$，$x_2 = 2$，$x_3 = 3$，$x_4 = 4$

C. 四个根，分别位于区间内 $(0, 1)$，$(1, 2)$，$(2, 3)$，$(3, 4)$ 内

D. 分别位于区间 $(1, 2)$，$(1, 3)$，$(1, 4)$ 内的三个根

【解】 函数 $f(x)$ 在闭区间 $[i, i+1]$（$i = 1, 2, 3$）上连续，在开区间 $(i, i+1)$（$i = 1, 2, 3$）内可导，且 $f(i) = f(i+1) = 0$（$i = 1, 2, 3$），由罗尔定理：在每个开区间 $(i, i+1)$（$i = 1, 2, 3$）

内至少存在一个 ξ_i，使得 $f'(\xi_i) = 0$；即方程在（1，4）内至少有 3 个根，由于 $f'(x)$ 为 3 次多项式，所以 $f'(x) = 0$ 在（$-\infty$，$+\infty$）内最多有 3 个实数根，故选 A.

（5）方程 $5x - 2 + \cos\dfrac{\pi x}{2} = 0$（　　）.

A. 无实根　　　　　　　　B. 有唯一的实根

C. 有重实根　　　　　　　D. 有三个根

【解】　设 $f(x) = 5x - 2 + \cos\dfrac{\pi x}{2}$,

（1）存在性：则 $f(x)$ 在 $[0，1]$ 上连续，且 $f(0) = -1 < 0$，$f(1) = 3 > 0$,

由零点定理：至少存在一点 $\xi \in (0，1)$，使得 $f(\xi) = 0$;

（2）唯一性：则 $f'(x) = 5 - \dfrac{\pi}{2}\sin\dfrac{\pi x}{2} > 0$，即 $f(x)$ 严格单调递增，所以 $f(x) = 0$ 的根唯一，

故选 B.

2. 证明下列不等式：

（1）$|\arctan x - \arctan y| \leqslant |x - y|$;

（2）$na^{n-1}(b - a) < b^n - a^n < nb^{n-1}(b - a)$　$(n > 1, b > a > 0)$;

（3）$\dfrac{\sin x}{x} > \cos x, x \in (0, \pi)$;

（4）$a^b > b^a$　$(b > a > e)$;

（5）$\dfrac{x}{1 + x} < \ln(1 + x) < x$　$(x > 0)$;

（6）$x > \arctan x > x - \dfrac{x^3}{3}$　$(x > 0)$;

（7）$\tan x + 2\sin x > 3x, x \in \left(0, \dfrac{\pi}{2}\right)$.

【证明】　（1）当 $x = y$ 时，$|\arctan x - \arctan y| = |x - y|$;

当 $x \neq y$ 时，设 $f(x) = \arctan x$，函数 $f(x)$ 在以 x 及 y 为端点的闭区间上满足拉格朗日中值定理，故有

$$\arctan x - \arctan y = \dfrac{1}{1 + \xi^2}(x - y)　（\xi \text{ 介于 } x \text{ 与 } y \text{ 之间}），$$

$$|\arctan x - \arctan y| = \dfrac{1}{1 + \xi^2}|x - y| < |x - y|.$$

（2）设 $f(x) = x^n$，则 $f'(x) = nx^{n-1}$，$f(x)$ 在 $[a, b]$ 上满足拉格朗日中值定理，

故有 $b^n - a^n = n\xi^{n-1}(b - a)$ $(a < \xi < b)$，

由 $n > 1$ 得 $na^{n-1}(b - a) < b^n - a^n < nb^{n-1}(b - a)$．

（3）法 1：设 $f(x) = \sin x$，则 $f'(x) = \cos x$，

$f(x)$ 在 $[0, x]$ 上满足拉格朗日中值定理，故 $\exists \xi \in (0, x)$，使得

$$\frac{\sin x}{x} = \cos \xi > \cos x, x \in (0, \pi).$$

法 2：即证 $\sin x > x\cos x$，$x \in (0, \pi)$，

设 $f(x) = \sin x - x\cos x$，$x \in (0, \pi)$，则

$$f'(x) = x\sin x > 0, x \in (0, \pi),$$

所以 $f(x)$ 在 $(0, \pi)$ 上单调递增，故

$$f(x) > f(0) = 0, x \in (0, \pi).$$

（4）即证 $b\ln a > a\ln b$ $(b > a > e)$，

法 1：$f(x) = x\ln a - a\ln x$ $x \in (a, b)$，则 $f'(x) = \ln a - \dfrac{a}{x}$，

$f(x)$ 在 $[a, b]$ 上满足拉格朗日中值定理，故有

$$b\ln a - a\ln b = f'(\xi)(b - a) = \left(\ln a - \frac{a}{\xi}\right)(b - a) \quad (a < \xi < b),$$

因为 $\xi > a > e$，从而 $\left(\ln a - \dfrac{a}{\xi}\right) > 0$，故 $b\ln a - a\ln b > 0$．

法 2：只需证 $\dfrac{\ln b}{b} < \dfrac{\ln a}{a}$ $(b > a > e)$，

令 $g(x) = \dfrac{\ln x}{x}$，$x \in (a, b)$，则 $g'(x) = \dfrac{1 - \ln x}{x^2} < 0$ $(x > a > e)$，

即 $g(x)$ 在 $[a, b]$ 上单调减，所以 $g(b) < g(a)$，即

$$\frac{\ln b}{b} < \frac{\ln a}{a} \quad (b > a > e).$$

（5）设 $f(x) = \ln(1 + x)$ $(x > 0)$，则 $f'(x) = \dfrac{1}{1 + x}$ $(x > 0)$，

$f(x)$ 在 $[0, x]$ 上满足拉格朗日中值定理，故有

$$\ln(1 + x) = \frac{x}{1 + \xi} \quad (0 < \xi < x),$$

从而 $x > \ln(1 + x) > \dfrac{x}{1 + x}$.

(6) 设 $f(x) = \arctan x$ $(x > 0)$，$f'(x) = \dfrac{1}{1 + x^2}$，

$f(x)$ 在 $[0, x]$ 上满足拉格朗日中值定理，故有 $\arctan x = \dfrac{x}{1 + \xi^2} < x$，

设 $g(x) = \arctan x - x + \dfrac{x^3}{3}$，

$$g'(x) = \dfrac{1}{1 + x^2} - 1 + x^2 = x^2 - \dfrac{x^2}{1 + x^2} > x^2 - x^2 = 0,$$

所以 $g(x)$ 单增，故有 $g(x) > g(0) = 0$，即 $\arctan x > x - \dfrac{x^3}{3}$，

因而 $x > \arctan x > x - \dfrac{x^3}{3}$ $(x > 0)$.

(7) 法 1：设 $f(x) = \tan x + 2\sin x - 3x$，$x \in \left(0, \dfrac{\pi}{2}\right)$，则

$f'(x) = \sec^2 x + 2\cos x - 3$，

$f''(x) = 2\sec^2 x \tan x - 2\sin x = 2\sin x \left(\dfrac{1}{\cos^3 x} - 1\right) > 0, x \in \left(0, \dfrac{\pi}{2}\right)$，

所以 $f'(x)$ 在 $\left[0, \dfrac{\pi}{2}\right]$ 上单增，即 $f'(x) > f'(0) = 0$，

所以 $f(x)$ 在 $\left(0, \dfrac{\pi}{2}\right)$ 上单增，故 $f(x) > f(0) = 0$，$x \in \left(0, \dfrac{\pi}{2}\right)$.

因而，$\tan x + 2\sin x > 3x, x \in \left(0, \dfrac{\pi}{2}\right)$.

法 2（泰勒公式法）：设 $g(x) = \tan x + 2\sin x$，$x \in \left(0, \dfrac{\pi}{2}\right)$，则

$g'(x) = \sec^2 x + 2\cos x$，

$g''(x) = 2\sec^2 x \tan x - 2\sin x = 2\sin x \left(\dfrac{1}{\cos^3 x} - 1\right) > 0, x \in \left(0, \dfrac{\pi}{2}\right)$，

由一阶泰勒公式 $g(x) = g(0) + g'(0)x + \dfrac{g''(\xi)}{2}x^2 (\xi \in (0, x))$ 得

$$g(x) > g(0) + g'(0)x,$$

即 $\tan x + 2\sin x > 3x$，$x \in \left(0, \dfrac{\pi}{2}\right)$.

【提示】 利用单调性证明不等式 $f(x) \geqslant g(x)$ 时，如果一侧是

分式，有时直接设 $F(x) = f(x) - g(x)$ 会比较简单，但有时把分式变形为整式会比较简单（见 P121 3.1 节第 2（3）题），变形时要注意自变量的范围，关注不等号的方向有否改变.

3. 当 $x \geqslant 1$ 时，证明：$2\arctan x + \arcsin \dfrac{2x}{1+x^2} = \pi$.

【证明】 设 $f(x) = 2\arctan x + \arcsin \dfrac{2x}{1+x^2}$,

则

$$f'(x) = \frac{2}{1+x^2} + \frac{1}{\sqrt{1 - \left(\dfrac{2x}{1+x^2} \right)^2}} \cdot \frac{2(1+x^2) - 2x \cdot 2x}{(1+x^2)^2}$$

$$= \frac{2}{1+x^2} - \frac{2}{1+x^2} = 0,$$

所以 $f(x) = C$，又 $f(1) = 2 \times \dfrac{\pi}{4} + \dfrac{\pi}{2} = \pi$，故 $f(x) = \pi$,

即 $2\arctan x + \arcsin \dfrac{2x}{1+x^2} = \pi$.

4. 设 $f(x)$ 在区间 $[0, 1]$ 上可微，且 $0 < f(x) < 1$，$f'(x) \neq 1$，证明：存在唯一的 $\xi \in (0, 1)$，使得 $f(\xi) = \xi$.

【证明】（1）存在性：

设 $F(x) = f(x) - x$，则 $F(x)$ 在区间 $[0, 1]$ 上连续，

$$F(0) = f(0) > 0, F(1) = f(1) - 1 < 0,$$

由零点定理：存在 $\zeta \in (0, 1)$，使得 $F(\zeta) = 0$，即 $f(\zeta) = \zeta$;

（2）唯一性（反证法）：

假设另有 $\xi_1 \neq \xi$，$\xi_1 \in (0, 1)$，使得 $F(\xi_1) = 0$,则在以 ξ 及 ξ_1 为端点的区间上 $F(x)$ 满足拉格朗日中值定理，故存在介于 ξ 及 ξ_1 之间的 $\xi_2 \in (0, 1)$，使得

$$F'(\xi_2) = \frac{F(\xi) - F(\xi_1)}{\xi - \xi_1} = 0,$$

而由 $F(x) = f(x) - x$ 得 $F'(\xi_2) = f'(\xi_2) - 1$,

因而推得 $f'(\xi_2) = 1$，与已知条件 $f'(x) \neq 1$ 矛盾！

5. 设函数 $f(x)$，$g(x)$ 在闭区间 $[a, b]$ 上连续，在开区间 (a, b) 内可导，$f(a) = g(a)$ 且恒有 $f'(x) < g'(x)$，证明：$f(b) < g(b)$.

【证明】 设 $F(x) = f(x) - g(x)$，则 $F(b) = f(b) - g(b)$,

$F(a) = f(a) - g(a) = 0$,

$$F'(x) = f'(x) - g'(x) < 0,$$

法 1：$F(x)$ 在区间 $[a, b]$ 上满足拉格朗日中值定理，故存在 $\xi \in (a, b)$，使得

$$F(b) - F(a) = F'(\xi)(b - a) < 0,$$

即 $f(b) - g(b) < 0$，亦即 $f(b) < g(b)$.

法 2：由 $F'(x) < 0$ 知：$F(x)$ 在闭区间 $[a, b]$ 上单减，因此

$$F(b) < F(a) = 0,$$

即 $f(b) < g(b)$.

6. 设函数 $f(x)$ 在区间 $[0, a]$ 上连续，在 $(0, a)$ 内可导，且 $f(a) = 0$. 证明：存在一点 $\xi \in (0, a)$，使 $f(\xi) + \xi f'(\xi) = 0$.

【证明】 设 $F(x) = xf(x)$，则

$$F'(x) = f(x) + xf'(x), \quad F(a) = 0, \quad F(0) = 0,$$

即 $F(x)$ 在区间 $[0, a]$ 上满足罗尔定理，故存在 $\xi \in (0, a)$，使得 $F'(\xi) = 0$，

即 $f(\xi) + \xi f'(\xi) = 0$.

7. 设函数 $f(x)$ 在闭区间 $[a, b]$ 上连续，在开区间 (a, b) 内可导，且 $ab > 0$，证明：在 (a, b) 内至少存在一点 ξ，使得

$$f(b) - f(a) = \xi f'(\xi) \ln \frac{b}{a}.$$

【证明】 法 1：变形为 $\dfrac{f(b) - f(a)}{\ln|b| - \ln|a|} = \dfrac{f'(\xi)}{\dfrac{1}{\xi}}$，故设 $g(x) = \ln|x|$，则 $g'(x) = \dfrac{1}{x}$，且 $g(x)$ 在闭区间 $[a, b]$ 上连续，在开区间 (a, b) 内可导，由柯西中值定理：至少存在一点 $\xi \in (a, b)$，使得

$$\frac{f(b) - f(a)}{g(b) - g(a)} = \frac{f'(\xi)}{\dfrac{1}{\xi}},$$

即 $\dfrac{f(b) - f(a)}{\ln|b| - \ln|a|} = \dfrac{f'(\xi)}{\dfrac{1}{\xi}}$，亦即 $f(b) - f(a) = \xi f'(\xi) \ln \dfrac{b}{a}$.

法 2：设 $F(x) = f(x) - \dfrac{f(b) - f(a)}{\ln|b| - \ln|a|} \ln|x|$，

$$F'(x) = f'(x) - \frac{f(b) - f(a)}{\ln|b| - \ln|a|} \cdot \frac{1}{x},$$

$$F(a) = \frac{f(a)\ln|b| - f(b)\ln|a|}{\ln|b| - \ln|a|} = F(b),$$

则 $F(x)$ 满足罗尔定理的条件, 故至少存在一点 $\xi \in (a, b)$, 使得 $F'(\xi) = 0$,

所以 $f'(\xi) - \dfrac{f(b) - f(a)}{\ln|b| - \ln|a|} \cdot \dfrac{1}{\xi} = 0$, 即 $f(b) - f(a) = \xi f'(\xi) \ln\dfrac{b}{a}$.

8. 设函数 $f(x)$ 在区间 $[a, b]$ 上有 $(n-1)$ 阶连续导数, 在 (a, b) 内有 n 阶导数, 且 $f(b) = f(a) = f'(a) = \cdots = f^{(n-1)}(a) = 0$. 试证: 在 (a, b) 内至少有一点 ξ, 使 $f^{(n)}(\xi) = 0$.

【证明】　$f(x)$ 在区间 $[a, b]$ 上满足罗尔定理, 故 $\exists \xi_1 \in (a, b)$, 使得 $f'(\xi_1) = 0$;

依次取 $k = 1, 2, \cdots, n-2$, 重复以下过程:

$f^{(k)}(x)$ 在区间 $[a, \xi_k]$ $(k = 1, 2, \cdots, n-2)$ 上满足罗尔定理, 故 $\exists \xi_{k+1} \in (a, \xi_k)$, 使得 $f^{(k+1)}(\xi_{k+1}) = 0$;

又 $f^{(n-1)}(x)$ 在区间 $[a, \xi_{n-1}]$ 上满足罗尔定理,

故 $\exists \xi \in (a, \xi_{n-1}) \subset (a, b)$, 使得 $f^{(n)}(\xi) = 0$.

9. 设 $f(x)$ 在 $[a, b]$ 上连续, 在 (a, b) 内可导, 且 $f'(x) \neq 0$. 证明: $f(a) \neq f(b)$.

【证明】　反证法: 假设 $f(a) = f(b)$, 则 $f(x)$ 在 $[a, b]$ 上满足罗尔定理的条件, 所以 $\exists \xi \in (a, b)$, 使得 $f'(\xi) = 0$, 与已知条件 $f'(x) \neq 0$ 矛盾!

10. 证明: 方程 $4ax^3 + 3bx^2 + 2cx = a + b + c$ 在 $(0, 1)$ 内至少有一个根.

【证明】　设 $f(x) = ax^4 + bx^3 + cx^2 - (a+b+c)x$, 则
$$f'(x) = 4ax^3 + 3bx^2 + 2cx - (a+b+c),$$

$f(x)$ 在 $[0, 1]$ 上满足罗尔定理的条件, 故 $\exists \xi \in (0, 1)$, 使得
$$f'(\xi) = 0,$$

即 ξ 是方程 $4ax^3 + 3bx^2 + 2cx = a + b + c$ 的一个根.

3.2　未定式的极限

1. 计算下列极限：

（1）$\lim\limits_{x \to a} \dfrac{x^m - a^m}{x^n - a^n}$；

（2）$\lim\limits_{x \to 0} \left(\dfrac{\mathrm{e}^x}{x} - \dfrac{1}{\mathrm{e}^x - 1} \right)$；

（3）$\lim\limits_{x \to 0} \dfrac{\mathrm{e}^x - \cos x}{\sin x}$；

（4）$\lim\limits_{x \to +\infty} \dfrac{\ln\ln x}{x}$；

（5）$\lim\limits_{x \to 0} \dfrac{\mathrm{e}^x + \sin x - 1}{\ln(1 + x)}$；

（6）$\lim\limits_{x \to +\infty} \dfrac{(\ln x)^n}{x}$；

（7）$\lim\limits_{x \to 1^+} \left(\dfrac{x}{x - 1} - \dfrac{1}{\ln x} \right)$；

（8）$\lim\limits_{x \to 0} \dfrac{x - \arcsin x}{\sin^3 x}$；

（9）$\lim\limits_{x \to 0} \left(\dfrac{\sin x}{x} \right)^{\frac{1}{x^2}}$；

（10）$\lim\limits_{x \to 0} \dfrac{\mathrm{e}^x - \mathrm{e}^{\sin x}}{x - \sin x}$；

（11）$\lim\limits_{x \to 0^+} \left[\dfrac{\ln x}{(1 + x)^2} - \ln \dfrac{x}{1 + x} \right]$；

（12）$\lim\limits_{x \to \pi} \left(1 - \tan \dfrac{x}{4} \right) \sec \dfrac{x}{2}$；

（13）$\lim\limits_{x \to 0^+} \left(\dfrac{1}{x} \right)^{\tan x}$；

（14）$\lim\limits_{x \to 0} \left(\dfrac{\arcsin x}{x} \right)^{\frac{1}{x^2}}$

（15）$\lim\limits_{x \to \frac{\pi}{2}^-} (\cos x)^{\frac{\pi}{2} - x}$；

（16）$\lim\limits_{x \to 0} \dfrac{(1 + x)^{\frac{1}{x}} - \mathrm{e}}{x}$；

（17）$\lim\limits_{x \to +\infty} \dfrac{\ln(a + b\mathrm{e}^x)}{\sqrt{a + bx^2}}$　$(b > 0)$；

（18）$\lim\limits_{x \to 0} \left(\dfrac{1}{\mathrm{e}} (1 + x)^{\frac{1}{x}} \right)^{\frac{1}{x}}$．

【解题要点】　求极限时首先要分清极限的类型，当利用洛必达法则求极限时，应尽量结合无穷小代换法或根据代数恒等式化简函数表达式．尽量避开对分子分母上复杂的函数直接求导，以便快捷地求出极限，见 P129 3.2 节第 1（17）题.

【解】　（1）原式 $\overset{\frac{0}{0}\text{型}}{=\!=\!=\!=} \lim\limits_{x \to a} \dfrac{m x^{m-1}}{n x^{n-1}} = \dfrac{m}{n} a^{m-n}$.

（2）原式 $\overset{\infty - \infty\ \text{型}}{=\!=\!=\!=\!=} \lim\limits_{x \to 0} \dfrac{\mathrm{e}^{2x} - \mathrm{e}^x - x}{x(\mathrm{e}^x - 1)} \overset{\mathrm{e}^x - 1 \sim x}{=\!=\!=\!=} \lim\limits_{x \to 0} \dfrac{\mathrm{e}^{2x} - \mathrm{e}^x - x}{x \cdot x}$

$$\xlongequal{\frac{0}{0}型}\lim_{x\to0}\frac{2e^{2x}-e^x-1}{2x}\xlongequal{\frac{0}{0}型}\lim_{x\to0}\frac{4e^{2x}-e^x}{2}=\frac{3}{2}.$$

（3）原式$\xlongequal{\frac{0}{0}型}\lim_{x\to0}\frac{e^x+\sin x}{\cos x}=1.$

（4）原式$\xlongequal{\frac{\infty}{\infty}型}\lim_{x\to+\infty}\frac{\dfrac{1}{x\ln x}}{1}=0.$

（5）原式$\xlongequal{\ln(1+x)\sim x}\lim_{x\to0}\frac{e^x-1+\sin x}{x}\xlongequal{\frac{0}{0}型}\lim_{x\to0}\frac{e^x+\cos x}{1}=2.$

（6）原式$\xlongequal{\frac{\infty}{\infty}型}\lim_{x\to+\infty}\frac{n(\ln x)^{n-1}\cdot\dfrac{1}{x}}{1}=\lim_{x\to+\infty}\frac{n(\ln x)^{n-1}}{x}$

$$\xlongequal[\frac{\infty}{\infty}型]{若\,n-1>0}\lim_{x\to+\infty}\frac{n(n-1)(\ln x)^{n-2}}{x}$$

$$=\cdots=\lim_{x\to+\infty}\frac{n!(\ln x)}{x}\xlongequal{\frac{\infty}{\infty}型}\lim_{x\to+\infty}\frac{(n!)\cdot\dfrac{1}{x}}{1}=0.$$

（7）法1：原式$\xlongequal{\infty-\infty型}\lim_{x\to1^+}\frac{x\ln x-x+1}{(x-1)\ln x}$

$$\xlongequal{\frac{0}{0}型}\lim_{x\to1^+}\frac{\ln x}{\ln x+1-\dfrac{1}{x}}\xlongequal{\frac{0}{0}型}\lim_{x\to1^+}\frac{\dfrac{1}{x}}{\dfrac{1}{x}+\dfrac{1}{x^2}}=\frac{1}{2}.$$

法2：原式$=\lim_{x\to1^+}\frac{x\ln x-x+1}{(x-1)\ln x}\xlongequal{t=x-1}\lim_{t\to0^+}\frac{(1+t)\ln(1+t)-t}{t\ln(1+t)}$

$$\xlongequal{\ln(1+t)\sim t}\lim_{t\to0^+}\frac{(1+t)\ln(1+t)-t}{t\cdot t}$$

$$\xlongequal{\frac{0}{0}型}\lim_{t\to0^+}\frac{\ln(1+t)}{2t}\xlongequal{\ln(1+t)\sim t}\lim_{t\to0^+}\frac{t}{2t}=\frac{1}{2}.$$

（8）原式$\xlongequal{\sin x\sim x}\lim_{x\to0}\frac{x-\arcsin x}{x^3}\xlongequal{\frac{0}{0}型}\lim_{x\to0}\frac{1-\dfrac{1}{\sqrt{1-x^2}}}{3x^2}$

$$= \lim_{x \to 0} \frac{\sqrt{1-x^2}-1}{3x^2 \sqrt{1-x^2}} = \lim_{x \to 0} \frac{\sqrt{1-x^2}-1}{3x^2}$$

$$\xlongequal{\sqrt[n]{1+x}-1 \sim \frac{x}{n}} \lim_{x \to 0} \frac{-\dfrac{x^2}{2}}{3x^2} = -\frac{1}{6}.$$

(9) 原式 $\xlongequal{1^\infty 型} e^{\lim\limits_{x \to 0} \frac{\ln\left(\frac{\sin x}{x}\right)}{x^2}} = e^{\lim\limits_{x \to 0} \frac{\ln\left(1+\left(\frac{\sin x}{x}-1\right)\right)}{x^2}}$

$$\xlongequal{\ln(1+x) \sim x} e^{\lim\limits_{x \to 0} \frac{\frac{\sin x}{x}-1}{x^2}} = e^{\lim\limits_{x \to 0} \frac{\sin x - x}{x^3}}$$

$$\xlongequal{\frac{0}{0} 型} e^{\lim\limits_{x \to 0} \frac{\cos x - 1}{3x^2}} \xlongequal{1-\cos x \sim \frac{x^2}{2}} e^{\lim\limits_{x \to 0} \frac{-x^2/2}{3x^2}} = e^{-\frac{1}{6}}.$$

(10) 原式 $= \lim\limits_{x \to 0} \dfrac{e^{\sin x}(e^{x-\sin x}-1)}{x - \sin x}$

$$\xlongequal{e^x - 1 \sim x} \lim_{x \to 0} \frac{e^{\sin x}(x - \sin x)}{x - \sin x} = \lim_{x \to 0} e^{\sin x} = 1.$$

(11) 原式 $\xlongequal{\infty - \infty 型} \lim\limits_{x \to 0^+} \left[\dfrac{\ln x}{(1+x)^2} - \ln x + \ln(1+x) \right]$

$$= \lim_{x \to 0^+} \left[\frac{\ln x}{(1+x)^2} - \ln x \right] = \lim_{x \to 0^+} \left[\frac{\ln x - (1+x)^2 \ln x}{(1+x)^2} \right]$$

$$= -\lim_{x \to 0^+} (x^2 + 2x)\ln x \cdot \lim_{x \to 0^+} \frac{1}{(1+x)^2}$$

$$= -\lim_{x \to 0^+} (x^2 + 2x)\ln x \xlongequal{0 \cdot \infty 型} -\lim_{x \to 0^+} \frac{\ln x}{(x^2 + 2x)^{-1}}$$

$$\xlongequal{\frac{\infty}{\infty} 型} -\lim_{x \to 0^+} \frac{x^{-1}}{-(2x+2)(x^2+2x)^{-2}}$$

$$= -\frac{1}{2} \lim_{x \to 0^+} x(x+2)^2 = 0.$$

(12) 原式 $\xlongequal{0 \cdot \infty 型} \lim\limits_{x \to \pi} \dfrac{1 - \tan \dfrac{x}{4}}{\cos \dfrac{x}{2}} \xlongequal{\frac{0}{0} 型} \lim\limits_{x \to \pi} \dfrac{-\dfrac{1}{4}\sec^2 \dfrac{x}{4}}{-\dfrac{1}{2}\sin \dfrac{x}{2}} = 1.$

(13) 原式 $\xlongequal{\infty^0 型} e^{\lim\limits_{x \to 0^+} (-\tan x \cdot \ln x)} \xlongequal{0 \cdot \infty 型} e^{\lim\limits_{x \to 0^+} \left(-\frac{\ln x}{\cot x}\right)}$

$$\xlongequal{\frac{\infty}{\infty} 型} e^{\lim\limits_{x \to 0^+} \frac{-\frac{1}{x}}{-\csc^2 x}} = e^{\lim\limits_{x \to 0^+} \frac{\sin^2 x}{x}} \xlongequal{\sin x \sim x} e^{\lim\limits_{x \to 0^+} \frac{x^2}{x}} = e^0 = 1.$$

（14）原式 $\xrightarrow{1^{\infty}\text{型}}\mathrm{e}^{\lim\limits_{x\to0}\frac{1}{x^{2}}\ln\left(\frac{\arcsin x}{x}\right)}$

$$=\mathrm{e}^{\lim\limits_{x\to0}\frac{1}{x^{2}}\ln\left(1+\left(\frac{\arcsin x}{x}-1\right)\right)}\xrightarrow{\ln(1+x)\sim x}\mathrm{e}^{\lim\limits_{x\to0}\frac{1}{x^{2}}\cdot\left(\frac{\arcsin x}{x}-1\right)}$$

$$=\mathrm{e}^{\lim\limits_{x\to0}\frac{\arcsin x-x}{x^{3}}}\xrightarrow{\Leftrightarrow x=\sin t}\mathrm{e}^{\lim\limits_{t\to0}\frac{t-\sin t}{\sin^{3}t}}=\mathrm{e}^{\lim\limits_{t\to0}\frac{t-\sin t}{t^{3}}}$$

$$\xrightarrow{\frac{0}{0}\text{型}}\mathrm{e}^{\lim\limits_{t\to0}\frac{1-\cos t}{3t^{2}}}\xrightarrow{1-\cos x\sim\frac{x^{2}}{2}}\mathrm{e}^{\lim\limits_{t\to0}\frac{\frac{t^{2}}{2}}{3t^{2}}}=\mathrm{e}^{\frac{1}{6}}.$$

（15）原式 $\xrightarrow{t=\frac{\pi}{2}-x}\mathrm{e}^{\lim\limits_{t\to0^{+}}\frac{\ln\sin t}{t^{-1}}}\xrightarrow{\frac{\infty}{\infty}\text{型}}\mathrm{e}^{\lim\limits_{t\to0^{+}}-t\cos t\cdot\frac{t}{\sin t}}=1.$

（16）原式 $=\lim\limits_{x\to0}\dfrac{\mathrm{e}^{\frac{\ln(1+x)}{x}}-\mathrm{e}}{x}=\mathrm{e}\cdot\lim\limits_{x\to0}\dfrac{\mathrm{e}^{\frac{\ln(1+x)}{x}-1}-1}{x}$

$$\xrightarrow{\mathrm{e}^{x}-1\sim x}\mathrm{e}\cdot\lim\limits_{x\to0}\dfrac{\dfrac{\ln(1+x)}{x}-1}{x}=\mathrm{e}\cdot\lim\limits_{x\to0}\dfrac{\ln(1+x)-x}{x^{2}}$$

$$\xrightarrow{\frac{0}{0}\text{型}}\mathrm{e}\cdot\lim\limits_{x\to0}\dfrac{\dfrac{1}{1+x}-1}{2x}=\mathrm{e}\cdot\lim\limits_{x\to0}\dfrac{-1}{2(1+x)}=-\dfrac{\mathrm{e}}{2}.$$

（17）原式 $=\lim\limits_{x\to+\infty}\dfrac{x}{\sqrt{a+bx^{2}}}\cdot\lim\limits_{x\to+\infty}\dfrac{\ln(a+b\mathrm{e}^{x})}{x}$

$$=\dfrac{1}{\sqrt{b}}\lim\limits_{x\to+\infty}\dfrac{\ln(a+b\mathrm{e}^{x})}{x}\xrightarrow{\frac{\infty}{\infty}\text{型}}\dfrac{1}{\sqrt{b}}\lim\limits_{x\to+\infty}\dfrac{\dfrac{b\mathrm{e}^{x}}{a+b\mathrm{e}^{x}}}{1}=\dfrac{1}{\sqrt{b}}.$$

【提示】　第一步的处理很巧妙，避开了使用洛必达法则对根式求导的繁琐，值得借鉴．

（18）原式 $=\lim\limits_{x\to0}\left\{\left[\dfrac{1}{\mathrm{e}^{x}}(1+x)\right]^{\frac{1}{x}}\right\}^{\frac{1}{x}}$

$$=\lim\limits_{x\to0}\left[\dfrac{1}{\mathrm{e}^{x}}(1+x)\right]^{\frac{1}{x^{2}}}\xrightarrow{1^{\infty}\text{型}}\mathrm{e}^{\lim\limits_{x\to0}\frac{\ln(1+x)-x}{x^{2}}}$$

$$\xrightarrow{\frac{0}{0}\text{型}}\mathrm{e}^{\lim\limits_{x\to0}\frac{\frac{1}{1+x}-1}{2x}}=\mathrm{e}^{\lim\limits_{x\to0}\frac{-1}{2(1+x)}}=\mathrm{e}^{-\frac{1}{2}}.$$

2. 判断下列极限能否用洛必达法则计算，并计算极限.

（1）$\lim\limits_{x\to0}\dfrac{x^{2}\sin\dfrac{1}{x}}{\sin x}$；

（2）$\lim\limits_{x\to\infty}\dfrac{x-\sin x}{x+\sin x}$.

【解】　（1）因为 $\lim\limits_{x\to0}\dfrac{\left(x^{2}\sin\dfrac{1}{x}\right)'}{(\sin x)'}=\lim\limits_{x\to0}\dfrac{2x\sin\dfrac{1}{x}-\cos\dfrac{1}{x}}{\cos x}$ 不存在，

故不能用洛必达法则计算极限.

因为 $\left|\sin\dfrac{1}{x}\right|\leqslant 1,\lim\limits_{x\to 0}x=0$, 故原式 $=\lim\limits_{x\to 0}x\sin\dfrac{1}{x}=0$.

（2）因为 $\lim\limits_{x\to\infty}\dfrac{(x-\sin x)'}{(x+\sin x)'}=\lim\limits_{x\to\infty}\dfrac{1-\cos x}{1+\cos x}$ 不存在，故不能用洛必达法则计算极限.

原式 $=\lim\limits_{x\to\infty}\dfrac{1-\sin x/x}{1+\sin x/x}=1$.

3. 设函数 $f(x)$ 在点 $x=0$ 处可导，且 $f(0)=0$，求

$$\lim_{x\to 0}\frac{f(1-\cos x)}{\tan x^2}.$$

【解】　因为 $f(x)$ 在点 $x=0$ 处可导，故 $f(x)$ 在点 $x=0$ 处连续，即 $\lim\limits_{x\to 0}f(x)=f(0)$，所以

$$原式\xlongequal{\tan x\sim x}\lim_{x\to 0}\frac{[f(0+1-\cos x)-f(0)]\cdot(1-\cos x)}{x^2(1-\cos x)}$$

$$=\lim_{x\to 0}\frac{[f(0+1-\cos x)-f(0)]}{(1-\cos x)}\cdot\lim_{x\to 0}\frac{1-\cos x}{x^2}$$

$$=f'(0)\cdot\lim_{x\to 0}\frac{x^2/2}{x^2}=\frac{1}{2}f'(0).$$

【错误解法】　原式 $\xlongequal[\text{法则}]{\text{洛必达}}\lim\limits_{x\to 0}\dfrac{f'(1-\cos x)\cdot\sin x}{2x\sec^2 x^2}=\dfrac{1}{2}f'(0)$，

其错误在于最后一步求极限用到了 $f(x)$ 在点 $x=0$ 处的连续可导性.

4. 设函数 $f(x)$ 二阶可导，求极限 $\lim\limits_{h\to 0}\dfrac{f(x+h)-2f(x)+f(x-h)}{h^2}$.

【解】　因为 $f(x)$ 二阶可导，故函数 $f(x)$ 在点 x 处连续，即 $\lim\limits_{h\to 0}f(x+h)=\lim\limits_{h\to 0}f(x-h)=f(x)$，所以

$$\lim_{h\to 0}\frac{f(x+h)-2f(x)+f(x-h)}{h^2}\xlongequal[\text{用洛必达法则}]{\text{对}h\text{求导},x\text{为常数}}\lim_{h\to 0}\frac{f'(x+h)-f'(x-h)}{2h}$$

$$\xlongequal[\text{能再应用洛必达法则,用导数定义求}]{\text{题中没有二阶连续可导的条件,故不}}\lim_{h\to 0}\frac{[f'(x+h)-f'(x)]-[f'(x-h)-f'(x)]}{2h}$$

$$=\frac{1}{2}\left[\lim_{h\to 0}\frac{f'(x+h)-f'(x)}{h}+\lim_{h\to 0}\frac{f'(x-h)-f'(x)}{-h}\right]$$

$$=\frac{1}{2}[f''(x)+f''(x)]=f''(x).$$

【错误解法】（1）用洛必达法则时，未弄清在求极限时 x 和 h 哪个是变量，而对 x 求导；

（2）两次使用洛必达法则，第二次使用后求极限时误用了"$f(x)$ 二阶连续可导"的条件，而题设中并没有该条件.

5. 设函数 $f(x)$ 具有二阶连续导数，且 $f(0)=0$，

$$g(x)=\begin{cases}\dfrac{f(x)}{x} & x\neq 0 \\ f'(0) & x=0\end{cases}，\text{试求 } g'(0)，\text{并判断 } g'(x) \text{ 在点 } x=0 \text{ 处}$$

的连续性.

【解】
$$g'(0)=\lim_{x\to 0}\frac{g(x)-g(0)}{x}=\lim_{x\to 0}\frac{\dfrac{f(x)}{x}-f'(0)}{x}$$

$$=\lim_{x\to 0}\frac{f(x)-xf'(0)}{x^2}$$

$$\xlongequal{\frac{0}{0}\text{型}}\lim_{x\to 0}\frac{f'(x)-f'(0)}{2x}=\frac{1}{2}f''(0)；$$

所以
$$g'(x)=\begin{cases}\dfrac{xf'(x)-f(x)}{x^2} & x\neq 0 \\ \dfrac{f''(0)}{2} & x=0\end{cases}，$$

因为函数 $f(x)$ 具有二阶连续导数，$f(0)=0$，

故 $\lim\limits_{x\to 0}f(x)=f(0)=0$，$\lim\limits_{x\to 0}f'(x)=f'(0)$，$\lim\limits_{x\to 0}f''(x)=f''(0)$，所以

$$\lim_{x\to 0}g'(x)=\lim_{x\to 0}\frac{xf'(x)-f(x)}{x^2}\xlongequal{\frac{0}{0}\text{型}}\lim_{x\to 0}\frac{xf''(x)}{2x}=\lim_{x\to 0}\frac{f''(x)}{2}=\frac{f''(0)}{2}$$

$$=g'(0)，$$

故 $g'(x)$ 在点 $x=0$ 处连续.

6. 确定 a，b，使 $\lim\limits_{x\to 0}(x^{-3}\sin 3x+ax^{-2}+b)=0$.

【解】 因为 $\lim\limits_{x\to 0}(x^{-3}\sin 3x+ax^{-2}+b)=0$，所以

$$\lim_{x\to 0}x^2(x^{-3}\sin 3x+ax^{-2}+b)=\lim_{x\to 0}(x^{-1}\sin 3x+a+bx^2)=3+a=0，$$

得 $a=-3$；

因而 $b=-\lim\limits_{x\to 0}(x^{-3}\sin 3x-3x^{-2})$

$$= -\lim_{x \to 0} \frac{\sin 3x - 3x}{x^3} \xlongequal{\frac{0}{0} 型} -\lim_{x \to 0} \frac{3\cos 3x - 3}{3x^2}$$

$$= -\lim_{x \to 0} \frac{\cos 3x - 1}{x^2} \xlongequal{1 - \cos x \sim \frac{x^2}{2}} -\lim_{x \to 0} \frac{-(3x)^2/2}{x^2} = \frac{9}{2}.$$

7. 设函数 $f(x)$ 具有二阶连续导数，且 $\lim_{x \to 0} \dfrac{f(x)}{x} = 0$，$f''(0) = 4$，

求 $\lim_{x \to 0} \left[1 + \dfrac{f(x)}{x} \right]^{\frac{1}{x}}$.

【解】　因为函数 $f(x)$ 具有二阶连续导数，故 $\lim_{x \to 0} f''(x) = f''(0)$，

且 $f(x)$ 及 $f'(x)$ 均在 $x = 0$ 处连续，

由 $\lim_{x \to 0} \dfrac{f(x)}{x} = 0$ 可得 $f(0) = \lim_{x \to 0} f(x) = \lim_{x \to 0} \dfrac{f(x)}{x} \cdot x = 0 \times 0 = 0$，

$$\lim_{x \to 0} f'(x) = f'(0) = \lim_{x \to 0} \frac{f(x) - f(0)}{x} = \lim_{x \to 0} \frac{f(x)}{x} = 0,$$

故 $\lim_{x \to 0} \left[1 + \dfrac{f(x)}{x} \right]^{\frac{1}{x}} = \mathrm{e}^{\lim_{x \to 0} \frac{f(x)}{x^2}} \xlongequal{\frac{0}{0} 型} \mathrm{e}^{\lim_{x \to 0} \frac{f'(x)}{2x}}$，

$$\xlongequal{\frac{0}{0} 型} \mathrm{e}^{\lim_{x \to 0} \frac{f'(x)}{2}} = \mathrm{e}^{\frac{f''(0)}{2}} = \mathrm{e}^2.$$

【提示】　该题使用洛必达法则，必须说明 $\lim_{x \to 0} f(x) = 0$，$\lim_{x \to 0} f'(x) = 0$.

3.3　泰勒公式

1. 求下列函数在点 x_0 处的带拉格朗日余项的泰勒公式.

（1）$f(x) = \dfrac{1}{x}$，$x_0 = -1$；　　（2）$f(x) = \sqrt{1+x}$，$x_0 = 0$；

（3）$f(x) = \ln x$，$x_0 = 2$；　　（4）$f(x) = (x^2 - 3x + 1)^3$，$x_0 = 0$.

【解】

（1）$f'(x) = -x^{-2}$，$f''(x) = 2x^{-3}$，$f'''(x) = -3!\, x^{-4}$，$\cdots$，

$f^{(n)}(x) = (-1)^n n!\, x^{-(n+1)}$；

$f(-1) = -1$，$f'(-1) = -1$，$f''(-1) = -2$，$f'''(-1) = -3!$，$\cdots$，

$f^{(n)}(-1) = -n!$，

所求泰勒公式为

$$\frac{1}{x} = -[1 + (x+1) + (x+1)^2 + \cdots + (x+1)^n] +$$

$$(-1)^{n+1}\frac{(x+1)^{n+1}}{[-1+\theta(x+1)]^{n+2}} \quad (0 < \theta < 1).$$

(2) $f'(x) = \frac{1}{2}(1+x)^{-\frac{1}{2}}$, $f''(x) = -\frac{1}{4}(1+x)^{-\frac{3}{2}}$,

$f'''(x) = \frac{3}{8}(1+x)^{-\frac{5}{2}}, \cdots,$

$f^{(n)}(x) = \frac{(-1)^{n+1}(2n-3)!!}{2^n}(1+x)^{-\frac{2n-1}{2}} \quad (n>1),$

$f(0) = 1, f'(0) = \frac{1}{2}, f''(0) = -\frac{1}{4}, f'''(0) = \frac{3}{8},$

$f^{(n)}(0) = \frac{(-1)^{n+1}(2n-3)!!}{2^n}(n>1).$

所求泰勒公式为

$$\sqrt{1+x} = 1 + \frac{1}{2}x - \frac{1}{4\cdot2!}x^2 + \frac{3}{8\cdot3!}x^3 + \cdots + \frac{(-1)^{n+1}(2n-3)!!}{2^n\cdot n!}x^n +$$

$$\frac{(-1)^{n+2}(2n-1)!!}{2^{n+1}\cdot(n+1)!}(1+\theta x)^{-\frac{2n-1}{2}}x^{n+1}$$

$$= 1 + \frac{1}{2}x - \frac{1}{(2\times2)!!}x^2 + \frac{3}{(2\times3)!!}x^3 + \cdots +$$

$$\frac{(-1)^{n+1}(2n-3)!!}{(2n)!!}x^n + \frac{(-1)^{n+2}(2n-1)!!}{(2n+2)!!}$$

$$(1+\theta x)^{-\frac{2n-1}{2}}x^{n+1} \quad (0<\theta<1).$$

(3) $f'(x) = \frac{1}{x}$, $f''(x) = -\frac{1}{x^2}$, $f'''(x) = \frac{2}{x^3}, \cdots,$

$$f^{(n)}(x) = \frac{(-1)^{n-1}(n-1)!}{x^n} \quad (n>1),$$

$f(2) = \ln2, f'(2) = \frac{1}{2}, f''(2) = -\frac{1}{4}, f'''(2) = \frac{1}{4}, \cdots,$

$$f^{(n)}(2) = \frac{(-1)^{n-1}(n-1)!}{2^n},$$

所求泰勒公式为

$\ln x = \ln2 + \frac{1}{2}(x-2) - \frac{1}{4\cdot2!}(x-2)^2 + \frac{1}{4\cdot3!}(x-2)^3 - \cdots$

$$+\frac{(-1)^{n-1}}{2^n\cdot n}(x-2)^n+\frac{(-1)^n}{[2+\theta(x-2)]^{n+1}\ (n+1)}(x-2)^{n+1}.$$

(4) $f'(x)=3(x^2-3x+1)^2(2x-3)$,

$f''(x)=30(x^2-3x+1)(x^2-3x+2)$,

$f'''(x)=30(2x-3)(2x^2-6x+3)$, $f^{(4)}(x)=360(x^2-3x+2)$,

$f^{(5)}(x)=360(2x-3)$, $f^{(6)}(x)=720$, $f^{(n)}(x)=0$ $(n\geqslant7)$,

$f(0)=1$, $f'(0)=-9$, $f''(0)=60$, $f'''(0)=-270$, $f^{(4)}(0)=720$,

$f^{(5)}(0)=-1080$, $f^{(6)}(0)=720$, $f^{(n)}(0)=0$ $(n\geqslant7)$,

所求泰勒公式为

$$(x^2-3x+1)^3=1-9x+\frac{60}{2!}x^2-\frac{270}{3!}x^3+\frac{720}{4!}x^4-\frac{1080}{5!}x^5+\frac{720}{6!}x^6$$

$$=1-9x+30x^2-45x^3+30x^4-9x^5+x^6.$$

2. 求下列函数在点 x_0 处的带皮亚诺余项的泰勒公式.

(1) $f(x)=xe^{-x^2}$, $x_0=0$; $\qquad$ (2) $f(x)=\ln x$, $x_0=1$;

(3) $f(x)=\sin^2x\cos^2x$, $x_0=0$.

【解】 (1) 因为 $e^x=1+\dfrac{x}{1!}+\dfrac{x^2}{2!}+\cdots+\dfrac{x^n}{n!}+o(x^n)$, 所以

$$xe^{-x^2}=x\left(1+\frac{-x^2}{1!}+\frac{(-x^2)^2}{2!}+\cdots+\frac{(-x^2)^n}{n!}+o((-x^2)^n)\right)$$

$$=x-\frac{x^3}{1!}+\frac{x^5}{2!}+\cdots+(-1)^n\frac{x^{2n+1}}{n!}+o(x^{2n+1}).$$

(2) $\ln x=\ln(1+(x-1))$

$$=(x-1)-\frac{1}{2}(x-1)^2+\frac{1}{3}(x-1)^3-\cdots+$$

$$(-1)^{n-1}\frac{1}{n}(x-1)^n+o((x-1)^n).$$

(3) $\sin^2x\cos^2x=\dfrac{1}{4}\sin^22x=\dfrac{1}{8}(1-\cos4x)$

$$=\frac{1}{8}\left(1-\left(1-\frac{(4x)^2}{2!}+\frac{(4x)^4}{4!}+\cdots+\right.\right.$$

$$\left.\left.(-1)^n\frac{(4x)^{2n}}{(2n)!}+o(x^{2n+1})\right)\right)$$

$$=x^2-\frac{2^5}{4!}x^4+(-1)^{n-1}\frac{2^{4n-3}}{(2n)!}x^{2n}+o(x^{2n+1}).$$

3. 设函数 $f(x)=e^{\sin x}$, 利用泰勒公式求 $f^{(3)}(0)$.

【解】 因为 $e^x = 1 + x + \dfrac{x^2}{2} + \dfrac{x^3}{3!} + o(x^3)$，$\sin x = x - \dfrac{x^3}{3!} + o(x^3)$，

所以

$$e^{\sin x} = 1 + \sin x + \frac{\sin^2 x}{2} + \frac{\sin^3 x}{3!} + o(x^3)$$

$$= 1 + x - \frac{x^3}{3!} + \frac{\left(x - \dfrac{x^3}{3!} + o(x^3)\right)^2}{2} + \frac{\left(x - \dfrac{x^3}{3!} + o(x^3)\right)^3}{3!} + o(x^3)$$

$$= 1 + x - \frac{x^3}{3!} + \frac{x^2}{2} + \frac{x^3}{3!} + o(x^3) = 1 + x + \frac{x^2}{2} + 0 \cdot x^3 + o(x^3),$$

即 $\dfrac{f^{(3)}(0)}{3!} = 0$，所以 $f^{(3)}(0) = 0$.

【提示】 要注意展开时不能漏掉 x^3 的项. 该题若未要求利用泰勒公式，直接求 3 次导会更简单.

4. 将多项式 $P(x) = x^6 - 2x^2 - x + 3$ 分别按 $(x-1)$ 的乘幂和 $(x+1)$ 的乘幂展开.

【解】 $P'(x) = 6x^5 - 4x - 1$，$P''(x) = 30x^4 - 4$，$P'''(x) = 120x^3$，

$\quad\quad P^{(4)}(x) = 360x^2$，$P^{(5)}(x) = 720x$，$P^{(6)}(x) = 720$，

所以 $P(1) = 1$，$P'(1) = 1$，$P''(1) = 26$，$P'''(1) = 120$，$P^{(4)}(1) = 360$，

$P^{(5)}(1) = 720$，$P^{(6)}(1) = 720$；

$P(-1) = 3$，$P'(-1) = -3$，$P''(-1) = 26$，$P'''(-1) = -120$，

$P^{(4)}(-1) = 360$，$P^{(5)}(-1) = -720$，$P^{(6)}(-1) = 720$；

所以 $P(x)$ 按 $(x-1)$ 的乘幂及按 $(x+1)$ 的乘幂分别展开为

$$P(x) = 1 + (x-1) + \frac{26(x-1)^2}{2!} + \frac{120(x-1)^3}{3!} + \frac{360(x-1)^4}{4!} +$$

$$\frac{720(x-1)^5}{5!} + \frac{720(x-1)^6}{6!}$$

$$= 1 + (x-1) + 13(x-1)^2 + 20(x-1)^3 + 15(x-1)^4 +$$

$$6(x-1)^5 + (x-1)^6,$$

$$P(x) = 3 - 3(x+1) + \frac{26(x+1)^2}{2!} - \frac{120(x+1)^3}{3!} + \frac{360(x+1)^4}{4!} -$$

$$\frac{720(x+1)^5}{5!} + \frac{720(x+1)^6}{6!}$$

$$= 3 - 3(x+1) + 13(x+1)^2 - 20(x+1)^3 + 15(x+1)^4 -$$

$$6(x+1)^5+(x+1)^6.$$

5. 利用泰勒公式，计算下列极限.

(1) $\lim\limits_{x\to0}\dfrac{x^2\ln(1+x^2)}{e^{x^2}-x-1}$;

(2) $\lim\limits_{x\to0}\dfrac{\ln(1+x)-\sin x}{\sqrt{1+x^2}-\cos x}$;

(3) $\lim\limits_{x\to0}\dfrac{e^x\sin x-x(1+x)}{x^3}$;

(4) $\lim\limits_{x\to+\infty}\left[x-x^2\ln\left(1+\dfrac{1}{x}\right)\right]$.

【解题要点】 利用泰勒公式时，要理解符号 $o(x^m)$ 的含义，当 $\alpha(x)=o(x^m)$ 时，则必有 $\alpha(x)=o(x^n)(n<m)$.

【解】 (1) 原式 $=\lim\limits_{x\to0}\dfrac{x^2\cdot x^2}{1+x^2+\dfrac{x^4}{2}+o(x^4)-x^2-1}$

$$=\lim\limits_{x\to0}\dfrac{x^4}{\dfrac{x^4}{2}+o(x^4)}=\lim\limits_{x\to0}\dfrac{1}{\dfrac{1}{2}+\dfrac{o(x^4)}{x^4}}=2.$$

(2) 原式 $=\lim\limits_{x\to0}\dfrac{x-\dfrac{1}{2}x^2+o(x^2)-\left(x-\dfrac{1}{3!}x^3+o(x^3)\right)}{1+\dfrac{1}{2}x^2+o(x^2)-\left(1-\dfrac{1}{2}x^2+o(x^2)\right)}$

$$=\lim\limits_{x\to0}\dfrac{-\dfrac{1}{2}x^2+o(x^2)}{x^2+o(x^2)}=-\dfrac{1}{2}.$$

(3) 原式 $=\lim\limits_{x\to0}\dfrac{\left(1+x+\dfrac{1}{2!}x^2+o(x^2)\right)\left(x-\dfrac{1}{3!}x^3+o(x^3)\right)-x-x^2}{x^3}$

$$\xlongequal[x^m=o(x^3)]{\text{当}\,m>3\,\text{时}}\lim\limits_{x\to0}\dfrac{x-\dfrac{1}{3!}x^3+x^2+\dfrac{1}{2!}x^3+o(x^3)-x-x^2}{x^3}$$

$$=\lim\limits_{x\to0}\dfrac{\dfrac{1}{3}x^3+o(x^3)}{x^3}=\dfrac{1}{3}.$$

(4) 由公式 $\ln(1+x)=x-\dfrac{x^2}{2}+o(x^2)$ 得

$$\ln\left(1+\dfrac{1}{x}\right)=\dfrac{1}{x}-\dfrac{1}{2x^2}+o\left(\dfrac{1}{x^2}\right),\ \text{故}$$

$$\text{原式}=\lim\limits_{x\to+\infty}\left[x-x^2\left(\dfrac{1}{x}-\dfrac{1}{2x^2}+o\left(\dfrac{1}{x^2}\right)\right)\right]$$

$$= \lim_{x \to +\infty} \left[x - \left(x - \frac{1}{2} + o\left(\frac{1}{x^2} \right) \bigg/ \left(\frac{1}{x^2} \right) \right) \right] = \frac{1}{2}.$$

【提示】 该题若未要求"利用泰勒公式",另一种解法的处理值得借鉴(避开了对分式的求导),详见 P173 3.7 节第 15(1)题.

6. 试求下列函数当 $x \to 0$ 时的等价无穷小.

(1) $\cos(x^{\frac{2}{3}}) - 1 + \frac{1}{2} x^{\frac{4}{3}}$;   (2) $\frac{1}{2} x^2 + 1 - \sqrt{1 + x^2}$.

【解】 (1) 因为 $\cos x = 1 - \frac{1}{2!} x^2 + \frac{1}{4!} x^4 + o(x^5)$, 故

$$\cos(x^{\frac{2}{3}}) - 1 + \frac{1}{2} x^{\frac{4}{3}} = 1 - \frac{1}{2!} x^{\frac{4}{3}} + \frac{1}{4!} x^{\frac{8}{3}} + o(x^{\frac{10}{3}}) - 1 + \frac{x^{\frac{4}{3}}}{2}$$

$$= \frac{1}{4!} x^{\frac{8}{3}} + o(x^{\frac{10}{3}}),$$

所以,所求等价无穷小为 $\frac{1}{4!} x^{\frac{8}{3}}$.

(2) 因为 $\sqrt{1 + x} = 1 + \frac{x}{2} - \frac{x^2}{8} + o(x^2)$, 所以

$$\sqrt{1 + x^2} = 1 + \frac{x^2}{2} - \frac{x^4}{8} + o(x^4),$$

故 $\frac{1}{2} x^2 + 1 - \sqrt{1 + x^2} = \frac{x^4}{8} + o(x^4)$, 所以,所求等价无穷小为 $\frac{x^4}{8}$.

7. 已知 $e^x - \frac{1 + ax}{1 + bx}$ 关于 x 是三阶无穷小,求常数 a,b 的值.

【解】 已知 $e^x = 1 + x + \frac{x^2}{2} + \frac{x^3}{3!} + o(x^3)$,

$$\frac{1}{1 + x} = 1 - x + x^2 - x^3 + o(x^3),$$

所以 $e^x - \frac{1 + ax}{1 + bx} = e^x - \frac{1}{1 + bx} - ax \cdot \frac{1}{1 + bx}$

$$= 1 + x + \frac{x^2}{2} + \frac{x^3}{3!} - (1 - bx + b^2 x^2 - b^3 x^3) -$$

$$ax(1 - bx + b^2 x^2 - b^3 x^3) + o(x^3)$$

$$= (1 - a + b)x + \left(\frac{1}{2} - b^2 + ab \right) x^2 +$$

$$\left(\frac{1}{6} + b^3 - ab^2 \right) x^3 + o(x^3).$$

由题意：$\begin{cases} 1-a+b=0 \\ \dfrac{1}{2}-b^2+ab=0 \end{cases}$，解得 $a=\dfrac{1}{2}$，　$b=-\dfrac{1}{2}$.

8. 设 $x>-1$，证明：当 $0<\alpha<1$ 时，$(1+x)^\alpha \leqslant 1+\alpha x$，当 $\alpha<0$ 或 $\alpha>1$ 时，$(1+x)^\alpha \geqslant 1+\alpha x$.

【证明】　$(1+x)^\alpha$ 的一阶泰勒公式为

$$(1+x)^\alpha = 1+\alpha x+\frac{\alpha(\alpha-1)}{2}(1+\xi)^{\alpha-2}x^2 \quad (\xi \text{ 在 } 0 \text{ 与 } x \text{ 之间}),$$

由于 $x>-1$，且 ξ 在 0 与 x 之间，故余项中 $(1+\xi)^{\alpha-2}x^2 \geqslant 0$，

所以，当 $0<\alpha<1$ 时，余项 $\dfrac{\alpha(\alpha-1)}{2}(1+\xi)^{\alpha-2}x^2 \leqslant 0$，即 $(1+x)^\alpha \leqslant 1+\alpha x$；

当 $\alpha<0$ 或 $\alpha>1$ 时，余项 $\dfrac{\alpha(\alpha-1)}{2}(1+\xi)^{\alpha-2}x^2 \geqslant 0$，即 $(1+x)^\alpha \geqslant 1+\alpha x$.

9. 若函数 $f(x)$ 在区间 $(0,1)$ 内二阶可导，且有最小值 $\min\limits_{0<x<1} f(x)=0$，$f\left(\dfrac{1}{2}\right)=1$，求证：存在 $\xi \in (0,1)$，使 $f''(\xi)>8$.

【解题要点】　当题目中涉及函数 $f(x)$，$f'(x)$（此题尽管题设条件没有 $f'(x)$ 的性质，但可通过最小值点处的性质得到），$f''(x)$ 中两个的性质，证明另一个的性质，此时可以考虑用泰勒公式证明.

【证明】　因为函数 $f(x)$ 在区间 $(0,1)$ 内二阶可导，则 $f(x)$ 在区间 $(0,1)$ 内一阶连续可导，

又因为有最小值 $\min\limits_{0<x<1} f(x)=0$，不妨设最小值点为 x_0，即 $f(x_0)=0$，

由费马定理知必有 $f'(x_0)=0$，并注意到 $\left|\dfrac{1}{2}-x_0\right|<\dfrac{1}{2}$，

由 $f(x)$ 在 x_0 处的一阶泰勒公式

$$f(x)=f(x_0)+f'(x_0)(x-x_0)+\frac{f''(\xi)}{2}(x-x_0)^2,$$

得 $f(x)=\dfrac{f''(\xi)}{2}(x-x_0)^2$　（ξ 介于 x 与 x_0 之间），即 $\xi \in (0,1)$，

令 $x=\dfrac{1}{2}$ 得 $f\left(\dfrac{1}{2}\right)=\dfrac{f''(\xi)}{2}\left(\dfrac{1}{2}-x_0\right)^2$，

所以，$1 = \dfrac{f''(\xi)}{2}\left(\dfrac{1}{2} - x_0\right)^2 < \dfrac{f''(\xi)}{2}\cdot\left(\dfrac{1}{2}\right)^2 = \dfrac{f''(\xi)}{8}$，即 $f''(\xi) > 8$.

10. 利用三阶泰勒公式，计算下列各数的近似值.

(1) $\sin 18°$；　　　　　　　　　　(2) $\ln 1.2$.

【解】 (1) 因为 $\sin x = x - \dfrac{x^3}{3!} + o(x^3) \approx x - \dfrac{x^3}{3!}$，$18° = \dfrac{1}{10}\pi$，

所以 $\sin 18° \approx \dfrac{\pi}{10} - \dfrac{\left(\dfrac{\pi}{10}\right)^3}{3!} \approx 0.3089$.

(2) 因为 $\ln(1+x) = x - \dfrac{x^2}{2} + \dfrac{x^3}{3} + o(x^3) \approx x - \dfrac{x^2}{2} + \dfrac{x^3}{3}$，

所以 $\ln 1.2 = \ln(1+0.2) \approx 0.2 - \dfrac{0.2^2}{2} + \dfrac{0.2^3}{3} \approx 0.1827$.

3.4 函数形态的研究

1. 试求下列函数的单调区间及极值点.

(1) $y = 2x - \ln x$；　　　　　　　　(2) $y = \dfrac{(x+1)^{\frac{2}{3}}}{x-1}$；

(3) $y = \arctan x - \dfrac{1}{2}\ln(1+x^2)$；　　　(4) $y = x + |\sin 2x|$；

(5) $\begin{cases} x = t^2 \\ y = 3t + t^3 \end{cases}$.

【解】 (1) 函数的定义域为 $(0, +\infty)$，令 $y' = 2 - \dfrac{1}{x} = 0$，得驻

点 $x = \dfrac{1}{2}$，无不可导点，函数的性态见表 3-1.

表 3-1

x	$\left(0, \dfrac{1}{2}\right)$	$\dfrac{1}{2}$	$\left(\dfrac{1}{2}, +\infty\right)$
y'	$-$	0	$+$
y	减	极小值	增

(2) 令 $y' = \dfrac{-\dfrac{1}{3}x - \dfrac{5}{3}}{(x-1)^2 \sqrt[3]{x+1}} = 0$，得驻点 $x = -5$，不可导点为

$x = \pm 1$，

函数的性态见表 3-2.

表 3-2

x	$(-\infty, -5)$	-5	$(-5, -1)$	-1	$(-1, 1)$	1	$(1, +\infty)$
y'	$-$	0	$+$	不可导	$-$	不可导	$-$
y	减	极小值	增	极大值	减		减

（3）令 $y' = \dfrac{1-x}{1+x^2} = 0$，得驻点 $x = 1$，无不可导点，

函数的性态见表 3-3.

表 3-3

x	$(-\infty, 1)$	1	$(1, +\infty)$
y'	$+$	0	$-$
y	增	极大值	减

（4）因为

$$\lim_{\Delta x \to 0} \frac{f(k\pi + \Delta x) - f(k\pi)}{\Delta x} = \lim_{\Delta x \to 0} \frac{k\pi + \Delta x + |\sin 2(k\pi + \Delta x)| - k\pi - |\sin 2k\pi|}{\Delta x}$$

$$= \lim_{\Delta x \to 0} \frac{\Delta x + |\sin(2\Delta x)|}{\Delta x}$$

$$= \lim_{\Delta x \to 0} \left(1 + \frac{|\sin(2\Delta x)|}{\Delta x} \right)$$

$$= \lim_{\Delta x \to 0} \left(1 + \frac{|2\Delta x|}{\Delta x} \right),$$

所以 $f'_-(k\pi) = \lim\limits_{\Delta x \to 0^-} \left(1 + \dfrac{|2\Delta x|}{\Delta x} \right) = \lim\limits_{\Delta x \to 0^-} \left(1 - \dfrac{2\Delta x}{\Delta x} \right) = -1$，

$f'_+(k\pi) = \lim\limits_{\Delta x \to 0^+} \left(1 + \dfrac{|2\Delta x|}{\Delta x} \right) = \lim\limits_{\Delta x \to 0^+} \left(1 + \dfrac{2\Delta x}{\Delta x} \right) = 3$，故函数在

$x = k\pi$ 处不可导；

同法可得：函数在 $x = k\pi + \dfrac{\pi}{2}$ 处不可导；

故 $y' = \begin{cases} 1 + 2\cos 2x & \sin 2x > 0 \\ 1 - 2\cos 2x & \sin 2x < 0 \end{cases}$

$$= \begin{cases} 1 + 2\cos 2x & k\pi < x < k\pi + \dfrac{\pi}{2} \ （一、三象限） \\ 1 - 2\cos 2x & k\pi + \dfrac{\pi}{2} < x < (k+1)\pi \ （二、四象限） \end{cases} \quad (k \in \mathbf{Z}).$$

令 $y'=0$ 得驻点 $x=k\pi+\dfrac{\pi}{3}$ 或 $x=k\pi+\dfrac{5\pi}{6}$（$k\in\mathbf{Z}$），不可导点为 $x=k\pi$，$k\pi+\dfrac{\pi}{2}$（$k\in\mathbf{Z}$）；对于给定的 k，我们只在第一、二象限中或第三、四象限中讨论.

函数的性态见表 3-4.

表 3-4

x	$k\pi$	$\left(k\pi,\ k\pi+\dfrac{\pi}{3}\right)$	$k\pi+\dfrac{\pi}{3}$	$\left(k\pi+\dfrac{\pi}{3},\ k\pi+\dfrac{\pi}{2}\right)$
y'	不可导	+	0	−
y	极小值	增	极大值	减

x	$k\pi+\dfrac{\pi}{2}$	$\left(k\pi+\dfrac{\pi}{2},\ k\pi+\dfrac{5\pi}{6}\right)$	$k\pi+\dfrac{5\pi}{6}$	$\left(k\pi+\dfrac{5\pi}{6},(k+1)\pi\right)$
y'	不可导	+	0	−
y	极小值	增	极大值	减

（5）设 $y=y(x)$，则 $\dfrac{\mathrm{d}y}{\mathrm{d}x}=\dfrac{y'_t}{x'_t}=\dfrac{3(1+t^2)}{2t}$，得 $t=0$，函数不可导，函数的情况见表 3-5.

表 3-5

t	$(-\infty,\ 0)$	0	$(0,\ +\infty)$
y'	−	不可导	+
y	减	极小值	增

2. 求下列函数的极值点及极值.

（1）$y=\mathrm{e}^x\cos x$；

（2）$y=\left|x(x^2-1)\right|$；

（3）$y=x^2\ln x$；

（4）$y=(x-1)^2\ (x+1)^3$.

【解题要点】　由于函数的极值只可能发生在函数的临界点（驻点和不可导点）处，所以，先找出临界点，再利用判别极值的第一充分定理（对临界点均可利用）和第二充分定理（只能用于驻点）从临界点中甄别出极值点.

【提示】　求极值时，必须指出是极大值还是极小值.

【解】

(1) $y' = e^x(\cos x - \sin x)$, $y'' = -2e^x\sin x$, 令 $y'=0$, 得驻点 $2k\pi + \dfrac{\pi}{4}$ 或 $2k\pi + \dfrac{5\pi}{4}$ $(k\in\mathbf{Z})$,

因为 $y''\left(2k\pi + \dfrac{\pi}{4}\right)<0$, 所以极大值为 $y\left(2k\pi + \dfrac{\pi}{4}\right) = \dfrac{\sqrt{2}}{2}e^{\left(2k\pi + \frac{\pi}{4}\right)}$;

因为 $y''\left(2k\pi + \dfrac{5\pi}{4}\right)>0$, 所以极小值为 $y\left(2k\pi + \dfrac{5\pi}{4}\right) = -\dfrac{\sqrt{2}}{2}e^{\left(2k\pi + \frac{5\pi}{4}\right)}$.

(2) 由于函数是偶函数, 所以只讨论 $x\in(-\infty,\,0]$, 即讨论
$$y = \begin{cases} x - x^3 & -\infty < x \leqslant -1 \\ x^3 - x & -1 < x \leqslant 0 \end{cases},$$

当 $-\infty < x < -1$ 时, $y' = 1 - 3x^2$; 当 $-1 < x < 0$ 时, $y' = 3x^2 - 1$;

由 y 在 $x = -1$ 处连续, $y'_-(-1) = \lim\limits_{x\to -1^-}(1 - 3x^2) = -2$, $y'_+(-1) = \lim\limits_{x\to -1^+}(3x^2 - 1) = 2$,

得 y 在 $x = -1$ 处不可导; 令 $y' = 0$, 得驻点 $x = -\dfrac{\sqrt{3}}{3}$,

函数的性态见表 3-6.

表 3-6

x	$(-\infty,\,-1)$	-1	$\left(-1,\,-\dfrac{\sqrt{3}}{3}\right)$	$-\dfrac{\sqrt{3}}{3}$	$\left(-\dfrac{\sqrt{3}}{3},\,0\right)$	0
y'	$-$	不可导	$+$	0	$-$	
y	减	极小值	增	极大值	减	

由偶函数的对称性可得: 极小值为 $y(\pm 1) = y(0) = 0$, 极大值为 $y\left(\pm\dfrac{\sqrt{3}}{3}\right) = \dfrac{2\sqrt{3}}{9}$.

(3) 函数的定义域为 $(0,\,+\infty)$, 令 $y' = x(2\ln x + 1) = 0$ 得驻点 $x = e^{-\frac{1}{2}}$, $y'' = 2\ln x + 3$, $y''(e^{-\frac{1}{2}}) = 2 > 0$, 所以极小值为 $y(e^{-\frac{1}{2}}) = -\dfrac{1}{2e}$.

(4) 令 $y' = 2(x-1)(x+1)^3 + 3(x-1)^2(x+1)^2$
$$= (x-1)(x+1)^2(5x-1) = 0,$$

142

得驻点 -1，$\dfrac{1}{5}$，1.

当 $x < -1$ 时，$y' > 0$，当 $-1 < x < \dfrac{1}{5}$ 时，$y' > 0$，所以 $x = -1$ 不是极值点；

当 $-1x < \dfrac{1}{5}$ 时，$y' > 0$，当 $\dfrac{1}{5} < x < 1$ 时，$y' < 0$，所以极大值为 $y\left(\dfrac{1}{5}\right) = \dfrac{3456}{3125}$；

当 $\dfrac{1}{5} < x < 1$ 时，$y' < 0$，当 $x > 1$ 时，$y' > 0$，所以极小值为 $y(1) = 0$.

3. a 为何值时，函数 $f(x) = a\sin x + \dfrac{1}{3}\sin 3x$ 在 $x = \dfrac{\pi}{3}$ 处取得极值？并求此极值.

【解】　$f'(x) = a\cos x + \cos 3x$，$f''(x) = -a\sin x - 3\sin 3x$.

由费马定理知 $f(x)$ 在 $x = \dfrac{\pi}{3}$ 处取得极值，则必有

$$f'\left(\dfrac{\pi}{3}\right) = a\cos\dfrac{\pi}{3} + \cos\pi = 0,$$

故 $a = 2$，而 $f''\left(\dfrac{\pi}{3}\right) = -\sqrt{3} < 0$，

由极值判别的第二充分定理知：$f(x)$ 有极大值 $f\left(\dfrac{\pi}{3}\right) = \sqrt{3}$.

4. 设 $f(x) = a\ln x + bx^2 + x$ 在 $x_1 = 1$，$x_2 = 2$ 处取得极值，试求 a 与 b 的值，并计算极值.

【解】　$f'(x) = \dfrac{a}{x} + 2bx + 1$，$f''(x) = -\dfrac{a}{x^2} + 2b$，

由费马定理知 $f'(1) = a + 2b + 1 = 0$，$f'(2) = \dfrac{a}{2} + 4b + 1 = 0$，

解得　$a = -\dfrac{2}{3}$，$b = -\dfrac{1}{6}$；

所以 $f''(x) = \dfrac{2}{3x^2} - \dfrac{1}{3}$，又 $f''(1) = \dfrac{2}{3} - \dfrac{1}{3} = \dfrac{1}{3} > 0$，

$$f''(2) = \dfrac{1}{6} - \dfrac{1}{3} = -\dfrac{1}{6} < 0,$$

由极值判别的第二充分定理知：$f(x)$ 的极小值 $f(1) = \dfrac{5}{6}$、极大

值 $f(2) = \dfrac{2(2 - \ln2)}{3}$.

5. 求下列函数的最值.

（1）$y = \dfrac{x - 1}{x + 1}$, $x \in [0, 4]$;

（2）$y = 2\tan x - \tan^2 x$, $x \in \left[0, \dfrac{\pi}{2}\right)$;

（3）$y = \dfrac{a^2}{x} + \dfrac{b^2}{1 - x}$, $a > b > 0$, $x \in (0, 1)$;

（4）$y = \max\{x^2, (1 - x)^2\}$.

【解】 （1）$y = 1 - \dfrac{2}{x + 1}$, $y' = \dfrac{2}{(x + 1)^2} > 0$, 所以此函数在 $x \in$

$[0, 4]$ 内单增,

故 $y_{\min}(0) = -1$, $y_{\max}(4) = \dfrac{3}{5}$.

（2）令 $y' = 2\sec^2 x(1 - \tan x) = 0$ 得唯一驻点 $x = \dfrac{\pi}{4}$, 函数 y 无不

可导点,

当 $x \in \left(\dfrac{\pi}{4} - \delta, \dfrac{\pi}{4}\right)$ 时, $y' > 0$; 当 $x \in \left(\dfrac{\pi}{4}, \dfrac{\pi}{4} + \delta\right)$ 时, $y' < 0$,

且 $y\left(\dfrac{\pi}{4}\right) = 1$, $y(0) = 0$, $\lim\limits_{x \to \frac{\pi}{2}^-} y = \lim\limits_{x \to \frac{\pi}{2}^-} \tan x\ (2 - \tan x) = -\infty$,

故 $y_{\max}\left(\dfrac{\pi}{4}\right) = 1$, 无最小值.

（3）令 $y' = -\dfrac{a^2}{x^2} + \dfrac{b^2}{(1 - x)^2} = 0$, 得 $\dfrac{a^2}{x^2} = \dfrac{b^2}{(1 - x)^2}$, 因为

$a > b > 0$, $x \in (0, 1)$,

所以 $\dfrac{a}{x} = \dfrac{b}{1 - x}$, 解得唯一驻点 $x = \dfrac{a}{a + b}$, 且函数无不可导点;

因为当 $x \in (0, 1)$ 时, $y'' = \dfrac{2a^2}{x^3} + \dfrac{2b^2}{(1 - x)^3} > 0$,

所以 $y_{\min}\left(\dfrac{a}{a + b}\right) = (a + b)^2$, 因为 $\lim\limits_{x \to 0^+} y = +\infty$, 故函数无最

大值.

(4) $y = \max\{x^2, (1-x)^2\} = \begin{cases} x^2 & x^2 \geqslant (1-x)^2 \\ (1-x)^2 & x^2 < (1-x)^2 \end{cases} = \begin{cases} x^2 & x \geqslant \dfrac{1}{2} \\ (1-x)^2 & x < \dfrac{1}{2} \end{cases}$,

当 $x < \dfrac{1}{2}$ 时，$y' = -2(1-x)$，且 $y' < 0$，当 $x > \dfrac{1}{2}$ 时，$y' = 2x$，且 $y' > 0$，

由于 y 在 $x = \dfrac{1}{2}$ 处连续，所以

$$y'_-\left(\dfrac{1}{2}\right) = \lim_{x \to \frac{1}{2}^-} f'(x) = \lim_{x \to \frac{1}{2}^-} \left[-2(1-x)\right] = -1,$$

$$y'_+\left(\dfrac{1}{2}\right) = \lim_{x \to \frac{1}{2}^+} f'(x) = \lim_{x \to \frac{1}{2}^+} 2x = 1 \text{ 得 } y \text{ 唯一的临界点 } x = \dfrac{1}{2};$$

由 $x = \dfrac{1}{2}$ 左右两侧的导数符号可知，$y_{\min}\left(\dfrac{1}{2}\right) = \dfrac{1}{4}$，

因为 $\lim\limits_{x \to \infty} y = +\infty$，故函数无最大值.

6. 设 $f(x) = x - \cos x (0 \leqslant x \leqslant \pi)$，求适合下列条件的点 x.

(1) $f(x)$ 的最大、最小值点.

(2) $f(x)$ 增加最快、最慢的点.

(3) $f(x)$ 图像的切线斜率增加最快的点.

【解】 (1) $f'(x) = 1 + \sin x > 0$，故 $f(x)$ 单调递增，所以 $f(x)$ 的最大值点为 $x = \pi$，最小值点为 $x = 0$.

(2) 求 $f(x)$ 增加最快、最慢的点，即求 $f'(x) = 1 + \sin x$ 的最大、最小值点.

所以，当 $x = \dfrac{\pi}{2}$ 时，$f(x)$ 增加最快，当 $x = 0$，$x = \pi$ 时，$f(x)$ 增加最慢.

(3) 求 $f(x)$ 图像的切线斜率增加最快的点，即求 $f''(x) = \cos x$ 的最大值点.

所以，当 $x = 0$ 时，$f(x)$ 图像的切线斜率增加最快.

7. 甲乙两地用户共用一台变压器，问变压器 C 设在输电干线何处时，所用输电线最短（见图 3-1）

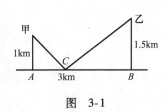

图 3-1

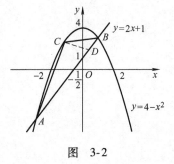

图 3-2

【解】 将点 A 设为原点，A、B 两点的连线（输电干线）设为 x 轴，x 轴的正向与有向线段 $\overrightarrow{AB}$ 相同，设变压器 C 置于 x 处时，所用输电线长度为 $L(x)$，所用输电线最短即求 $L(x)$ 的最小值.

由题意知：$L(x) = \sqrt{1+x^2} + \sqrt{(3-x)^2 + 1.5^2}$ $(0 \leqslant x \leqslant 3)$，

令 $L'(x) = \dfrac{x}{\sqrt{1+x^2}} - \dfrac{3-x}{\sqrt{(3-x)^2 + 1.5^2}} = 0$，得唯一驻点 $x = 1.2$，

由问题的实际意义知唯一驻点 $x = 1.2$ 即是使输电线最短的位置，故变压器 C 应置于距 A 点 1.2km 处.

8. 设曲线 $y = 4 - x^2$ 与 $y = 2x + 1$ 相交于 A、B 两点，C 为弧段 AB 上的一点，问 C 在何处时，$\triangle ABC$ 的面积最大？并求此最大面积.

【解】 见图 3-2.

法 1：联立曲线方程 $\begin{cases} y = 4 - x^2 \\ y = 2x + 1 \end{cases}$ 得交点 $A(-3, -5)$，$B(1, 3)$，

设 $C(x_0, 4 - x_0^2)$ $(-3 < x_0 < 1)$，C 到弦 AB 的垂足为 D，

则直线段 CD 的方程为 $y - (4 - x_0^2) = -\dfrac{1}{2}(x - x_0)$，即

$$y = -\frac{1}{2}x + 4 - x_0^2 + \frac{1}{2}x_0,$$

联立直线段 CD 与直线段 AB 的方程得

$$D\left(\frac{2}{5}\left[-x_0^2 + \frac{x_0}{2} + 3\right], \frac{4}{5}\left[-x_0^2 + \frac{x_0}{2} + 3\right] + 1\right),$$

所以 $|AB| = \sqrt{(1+3)^2 + (3+5)^2} = 4\sqrt{5}$，

$$|CD| = \sqrt{\left[\frac{2}{5}\left(-x_0^2 + \frac{x_0}{2} + 3\right) - x_0\right]^2 + \left[\frac{4}{5}\left(-x_0^2 + \frac{x_0}{2} + 3\right) + 1 - 4 + x_0^2\right]^2}$$

$$= \frac{\sqrt{5}}{5}\sqrt{(x_0^2 + 2x_0 - 3)^2},$$

$$S_{\triangle ABC} = \frac{1}{2}|AB| \cdot |CD| = 2\sqrt{(x_0^2 + 2x_0 - 3)^2},$$

由于函数 $d = (x_0^2 + 2x_0 - 3)^2$ 与 $S_{\triangle ABC}$ 有相同的驻点，

令 $d' = 2(x_0^2 + 2x_0 - 3)(2x_0 + 2) = 4(x_0 - 1)(x_0 + 3)(x_0 + 1) = 0$，

得唯一驻点 $x_0 = -1$，

由实际问题的实际意义，$\triangle ABC$ 有最大面积，$S_{\triangle ABC}(-1) = 8$，

即 $C(-1, 3)$ 处，$\triangle ABC$ 的面积最大，最大面积为 8.

法 2：本题等价于在弧段 AB 上找一点 C，使点 C 到直线 AB 的距离最大，

由几何知识，曲线在点 C 的切线应该平行于直线 AB，因此曲线在点 C 的切线的斜率为 2.

设 C 点坐标为 (x_0, y_0)，则应有 $y'|_{x=x_0} = -2x_0 = 2$，解得 $x_0 = -1$，故 $C(-1, 3)$，

由点到直线距离公式知此最大三角形的高为

$$h = \frac{|2(-1) - 3 + 1|}{\sqrt{2^2 + (-1)^2}} = \frac{4}{\sqrt{5}},$$

$$|AB| = \sqrt{(1+3)^2 + (3+5)^2} = 4\sqrt{5}, \text{ 所以}$$

$$\max\{S_{\triangle ABC}\} = \frac{1}{2}h|AB| = 8.$$

【提示】 求函数 $y = f(x)$ 的极值时，若求其驻点繁杂时，可以构造函数 $u = g(f(x))$，转化为求 $u = g(f(x))$ 的驻点，只要函数 $u = g(y)$ 在 $y = f(x)$ 的值域内严格单调，则函数 $u = g(f(x))$ 与函数 $y = f(x)$ 有相同的驻点. 常用的方法有 $u = y^2$；$u = \ln y$；$u = e^y$；当 $y = Ag(x) + B(A、B$ 为常数) 时，可设 $u = g(x)$.

9. 设测变量 x 的值时，得到 n 个略有偏差的数 $a_1, a_2, \cdots, a_n$，问怎样取 x，才能使函数 $f(x) = (x - a_1)^2 + (x - a_2)^2 + \cdots + (x - a_n)^2$ 达到最小？

【解】 令 $f'(x) = 2(x - a_1) + 2(x - a_2) + \cdots + 2(x - a_n) = 0$，得

驻点 $x = \dfrac{a_1 + a_2 + \cdots + a_n}{n}$，

由此问题的实际意义知，函数有最小值，且驻点唯一，故此即为最小值点.

10. 设货车以每小时 x km 的速度匀速行驶 130km，规定 $50 \leqslant x \leqslant 100$. 假设汽油的价格是 2 元/L，汽车耗油与行驶速度的关系是 $\left(2 + \dfrac{x^2}{360}\right)$ L/h，司机的工资是 14 元/h. 试问最经济的车速是多少？行驶的总费用是多少？（L—升，h—小时）

【解】 当货车以每小时 x km 的速度行驶时，设行驶的总费用为 $R(x)$ 元，

则每小时的费用为 $2 \cdot \left(2 + \dfrac{x^2}{360}\right) + 14 = 2 \cdot \left(9 + \dfrac{x^2}{360}\right)$，共行驶了

$\dfrac{130}{x}$h，故

$$R(x) = 2 \cdot \left(9 + \dfrac{x^2}{360}\right) \cdot \dfrac{130}{x} = \dfrac{13}{18} \dfrac{x^2 + 3240}{x} \quad (50 \leqslant x \leqslant 100),$$

最经济的车速即求 $R(x)$ 的最小值，

令 $R'(x) = \dfrac{13}{18} \dfrac{x^2 - 3240}{x^2} = 0$，得唯一驻点 $x = 18\sqrt{10} \approx 57$，

由问题的实际意义即知 $x = 18\sqrt{10} \approx 57$ 为 $R(x)$ 的最小值点，$R(57) \approx 82.2$，故最经济的车速是 57km/h，行驶的总费用 82.2 元.

11. 周长为 $2l$ 的等腰三角形，绕其底边旋转形成旋转体，求所得体积为最大的那个等腰三角形.

【解】 设等腰三角形的底边边长为 x，则其腰长为 $l - \dfrac{x}{2}$，则形成的旋转体可视为两个同体积的圆锥，（见图 3-3）圆锥的高为 $\dfrac{x}{2}$、母线长为 $l - \dfrac{x}{2}$，则底半径为 $\sqrt{l^2 - lx}$，

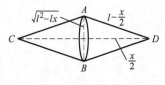

图 3-3

故旋转体的体积 $V = \dfrac{2}{3}\pi(l^2 - lx) \cdot \dfrac{x}{2} = \dfrac{\pi}{3}(l^2 x - lx^2)$，

令 $V' = \dfrac{\pi}{3}(l^2 - 2lx) = 0$，得唯一驻点 $x = \dfrac{l}{2}$，

由问题的实际意义即知 $x = \dfrac{l}{2}$ 为体积的最大值点，$V_{max} = \dfrac{\pi l^3}{12}$，

故等腰三角形的底边边长为 $\dfrac{l}{2}$，腰长为 $\dfrac{3l}{4}$ 时，旋转体体积最大.

12. 将正数 S 分为两个正数之和，使其乘积最大.

【解】 设其中一个正数是 x，则另一正数是 $S - x$，
问题转化为求函数 $f(x) = x(S - x) \ (x > 0)$ 的最大值.

令 $f'(x) = S - 2x = 0$ 得唯一驻点 $x = \dfrac{S}{2}$，

由于实际问题最大值存在，所以此即为最大值点. 即 $S = \dfrac{S}{2} + \dfrac{S}{2}$.

13. 将正数 P 分为两个正数之积，使其和最小.

【解】 设其中一个正数是 x，则另一正数是 $\dfrac{P}{x}$，

问题转化为求函数 $f(x) = x + \dfrac{P}{x}$ $(x > 0)$ 的最小值.

令 $f'(x) = 1 - \dfrac{P}{x^2} = 0$ 得唯一驻点 $x = \sqrt{P}$，

由于实际问题最小值存在，所以此即为最小值点. 即 $P = \sqrt{P} \cdot \sqrt{P}$.

14. 求下列函数的上下凸区间及拐点.

(1) $y = e^{-x^2}$;

(2) $y = x + \dfrac{1}{x}$;

(3) $y = x^2 + \dfrac{1}{x}$;

(4) $\begin{cases} x = t^2 \\ y = 3t + t^3 \end{cases}$.

【解题要点】 由于函数的拐点只可能发生在函数的特殊点（使得二阶导数为零的点和二阶不可导点）处，所以，先找出特殊点，再依据特殊点左、右两侧二阶导数的符号是否变号从中甄别出拐点.

【提示】 拐点的表示法为 $(x_0, f(x_0))$，因而提示我们拐点必须是定义域内的点，这是很多初学者往往忽略的地方. 例如 P149 3.4 节第 14 (2) 题有人会给出错误的答案 "$x = 0$ 是拐点".

【解】 (1) 函数为偶函数，故只在 $[0, +\infty)$ 上讨论，

$$y' = -2x e^{-x^2}, \quad y'' = (4x^2 - 2) e^{-x^2}, \quad 令 y'' = 0, \quad 得 x = \dfrac{\sqrt{2}}{2},$$

当 $x \in \left[0, \dfrac{\sqrt{2}}{2}\right)$ 时，$y'' < 0$，当 $x \in \left(\dfrac{\sqrt{2}}{2}, +\infty\right)$ 时，$y'' > 0$，

由偶函数的对称性可得：上凸区间为 $\left(-\dfrac{\sqrt{2}}{2}, \dfrac{\sqrt{2}}{2}\right)$，下凸区间为

$\left(-\infty, -\dfrac{\sqrt{2}}{2}\right)$, $\left(\dfrac{\sqrt{2}}{2}, +\infty\right)$，拐点为 $\left(\pm\dfrac{\sqrt{2}}{2}, e^{-\frac{1}{2}}\right)$.

(2) 函数的定义域为 $x \neq 0$，$y' = 1 - \dfrac{1}{x^2}$，$y'' = \dfrac{2}{x^3}$，

在定义域内无使得 y'' 不存在的点，也无使得 $y''=0$ 的点，所以无拐点.

（3）函数的定义域为 $x\neq0$. $y'=2x-\dfrac{1}{x^2}$，$y''=2+\dfrac{2}{x^3}$，令 $y''=0$ 得 $x=-1$，

当 $x\in(-1,0)$ 时，$y''<0$，当 $x\in(-\infty,-1)\cup(0,+\infty)$ 时，$y''>0$，故上凸区间为 $(-1,0)$，下凸区间为 $(-\infty,-1)$，$(0,+\infty)$，拐点为 $(-1,0)$.

（4）设 $y=y(x)$，则 $\dfrac{\mathrm{d}y}{\mathrm{d}x}=\dfrac{3+3t^2}{2t}$，$\left(\dfrac{3+3t^2}{2t}\right)'=\dfrac{3t^2-3}{2t^2}$，

令 $\dfrac{\mathrm{d}^2y}{\mathrm{d}^2x}=\dfrac{\dfrac{3t^2-3}{2t^2}}{2t}=\dfrac{3(t^2-1)}{4t^3}=0$，得 $t=\pm1$，且 $t=0$ 处，二阶导

数不存在，当 $t\in(-\infty,-1)\cup(0,1)$ 时，$\dfrac{\mathrm{d}^2y}{\mathrm{d}^2x}<0$，

当 $t\in(-1,0)\cup(1,+\infty)$ 时，$\dfrac{\mathrm{d}^2y}{\mathrm{d}^2x}>0$，

故当 $t\in(-\infty,-1)\cup(0,1)$ 时，曲线 $y=y(x)$ 上凸，当 $t\in(-1,0)\cup(1,+\infty)$ 时，曲线 $y=y(x)$ 下凸. 当 $t=-1$ 时，$x=1$，$y=-4$；当 $t=1$ 时，$x=1$，$y=4$；当 $t=0$ 时，$x=0$，$y=0$，

而函数仅当 $x\geqslant0$ 时有图像；故拐点为 $(1,-4)$，$(1,4)$.

15. 证明下列不等式成立.

（1）$|3x-x^3|\leqslant2$，$x\in[-2,2]$；

（2）$\left(\dfrac{1}{x}+\dfrac{1}{2}\right)\ln(1+x)>1$，$x\in(0,+\infty)$；

（3）$\mathrm{e}^x\leqslant\dfrac{1}{1-x}$，$x\in(-\infty,-1)$；

（4）$x\ln x+y\ln y>(x+y)\ln\dfrac{x+y}{2}$（$x\neq y$）；

（5）$2\arctan\dfrac{a+b}{2}>\arctan a+\arctan b$（$a>0$，$b>0$，$a\neq b$）；

（6）$1+x\ln(x+\sqrt{1+x^2})\geqslant\sqrt{1+x^2}$.

【解题要点】 学习了前三章后，证明不等式的方法有：

（1）利用单调性（最常用的方法）：把不等式转化为求证 $f(x)>$

0，根据 $f'(x)$ 的符号及 $f(x)$ 在端点处函数值的符号来证明；如果看不出 $f'(x)$ 的符号，可求 $f''(x)$ 的符号及 $f'(x)$ 在端点处函数值的符号，据此推出 $f'(x)$ 的符号；以此类推. 见 P122 3.1 节第 2 (7) 题.

(2) 利用微分中值定理；见 P120 3.1 节第 2 (1) 题.

(3) 利用泰勒公式；见 P122 3.1 节第 2 (7) 题.

(4) 利用最值；见 P151 3.4 节第 15 (1) 题.

(5) 利用函数图形的凹凸性. 见 P151 3.4 节第 15 (3)(4) 题.

【证明】 (1)(最值法) 即证 $(3x-x^3)^2 \leqslant 4$, $x \in [-2, 2]$, 设 $f(x) = 4 - (3x - x^3)^2$,

令 $f'(x) = -6x(3-x^2)(1-x^2) = 0$, 解得 $x = 0, x = \pm 1, x = \pm\sqrt{3}$,

由 $f(0) = 4$, $f(\pm 1) = 0$, $f(\pm\sqrt{3}) = 4$, $f(\pm 2) = 0$,

比较后得 $f(x) \geqslant f_{\min}(x) = 0$, $x \in [-2, 2]$.

(2)(单调性法) 即证 $(2+x)\ln(1+x) - 2x > 0$, $x \in (0, +\infty)$,

设 $f(x) = (2+x)\ln(1+x) - 2x$, 则 $f'(x) = \dfrac{(1+x)\ln(1+x) - x}{1+x}$

(看不出符号情况), 令 $g(x) = (1+x)\ln(1+x) - x$,

由 $g'(x) = \ln(1+x) > 0$, $g_{\min}(x) = g(0) = 0$, 得 $g(x) > 0$,

从而 $f'(x) = \dfrac{(1+x)\ln(1+x) - x}{1+x} > 0$, 所以 $f(x)$ 在 $(0, +\infty)$ 上单增, 由 $f_{\min}(x) = f(0) = 0$ 知, $f(x) > 0$, $x \in (0, +\infty)$.

(3) 即证 $1 - (1-x)e^x \geqslant 0$, 设 $f(x) = 1 - (1-x)e^x$, 则 $f'(x) = xe^x$, $f''(x) = e^x(1+x)$,

法 1 (单调性法)：$f'(x) < 0$, $x \in (-\infty, -1)$, 所以 $f(x)$ 在 $(-\infty, -1)$ 上单减, 故 $f(x) \geqslant f_{\min}(x) = f(-1) = 1 - \dfrac{2}{e} > 0$.

法 2 (函数凸性法)：由于 $f''(x) < 0$, $x \in (-\infty, -1)$, 故 $f(x)$ 在区间 $(-\infty, -1)$ 上是上凸的,

$f(-1) = 1 - \dfrac{2}{e} > 0$, $\lim\limits_{x \to -\infty} f(x) = \lim\limits_{x \to -\infty} [1 - (1-x)e^x] = 1 > 0$,

故 $f(x) \geqslant \min\{f(-1), f(-\infty)\} > 0$.

(4)(函数凸性法) 设 $f(x) = x\ln x$ $(x > 0)$, 则 $f'(x) = 1 + \ln x$,

$f''(x) = \dfrac{1}{x} > 0$, 故 $f(x)$ 在区间 $(0, +\infty)$ 上是严格下凸的,

即 $\forall x$, $y \in (0, +\infty)$, $x \neq y$, 均有 $\dfrac{f(x) + f(y)}{2} > \left(\dfrac{x+y}{2}\right)$,

所以 $\dfrac{x\ln x + y\ln y}{2} > \dfrac{x+y}{2}\ln\dfrac{x+y}{2}$, 即 $x\ln x + y\ln y > (x+y)\ln\dfrac{x+y}{2}$.

(5)（函数凸性法）设 $f(x) = \arctan x$ $(x > 0)$, 则

$$f'(x) = \frac{1}{1+x^2}, \quad f''(x) = -\frac{2x}{(1+x^2)^2} < 0,$$

故 $f(x)$ 在区间 $(0, +\infty)$ 上是严格上凸的,

即对 $\forall a$, $b \in (0, +\infty)$, $a \neq b$, 均有 $\dfrac{f(a) + f(b)}{2} < f\left(\dfrac{a+b}{2}\right)$,

所以 $\dfrac{\arctan a + \arctan b}{2} < \arctan\dfrac{a+b}{2}$,

即 $2\arctan\dfrac{a+b}{2} > \arctan a + \arctan b$ $(a > 0, b > 0)$.

(6) 设 $f(x) = 1 + x\ln(x + \sqrt{1+x^2}) - \sqrt{1+x^2}$,

则 $f'(x) = \ln(x + \sqrt{1+x^2})$, $f''(x) = \dfrac{1}{\sqrt{1+x^2}} > 0$,

法 1（最值法）：令 $f'(x) = 0$ 得唯一驻点 $x = 0$, 又 $f''(0) = 1 > 0$, 故 $x = 0$ 为最小值点, 即 $f(x) \geqslant f_{\min}(x) = f(0) = 0$.

法 2（拉格朗日公式法）：$f(x)$ 在以 0 和 x 为端点的闭区间上满足拉格朗日中值定理, 故有

$1 + x\ln(x + \sqrt{1+x^2}) - \sqrt{1+x^2} = x\ln(\xi + \sqrt{1+\xi^2})$（$\xi$ 介于 0 与 x 之间）,

当 $x \leqslant 0$ 时, $x\ln(\xi + \sqrt{1+\xi^2}) \geqslant 0$;

当 $x > 0$ 时, $x\ln(\xi + \sqrt{1+\xi^2}) > 0$;

总之, $1 + x\ln(x + \sqrt{1+x^2}) - \sqrt{1+x^2} \geqslant 0$.

16. 试求 k 的值, 使曲线 $y = k(x^2 - 3)^2$ 的拐点处的法线通过原点.

【解】 $y' = 4kx(x^2 - 3)$, $y'' = 12k(x^2 - 1)$, 令 $y'' = 0$, 得 $x = \pm 1$,

且在 $x = \pm 1$ 的两侧 y'' 变号, 故拐点为 $(-1, 4k)$, $(1, 4x)$;

又 $y'(-1) = 8k$, $y'(1) = -8k$, 故点 $(\pm 1, 4k)$ 处的法线为

$$y - 4k = \pm\frac{1}{8k}\left[x - (\pm 1)\right],$$

即 $-4k = -\dfrac{1}{8k}$，推得 $k = \pm\dfrac{\sqrt{2}}{8}$.

17. 当 a，b 为何值时，点 $(1，3)$ 为曲线 $y = ax^3 + bx^2$ 的拐点？

【解】 $y' = 3ax^2 + 2bx$，$y'' = 6ax + 2b$，

欲使点 $(1，3)$ 为曲线的拐点，则必有 $y''(1) = 0$，即 $6a + 2b = 0$，

又点 $(1，3)$ 满足曲线方程，即 $a + b = 3$，解得 $a = -\dfrac{3}{2}$，

$b = \dfrac{9}{2}$.

18. 设 $f(x)$ 在点 x_0 处三阶可导，且 $f''(x_0) = 0$，$f'''(x_0) \ne 0$，证明：点 $(x_0，f(x_0))$ 为曲线 $y = f(x)$ 的拐点.

【证明】 法 1：因为 $f'''(x_0) \ne 0$，不妨设 $f'''(x_0) > 0$，由三阶导数的定义及 $f''(x_0) = 0$，

有 $f'''(x_0) = \lim\limits_{x \to x_0} \dfrac{f''(x) - f''(x_0)}{x - x_0} = \lim\limits_{x \to x_0} \dfrac{f''(x)}{x - x_0} > 0$，

由极限的保号性知，$\exists x_0$ 的去心邻域 $\mathring{N}(x_0，\delta)$，使得 $\dfrac{f''(x)}{x - x_0} > 0$，

因此，当 $x \in (x_0 - \delta，x_0)$ 时，$f''(x) < 0$，当 $x \in (x_0，x_0 + \delta)$ 时，$f''(x) > 0$，

于是点 $(x_0，f(x_0))$ 为曲线 $y = f(x)$ 的拐点.

法 2：对函数 $f''(x)$ 运用一阶泰勒公式：

$f''(x) = f''(x_0) + f'''(x_0)(x - x_0) + o(x - x_0)$，

即 $f''(x) = f'''(x_0)(x - x_0) + o(x - x_0)$，

当 $|x - x_0|$ 很小时，等式右端的符号取决于 $f'''(x_0)(x - x_0)$ 的符号，故在 x_0 的某个邻域内，$x > x_0$ 与 $x < x_0$ 时 $f''(x)$ 的符号相反，

故点 $(x_0，f(x_0))$ 为曲线 $y = f(x)$ 的拐点.

19. 设 $f'(x)$ 的图形分别如图 3-4 所示，指出连续函数 $f(x)$ 的单调区间、上凸区间、下凸区间、极值点及曲线拐点的横坐标.

【解】 （1）因 $x \in (a，x_1)$ 及 $(x_3，x_4)$ 时，$f'(x) < 0$，所以 $(a，x_1)$ 及 $(x_3，x_4)$ 是单调减区间；

当 $x \in (x_1，x_3)$ 及 $(x_4，b)$ 时，$f'(x) > 0$，所以 $(x_1，x_3)$ 及 $(x_4，b)$ 是单调增区间；

可能的极值点：驻点 x_1，x_3，不可导点 x_4，

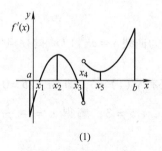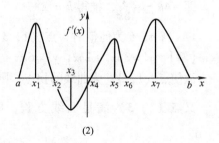

图　3-4

根据左右两侧一阶导数符号的变化，可知 $x=x_1$ 及 $x=x_4$ 是极小值点，$x=x_3$ 是极大值点；

当 $x\in(a,x_2)$ 及 (x_5,b) 时，$f'(x)$ 单增，即 $f''(x)>0$，所以 (a,x_2) 及 (x_5,b) 是下凸区间；

当 $x\in(x_2,x_4)$ 及 (x_4,x_5) 时，$f'(x)$ 单减，即 $f''(x)<0$，所以 (x_2,x_4) 及 (x_4,x_5) 是上凸区间；

由此可知 $(x_2,f(x_2))$ 和 $(x_5,f(x_5))$ 是拐点.

（2）因 $x\in(a,x_2)$ 及 (x_4,b) 时，$f'(x)>0$，所以 (a,x_2) 及 (x_4,b) 是单调增区间；

当 $x\in(x_2,x_4)$ 时，$f'(x)<0$，所以 (x_2,x_4) 是单调减区间；

可能的极值点：驻点 $x=x_2$，$x=x_4$，$x=x_6$，

根据左右两侧一阶导数符号的变化，可知

$x=x_2$ 是极大值点，$x=x_4$ 是极小值点，$x=x_6$ 不是极值点；

当 $x\in(a,x_1)$、(x_3,x_5)、(x_6,x_7) 时，$f'(x)$ 单增，即 $f''(x)>0$，

所以 (a,x_1)、(x_3,x_5)、(x_6,x_7) 是下凸区间；

当 $x\in(x_1,x_3)$、(x_5,x_6)、(x_7,b) 时，$f'(x)$ 单减，即 $f''(x)<0$，所以 (x_1,x_3)、(x_5,x_6)、(x_7,b) 是上凸区间；

由此可知 $(x_i,f(x_i))$（$i=1,3,5,6,7$）是拐点.

20. 图 3-5 中有两幅包含三条曲线 a、b、c 的图形，试判断每幅图中 $f(x)$，$f'(x)$，$f''(x)$ 分别对应着 a、b、c 中的哪条曲线？

【解】（1）若选曲线 a 为 $f(x)$，则 $f(x)$ 上凸，即 $f''(x)<0$，曲线 b 及 c 均不满足；

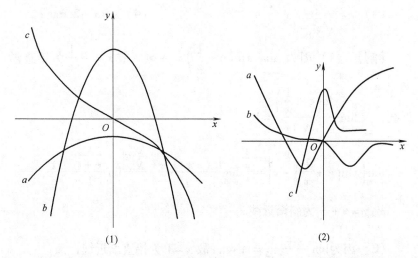

图 3-5

若选曲线 c 为 $f(x)$，则当 $x<0$ 时，$f(x)$ 下凸，即 $f''(x)>0$，

当 $x>0$ 时，$f(x)$ 上凸，即 $f''(x)<0$，曲线 a 及 b 均不满足；

若选曲线 b 为 $f(x)$，则 $f(x)$ 上凸，即 $f''(x)<0$，故曲线 a 满足 $f''(x)$，

当 $x<0$ 时，$f(x)$ 单增，即 $f'(x)>0$，当 $x>0$ 时，$f(x)$ 单减，即 $f'(x)<0$，曲线 c 满足 $f'(x)$；

故 b 为 $f(x)$、c 为 $f'(x)$、a 为 $f''(x)$.

(2) 若选曲线 b 为 $f(x)$，则当 $x<0$ 时，$f(x)$ 单减，即 $f'(x)<0$，曲线 a、c 均不满足；

若选曲线 c 为 $f(x)$，则当 $x<0$ 时，$f(x)$ 上凸，即 $f''(x)<0$，曲线 a、b 均不满足；

若选曲线 a 为 $f(x)$，则当 $x<x_0$ 时，$f(x)$ 单减，即 $f'(x)<0$，当 $x>x_0$ 时，$f(x)$ 单增，即 $f'(x)>0$，故曲线 c 满足 $f'(x)$；

当 $x<0$ 时，$f(x)$ 下凸，即 $f''(x)>0$；当 $x>0$ 时，$f(x)$ 上凸，即 $f''(x)<0$，曲线 b 满足 $f''(x)$；

故 a 为 $f(x)$、c 为 $f'(x)$、b 为 $f''(x)$.

21. 求下列函数的渐近线.

(1) $y=x\ln\left(\mathrm{e}+\dfrac{1}{x}\right)$；

(2) $y=\dfrac{(x+1)^3}{(x-1)^2}$；

(3) $y = \dfrac{x^2}{\sqrt{x^2-1}}$；　　　　　　　　　(4) $y = x - 2\arctan x$.

【解】（1）因为 $\lim\limits_{x \to -\frac{1}{e}^+} x\ln\left(e + \dfrac{1}{x}\right) = +\infty$，故 $x = -\dfrac{1}{e}$ 为铅直渐

近线，又 $\lim\limits_{x \to \infty} \dfrac{x\ln\left(e + \dfrac{1}{x}\right)}{x} = 1$，

$$\lim\limits_{x \to \infty}\left[x\ln\left(e + \dfrac{1}{x}\right) - x\right] \xlongequal{t = \frac{1}{x}} \lim\limits_{t \to 0} \dfrac{\ln(e+t) - 1}{t} \xlongequal{\frac{0}{0}型} \lim\limits_{t \to 0} \dfrac{\frac{1}{e+t}}{1} = \dfrac{1}{e},$$

故 $y = x + \dfrac{1}{e}$ 为斜渐近线.

（2）因为 $\lim\limits_{x \to 1} \dfrac{(x+1)^3}{(x-1)^2} = +\infty$，故 $x = 1$ 为铅直渐近线，又

$$\lim\limits_{x \to \infty} \dfrac{\frac{(x+1)^3}{(x-1)^2}}{x} = 1, \quad \lim\limits_{x \to \infty}\left[\dfrac{(x+1)^3}{(x-1)^2} - x\right] = \lim\limits_{x \to \infty} \dfrac{5x^2 + 2x + 1}{(x-1)^2} = 5,$$

故 $y = x + 5$ 为斜渐近线.

（3）因为 $\lim\limits_{x \to 1^+} \dfrac{x^2}{\sqrt{x^2-1}} = +\infty$，$\lim\limits_{x \to -1^-} \dfrac{x^2}{\sqrt{x^2-1}} = +\infty$，故 $x = \pm 1$

为铅直渐近线，

又 $\lim\limits_{x \to -\infty} \dfrac{\frac{x^2}{\sqrt{x^2-1}}}{x} = -1$，

$$\lim\limits_{x \to -\infty}\left(\dfrac{x^2}{\sqrt{x^2-1}} + x\right) = \lim\limits_{x \to -\infty} \dfrac{x^2}{\sqrt{x^2-1} \cdot (x^2 - x\sqrt{x^2-1})} = 0,$$

$$\lim\limits_{x \to +\infty} \dfrac{\frac{x^2}{\sqrt{x^2-1}}}{x} = 1,$$

$$\lim\limits_{x \to +\infty}\left(\dfrac{x^2}{\sqrt{x^2-1}} - x\right) = \lim\limits_{x \to +\infty} \dfrac{x^2}{\sqrt{x^2-1} \cdot (x^2 - x\sqrt{x^2-1})} = 0,$$

故 $y = \pm x$ 为斜渐近线.

（4）因为 $\lim\limits_{x \to +\infty} \dfrac{x - 2\arctan x}{x} = 1$，$\lim\limits_{x \to +\infty}(x - 2\arctan x - x) = -\pi$，

$$\lim_{x \to -\infty} \frac{x - 2\arctan x}{x} = 1, \quad \lim_{x \to -\infty}(x - 2\arctan x - x) = \pi,$$

故 $y = x \pm \pi$ 为斜渐近线.

22. 作下列函数的图形.

（1）$y = \dfrac{x}{3 - x^2}$；　　　（2）$y = 2x\mathrm{e}^{-x}$；

（3）$y = \dfrac{x^2}{x + 1}$；　　　（4）$y = \sqrt[3]{1 - x^3}$.

【解】（1）定义域为 $x \neq \pm\sqrt{3}$ 的一切实数，函数为奇函数，故只在 $x \in [0, +\infty)$ 讨论，

$$y' = \frac{x^2 + 3}{(3 - x^2)^2} > 0, \quad y'' = \frac{2x(x^2 + 9)}{(3 - x^2)^3}, \quad 令 \ y'' = 0, \ 得 \ x = 0,$$

函数的性态见表 3-7.

表 3-7

x	0	$(0, \sqrt{3})$	$\sqrt{3}$	$(\sqrt{3}, +\infty)$
y'	+	+		+
y''	0	+		-
y	拐点 $(0, 0)$	单增下凸	无定义	单增上凸

$\lim\limits_{x \to \sqrt{3}} \dfrac{x}{3 - x^2} = \infty$，故 $x = \sqrt{3}$ 为铅直渐近线，由奇函数的对称性可画出 $(-\infty, 0)$ 上的图形，见图 3-6.

（2）$y' = 2(1 - x)\mathrm{e}^{-x}, y'' = 2(x - 2)\mathrm{e}^{-x}$，令 $y' = 0$，得 $x = 1$，令 $y'' = 0$，得 $x = 2$，

函数的性态见表 3-8.

表 3-8

x	$(-\infty, 1)$	1	$(1, 2)$	2	$(2, +\infty)$
y'	+	0	—	—	—
y''	—	—	—	0	+
y	单增上凸	极大值 $y(1) = \dfrac{2}{\mathrm{e}}$	单减上凸	拐点 $\left(2, \dfrac{4}{\mathrm{e}^2}\right)$	单减下凸

$\lim\limits_{x \to +\infty} 2x\mathrm{e}^{-x} = 0$，故 $y = 0$ 为水平渐近线．图形见图 3-7.

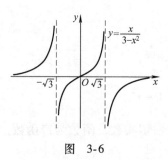

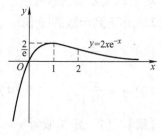

图　3-6　　　　　　　　　　　图　3-7

（3）定义域为 $x \neq -1$ 的一切实数，$y' = \dfrac{x(x+2)}{(x+1)^2}$，$y'' = \dfrac{2}{(x+1)^3} \neq 0$，

令 $y' = 0$，得 $x = -2$，$x = 0$，

函数的性态见表 3-9.

表 3-9

x	$(-\infty, -2)$	-2	$(-2, -1)$	-1	$(-1, 0)$	0	$(0, +\infty)$
y'	$+$	0	$-$		$-$	0	$+$
y''	$-$	$-$	$-$		$+$	$+$	$+$
y	单增上凸	极大值 $y(-2) = -4$	单减上凸	无定义	单减下凸	极小值 $y(0) = 0$	单增下凸

$\lim\limits_{x \to -1} \dfrac{x^2}{x+1} = \infty$，故 $x = -1$ 为铅直渐近线；

$\lim\limits_{x \to \infty} \dfrac{x^2}{x(x+1)} = 1$，$\lim\limits_{x \to \infty}\left(\dfrac{x^2}{x+1} - x\right) = \lim\limits_{x \to \infty} \dfrac{-x}{x+1} = -1$，故 $y = x - 1$ 为

斜渐近线.

图形见图 3-8.

（4）$y' = \dfrac{-x^2}{\sqrt[3]{(1-x^3)^2}} < 0$，$y'' = \dfrac{-2x}{\sqrt[3]{(1-x^3)^5}}$，$x = 1$ 为不可导点，

令 $y' = 0$，$y'' = 0$，得 $x = 0$.

函数的性态见表 3-10.

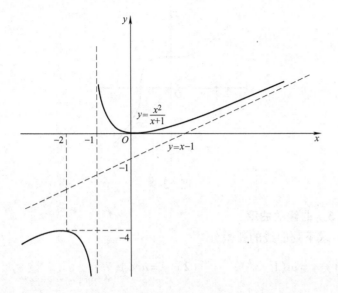

$$y = \frac{x^2}{x+1}$$

$$y = x - 1$$

图 3-8

表 3-10

x	$(-\infty, 0)$	0	$(0, 1)$	1	$(1, +\infty)$
y'	$-$	0	$-$	不可导	$-$
y''	$+$	0	$-$	不可导	$+$
y	单减下凸	拐点 $(0, 1)$	单减上凸	拐点 $(1, 0)$	单减下凸

$$\lim_{x \to \infty} \frac{\sqrt[3]{1-x^3}}{x} = -1,$$

$$\lim_{x \to \infty} \left[\sqrt[3]{1-x^3} - (-x) \right] = \lim_{x \to \infty} \left[\sqrt[3]{1-x^3} + \sqrt[3]{x^3} \right]$$

$$\xdfrac{a^3 + b^3 =}{(a+b)(a^2 - ab + b^2)} \lim_{x \to \infty} \frac{1}{\sqrt[3]{(1-x^3)^2} - \sqrt[3]{x^3(1-x^3)} + \sqrt[3]{x^6}}$$

$$\xdfrac{\text{分子分母同除} x^2}{} \frac{0}{2} = 0,$$

故 $y = -x$ 为斜渐近线. 图形见图 3-9.

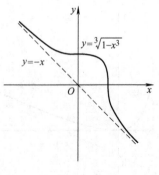

图 3-9

3.5 曲线的曲率

1. 求下列曲线的弧微分.

（1） $y = \ln(1 - x^2)$ ； （2） $y = a\cosh \dfrac{x}{a}$ ；

（3） $\begin{cases} x = a\cos^3 t \\ y = a\sin^3 t \end{cases}$ ； （4） $\rho = a(1 + \cos\theta)$ （心形线）.

【解】 （1） $y' = \dfrac{-2x}{1 - x^2}$ ，故 $ds = \sqrt{1 + \left(\dfrac{-2x}{1 - x^2}\right)^2}\, dx = \sqrt{\dfrac{1 + x^2}{1 - x^2}}\, dx.$

（2） $y' = \sinh \dfrac{x}{a}$ ，故 $ds = \sqrt{1 + \left(\sinh \dfrac{x}{a}\right)^2}\, dx = \cosh \dfrac{x}{a}\, dx.$

（3） $x_t' = -3a\cos^2 t \cdot \sin t$ ， $y_t' = 3a\sin^2 t \cdot \cos t$ ，

故 $ds = \sqrt{(x_t')^2 + (y_t')^2}\, dt = \sqrt{3^2 a^2 \sin^2 t \cdot \cos^2 t}\, dt = \dfrac{3}{2}a\,|\sin 2t|\, dt.$

（4） $\rho'(\theta) = -a\sin\theta$ ，

$ds = \sqrt{\rho^2 + \rho'^2}\, d\theta = \sqrt{2a^2\,(1 + \cos\theta)}\, d\theta$

$\qquad\qquad = \sqrt{4a^2\cos^2 \dfrac{\theta}{2}}\, d\theta = 2a\,\left|\cos \dfrac{\theta}{2}\right|\, d\theta.$

2. 抛物线 $y = ax^2 + bx + c$ 上哪一点处的曲率最大？

【解】 $y' = 2ax + b$ ， $y'' = 2a$ ， $K = \dfrac{|2a|}{(1 + (2ax + b)^2)^{3/2}}$ ，

故当 $2ax + b = 0$ 时， K 最大，

由于 $x = -\dfrac{b}{2a}$ 时， $y = -\dfrac{b^2 - 4ac}{4a}$ ，即在点 $\left(-\dfrac{b}{2a},\ -\dfrac{b^2 - 4ac}{4a}\right)$ 处曲

率最大.

3. 求下列曲线在指定点处的曲率.

(1) $y = \ln\sec x$, $M_0 = (x_0, y_0)$;

(2) $y = a\cosh\dfrac{x}{a}$, $M_0 = (a, a\cosh 1)$;

(3) $\begin{cases} x = a\cos t \\ y = b\sin t \end{cases}$, 在 $t = \dfrac{\pi}{2}$ 处;

(4) $\rho = a\theta$, 在 $\theta = \pi$ 处.

【解】 (1) $y' = \dfrac{\sec x \cdot \tan x}{\sec x} = \tan x$, $y'' = \sec^2 x$,

$K = \dfrac{|y''|}{(1 + (y')^2)^{3/2}} = \dfrac{|\sec^2 x|}{(1 + \tan^2 x)^{3/2}} = |\cos x|$, 所以 $K\big|_{(x_0, y_0)} = |\cos x_0|$.

(2) $y' = \sinh\dfrac{x}{a}$, $y'' = \dfrac{1}{a}\cosh\dfrac{x}{a}$,

$K = \dfrac{|y''|}{(1 + (y')^2)^{3/2}} = \dfrac{\dfrac{1}{a}\cosh\dfrac{x}{a}}{\left(1 + \sinh^2\dfrac{x}{a}\right)^{3/2}} = \dfrac{1}{a\cosh^2\dfrac{x}{a}}$, 所以

$K\big|_{(a, a\cosh 1)} = \dfrac{1}{a\cosh^2 1}$.

(3) $x_t' = -a\sin t$, $y_t' = b\cos t$, 故 $y_x' = \dfrac{y_t'}{x_t'} = -\dfrac{b}{a}\cot t$,

又 $(y_x')_t' = \dfrac{b}{a}\csc^2 t$, 故 $y_{xx}'' = \dfrac{(y_x')_t'}{x_t'} = -\dfrac{b}{a^2}\csc^3 t$,

所以 $K\big|_{t = \frac{\pi}{2}} = \dfrac{|y_{xx}''|}{(1 + (y_x')^2)^{3/2}}\bigg|_{t = \frac{\pi}{2}} = \dfrac{b}{a^2}$.

(4) 化为参数方程: $\begin{cases} x = a\theta\cos\theta \\ y = a\theta\sin\theta \end{cases}$,

$x_\theta' = a(\cos\theta - \theta\sin\theta)$, $y_\theta' = a(\sin\theta + \theta\cos\theta)$,

故 $y_x' = \dfrac{y_\theta'}{x_\theta'} = \dfrac{\sin\theta + \theta\cos\theta}{\cos\theta - \theta\sin\theta}$,

又 $(y_x')_\theta' = \dfrac{2 + \theta^2}{(\cos\theta - \theta\sin\theta)^2}$, 故 $y_{xx}'' = \dfrac{(y_x')_\theta'}{x_\theta'} = \dfrac{2 + \theta^2}{a(\cos\theta - \theta\sin\theta)^3}$,

所以 $K\big|_{\theta=\pi} = \dfrac{|y''_{xx}|}{(1+(y'_x)^2)^{3/2}}\bigg|_{\theta=\pi} = \dfrac{2+\pi^2}{a\ (1+\pi^2)^{3/2}}.$

4. 求曲线 $x^2 - xy + y^2 = 1$ 在点 $(1,1)$ 处的曲率.

【解】 方程两边对 x 求导：$2x - y - xy' + 2yy' = 0,$ (3-1)

点 $(1,1)$ 代入得 $y'(1) = -1$，式 $(3-1)$ 对 x 求导：

$$2 - y' - y' - xy'' + 2\ (y')^2 + 2yy'' = 0,$$

点 $(1,1)$ 及 $y'(1) = -1$ 代入上式得 $y''(1) = -6,$

所以 $K\big|_{(1,1)} = \dfrac{|y''|}{(1+(y')^2)^{3/2}}\bigg|_{(1,1)} = \dfrac{6}{2\sqrt{2}} = \dfrac{3}{\sqrt{2}}.$

5. 曲线 $y = \sin x$ $(0 < x < \pi)$ 上哪一点处的曲率半径最小？求该曲率半径.

【解】 $y' = \cos x,\ y'' = -\sin x,$

$$R = \frac{1}{K} = \frac{(1+(y')^2)^{3/2}}{|y''|} = \frac{(1+\cos^2 x)^{3/2}}{\sin x},$$

当 $x = \dfrac{\pi}{2}$ 时，$\sin x$ 最大，而 $(1+\cos^2 x)^{3/2}$ 最小，此时，曲率半径

R 取得最小值，即在点 $\left(\dfrac{\pi}{2},\ 1\right)$ 处，$R_{\min} = 1.$

6. 求曲线 $y = \ln x$ 在与 x 轴交点处的曲率圆.

【解】 曲线与 x 轴交点为 $(1,0)$，由于 $y' = \dfrac{1}{x},\ y'' = -\dfrac{1}{x^2},$

所以，$y'(1) = 1$，$y''(1) = -1$，曲率半径 $R = \dfrac{[1+y'^2(1)]^{3/2}}{|y''(1)|} = 2^{3/2},$

设曲率中心为 $O'(\xi,\ \eta)$，则有

法1：$\begin{cases}(\xi-1)^2 + (\eta-0)^2 = R^2 \\ \dfrac{\eta-0}{\xi-1} = -\dfrac{1}{y'(1)}\end{cases},$ 即 $\begin{cases}(\xi-1)^2 + \eta^2 = 8 \\ \dfrac{\eta}{\xi-1} = -1\end{cases},$

解得 $(\xi-1)^2 = 4$，根据曲线的凸性得 $\xi - 1 > 0$，故得 $\xi = 3,$ $\eta = -2.$

法2：（公式法）$\xi\big|_{(1,0)} = \left[x - \dfrac{y'(1+y'^2)}{y''}\right]_{(1,0)} = 3,$

$$\eta\big|_{(1,0)} = \left[y + \dfrac{1+y'^2}{y''}\right]_{(1,0)} = -2,$$

所以曲率圆方程为 $(x-3)^2 + (y+2)^2 = 8.$

【注】 曲线 $y = f(x)$ 在点 $M(x, y)$ 处的曲率圆的中心为

$$\begin{cases} \xi = x - \dfrac{y'}{y''}(1 + y'^2) \\ \eta = y + \dfrac{1}{y''}(1 + y'^2) \end{cases},$$

曲率圆的方程为 $(x - \xi)^2 + (y - \eta)^2 = R^2 \left(R = \dfrac{1}{K}$ 为曲率半径$\right)$.

3.7 综合例题

1. 选择题

（1）若 $\lim\limits_{x \to 0} \dfrac{\sin 6x + xf(x)}{x^3} = 0$，则 $\lim\limits_{x \to 0} \dfrac{6 + f(x)}{x^2} = ($ $)$.

A. 0 　　　　　　　　B. 6

C. 36 　　　　　　　D. ∞

【解】 $\lim\limits_{x \to 0} \dfrac{6 + f(x)}{x^2} = \lim\limits_{x \to 0} \dfrac{(6x - \sin 6x) + (\sin 6x + xf(x))}{x^3}$

$= \lim\limits_{x \to 0} \dfrac{6x - \sin 6x}{x^3} + \lim\limits_{x \to 0} \dfrac{\sin 6x + xf(x)}{x^3}$

$= \lim\limits_{x \to 0} \dfrac{6x - \sin 6x}{x^3}$

$\xlongequal[\text{洛必达法则}]{\text{泰勒公式或}} \lim\limits_{x \to 0} \dfrac{6x - \left[6x - \dfrac{1}{3!}(6x)^3 + o(x^4)\right]}{x^3}$

$= \lim\limits_{x \to 0} \dfrac{36x^3 + o(x^4)}{x^3} = 36$，故选 C.

（2）设函数 $f(x)$ 在 $(-\infty, +\infty)$ 内连续，其导函数 $f'(x)$ 的图形如图 3-10 所示，则 $f(x)$ 有 $($ $)$.

A. 一个极小点和两个极大点

B. 两个极小点和一个极大点

C. 两个极小点和两个极大点

D. 三个极小点和一个极大点

【解】 图示有 3 个驻点及一个不可导点，只有它们可能是极值点，从左至右依次设为 x_1、x_2、x_3、x_4.

在点 x_1、x_3 附近，其导数是从正变负，故它们是极大值点；

在点 x_2、x_4 附近，其导数是从负变正，故它们是极小值点；故

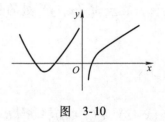

图 3-10

选 C.

（3）设函数 $y = f(x)$ 满足关系式 $y'' - 2y' + 4y = 0$，且 $f(x_0) > 0$，$f'(x_0) = 0$，则 $f(x)$ 在点 x_0 处（　）.

A. 有极大值

B. 有极小值

C. 在 x_0 的某邻域内，$f(x)$ 单调增加

D. 在 x_0 的某邻域内，$f(x)$ 单调减少

【解】　由题设条件可得 $y''(x_0) = -4f(x_0) < 0$，

由极值存在的第二充分条件知：$f(x)$ 在 x_0 处取得极大值. 故选 A.

（4）方程 $|x|^{\frac{1}{4}} + |x|^{\frac{1}{2}} - \cos x = 0$ 在 $(-\infty, +\infty)$ 内有（　）个根.

A. 0　　　　　　　　　　　　B. 1

C. 2　　　　　　　　　　　　D. 无穷多

【解】　设 $f(x) = |x|^{\frac{1}{4}} + |x|^{\frac{1}{2}} - \cos x$，由于 $f(x)$ 是偶函数，故我们可在 $(0, +\infty)$ 上讨论，

即 $f(x) = x^{\frac{1}{4}} + x^{\frac{1}{2}} - \cos x$，$x \in (0, +\infty)$，

当 $x \in [1, +\infty)$ 时，$f(x) = x^{\frac{1}{4}} + x^{\frac{1}{2}} - \cos x \geqslant 1 + 1 - 1 = 1 \neq 0$，即 $f(x) = 0$ 没有根.

当 $x \in (0, 1)$ 时，$f'(x) = \frac{1}{4}x^{-\frac{3}{4}} + \frac{1}{2}x^{-\frac{1}{2}} + \sin x > 0 + 0 + 0 = 0$，即 $f(x)$ 单增，又 $f(0) = -1 < 0$，$f(1) \geqslant 1 > 0$，

由零点定理及单调性得：存在唯一的 $\xi \in (0, 1)$，使得 $f(\xi) = 0$，

即 ξ 是方程 $|x|^{\frac{1}{4}} + |x|^{\frac{1}{2}} - \cos x = 0$ 的根，

由偶函数的对称性知：$-\xi$ 也是方程 $|x|^{\frac{1}{4}} + |x|^{\frac{1}{2}} - \cos x = 0$ 的

根. 故选 C.

（5）已知函数 $f(x)$ 在区间 $(1-\delta, 1+\delta)$ 内具有二阶导数，$f'(x)$ 严格单调减少，且 $f(1)=f'(1)=1$，则（ ）.

A. 在区间 $(1-\delta, 1)$ 和 $(1, 1+\delta)$ 内均有 $f(x)<x$

B. 在区间 $(1-\delta, 1)$ 和 $(1, 1+\delta)$ 内均有 $f(x)>x$

C. 在区间 $(1-\delta, 1)$ 内 $f(x)<x$，在区间 $(1, 1+\delta)$ 内 $f(x)>x$

D. 在区间 $(1-\delta, 1)$ 内 $f(x)>x$，在区间 $(1, 1+\delta)$ 内 $f(x)<x$

【解】 由泰勒公式，在 $(1-\delta, 1+\delta)$ 内有

$$f(x)=f(1)+f'(1)(x-1)+f''(\xi)(x-1)^2$$
$$=x+f''(\xi)(x-1)^2, \xi\in(1-\delta, 1+\delta),$$

因为 $f'(x)$ 在 $(1-\delta, 1+\delta)$ 内严格单调减少，故有 $f''(x)<0$，$x\in(1-\delta, 1+\delta)$，

故当 $x\in(1-\delta, 1)$ 和 $(1, 1+\delta)$ 时，$f(x)=x+f''(\xi)(x-1)^2<x$，故选 A.

（6）设 $f(x)$ 与 $g(x)$ 在点 $x=a$ 处二阶可导，且皆取得极大值，则函数 $F(x)=f(x)g(x)$ 在点 $x=a$ 处（ ）.

A. 必取极大值   B. 必取极小值

C. 不可能取极值   D. 不能确定是否取极值

【解】 不能确定是否取极值.

例如：$f(x)=1-x^4$，$g(x)=\begin{cases}-1-x^6 & x\leqslant 0 \\ -1-2x^4 & x>0\end{cases}$，考察点 $x=0$ 处，

显然，函数 $f(x)$ 在点 $x=0$ 处二阶可导，且 $f(0)$ 为极大值，即 $f(x)$ 满足假设条件；

由于 $g(x)$ 在点 $x=0$ 处连续，则

$g'_-(0)=\lim\limits_{x\to 0^-}(-1-x^6)'=\lim\limits_{x\to 0^-}(-6x^5)=0$ ，

$g'_+(0)=\lim\limits_{x\to 0^+}(-1-2x^4)'=\lim\limits_{x\to 0^+}(-8x^3)=0$，即 $g'(0)=0$，故

$g'(x)=\begin{cases}-6x^5 & x\leqslant 0 \\ -8x^3 & x>0\end{cases}$，

由于 $g'(x)$ 在点 $x=0$ 处连续，则 $g''_-(0)=\lim\limits_{x\to 0^-}(-6x^5)'=\lim\limits_{x\to 0^-}(-30x^4)=0$，

$g''_+(0)=\lim\limits_{x\to 0^+}(-8x^3)'=\lim\limits_{x\to 0^+}(-24x)^2=0$，即 $g''(0)=0$，

又当 $x \in (-\delta, 0)$ 时，$g'(x) > 0$，当 $x \in (0, \delta)$ 时，$g'(x) < 0$，故 $g(0)$ 为极大值；所以 $g(x)$ 满足假设条件；

$$F(x) = f(x)g(x) = \begin{cases} -1 + x^4 - x^6 + x^{10} & x \le 0 \\ -1 - x^4 + 2x^8 & x > 0 \end{cases},$$

当 δ 足够小时，$x \in (-\delta, 0)$ 时，$F(x) = -1 + x^4 - x^6 + x^{10}$
$$= -1 + x^4 + o(x^4) > -1,$$

$x \in (0, \delta)$ 时，$F(x) = -1 - x^4 + 2x^8 = -1 - x^4 + o(x^4) < -1$，
所以 $F(0)$ 不是极值.

再如：$f(x) = 1 - x^2$，$g(x) = 1 - x^4$，考察点 $x = 0$ 处，

显然函数 $f(x)$ 与 $g(x)$ 均满足假设条件，则 $F(x) = f(x)g(x) = 1 - x^2 - x^4 + x^6$，

令 $F'(x) = -2x - 4x^3 + 6x^5 = 0$ 知：$x = 0$ 是驻点，

又 $F''(0) = (-2 - 12x^2 + 30x^4)|_{x=0} = -2 < 0$，故 $F(0)$ 是极大值. 因而选 D.

(7) 曲线 $y = (x-1)^2(x-3)^2$ 拐点的个数是（   ）.

A. 0   B. 1   C. 2   D. 3

【解】$y = x^4 - 8x^3 + 22x^2 - 24x + 9$，$y' = 4x^3 - 24x^2 + 44x - 24$，

令 $y'' = 4\left(x - 2 - \dfrac{\sqrt{3}}{3}\right)\left(x - 2 + \dfrac{\sqrt{3}}{3}\right) = 0$，得 $x = 2 \pm \dfrac{\sqrt{3}}{3}$，

当 $x \in \left(-\infty, 2 - \dfrac{\sqrt{3}}{3}\right) \cup \left(2 + \dfrac{\sqrt{3}}{3}, +\infty\right)$ 时，$y'' > 0$；

当 $x \in \left(2 - \dfrac{\sqrt{3}}{3}, 2 + \dfrac{\sqrt{3}}{3}\right)$ 时，$y'' < 0$；

所以曲线有两个拐点，故选 C.

(8) 设 $f(x)$ 的导数在点 $x = a$ 处连续，且 $\lim\limits_{x \to a} \dfrac{f'(x)}{x - a} = -1$，则（   ）.

A. 点 $x = a$ 是 $f(x)$ 的极小点

B. 点 $x = a$ 是 $f(x)$ 的极大点

C. 点 $(a, f(a))$ 是曲线 $y = f(x)$ 的拐点

D. 点 $x = a$ 不是 $f(x)$ 的极值点，$(a, f(a))$ 也不是曲线 $y = f(x)$ 的拐点

【解】 $\lim\limits_{x\to a}f'(x)=\lim\limits_{x\to a}\dfrac{f'(x)}{x-a}(x-a)=(-1)\times 0=0$,

因为 $f'(x)$ 在点 $x=a$ 处连续,所以 $\lim\limits_{x\to a}f'(x)=f'(a)$,从而

$f'(a)=0$,所以 $\lim\limits_{x\to a}\dfrac{f'(x)}{x-a}=\lim\limits_{x\to a}\dfrac{f'(x)-f'(a)}{x-a}=f''(a)=-1<0$,

由极值存在的第二充分条件知:点 $x=a$ 是 $f(x)$ 的极大点,故选 B.

(9) 曲线 $y=\dfrac{1+\mathrm{e}^{-x^2}}{1-\mathrm{e}^{-x^2}}$ ( ).

A. 无渐近线

B. 有斜渐近线

C. 只有铅直渐近线

D. 既有铅直渐近线,又有水平渐近线

【解】 因为 $\lim\limits_{x\to\infty}\dfrac{1+\mathrm{e}^{-x^2}}{1-\mathrm{e}^{-x^2}}=1$,故 $y=1$ 为水平渐近线,

因为 $\lim\limits_{x\to 0}\dfrac{1+\mathrm{e}^{-x^2}}{1-\mathrm{e}^{-x^2}}=\infty$,故 $x=0$ 为铅直渐近线. 故选 D.

(10) 曲线 $y=\mathrm{e}^{-x^2}\arctan\dfrac{x^2+x+1}{(x-1)(x+2)}$ 有 ( ) 条渐近线.

A. 1   B. 2

C. 3   D. 4

【解】 $\lim\limits_{x\to\infty}\mathrm{e}^{-x^2}\arctan\dfrac{x^2+x+1}{(x-1)(x+2)}=0$,故 $y=0$ 为水平渐近线;

因为 $\left|\mathrm{e}^{-x^2}\arctan\dfrac{x^2+x+1}{(x-1)(x+2)}\right|\leqslant 1\times\dfrac{\pi}{2}$,

故 $\lim\mathrm{e}^{-x^2}\arctan\dfrac{x^2+x+1}{(x-1)(x+2)}\neq\infty$,即没有铅直渐近线;

又 $\lim\limits_{x\to\infty}\dfrac{\mathrm{e}^{-x^2}\arctan\dfrac{x^2+x+1}{(x-1)(x+2)}}{x}=0$,即没有斜渐近线,故选 A.

2. 设 $y=y(x)$ 由方程 $2y^3-2y^2+2xy-x^2=1$ 确定,求 $y=y(x)$ 的驻点,并判定此驻点是否是极值点.

【解】 方程两端对 x 求导:

$$6y^2y'-4yy'+2y+2xy'-2x=0, \tag{3-2}$$

令 $y'=0$ 得 $2y-2x=0$，推得 $y=x$，

代入原方程得 $2x^3-x^2=1$，得驻点 $x=1$，

式 (3-2) 再对 x 求导得

$$12y(y')^2+6y^2y''-4(y')^2-4yy''+2y'+2y'+2xy'-2=0,$$

在驻点 $x=1$ 处，$y=1$，$y'=0$，代入上式得

$$6y''(1)-4y''(1)+2y''(1)-2=0,$$

即 $y''(1)=\dfrac{1}{2}>0$，由极值存在的第二充分条件知：$x=1$ 是极小值点.

3. 设 $f(x)$ 在 $[a,b]$ 上连续，在 (a,b) 内可导，$f(a)=f(b)$，且 $f(x)$ 不恒为常数，证明：存在 $\xi\in(a,b)$，使 $f'(\xi)>0$.

【证明】 由于 $f(x)$ 在 $[a,b]$ 上连续，故 $f(x)$ 在 $[a,b]$ 上必取得最大值 M 与最小值 m，

由于 $f(a)=f(b)$，且 $f(x)$ 不恒为常数，故 M 与 m 至少有一个不在端点上取得，不妨设 M 不在端点上，即 $\exists x_0\in(a,b)$，$f(x_0)=M$，故有 $f(x_0)>f(a)$，

因而 $f(x)$ 在 $[a,x_0]$ 上满足拉格朗日中值定理，所以 $\exists\xi\in(a,x_0)\subset(a,b)$，

使得 $f(x_0)-f(a)=f'(\xi)(x_0-a)$，推得 $f'(\xi)>0$.

4. 设 $f(x)$ 在 $[0,1]$ 上连续，在 $(0,1)$ 内可导，且 $f(0)=f(1)=0$，$f\left(\dfrac{1}{2}\right)=1$. 证明：在 $(0,1)$ 内至少存在一点 ξ，使得 $f'(\xi)=1$.

【证明】 设 $F(x)=f(x)-x$，则 $F'(x)=F'(x)-1$，且 $F(0)=0$，$F(1)=-1$，$F\left(\dfrac{1}{2}\right)=\dfrac{1}{2}$，因为 $F(1)\cdot F\left(\dfrac{1}{2}\right)<0$，由零点定理得，必存在 $x_0\in\left(\dfrac{1}{2},1\right)$，使得 $F(x_0)=0$，从而 $F(x)$ 在 $[0,x_0]$ 上满足罗尔定理，所以 $\exists\xi\in(0,x_0)\subset(0,1)$，使得 $F'(\xi)=f'(\xi)-1=0$，即 $f'(\xi)=1$.

5. 设 $f(x)$ 与 $g(x)$ 在区间 (a,b) 内可导，且对于任意 $x\in(a,b)$，有 $f(x)g'(x)-f'(x)\neq0$. 求证：$f(x)$ 在 (a,b) 内至多有一个零点.

【证明】 反证法：假设 $f(x)$ 在 (a, b) 内至少有两个零点，即存在 $x_1, x_2 \in (a, b)$，不妨设 $x_1 < x_2$，使得 $f(x_1) = f(x_2) = 0$．设 $F(x) = -f(x) \, \mathrm{e}^{-g(x)}$，

则 $F'(x) = \mathrm{e}^{-g(x)} [f(x)g'(x) - f'(x)]$，且 $F(x_1) = F(x_2) = 0$，

由 $f(x)$ 与 $g(x)$ 的性质知，$F(x)$ 在 $[x_1, x_2]$ 上满足罗尔定理的条件，

故 $\exists \xi \in (x_1, x_2)$，使得 $F'(\xi) = 0$，即 $f(\xi)g'(\xi) - f'(\xi) = 0$，

与给定的条件 $f(x)g'(x) - f'(x) \neq 0$ 矛盾！即假设错误．

所以 $f(x)$ 在 (a, b) 内至多有一个零点．

6. 设 $f(x)$ 与 $g(x)$ 在 (a, b) 内可导，$g(x) \neq 0$，且恒有 $\begin{vmatrix} f(x) & g(x) \\ f'(x) & g'(x) \end{vmatrix} = 0$，证明：存在常数 c，使 $f(x) = cg(x)$．

【证明】 设 $F(x) = \dfrac{F(x)}{g(x)}$，则

$$F'(x) = \frac{f'(x)g(x) - f(x)g'(x)}{g^2(x)} = \frac{-\begin{vmatrix} f(x) & g(x) \\ f'(x) & g'(x) \end{vmatrix}}{g^2(x)} \equiv 0,$$

所以存在常数 c，使 $F(x) = c$，即 $f(x) = cg(x)$．

7. 设 $f(x)$ 在 $[a, b]$ 上连续，在 (a, b) 内可导，且 $f(a) = f(b) = 1$，求证：存在 $\xi, \eta \in (a, b)$，使 $\mathrm{e}^{\xi - \eta} \, (f(\xi) + f'(\xi)) = 1$．

【证明】 $\mathrm{e}^{\xi - \eta} \, (f(\xi) + f'(\xi)) = 1$ 变形为 $\dfrac{\mathrm{e}^{\xi}(f(\xi) + f'(\xi))}{\mathrm{e}^{\eta}} = 1$，

因而设 $F(x) = f(x)\mathrm{e}^x$，$G(x) = \mathrm{e}^x$，则 $F'(x) = \mathrm{e}^x(f(x) + f'(x))$，

由题设条件知 $F(x), G(x)$ 在 $[a, b]$ 上满足拉格朗日中值定理的条件，

故有 $F(b) - F(a) = F'(\xi)(b - a)$，$G(b) - G(a) = G'(\eta)(b - a)$，

即 $\mathrm{e}^b - \mathrm{e}^a = \mathrm{e}^{\xi}(f(\xi) + f'(\xi))(b - a)$，$\mathrm{e}^b - \mathrm{e}^a = \mathrm{e}^{\eta}(b - a)$，$\xi, \eta \in (a, b)$，

两式相除即得 $\dfrac{\mathrm{e}^{\xi}(f(\xi) + f'(\xi))}{\mathrm{e}^{\eta}} = 1$．

8. 设 $f(x)$ 在 $[a, b]$ 上连续，在 (a, b) 内可导，$a > 0$．证明：存在 $\xi, \eta \in (a, b)$，使 $f'(\xi) = \dfrac{a + b}{2\eta} f'(\eta)$．

【证明】　设 $g(x) = x^2$，则 $f(x)$、$g(x)$ 在 $[a, b]$ 上满足拉格朗日及柯西中值定理，故有

$$f(b) - f(a) = f'(\xi)(b - a), \quad \frac{f(b) - f(a)}{b^2 - a^2} = \frac{f'(\eta)}{2\eta}, \quad \xi, \eta \in (a, b),$$

前式代入后式得 $f'(\xi) = \frac{a + b}{2\eta} f'(\eta)$.

9. 设 $f(x)$ 在 $[-1, 1]$ 上具有三阶连续导数，且 $f(-1) = 0$，$f(1) = 1$，$f'(0) = 0$，证明：存在 $\xi \in (-1, 1)$，使 $f'''(\xi) = 3$.

【证明】　由麦克劳林公式得：$\forall x \in [-1, 1]$，

$$f(x) = f(0) + f'(0)\, x + \frac{f''(0)}{2!} x^2 + \frac{f'''(\eta)}{3!} x^3 \quad (\eta \text{ 介于 } 0 \text{ 与 } x \text{ 之间}),$$

令 $x = -1$ 及 $x = 1$ 得

$$0 = f(0) + \frac{f''(0)}{2!} - \frac{f'''(\eta_1)}{3!} \quad (-1 < \eta_1 < 0),$$

$$1 = f(0) + \frac{f''(0)}{2!} + \frac{f'''(\eta_2)}{3!} \quad (0 < \eta_2 < 1),$$

两式相减得 $f'''(\eta_2) + f'''(\eta_1) = 6$，由题设条件知 $f'''(x)$ 在 $[\eta_1, \eta_2]$ 上连续，故 $f'''(x)$ 在 $[\eta_1, \eta_2]$ 上必有最大值 M 和最小值 m，则有

$$m \leqslant \frac{f'''(\eta_2) + f'''(\eta_1)}{2} \leqslant M,$$

对 $f'''(x)$ 在 $[\eta_1, \eta_2]$ 上使用介值定理：至少存在一点 $\xi \in [\eta_1, \eta_2] \subset (-1, 1)$，使得

$$f'''(\xi) = \frac{f'''(\eta_2) + f'''(\eta_1)}{2} = 3.$$

10. 设 $f(x)$ 在 $[0, 1]$ 上二阶可导，且 $f(0) = f(1) = 0$，$|f''(x)| \leqslant A$，证明：$|f'(x)| \leqslant A/2$.

【证明】　$\forall x \in [0, 1]$，$f(x)$ 的一阶泰勒公式为

$$f(t) = f(x) + f'(x)(t - x) + \frac{f''(\xi)}{2} (t - x)^2, \quad \text{则}$$

$$f(0) = f(x) - f'(x)x + \frac{f''(\xi_1)}{2} x^2, \quad 0 < \xi_1 < x \leqslant 1$$

$$f(1) = f(x) + f'(x)(1 - x) + \frac{f''(\xi_2)}{2} (1 - x)^2, \quad 0 \leqslant x < \xi_2 < 1$$

两式相减得 $f'(x) = \dfrac{f''(\xi_1)}{2}x^2 - \dfrac{f''(\xi_2)}{2}(1-x)^2$，故

$$|f'(x)| \leqslant \dfrac{|f''(\xi_1)|}{2}x^2 + \dfrac{|f''(\xi_2)|}{2}(1-x)^2$$

$$\leqslant \dfrac{A}{2}\left[x^2 + (1-x)^2\right]$$

$$= \dfrac{A}{2}\left[1 - 2x(1-x)\right] \leqslant \dfrac{A}{2}.$$

11. 设 $f(x)$ 在点 x_0 的邻域内有连续的 4 阶导数，且 $f'(x_0) = f''(x_0) = f'''(x_0) = 0$，$f^{(4)}(x_0) < 0$，证明：$f(x)$ 在点 x_0 处取极大值.

【证明】 因为 $f(x)$ 在点 x_0 的邻域内有连续的 4 阶导数，故

$$\lim_{x \to x_0} f^{(4)}(x) = f^{(4)}(x_0) < 0,$$

由极限的保号性，存在 $\delta > 0$，当 $x \in (x_0 - \delta, x_0 + \delta)$，

有 $f^{(4)}(x) < 0$，由于 $f'(x_0) = f''(x_0) = f'''(x_0) = 0$，

$f(x)$ 在点 x_0 处的三阶泰勒公式为

$$f(x) = f(x_0) + \dfrac{f^{(4)}(\xi)}{4!}(x - x_0)^4, \quad x \in (x_0 - \delta, x_0 + \delta),\ \text{且}\ \xi\ \text{介于}$$

x 与 x_0 之间.

故 $f^{(4)}(\xi) < 0$，因而 $f(x_0) = f(x) - \dfrac{f^{(4)}(\xi)}{4!}(x - x_0)^4 > f(x)$，

故 $f(x)$ 在点 x_0 处取极大值.

12. 设 $f(0) = 0$，$\lim\limits_{x \to 0} \dfrac{f(x)}{x^2} = 2$. 证明：$f'(0) = 0$，且 $f(x)$ 在点 $x = 0$ 处取极小值.

【证明】 $f'(0) = \lim\limits_{x \to 0} \dfrac{f(x) - f(0)}{x - 0} = \lim\limits_{x \to 0} \dfrac{f(x)}{x} = \lim\limits_{x \to 0} \dfrac{f(x)}{x^2} \cdot x = 2 \times 0 = 0$，

由 $\lim\limits_{x \to 0} \dfrac{f(x)}{x^2} = 2 > 0$ 及极限的保号性得：

在 $x = 0$ 的某一去心邻域内均有 $\dfrac{f(x)}{x^2} > 0$，从而有 $f(x) > 0 = f(0)$，

故 $f(x)$ 在点 $x = 0$ 处取极小值.

【提示】 下列解法是错误的："$\lim\limits_{x \to 0} \dfrac{f(x)}{x^2} = \lim\limits_{x \to 0} \dfrac{f'(x)}{2x} = \lim\limits_{x \to 0} \dfrac{f''(x)}{2} = 2$，所以 $f'(0) = 0$，$f''(0) = 4 > 0$，故 $f(x)$ 在点 $x = 0$ 处取极小值".

上述解法要求函数 $f(x)$ 在点 $x=0$ 的某个邻域内二阶可导，在点 $x=0$ 处二阶连续可导．题设条件不足！

13. 设 $f(x)$ 二阶可导，$f''(x)<0$，又 $f(a)>0$，$f'(a)<0$，求证：$f(x)$ 在区间 $\left(a,\ a-\dfrac{f(a)}{f'(a)}\right)$ 内恰有一个零点．

【证明】　（1）存在性：

$f(x)$ 在点 $x=a$ 处的一阶泰勒公式为

$$f(x)=f(a)+f'(a)(x-a)+\frac{f''(\xi)}{2}(x-a)^2,$$

由于 $f''(x)<0$，故 $f(x)<f(a)+f'(a)(x-a)$，

所以 $f\left(a-\dfrac{f(a)}{f'(a)}\right)<f(a)+f'(a)\left(a-\dfrac{f(a)}{f'(a)}-a\right)=0$，又 $f(a)>0$，

由零点定理知：至少存在 ξ，使得 $f(\xi)=0$；

（2）唯一性：

法1：由于 $f''(x)<0$，即函数 $f'(x)$ 单调递减，故

$f'(x)\leqslant f'_{\max}(x)=f'(a)<0$，

即函数 $f(x)$ 单调递减，故 ξ 唯一．

法2（反证法）：假设 $f(x)$ 在区间 $\left(a,\ a-\dfrac{f(a)}{f'(a)}\right)$ 内还有一个零点 η．即 $f(\eta)=0$，

则 $f(x)$ 在以 ξ 及 η 为端点的区间上满足罗尔定理，故存在介于 ξ 及 η 之间的 x_0，

使得 $f'(x_0)=0$，与 $f'(x)<0$ 矛盾！

14. 试讨论方程 $\ln x=ax(a>0)$ 有几个实根．

【解】　设 $f(x)=\ln x-ax,\ x\in(0,\ +\infty)$，

$$f'(x)=\frac{1}{x}-a=\frac{1-ax}{x},$$

故当 $x\in\left(0,\ \dfrac{1}{a}\right)$ 时，$f'(x)>0$，即 $f(x)$ 单调递增，

当 $x\in\left(\dfrac{1}{a},\ +\infty\right)$ 时，$f'(x)<0$，即 $f(x)$ 单调递减，

即 $x=\dfrac{1}{a}$ 是 $f(x)$ 最大值点，

又 $\lim\limits_{x\to0^+}f(x)=-\infty$，$\lim\limits_{x\to+\infty}f(x)=-\infty$，

故存在 $x_1\in\left(0,\ \dfrac{1}{a}\right)$，$x_2\in\left(\dfrac{1}{a},\ +\infty\right)$，使得 $f(x_1)<0,\ f(x_2)<0.$

由于 $f\left(\dfrac{1}{a}\right) = \ln\dfrac{1}{a} - 1$，当 $a < \dfrac{1}{\mathrm{e}}$ 时，$f\left(\dfrac{1}{a}\right) > 0$，

由零点定理及单调性知：方程在区间 $\left(0,\ \dfrac{1}{a}\right)$ 及 $\left(\dfrac{1}{a},\ +\infty\right)$ 内各有一个实根；

当 $a = \dfrac{1}{\mathrm{e}}$ 时，$f\left(\dfrac{1}{a}\right) = 0$，故方程在区间 $(0,\ +\infty)$ 内只有一个实根 $x = \dfrac{1}{a}$；

当 $a > \dfrac{1}{\mathrm{e}}$ 时，$f\left(\dfrac{1}{a}\right) < 0$，即 $f(x) < 0$，此时方程在区间 $(0,\ +\infty)$ 内没有实根.

综上所述，方程在区间 $(0,\ +\infty)$ 内，实根的个数 $N = \begin{cases} 2 & a < \dfrac{1}{\mathrm{e}} \\ 1 & a = \dfrac{1}{\mathrm{e}} \\ 0 & a > \dfrac{1}{\mathrm{e}} \end{cases}$.

15. 计算下列极限.

（1）$\displaystyle\lim_{n \to \infty}\left[n - n^2\ln\left(\dfrac{1}{n} + 1\right) \right]$；

（2）$\displaystyle\lim_{x \to +\infty}\left(\sqrt[6]{x^6 + x^5} - \sqrt[6]{x^6 - x^5} \right)$；

（3）$\displaystyle\lim_{n \to \infty} n^2\left(\arctan\dfrac{a}{n} - \arctan\dfrac{a}{n+1} \right)$.

【解】　（1）原式 $= \displaystyle\lim_{x \to +\infty}\left[x - x^2\ln\left(1 + \dfrac{1}{x}\right) \right] = \lim_{x \to +\infty}\dfrac{\dfrac{1}{x} - \ln\left(1 + \dfrac{1}{x}\right)}{\dfrac{1}{x^2}}$

$\xlongequal[\text{表达式变复杂, 故设 } t = \frac{1}{x}]{\text{尽管为 } \frac{0}{0} \text{ 型, 但对 } x \text{ 求导会使}} \displaystyle\lim_{t \to 0^+}\dfrac{t - \ln(1+t)}{t^2}$

$\xlongequal[\text{法则}]{\text{洛必达}} \displaystyle\lim_{t \to 0^+}\dfrac{1 - \dfrac{1}{1+t}}{2t} = \lim_{t \to 0^+}\dfrac{1}{2(1+t)} = \dfrac{1}{2}$.

(2) 原式 $= \lim\limits_{x \to +\infty} x\left(\sqrt[6]{1 + \dfrac{1}{x}} - \sqrt[6]{1 - \dfrac{1}{x}} \right)$

法1：

原式 $\xlongequal{(1+x)^{\alpha} = 1 + \alpha x + o(x)} \lim\limits_{x \to +\infty} x\left(1 + \dfrac{1}{6x} + o\left(\dfrac{1}{x} \right) - \left(1 - \dfrac{1}{6x} + o\left(\dfrac{1}{x} \right) \right) \right)$

$$= \lim\limits_{x \to +\infty} x\left(\dfrac{1}{3x} + o\left(\dfrac{1}{x} \right) \right) = \dfrac{1}{3}.$$

法2：原式 $= \lim\limits_{t \to 0^+} \dfrac{\sqrt[6]{1+t} - \sqrt[6]{1-t}}{t} = \lim\limits_{t \to 0^+} \dfrac{\dfrac{1}{6}(1+t)^{-\frac{5}{6}} + \dfrac{1}{6}(1-t)^{-\frac{5}{6}}}{1} = \dfrac{1}{3}.$

(3)（自变量连续化）$I = \lim\limits_{x \to +\infty} x^2 \left(\arctan \dfrac{a}{x} - \arctan \dfrac{a}{x+1} \right) =$ 原式，

法1：原式 $= \lim\limits_{x \to +\infty} \dfrac{\arctan \dfrac{a}{x} - \arctan \dfrac{a}{x+1}}{x^{-2}}$

$$\xlongequal{\frac{0}{0} 型} \lim\limits_{x \to +\infty} \dfrac{-\dfrac{a}{x^2 + a^2} + \dfrac{a}{(x+1)^2 + a^2}}{-2x^{-3}}$$

$$= \lim\limits_{x \to +\infty} \dfrac{ax^3(2x+1)}{2(x^2 + a^2)((x+1)^2 + a^2)} = a.$$

法2：设 $f(x) = \arctan \dfrac{a}{x}$，则 $f'(x) = -\dfrac{a}{x^2 + a^2}$，

在 $[x,\ x+1]$ 上 $f(x)$ 应用拉格朗日中值定理：

$$\arctan \dfrac{a}{x} - \arctan \dfrac{a}{x+1} = \dfrac{a}{\xi^2 + a^2} \quad \xi \in (x, 1+x),$$

$$I = \lim\limits_{x \to +\infty} x^2 \left(\arctan \dfrac{a}{x} - \arctan \dfrac{a}{x+1} \right) = \lim\limits_{x \to +\infty} \dfrac{ax^2}{\xi^2 + a^2},$$

$$\dfrac{ax^2}{(x+1)^2 + a^2} < \dfrac{ax^2}{\xi^2 + a^2} < \dfrac{ax^2}{x^2 + a^2},$$

$\lim\limits_{x \to +\infty} \dfrac{ax^2}{(x+1)^2 + a^2} = a, \lim\limits_{x \to +\infty} \dfrac{ax^2}{x^2 + a^2} = a$，故 $\lim\limits_{x \to +\infty} \dfrac{ax^2}{\xi^2 + a^2} = a$，即原式 $= a$.

【提示】　若极限 $\lim\limits_{n \to \infty} \dfrac{f(n)}{g(n)}$ 为 $\dfrac{0}{0}$ 或 $\dfrac{\infty}{\infty}$ 型时，应先求 $\lim\limits_{x \to +\infty} \dfrac{f(x)}{g(x)}$
（x 为连续的自变量）以便于使用洛必达法则，例如

P173 3.7 节第 15(1)(3) 题，因为 n 为离散变量，故 $f(n)$、$g(n)$ 不可导.

16. 设 $f(x)$ 在点 $x=0$ 处二阶可导，且 $\lim\limits_{x\to 0}\dfrac{\cos x-1}{e^{f(x)}-1}=1$，求 $f'(0)$，$f''(0)$ 的值.

【解】　$\lim\limits_{x\to 0}(e^{f(x)}-1)=\lim\limits_{x\to 0}\dfrac{1}{\dfrac{\cos x-1}{e^{f(x)}-1}}\cdot(\cos x-1)=1\times 0=0$，

由 $f(x)$ 在点 $x=0$ 处二阶可导，得 $f(x)$、$f'(x)$ 在点 $x=0$ 的某邻域内连续，故 $e^{\lim\limits_{x\to 0}f(x)}-1=0$，由此得 $f(0)=\lim\limits_{x\to 0}f(x)=0$. 所以

$$\lim\limits_{x\to 0}\dfrac{\cos x-1}{e^{f(x)}-1}\xlongequal[e^x-1\sim x]{1-\cos x\sim\frac{x^2}{2}}\lim\limits_{x\to 0}\dfrac{-\dfrac{x^2}{2}}{f(x)}=\lim\limits_{x\to 0}\dfrac{-x^2}{2f(x)}\xlongequal{\frac{0}{0}型}-\lim\limits_{x\to 0}\dfrac{x}{f'(x)}=1,$$

即 $\lim\limits_{x\to 0}\dfrac{f'(x)}{x}=-1\Rightarrow$

$\lim\limits_{x\to 0}f'(x)=\lim\limits_{x\to 0}\dfrac{f'(x)}{x}\cdot x=-1\times 0=0=f'(0)$，

故 $f''(0)=\lim\limits_{x\to 0}\dfrac{f'(x)-f'(0)}{x-0}=\lim\limits_{x\to 0}\dfrac{f'(x)}{x}=-1$.

【提示】　下列解法是错误的：“由 $\lim\limits_{x\to 0}\dfrac{\cos x-1}{e^{f(x)}-1}=1$，得 $f(0)=0$，

$$\lim\limits_{x\to 0}\dfrac{\cos x-1}{e^{f(x)}-1}\xlongequal{洛必达\ 法则}\lim\limits_{x\to 0}\dfrac{-\sin x}{e^{f(x)}\cdot f'(x)}=\lim\limits_{x\to 0}\dfrac{-\sin x}{f'(x)}$$

$$\xlongequal{洛必达\ 法则}\lim\limits_{x\to 0}\dfrac{-\cos x}{f''(x)}=\dfrac{-1}{f''(0)}=1,\ 故\ f''(0)=-1.”$$

极限 $\lim\limits_{x\to 0}f''(x)=f''(0)$ 时用到了条件 “$f(x)$ 在点 $x=0$ 的某个邻域内二阶可导，且在点 $x=0$ 处二阶连续可导”. 但题设条件不足！

17. 证明下列不等式成立.

(1) $\dfrac{a^{\frac{1}{n+1}}}{(n+1)^2}<\dfrac{a^{\frac{1}{n}}-a^{\frac{1}{n+1}}}{\ln a}<\dfrac{a^{\frac{1}{n}}}{n^2}$ $(a>1,n\geqslant 1)$；

(2) $\ln(1+x)>\dfrac{\arctan x}{1+x}(x>0)$；

(3) $\dfrac{1}{\ln 2}-1<\dfrac{1}{\ln(1+x)}-\dfrac{1}{x}<\dfrac{1}{2}$ $(0<x<1)$.

【证明】　（1）（拉格朗日中值公式法）设 $f(x) = a^x$，则 $f'(x) = a^x \ln a$，

当 $a > 1$ 时，$\ln a > 0$，$f'(x) > 0$，即 $f(x)$ 严格单调递增.

又 $f(x)$ 在 $\left[\dfrac{1}{n+1}, \dfrac{1}{n}\right]$ 上满足拉格朗日中值定理的条件，故有

$$a^{\frac{1}{n}} - a^{\frac{1}{n+1}} = a^{\xi} \ln a \left[\frac{1}{n} - \frac{1}{n+1}\right] = a^{\xi} \ln a \left[\frac{1}{n(n+1)}\right] \left(\frac{1}{n+1} < \xi < \frac{1}{n}\right),$$

从而有 $a^{\frac{1}{n+1}} \ln a \dfrac{1}{(n+1)^2} \leqslant a^{\frac{1}{n}} - a^{\frac{1}{n+1}} = a^{\xi} \ln a \left[\dfrac{1}{n(n+1)}\right]$

$$\leqslant a^{\frac{1}{n}} \ln a \frac{1}{n^2},$$

即 $\dfrac{a^{\frac{1}{n+1}}}{(n+1)^2} < \dfrac{a^{\frac{1}{n}} - a^{\frac{1}{n+1}}}{\ln a} < \dfrac{a^{\frac{1}{n}}}{n^2} (a > 1, n \geqslant 1)$.

（2）即证 $(1+x)\ln(1+x) - \arctan x > 0 (x > 0)$，

设 $f(x) = (1+x)\ln(1+x) - \arctan x$，

则 $f'(x) = \ln(1+x) + \dfrac{x^2}{1+x^2} > 0$，

法1：（单调性法）由于 $f'(x) > 0$，$f(0) = 0$，故 $f(x) > f(0) = 0$.

法2：（拉格朗日中值公式法）$f(x)$ 在 $[0, x]$ 上满足拉格朗日中值定理，

故有 $f(x) = f(x) - f(0) = f'(\xi) \cdot x > 0 (x > 0)$.

（3）设 $f(x) = \dfrac{1}{\ln(1+x)} - \dfrac{1}{x} = \dfrac{x - \ln(1+x)}{x\ln(1+x)} (0 < x < 1)$，则

$f'(x) = \dfrac{(1+x)\ln^2(1+x) - x^2}{(1+x)x^2\ln^2(1+x)}$，设 $g(x) = (1+x)\ln^2(1+x) - x^2$，则

$g'(x) = \ln^2(1+x) + 2\ln(1+x) - 2x$，

$g''(x) = \dfrac{2\ln(1+x)}{1+x} + \dfrac{2}{1+x} - 2 = 2 \cdot \dfrac{\ln(1+x) - x}{1+x}$，

因为 $x > \ln(1+x)$，故 $g''(x) < 0$，$g'(x)$ 严格单减，即 $g'(x) < g'(0) = 0$，$g(x)$ 严格单减，即 $g(x) < g(0) = 0$，从而 $f'(x) < 0$，故 $f(x)$ 严格单减，

又 $\lim\limits_{x \to 0^+} f(x) = \lim\limits_{x \to 0^+} \dfrac{x - \ln(1+x)}{x\ln(1+x)} \xlongequal{\ln(1+x) \sim x} \lim\limits_{x \to 0^+} \dfrac{x - \ln(1+x)}{x^2}$

$$\xrightarrow{\frac{0}{0}\text{型}} \lim_{x\to 0^+} \frac{x}{2x(1+x)} = \frac{1}{2},$$

所以 $\dfrac{1}{\ln 2} - 1 = f(1) < f(x) < \dfrac{1}{2}$ $(0 < x < 1)$.

18. 设甲船位于乙船以东 75n mile 处，甲船以 12n mile/h 的速度向西行驶，乙船以 6n mile/h 的速度向北行驶. 问经过多长时间两船距离最近?

【解】 以乙船初始位置为坐标原点，初始时乙到甲方向为 x 轴正向建立直角坐标系，

则两船距离为 $d = \sqrt{(75-12t)^2 + (6t)^2}$，

求 d 的驻点等价于求 $f(t) = d^2 = (75-12t)^2 + (6t)^2$ 的驻点，

令 $f'(t) = 2(75-12t)(-12) + 72t = 0$，得唯一驻点 $t = 5$，

由于此实际问题最小值一定存在，所以 $t = 5$ 即为最小值点.

(或者由 $f''(5) = 360 > 0$，得 $t = 5$ 即为最小值点).

19. 在半径为 a 的半球外作一外切圆锥体，要使圆锥体体积最小，圆锥的高度及底半径应是多少?

【解】 设外切圆锥的半顶角为 α，底面半径为 r，高为 h，则

$$\sin\alpha = \frac{a}{h}, \quad \cos\alpha = \frac{a}{r},$$

所以 $h = \dfrac{a}{\sin\alpha}$，$r = \dfrac{a}{\cos\alpha}$，外切圆锥的体积为

$$V = \frac{1}{3}\pi r^2 h = \frac{1}{3}\pi a^2 \frac{1}{\cos^2\alpha \sin\alpha} = \frac{1}{3}\pi a^2 \frac{1}{(1-\sin^2\alpha)\sin\alpha}.$$

求 V 的最小值等价于求 $(1-\sin^2\alpha)\sin\alpha$ 的最大值，令 $t = \sin\alpha$，问题转化为在 $0 < t < 1$ 的条件下，求 $f(t) = (1-t^2)t = t - t^3$ 的最大值.

令 $f'(t) = 1 - 3t^2 = 0$ 得唯一驻点 $t = \dfrac{\sqrt{3}}{3}$，由实际问题的实际意义知最小值一定存在，所以 $t = \dfrac{\sqrt{3}}{3}$ 为最小值点，

即 $\alpha = \arcsin \dfrac{\sqrt{3}}{3}$ 时，外切圆锥体体积最小，

最小值为 $V_{\min} = \dfrac{1}{3}\pi a^3 \dfrac{1}{\left[1 - \left(\dfrac{\sqrt{3}}{3}\right)^2\right]\dfrac{\sqrt{3}}{3}} = \dfrac{\sqrt{3}}{2}\pi a^3$，

此时 $h = \sqrt{3}a$，$r = \sqrt{\dfrac{3}{2}}a$.

20. 求下列函数的单调区间、极值点、凸性区间及拐点，并作图.

（1）$y = x + \dfrac{x}{x^2 - 1}$；　　　　（2）$y = \dfrac{(x+1)^3}{(x-1)^2}$；

【解】　（1）函数的定义域为 $x \neq \pm 1$ 的一切实数，函数为奇函数，故只在 $[0,1) \cup (1, +\infty)$ 上讨论：

$y' = \dfrac{x^2(x^2 - 3)}{(x^2 - 1)^2}$，令 $y' = 0$ 得驻点 $x = 0$，$x = \sqrt{3}$，

$y'' = \dfrac{2x(x^2 + 3)}{(x^2 - 1)^3}$，令 $y'' = 0$ 得 $x = 0$.

函数的性态见表 3-11.

表 3-11

x	0	$(0,1)$	1	$(1,\sqrt{3})$	$\sqrt{3}$	$(\sqrt{3}, +\infty)$
y'	0	—		—	0	+
y''	0	—		+	+	+
y	拐点 $(0,0)$	单减上凸	无定义	单减下凸	极小值 $y(\sqrt{3}) = \dfrac{3\sqrt{3}}{3}$	单增下凸

$\displaystyle \lim_{x \to 1^-}\left(x + \dfrac{x}{x^2 - 1}\right) = -\infty$，$\displaystyle \lim_{x \to 1^+}\left(x + \dfrac{x}{x^2 - 1}\right) = +\infty$，故 $x = 1$ 为铅直渐近线；

$\displaystyle \lim_{x \to \infty}\dfrac{1}{x}\left(x + \dfrac{x}{x^2 - 1}\right) = 1$，$\displaystyle \lim_{x \to \infty}\left(x + \dfrac{x}{x^2 - 1} - x\right) = 0$，故 $y = x$ 为斜渐近线.

由奇函数的对称性可得 $x = -\sqrt{3}$ 是极大值点，图形如图 3-11 所示.

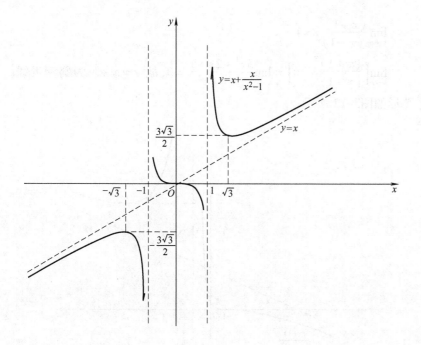

图 3-11

（2）函数的定义域为 $x \neq 1$ 的一切实数，

$y' = \dfrac{(x+1)^2(x-5)}{(x-1)^3}$，$y'' = \dfrac{24(x+1)}{(x-1)^4}$，

令 $y' = 0$，得驻点 $x = -1$，$x = 5$，令 $y'' = 0$，得 $x = -1$，
函数的性态见表 3-12.

表 3-12

x	$(-\infty, -1)$	-1	$(-1, 1)$	1	$(1, 5)$	5	$(5, +\infty)$
y'	$+$	0	$+$		$-$	0	$+$
y''	$-$	0	$+$		$+$	$+$	$+$
y	单增上凸	拐点 $(-1, 0)$	单增下凸	无定义	单减下凸	极小值 $y(5) = \dfrac{27}{2}$	单增下凸

$\lim\limits_{x \to 1} \dfrac{(x+1)^3}{(x-1)^2} = +\infty$，故 $x = 1$ 为铅直渐近线；

$$\lim_{x \to \infty} \frac{(x+1)^3}{x(x-1)^2} = 1,$$

$$\lim_{x \to \infty} \left[\frac{(x+1)^3}{(x-1)^2} - x \right] = \lim_{x \to \infty} \frac{5x^2 + 2x + 1}{(x-1)^2} = 5, 故 \ y = x + 5 \ 为斜渐近线.$$

图形如图3-12所示.

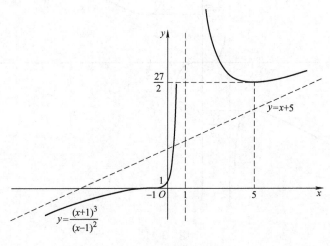

图 3-12

四、 自测题

3.1 微分中值定理

1. 验证函数 $f(x) = \begin{cases} 2 - x^2 & -1 \leqslant x < 0 \\ 2 + x^2 & 0 \leqslant x \leqslant 1 \end{cases}$ 在 $[-1, 1]$ 上是否满足拉格朗日中值定理,如满足,求出满足定理的中值 ξ.

2. 证明:$e^{\frac{m-n}{m}} < \dfrac{m}{n} < e^{\frac{m-n}{n}}$ $(0 < n < m)$.

3. 设 $f(x)$ 在 $[a, b]$ 上连续,在 (a, b) 内可导,证明:$\exists \xi \in (a, b)$,使得 $be^a - ae^b = \dfrac{1-\xi}{e^\xi}(b-a)e^{a+b}$.

4. 设 $f(x)$ 在 $[1, 2]$ 上连续,在 $(1, 2)$ 内二阶可导,过点 $M(1, f(1))$,$N(2, f(2))$ 的直线与曲线 $y = f(x)$ 相交于点 $P(\lambda, f(\lambda))(1 < \lambda < 2)$,证明:$\exists \xi \in (1, 2)$,使得 $f''(x) = 0$.

3.2 未定式的极限

1. 求 $\lim\limits_{x\to 0}\dfrac{\sin^2 x - x^2\cos^2 x}{(\mathrm{e}^x - \mathrm{e}^{\sin x})\ln(1+\tan x)}$.　　2. 求 $\lim\limits_{x\to +\infty}\left(\dfrac{4+\sqrt[x]{32}}{5}\right)^{2x+1}$.

3. 求 $\lim\limits_{x\to 0}\left(\dfrac{1}{\mathrm{e}^{x^2}-1}-\dfrac{1}{x^2}\right)$.

4. 确定常数 A、B、C 的值,使得 $\mathrm{e}^x(1+Bx+Cx^2)=1+Ax+o(x^3)$,其中,$o(x^3)$ 是当 $x\to 0$ 时比 x^3 高阶的无穷小.

3.3 泰勒公式

1. 设 $f(x)=x^2\ln(1+x^2)$,求 $f^{(100)}(0)$.

2. 利用泰勒公式确定常数 A、B、C 的值,使得 $\mathrm{e}^x(1+Bx+Cx^2)=1+Ax+o(x^3)$,其中,$o(x^3)$ 是当 $x\to 0$ 时比 x^3 高阶的无穷小.

3. 利用泰勒公式求 $\lim\limits_{x\to 0}\dfrac{\sin x-x\cos x}{x\ln(1+x^2)}$.

4. 设 $f(x)$ 在 $[a,b]$ 上二阶可导,且 $f'(a)=f'(b)=0$,证明:$\exists\xi\in(a,b)$,使得 $|f''(\xi)|\geqslant\dfrac{4}{(b-a)^2}|f(b)-f(a)|$.

3.4 函数性态的研究

1. 求函数 $y=x^2-\ln x^2$ 的单调性和极值.

2. 设函数 $y=y(x)$ 由方程 $y\ln y-x+y=0$ 确定,试判断曲线 $y=y(x)$ 在点 (1,1) 附近的凹凸性.

3. 证明:$a\mathrm{e}^a+b\mathrm{e}^b>(a+b)\mathrm{e}^{\frac{a+b}{2}}$ $(a>0,b>0,a\neq b)$.

4. 在制造某产品的过程中,假设次品率 y 依赖于日产量 x,已知

$$y=\begin{cases}\dfrac{1}{101-x} & x\leqslant 100\\[2mm] 1 & x>100\end{cases}\quad(x\in\mathbf{Z}_+)$$

假设每生产一件产品盈利 30 元,而生产出一件次品损失 10 元,日产量定为多少可以获得最大盈利?

3.5 曲线的曲率

1. 求曲线 $\begin{cases}x=a(t-\sin t)\\ y=a(1-\cos t)\end{cases}$ $(a>0)$ 的弧微分.

2. 求曲线 $\begin{cases}x=a\cos^3 t\\ y=a\sin^3 t\end{cases}$ $(a>0)$ 在点 $t=\dfrac{\pi}{4}$ 处的曲率.

3. 在曲线 $y=px^3$ $(p>0)$ 上求曲率半径最小的点.

4. 一个飞机沿抛物线 $y = \dfrac{x^2}{10000}$（y 轴垂直向上，单位为 m）作俯冲飞行，在坐标原点 O 处飞机的速度为 $v = 200\text{m/s}$，飞行员体重 $G = 70\text{kg}$，求飞机俯冲至最低点即原点处时座椅对飞行员的反作用力（g 取 9.8N/kg）.

3.7　综合例题

1. 设 $f(x)$ 在点 $x = 0$ 的某个邻域内二阶可导，且 $\lim\limits_{x \to 0} \dfrac{\sin x + xf(x)}{x^3} = \dfrac{1}{2}$，试求：$f(0)$，$f'(0)$，$f''(0)$ 的值.

2. 运用导数的知识作函数 $y = (x+6)\mathrm{e}^{\frac{1}{x}}$ 的图形.

3. 设 $f(x)$ 在 $[a, b]$ 上连续，在 (a, b) 内可导，且 $f(a) \cdot f(b) > 0$，$f(a) \cdot f\left(\dfrac{a+b}{2}\right) < 0$，证明：至少存在一点 $\xi \in (a, b)$，使得 $f'(\xi) = f(\xi)$.

4. 讨论曲线 $y = \ln^4 x + x$ 与 $y = 4\ln x - 3x + 4$ 交点的个数.

五、自测题答案

3.1　微分中值定理

1. 由于 $f(0+0) = \lim\limits_{x \to 0^+}(2 + x^2) = 2$，$f(0-0) = \lim\limits_{x \to 0^-}(2 - x^2) = 2$，$f(0) = 2$，

所以 $f(x)$ 在 $x = 0$ 处连续；

又 $f'_+(0) = \lim\limits_{x \to 0^+} \dfrac{f(x) - f(0)}{x} = \lim\limits_{x \to 0^+} \dfrac{2 + x^2 - 2}{x} = 0$，

$f'_-(0) = \lim\limits_{x \to 0^-} \dfrac{f(x) - f(0)}{x} = \lim\limits_{x \to 0^-} \dfrac{2 - x^2 - 2}{x} = 0$，

所以 $f'(x) = \begin{cases} -2x & -1 < x < 0 \\ 2x & 0 \leqslant x < 1 \end{cases}$，

因而 $f(x)$ 在 $[-1, 1]$ 上连续，在 $(-1, 1)$ 内可导，满足拉格朗日中值定理的条件；

所以 $\exists \xi \in (-1, 1)$，使得 $f'(\xi) = \dfrac{f(1) - f(-1)}{1 - (-1)}$，

即 $f'(\xi) = \dfrac{3 - 1}{2} = 1$，

由 $-2\xi = 1$，解得 $\xi = -\dfrac{1}{2}$，由 $2\xi = 1$，解得 $\xi = \dfrac{1}{2}$，

即满足定理的中值有两个：$\xi_1 = -\dfrac{1}{2}$，$\xi_2 = \dfrac{1}{2}$.

2. 不等式取对数，即证 $\dfrac{m-n}{m} < \ln m - \ln n < \dfrac{m-n}{n}$，

令 $f(x) = \ln x$，则 $f'(x) = \dfrac{1}{x}$，$f(x)$ 在 $[n, m]$ 上连续，在 (n, m) 内可导，由拉格朗日中值公式得

$$\ln m - \ln n = \dfrac{1}{\xi}(m - n) \quad (n < \xi < m),$$

由于对满足 $n < \xi < m$ 的 ξ，$\dfrac{m-n}{m} < \dfrac{1}{\xi}(m-n) < \dfrac{m-n}{n}$ 成立，

代入中值公式即得 $\dfrac{m-n}{m} < \ln m - \ln n < \dfrac{m-n}{n}$.

3. 法 1：变形为 $\dfrac{b\mathrm{e}^{-b} - a\mathrm{e}^{-a}}{b-a} = (x\mathrm{e}^{-x})\big|_{x=\xi}$.

令 $F(x) = x\mathrm{e}^{-x}$，则 $F'(x) = (1-x)\mathrm{e}^{-x}$，

$F(x)$ 在 $[a, b]$ 上满足拉格朗日中值定理的条件，

故 $\exists \xi \in (a, b)$，使得 $\dfrac{F(b) - F(a)}{b - a} = F'(\xi)$，

即 $b\mathrm{e}^a - a\mathrm{e}^b = \dfrac{1-\xi}{\mathrm{e}^{\xi}}(b-a)\mathrm{e}^{a+b}$.

法 2：令 $F(x) = x\mathrm{e}^{-x} - \dfrac{b\mathrm{e}^{-b} - a\mathrm{e}^{-a}}{b-a}x$，则

$F'(x) = (1-x)\mathrm{e}^{-x} - \dfrac{b\mathrm{e}^{-b} - a\mathrm{e}^{-a}}{b-a}$，

$F(a) = \dfrac{ab(\mathrm{e}^{-a} - \mathrm{e}^{-b})}{b-a} = F(b)$，

$F(x)$ 在 $[a, b]$ 上满足罗尔定理的条件，故 $\exists \xi \in (a, b)$，使得 $F'(\xi) = 0$，即

$$b\mathrm{e}^a - a\mathrm{e}^b = \dfrac{1-\xi}{\mathrm{e}^{\xi}}(b-a)\mathrm{e}^{a+b}.$$

4. 法 1：$f(x)$ 在 $[1, \lambda]$ 上满足拉格朗日中值定理的条件，

故 $\exists \xi_1 \in (1, \lambda)$，使得 $\dfrac{f(\lambda) - f(1)}{\lambda - 1} = f'(\xi_1)$，

由于点 P 在直线上，故有 $\dfrac{f(\lambda) - f(1)}{\lambda - 1} = \dfrac{f(2) - f(1)}{2 - 1} = f(2) - f(1)$，

即 $f'(\xi_1) = f(2) - f(1)$；

同理，$f(x)$ 在 $[\lambda, 2]$ 上应用拉格朗日中值定理，则 $\exists \xi_2 \in (\lambda, 2)$，使得 $f'(\xi_2) = f(2) - f(1)$；

因而 $f'(x)$ 在 $[\xi_1, \xi_2]$ 上满足罗尔定理的条件，故
$\exists \xi \in (\xi_1, \xi_2) \subset (1, 2)$，使得 $f''(\xi) = 0$.

法2：点 M 与点 N 所在的直线方程为 $y = (f(2) - f(1))x + f(1)$，
令 $F(x) = f(x) - (f(2) - f(1))x - f(1)$，则
$F'(x) = f'(x) - (f(2) - f(1))$，$F''(x) = f''(x)$，
$F(x)$ 分别在 $[1, \lambda]$ 及 $[\lambda, 2]$ 上满足罗尔定理的条件，
故 $\exists \xi_1 \in (1, \lambda)$ 及 $\xi_2 \in (\lambda, 2)$，使得 $F'(\xi_1) = F'(\xi_2) = 0$，
于是 $F'(x)$ 在 $[\xi_1, \xi_2]$ 上满足罗尔定理的条件，
故 $\exists \xi \in (\xi_1, \xi_2) \subset (1, 2)$，使得 $F''(\xi) = 0$, 即 $f''(\xi) = 0$.

3.2　未定式的极限

1. 原式 $= \lim\limits_{x \to 0} \dfrac{(\sin x - x\cos x)(\sin x + x\cos x)}{e^{\sin x}(e^{x - \sin x} - 1)\tan x}$

$= \lim\limits_{x \to 0} \dfrac{1}{e^{\sin x}} \cdot \lim\limits_{x \to 0} \dfrac{\sin x - x\cos x}{e^{x - \sin x} - 1} \cdot \lim\limits_{x \to 0} \dfrac{\sin x + x\cos x}{\tan x}$

$= \lim\limits_{x \to 0} \dfrac{\sin x - x\cos x}{x - \sin x} \cdot \lim\limits_{x \to 0} \dfrac{\sin x + x\cos x}{x}$

$= \lim\limits_{x \to 0} \dfrac{x\sin x}{1 - \cos x} \cdot \lim\limits_{x \to 0} \dfrac{2\cos x - x\sin x}{1} = \lim\limits_{x \to 0} \dfrac{x \cdot x}{\dfrac{x^2}{2}} \cdot 2 = 4.$

2. 原式 $= \exp\left(\lim\limits_{x \to +\infty} (2x + 1) \cdot \ln\left(1 + \dfrac{4 + \sqrt[x]{32}}{5} - 1 \right) \right)$

$= \exp\left(\lim\limits_{x \to +\infty} (2x + 1) \cdot \left(\dfrac{4 + \sqrt[x]{32}}{5} - 1 \right) \right)$

$= \exp\left(\lim\limits_{x \to +\infty} (2x + 1) \cdot \left(\dfrac{\sqrt[x]{32} - 1}{5} \right) \right)$

$= \exp\left(\lim\limits_{x \to +\infty} (2x + 1) \cdot \left(\dfrac{\dfrac{1}{x}\ln 32}{5} \right) \right)$

$= \exp\left(\lim\limits_{x \to +\infty} (2x + 1) \cdot \left(\dfrac{\ln 2^5}{5x} \right) \right)$

$= \exp\left(\lim\limits_{x \to +\infty} \left(2 + \dfrac{1}{x} \right) \cdot (\ln 2) \right)$

$$= \exp(\ln 2^2) = 4.$$

3. 原式 $= \lim\limits_{x \to 0} \dfrac{x^2 - e^{x^2} + 1}{(e^{x^2} - 1) x^2} = \lim\limits_{x \to 0} \dfrac{x^2 - e^{x^2} + 1}{x^2 \cdot x^2} = \lim\limits_{x \to 0} \dfrac{2x - 2x e^{x^2}}{4x^3}$

$\qquad\qquad = \lim\limits_{x \to 0} \dfrac{1 - e^{x^2}}{2x^2} = \lim\limits_{x \to 0} \dfrac{-x^2}{2x^2} = -\dfrac{1}{2}.$

4. 由题设条件及洛必达法则可得

$$0 = \lim\limits_{x \to 0} \dfrac{e^x(1 + Bx + Cx^2) - 1 - Ax}{x^3} = \lim\limits_{x \to 0} \dfrac{e^x(1 + B + Bx + 2Cx + Cx^2) - A}{3x^2}$$

$$= \lim\limits_{x \to 0} \dfrac{e^x[1 + 2B + 2C + (B + 4C)x + Cx^2]}{6x} = \lim\limits_{x \to 0} \dfrac{B + 4C + 2Cx}{6},$$

$$\begin{cases} 1 + B - A = 0 \\ 1 + 2B + 2C = 0, \\ B + 4C = 0 \end{cases} \text{解得 } A = \dfrac{1}{3}, \ B = -\dfrac{2}{3}, \ C = \dfrac{1}{6}.$$

3.3 泰勒公式

1. 利用泰勒公式 $\ln(1 + x) = x - \dfrac{1}{2}x^2 + \cdots + (-1)^{49-1} \dfrac{1}{49} x^{49} + o(x^{49})$ 得

$$x^2 \ln(1 + x^2) = x^4 - \dfrac{1}{2}x^6 + \cdots + \dfrac{1}{49}x^{100} + o(x^{100}),$$

由直接法可得 $x^2 \ln(1 + x^2) = f(0) + f'(0)x + \cdots + \dfrac{f^{(100)}(0)}{100!}x^{100} + o(x^{100}),$

故 $\dfrac{f^{(100)}(0)}{100!} = \dfrac{1}{49}$, 所以 $f^{(100)}(0) = \dfrac{100!}{49}.$

2. 因为 $e^x = 1 + x + \dfrac{1}{2!}x^2 + \dfrac{1}{3!}x^3 + o(x^3)$, 所以

$$e^x(1 + Bx + Cx^2) - 1 - Ax = (1 - A + B)x + \left(\dfrac{1}{2} + B + C\right)x^2 +$$

$$\left(\dfrac{B}{2} + C\right)x^3 = o(x^3),$$

故 $\begin{cases} 1 - A + B = 0 \\ \dfrac{1}{2} + B + C = 0, \\ \dfrac{B}{2} + C = 0 \end{cases}$ 解得 $A = \dfrac{1}{3}, \ B = -\dfrac{2}{3}, \ C = \dfrac{1}{6}.$

3. $\sin x = x - \dfrac{1}{3!}x^3 + o(x^3), \ \cos x = 1 - \dfrac{1}{2!}x^2 + o(x^3),$

所以 $\lim\limits_{x\to 0}\dfrac{\sin x-x\cos x}{x\ln(1+x^2)}=\lim\limits_{x\to 0}\dfrac{\left(\dfrac{1}{2!}-\dfrac{1}{3!}\right)x^3+o(x^3)}{x\cdot x^2}=\dfrac{1}{3}.$

4. 将 $f(x)$ 在点 a 及点 b 处的一阶泰勒展开式中令 $x=\dfrac{a+b}{2}$ 得

$$f\left(\dfrac{a+b}{2}\right)=f(a)+\dfrac{f''(\xi_1)}{2}\left(\dfrac{b-a}{2}\right)^2\left(a<\xi_1<\dfrac{a+b}{2}\right),$$

$$f\left(\dfrac{a+b}{2}\right)=f(b)+\dfrac{f''(\xi_2)}{2}\left(\dfrac{b-a}{2}\right)^2\left(\dfrac{a+b}{2}<\xi_2<b\right),$$

设 $|f''(\xi)|=\max\{\,|f''(\xi_1)|,|f''(\xi_2)|\}\,(a<\xi<b)$，则

$$|f(b)-f(a)|=\left|\dfrac{f''(\xi_1)}{2}-\dfrac{f''(\xi_2)}{2}\right|\dfrac{(b-a)^2}{4}$$

$$\leqslant\left(\left|\dfrac{f''(\xi_1)}{2}\right|+\left|\dfrac{f''(\xi_2)}{2}\right|\right)\dfrac{(b-a)^2}{4}\leqslant|f''(\xi)|\dfrac{(b-a)^2}{4},$$

即 $\exists\xi\in(a,b)$，使得 $|f''(\xi)|\geqslant\dfrac{4}{(b-a)^2}|f(b)-f(a)|.$

3.4 函数性态的研究

1. 函数的定义域为 $(-\infty,0)\cup(0,+\infty)$，且为偶函数，故只在内 $(0,+\infty)$ 讨论，

令 $y'=\dfrac{2(x-1)(x+1)}{x}=0$，得驻点 $x=1$，

当 $x\in(1-\delta,1)$ 时，$y'<0$，当 $x\in(1,1+\delta)$ 时，$y'>0$，故 $x=1$ 为极小值点，从而 $x=-1$ 也为极小值点，且极小值 $f(\pm 1)=1$.

2. 方程 $y\ln y-x+y=0$ 两端对 x 求导：$y'\ln y+y'-1+y'=0$，

得 $y'=\dfrac{1}{2+\ln y}$，再求导得 $y''=\dfrac{-1}{y(2+\ln y)^3}$，

由于 y'' 在点 $(1,1)$ 附近连续，故 $\lim\limits_{\substack{x\to 1\\y\to 1}}y''=-\dfrac{1}{8}<0$，

由极限的保号性得，点 $(1,1)$ 附近 $y''<0$，所以曲线在点 $(1,1)$ 附近是凸的.

3. 设 $f(x)=xe^x(x>0)$，则 $f'(x)=(x+1)e^x$，$f''(x)=(x+2)e^x>0$，故 $f(x)$ 在区间 $(0,+\infty)$ 上是严格下凸的，

即 $\forall a,b\in(0,+\infty)$，$a\neq b$，均有 $\dfrac{f(a)+f(b)}{2}>f\left(\dfrac{a+b}{2}\right)$，

所以 $\dfrac{ae^a + be^b}{2} > \dfrac{a+b}{2}e^{\frac{a+b}{2}}$，即 $ae^a + be^b > (a+b)e^{\frac{a+b}{2}}$.

4. 设日产量为 x 时盈利 $R(x)$，则

$$R(x) = 30(x - xy) - 10xy = 30x - 40xy \stackrel{\triangle}{=\!=\!=} 10(3x - 4Q(x)),$$

把自变量 x 连续化，$R'(x) = 10(3 - 4Q'(x))$，

$$Q(x) = \begin{cases} \dfrac{x}{101-x} & x \leqslant 100 \\ x & x > 100 \end{cases}, Q'(x) = \begin{cases} \dfrac{101}{(101-x)^2} & x < 100 \\ 1 & x > 100 \end{cases},$$

令 $R'(x) = 0$，得 $3 - \dfrac{404}{(101 - x^2)} = 0$，解得 $x \approx 89.4$，

又 $R(89) \approx 2373.3$，$R(90) \approx 2372.7$，故日产量定为 89 件可以获得最大盈利.

3.5　曲线的曲率

1. $\mathrm{d}s = \sqrt{(x'_t)^2 + (y'_t)^2}\,\mathrm{d}t = \sqrt{a^2(1 - \cos t)^2 + a^2 \sin^2 t}\,\mathrm{d}t = a\sqrt{2 - 2\cos t}\,\mathrm{d}t$

2. $\dfrac{\mathrm{d}y}{\mathrm{d}x} = \dfrac{y'_t}{x'_t} = \dfrac{3a \sin^2 t \cos t}{-3a \cos^2 t \sin t} = -\tan t$，

$$\dfrac{\mathrm{d}^2 y}{\mathrm{d}x^2} = \dfrac{(y'_x)'_t}{x'_t} = \dfrac{-\sec^2 t}{-3a \cos^2 t \sin t} = \dfrac{1}{3a \cos^4 t \sin t},$$

$$\left.\dfrac{\mathrm{d}y}{\mathrm{d}x}\right|_{t=\frac{\pi}{4}} = -1, \left.\dfrac{\mathrm{d}^2 y}{\mathrm{d}x^2}\right|_{t=\frac{\pi}{4}} = \dfrac{4\sqrt{2}}{3a},$$

$$\left.K\right|_{t=\frac{\pi}{4}} = \left.\dfrac{|y''_{xx}|}{(1 + (y'_x)^2)^{3/2}}\right|_{t=\frac{\pi}{4}} = \dfrac{4\sqrt{2}/3a}{(1 + (-1)^2)^{3/2}} = \dfrac{2}{3a}.$$

3. $y' = 3px^2$，$y'' = 6px$，

$$R = \dfrac{1}{K} = \dfrac{(1 + (y')^2)^{3/2}}{|y''|} = \dfrac{(1 + 9p^2 x^4)^{3/2}}{6p|x|},$$

R 为偶函数，故只在 $[0, +\infty)$ 上讨论，此时，$R = \dfrac{(1 + 9p^2 x^4)^{3/2}}{6px}$，

令 $R' = \dfrac{45p^2 x^4 - 1}{6px^2 \sqrt{1 + 9p^2 x^4}} = 0$，得 $x_1 = \sqrt[4]{\dfrac{1}{45p^2}}$，因而，$x_2 = -\sqrt[4]{\dfrac{1}{45p^2}}$，

曲率半径最小的点为 $\left(\sqrt[4]{\dfrac{1}{45p^2}}, p\sqrt[4]{\left(\dfrac{1}{45p^2}\right)^3} \right)$、$\left(-\sqrt[4]{\dfrac{1}{45p^2}}, -p\sqrt[4]{\left(\dfrac{1}{45p^2}\right)^3} \right)$.

4. $y'(0) = \left.\dfrac{x}{5000}\right|_{x=0} = 0$，$y''(0) = \dfrac{1}{5000}$，故原点处的曲率半径

$$R = \frac{(1 + y'(0)^2)^{3/2}}{|y''(0)|} = 5000,$$

此时向心力 $F = \dfrac{Gv^2}{R} = \dfrac{70 \times 200^2}{5000}\mathrm{N} = 560\mathrm{N}$,

故飞行员的离心力和其自身重量对座椅的压力约为 $560\mathrm{N} + 70\mathrm{kg} \times 9.8\mathrm{N/kg} = 1246\mathrm{N}$, 故座椅对飞行员的反作用力也约为 1246N, 方向朝上.

3.7 综合例题

1. 因为 $\sin x = x - \dfrac{x^3}{3!} + o(x^3)$,

$$f(x) = f(0) + f'(0) + \frac{f''(0)}{2!}x^2 + o(x^2),$$

所以 $\displaystyle\lim_{x \to 0} \frac{\sin x + xf(x)}{x^3} = \lim_{x \to 0} \frac{1}{x^3}\Big[(1 + f(0))x + f'(0)x^2 +$

$$\Big(\frac{f''(0)}{2!} - \frac{1}{6}\Big)x^3 + o(x^3)\Big] = \frac{1}{2},$$

故 $1 + f(0) = 0$, $f'(0) = 0$, $\dfrac{f''(0)}{2} - \dfrac{1}{6} = \dfrac{1}{2}$,

即 $f(0) = -1$, $f'(0) = 0$, $f''(0) = \dfrac{4}{3}$.

2. 函数的定义域为 $(-\infty, 0) \cup (0, +\infty)$,

令 $y' = \dfrac{x^2 - x - 6}{x^2}\mathrm{e}^{\frac{1}{x}} = 0$, 得 $x_1 = -2$, $x_2 = 3$,

令 $y'' = \dfrac{13x + 6}{x^4}\mathrm{e}^{\frac{1}{x}} = 0$, 得 $x_3 = -\dfrac{6}{13}$,

函数的性态见表 3-13.

表 3-13

x	$(-\infty, -2)$	-2	$\left(-2, -\dfrac{6}{13}\right)$	$-\dfrac{6}{13}$	$\left(-\dfrac{6}{13}, 0\right)$	0	$(0, 3)$	3	$(3, +\infty)$
y'	$+$	0	$-$		$-$		$-$	0	$+$
y''	$-$	$-$	$-$	0	$+$		$+$	$+$	$+$
y	单增上凸	极大值 $y(-2) = \dfrac{4}{\sqrt{\mathrm{e}}}$	单减上凸	拐点 $\left(-\dfrac{6}{13}, \dfrac{72}{13}\mathrm{e}^{-13/6}\right)$	单减下凸	无定义	单减下凸	极小值 $y(3) = 9\sqrt[3]{\mathrm{e}}$	单增下凸

由于 $\lim\limits_{x\to 0^{+}}y=+\infty$，故 $x=0$ 为铅直渐近线；

由 $\lim\limits_{x\to\infty}\dfrac{y}{x}=\lim\limits_{x\to\infty}\dfrac{(x+6)\mathrm{e}^{\frac{1}{x}}}{x}=1=a$,

$$\lim\limits_{x\to\infty}[y-ax]=\lim\limits_{x\to\infty}\Big[(x+6)\mathrm{e}^{\frac{1}{x}}-x\Big]=\lim\limits_{t\to 0}\Big[\Big(\dfrac{1}{t}+6\Big)\mathrm{e}^{t}-\dfrac{1}{t}\Big],$$

$$=\lim\limits_{t\to 0}\dfrac{(1+6t)\mathrm{e}^{t}-1}{t}=\lim\limits_{t\to 0}\dfrac{(7+6t)\mathrm{e}^{t}}{1}=7=b,$$

所以 $y=x+7$ 为斜渐近线.

注意到 $\lim\limits_{x\to 0^{-}}y=0$，因而函数的图形见图 3-13.

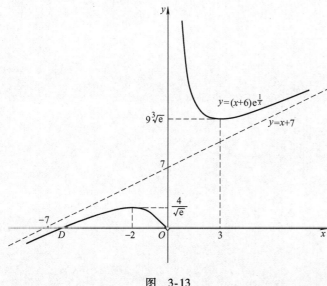

图　3-13

3. 设 $F(x)=f(a)\mathrm{e}^{-x}f(x)$，则 $F(a)>0$，$F\Big(\dfrac{a+b}{2}\Big)<0$，$F(b)>0$，

由零点定理：存在 $\xi_{1}\in\Big(a,\dfrac{a+b}{2}\Big)$，$\xi_{2}\in\Big(\dfrac{a+b}{2},b\Big)$，使得 $F(\xi_{1})=F(\xi_{2})=0$，又 $F(x)$ 在 $[\xi_{1},\xi_{2}]$ 上满足罗尔定理，所以至少存在一点 $\xi\in(\xi_{1},\xi_{2})\subset(a,b)$，使得 $F'(\xi)=0$，即 $f'(\xi)=f(\xi)$.

4. 即讨论方程 $\ln^{4}x+x-(4\ln x-3x+4)=0$ 在 $(0,\ +\infty)$ 内有几个不同的实根.

设 $F(x)=\ln^{4}x+4x-4\ln x-4$，

令 $F'(x) = \dfrac{4(\ln^3 x + x - 1)}{x} = 0$，得唯一驻点：$x = 1$，

当 $0 < x < 1$ 时，$F'(x) < 0$，$F(x)$ 严格单减，

当 $x > 1$ 时，$F'(x) > 0$，$F(x)$ 严格单增，故 $x = 1$ 为最小值点，

又 $F(1) = 0$，因而方程 $F(x) = 0$ 仅有一个实根，即两条曲线只有一个交点.

第 4 章
一元函数积分学

一、 学习要求

1. 理解定积分的概念与几何意义，了解可积的条件，掌握定积分的基本性质及定积分的中值定理，会求函数的平均值；

2. 理解变上限的定积分是上限的函数，并掌握变上限积分函数的求导方法，掌握牛顿-莱布尼茨公式；

3. 理解原函数与不定积分概念以及两者之间的关系，了解原函数存在定理，掌握不定积分性质，熟练掌握不定积分的基本公式；

4. 掌握不定积分和定积分的换元积分法和分部积分法，会求简单有理函数、三角函数有理式及简单无理函数的积分；

5. 了解定积分的数值计算法（矩形法、梯形法、抛物线法）；

6. 理解两类广义积分的概念，并会对其计算；

7. 掌握微元法的思想，会用定积分表达和计算一些几何量与物理量（平面图形的面积、平行截面面积为已知的立体体积、旋转体的体积、平面曲线的弧长、变力做功、液体的侧压力、引力等）.

二、 典型例题

4.1 定积分的概念与性质

P194 第 4（2）题、P194 第 5（1）题、P195 第 6（4）题、P196 第 7（3）题.

4.2 微积分基本定理

P197 第 1 (3) 题、P197 第 2 题、P198 第 5 题、P198 第 7 题、P199 第 8 (3) (5) 题、P199 第 9 题.

4.3 不定积分

P201 第 2 (4) (10) (11) (12) (14) 题、P202 第 3 (3) (5) (6) 题、P204 第 4 (2) (5) (8) (10) 题、P207 第 5 (7) (9) (11) (12) (13) 题、P209 第 6 (1) (3) (5) (8) 题、P211 第 7 (2) 题.

4.4 定积分的计算

P214 第 2 (5) (6) (7) (8) 题、P215 第 5 题、P216 第 7 题.

4.5 广义积分

P217 第 1 (5) (8) (10) 题、P218 第 2 题.

4.6 定积分的几何应用

P219 第 2 题、P219 第 4 题、P220 第 7 题、P220 第 8 题、P222 第 10 (4) 题、P224 第 12 (2) (4) 题.

4.7 定积分的物理应用

P224 第 3 题、P226 第 6 题、P227 第 7 题、P228 第 9 题.

4.8 综合例题

P230 第 2 (2) 题、P230 第 3 (2) 题、P232 第 5 题、P233 第 8 题、P233 第 10 题、P235 第 11 题、P236 第 15 题、P237 第 17 题、P238 第 18 题.

三、 习题及解答

4.1 定积分的概念与性质

1. 一根细直杆 OA，长 20cm，其上任一点 P 处的线密度与 OP 的长度成正比，比例系数为 k，用定积分表示此细杆的质量.

【解】 以 O 为坐标原点，OA 所在直线为 x 轴建立直角坐标系，坐标轴正向与 OA 同向，在 $[0, 20]$ 内任意插入 $n-1$ 个分点 $0 = x_0 < x_1 < \cdots < x_{n-1} < x_n = 20$，把区间 $[0, 20]$ 分成 n 个小区间，记每个小区间 $[x_{i-1}, x_i]$ $(i = 1, 2, \cdots, n)$ 的长度为 Δx_i，每个小区间上的线密度近似地认为是不变的，故在每个小区间 $[x_{i-1}, x_i]$ 上任取一

点 $\xi_i(x_{i-1} \leqslant \xi_i \leqslant x_i)$，此区间上的质量 $\Delta m_i \approx k\xi_i \cdot \Delta x_i$，记 $\lambda = \max\limits_{1 \leqslant i \leqslant n}\{\Delta x_i\}$，则细杆的质量

$$M = \sum_{i=1}^{n} \Delta m_i \approx \lim_{\lambda \to 0} \sum_{i=1}^{n} k\xi_i \cdot \Delta x_i = \int_0^{20} kx \mathrm{d}x.$$

2. 把定积分 $\int_0^{\frac{\pi}{2}} \sin x \mathrm{d}x$ 写成积分和式的极限形式.

【解】 在 $\left[0, \dfrac{\pi}{2}\right]$ 内任意插入 $n-1$ 个分点 $0 = x_0 < x_1 < \cdots < x_{n-1}$

$< x_n = \dfrac{\pi}{2}$，把区间 $\left[0, \dfrac{\pi}{2}\right]$ 分成 n 个小区间，记每个小区间 $[x_{i-1},$

$x_i]$ $(i = 1, 2, \cdots, n)$ 的长度为 Δx_i，在每个小区间 $[x_{i-1}, x_i]$ 上任取

一点 $\xi_i(x_{i-1} \leqslant \xi_i \leqslant x_i)$，记 $\lambda = \max\limits_{1 \leqslant i \leqslant n}\{\Delta x_i\}$，则

$$\int_0^{\frac{\pi}{2}} \sin x \mathrm{d}x = \lim_{\lambda \to 0} \sum_{i=1}^{n} \sin\xi_i \Delta x_i.$$

3. 把在区间 $[0, 1]$ 上的和式极限形式 $\lim\limits_{\lambda \to 0} \sum\limits_{i=1}^{n} \dfrac{1}{1 + \xi_i^2} \Delta x_i$ 用定积

分表示.

【解】 $\lim\limits_{\lambda \to 0} \sum\limits_{i=1}^{n} \dfrac{1}{1 + \xi_i^2} \Delta x_i = \int_0^1 \dfrac{1}{1 + x^2} \mathrm{d}x.$

4. 利用定积分的定义计算下列定积分.

(1) $\int_a^b x \mathrm{d}x$ ；   (2) $\int_0^1 \mathrm{e}^x \mathrm{d}x.$

【解题要点】 由于被积函数在积分区间内连续，故可积，所以对积分区间划分时可以根据被积函数的形式选择最容易计算的方式，最常见的方式是"等分"；对每个小区间上 ξ_i 的取法也选择容易计算的方式，最常见的方式是"选取小区间的端点".

【解】 (1) 设 $f(x) = x$，将区间 $[a, b]$ n 等分，则每个小区间 $[x_{i-1}, x_i]$ $(i = 1, 2, \cdots, n)$ 的长度 $\Delta x_i = \dfrac{b-a}{n}$，取 $\xi_i = x_i = a + \dfrac{(b-a)i}{n}$，则

$$\int_a^b x \mathrm{d}x = \lim_{n \to \infty} \sum_{i=1}^{n} \left(a + \frac{(b-a)i}{n}\right) \cdot \frac{b-a}{n}$$

$$= \lim_{n \to \infty} \sum_{i=1}^{n} a \cdot \frac{b-a}{n} + \lim_{n \to \infty} \sum_{i=1}^{n} \frac{(b-a)i}{n} \cdot \frac{b-a}{n}$$

$$= a(b-a) + (b-a)^2 \lim_{n\to\infty} \frac{\frac{n(n+1)}{2}}{n} \cdot \frac{1}{n}$$

$$= a(b-a) + \frac{(b-a)^2}{2} = \frac{b^2 - a^2}{2}.$$

（2）设 $f(x) = e^x$，将区间 $[0, 1]$ n 等分，则每个小区间 $[x_{i-1}, x_i]$ $(i=1,2,\cdots,n)$ 的长度 $\Delta x_i = \frac{1}{n}$，取 $\xi_i = x_i = \frac{i}{n}$，则

$$\int_0^1 e^x dx = \lim_{n\to\infty} \sum_{i=1}^n e^{\frac{i}{n}} \cdot \frac{1}{n} = \lim_{n\to\infty} \frac{1}{n} \sum_{i=1}^n e^{\frac{i}{n}}$$

$$\xrightarrow[\text{数列的前 } n \text{ 项和}]{\text{求公比为 } e^{\frac{1}{n}} \text{ 的}} \lim_{n\to\infty} \frac{1}{n} \cdot \frac{e^{\frac{1}{n}}[1 - (e^{\frac{1}{n}})^n]}{1 - e^{\frac{1}{n}}}$$

$$= \lim_{n\to\infty} \frac{1}{n} \cdot \frac{e^{\frac{1}{n}}(1-e)}{1 - e^{\frac{1}{n}}}$$

$$\xrightarrow{e^x - 1 \sim x} \lim_{n\to\infty} \frac{1}{n} \cdot \frac{e^{\frac{1}{n}(1-e)}}{-\frac{1}{n}}$$

$$= \lim_{n\to\infty} e^{\frac{1}{n}}(e-1)$$

$$= e - 1.$$

5. 用定积分的几何意义计算下列各题.

（1）$\int_0^a \sqrt{a^2 - x^2} dx$ $(a > 0)$；　（2）$\int_0^1 2x dx$；

（3）$\int_0^{2\pi} \sin x dx$；

（4）$\int_{-a}^a f(x) dx$，其中 $f(x)$ 在 $[-a,a]$ 上连续且为奇函数.

【解】（1）它表示由曲线 $y = \sqrt{a^2 - x^2}$ 以及 x 轴、y 轴围成的在第 I 象限内图形的面积，即半径为 a 的圆面积的四分之一，因此 $\int_0^a \sqrt{a^2 - x^2} dx = \frac{1}{4}\pi a^2.$

（2）它表示由直线 $y=2x$、$x=1$ 以及 x 轴围成的三角形面积，因此 $\int_0^1 2x dx = 1.$

（3）它表示由曲线 $y = \sin x$ $(x \in [0, 2\pi])$ 与 x 轴所围成的图形面积的代数和. 由于函数 $y = \sin x$ 在区间 $[0, \pi]$ 上非负，在区

间 $[\pi, 2\pi]$ 上非正，这两部分图形面积相等，但正负抵消，因此
$\int_0^{2\pi} \sin x \mathrm{d}x = 0.$

（4）它表示由曲线 $y = f(x)(x \in [-a, a])$ 与 x 轴所围成的图形面积的代数和. 由于函数 $y = f(x)$ 是连续的奇函数，其图像关于原点对称，因此函数在区间 $[0, a]$ 上的图形与在区间 $[-a, 0]$ 上的图形一个位于 x 轴上方，一个位于 x 轴下方，这两部分图形面积相等，但正负抵消，因此 $\int_{-a}^{a} f(x) \mathrm{d}x = 0.$

6. 比较下列各对积分的大小.

（1）$\int_1^e \ln x \mathrm{d}x$ 和 $\int_1^e \ln^2 x \mathrm{d}x$；　　　　（2）$\int_{\frac{1}{e}}^1 \ln x \mathrm{d}x$ 和 $\int_1^{\frac{1}{e}} \ln^2 x \mathrm{d}x$；

（3）$\int_0^{\frac{\pi}{2}} x \mathrm{d}x$ 和 $\int_0^{\frac{\pi}{2}} \sin x \mathrm{d}x$；　　　　（4）$\int_0^1 e^x \mathrm{d}x$ 和 $\int_0^1 (1+x) \mathrm{d}x$.

【解】（1）区间 $[1, e]$ 上除两个端点 $x = 1$ 和 $x = e$ 外，均有 $\ln x > \ln^2 x$，由性质可得 $\int_1^e \ln x \mathrm{d}x > \int_1^e \ln^2 x \mathrm{d}x.$

（2）区间 $\left[\frac{1}{e}, 1\right]$ 上除点 $x = 1$ 外，均有 $\ln x < \ln^2 x$，由性质可得 $\int_{\frac{1}{e}}^1 \ln x \mathrm{d}x < \int_{\frac{1}{e}}^1 \ln^2 x \mathrm{d}x$，故 $\int_1^{\frac{1}{e}} \ln x \mathrm{d}x > \int_1^{\frac{1}{e}} \ln^2 x \mathrm{d}x.$

（3）区间 $\left[0, \frac{\pi}{2}\right]$ 上除端点 $x = 0$ 外，均有 $x > \sin x$，由性质可得 $\int_0^{\frac{\pi}{2}} x \mathrm{d}x > \int_0^{\frac{\pi}{2}} \sin x \mathrm{d}x.$

（4）设 $f(x) = e^x - (1+x)$，则 $f'(x) = e^x - 1 > 0 (x > 0)$，$f(0) = 0$，即在区间 $[0, 1]$ 上除点 $x = 0$ 外，均有 $f(x) > 0$，所以 $\int_0^1 f(x) \mathrm{d}x > 0$，故 $\int_0^1 e^x \mathrm{d}x > \int_0^1 (1+x) \mathrm{d}x.$

7. 估计下列定积分值的范围.

（1）$\int_1^2 e^{x^2} \mathrm{d}x$；　　　　（2）$\int_{\frac{\pi}{4}}^{\frac{5\pi}{4}} (1 + \sin^2 x) \mathrm{d}x$；

（3）$\int_2^0 e^{x^2 - x} \mathrm{d}x$；　　　　（4）$\int_{-2}^0 x e^x \mathrm{d}x$.

【解】 (1) 区间 $[1, 2]$ 上, $e^1 \leqslant e^{x^2} \leqslant e^4$, 由性质得

$$e = \int_1^2 e \, dx \leqslant \int_1^2 e^{x^2} dx \leqslant \int_1^2 e^4 dx = e^4.$$

(2) 区间 $\left[\dfrac{\pi}{4}, \dfrac{5\pi}{4}\right]$ 上, $1 \leqslant 1 + \sin^2 x \leqslant 2$, 由性质得

$$\pi = \int_{\frac{\pi}{4}}^{\frac{5\pi}{4}} 1 \, dx \leqslant \int_{\frac{\pi}{4}}^{\frac{5\pi}{4}} (1 + \sin^2 x) \, dx \leqslant \int_{\frac{\pi}{4}}^{\frac{5\pi}{4}} 2 \, dx = 2\pi.$$

(3) 设 $f(x) = x^2 - x, x \in [0, 2]$, 令 $f'(x) = 2x - 1 = 0$, 得驻点 $x = \dfrac{1}{2}$, 比较驻点及区间端点处函数值: $f\left(\dfrac{1}{2}\right) = -\dfrac{1}{4}$, $f(0) = 0$, $f(2) = 2$,

得 $f_{\max}(x) = 2, f_{\min}(x) = \dfrac{1}{4}$,

故函数 $e^{x^2 - x}$ 在 $[0, 2]$ 上最大值为 e^2, 最小值为 $e^{-\frac{1}{4}}$,

由性质得 $2e^{-\frac{1}{4}} = \int_0^2 e^{-\frac{1}{4}} dx \leqslant \int_0^2 e^{x^2 - x} dx \leqslant \int_0^2 e^2 dx = 2e^2$,

所以 $-2e^2 \leqslant \int_2^0 e^{x^2 - x} dx \leqslant -2e^{-\frac{1}{4}}$.

(4) 设 $f(x) = xe^x, x \in [-2, 0]$, 令 $f'(x) = e^x + xe^x = (x + 1)e^x = 0$, 得驻点 $x = -1$,

比较驻点及区间端点处函数值: $f(-1) = -e^{-1}$, $f(-2) = -2e^{-2}$, $f(0) = 0$,

得 $f_{\max}(x) = 0$, $f_{\min}(x) = -e^{-1}$,

由性质得 $-2e^{-1} = \int_{-2}^0 (-e^{-1}) \, dx \leqslant \int_{-2}^0 xe^x \, dx \leqslant \int_{-2}^0 0 \, dx = 0$.

8. 计算函数 $y = x^2$ 在 $[0, 1]$ 上的平均值.

【解】 把区间 $[0, 1]$ n 等分, 则每个小区间的长度为 $\Delta x_i = \dfrac{1}{n}$ $(i = 1, 2, \cdots, n)$, 分点 x_i 的坐标为 $x_i = \dfrac{i}{n}$, 取 $\xi_i = x_i$, 所以

$$\overline{f(x)} = \frac{\int_0^1 x^2 \, dx}{1 - 0} = \int_0^1 x^2 \, dx = \lim_{n \to \infty} \sum_{i=1}^n (\xi_i)^2 \Delta x_i$$

$$= \lim_{n \to \infty} \frac{1}{n^3} \sum_{i=1}^n i^2 = \frac{1}{6} \lim_{n \to \infty} \frac{(n + 1)(2n + 1)}{n^2} = \frac{1}{3}.$$

【提示】 本节尚未学习定积分的计算，而 $\int_0^1 x^2 \mathrm{d}x$ 无法利用几何意义得出，故只能用定义求.

4.2 微积分基本定理

1. 求下列导数.

$(1)\ \dfrac{\mathrm{d}}{\mathrm{d}x}\displaystyle\int_x^1 \dfrac{\sin t}{t}\mathrm{d}t;$ $\qquad$ $(2)\ \dfrac{\mathrm{d}}{\mathrm{d}x}\displaystyle\int_0^{x^2} \sqrt{1+t^2}\,\mathrm{d}t;$

$(3)\ \dfrac{\mathrm{d}}{\mathrm{d}x}\displaystyle\int_{\sin x}^2 \mathrm{e}^{t^2}\mathrm{d}t;$ $\qquad$ $(4)\ \dfrac{\mathrm{d}}{\mathrm{d}x}\displaystyle\int_{x^2}^{\mathrm{e}^x} \dfrac{\ln t}{t}\mathrm{d}t.$

【解】 （1）原式 $= -\dfrac{\mathrm{d}}{\mathrm{d}x}\displaystyle\int_1^x \dfrac{\sin t}{t}\mathrm{d}t = -\dfrac{\sin x}{x}.$

（2）原式 $= \sqrt{1+(x^2)^2}\cdot(x^2)' = 2x\sqrt{1+x^4}.$

（3）原式 $= -\mathrm{e}^{\sin^2 x}(\sin x)' = -\mathrm{e}^{\sin^2 x}\cos x.$

（4）原式 $= \dfrac{\ln \mathrm{e}^x}{\mathrm{e}^x}(\mathrm{e}^x)' - \dfrac{\ln x^2}{x^2}(x^2)' = x - \dfrac{4\ln x}{x}.$

2. 设 $\displaystyle\int_0^y \mathrm{e}^t \mathrm{d}t + 3\int_0^x \cos t\,\mathrm{d}t = 0$，求 $\dfrac{\mathrm{d}y}{\mathrm{d}x}$.

【解】 两端对 x 求导，得 $\mathrm{e}^y\cdot\dfrac{\mathrm{d}y}{\mathrm{d}x} + 3\cos x = 0$，所以 $\dfrac{\mathrm{d}y}{\mathrm{d}x} = -\dfrac{3\cos x}{\mathrm{e}^y}.$

3. 设 $\begin{cases} x = \displaystyle\int_1^t u\ln u\,\mathrm{d}u \\ y = \displaystyle\int_t^1 u^2\ln u\,\mathrm{d}u \end{cases}$，求 $\dfrac{\mathrm{d}y}{\mathrm{d}x}$.

【解】 $\dfrac{\mathrm{d}y}{\mathrm{d}t} = -t^2\ln t$，$\dfrac{\mathrm{d}x}{\mathrm{d}t} = t\ln t$，所以 $\dfrac{\mathrm{d}y}{\mathrm{d}x} = \dfrac{-t^2\ln t}{t\ln t} = -t.$

4. 求下列极限.

$(1)\ \displaystyle\lim_{x\to 0} \dfrac{\displaystyle\int_0^x \cos t^2\,\mathrm{d}t}{x};$ $\qquad$ $(2)\ \displaystyle\lim_{x\to 0} \dfrac{\displaystyle\int_{\cos x}^1 \mathrm{e}^{-t^2}\mathrm{d}t}{x^2};$

$(3)\ \displaystyle\lim_{x\to 0} \dfrac{\displaystyle\int_0^{\sin x} \sqrt{\tan t}\,\mathrm{d}t}{\displaystyle\int_0^{\tan x} \sqrt{\sin t}\,\mathrm{d}t};$ $\qquad$ $(4)\ \displaystyle\lim_{x\to 0} \dfrac{\left(\displaystyle\int_0^x \mathrm{e}^{t^2}\mathrm{d}t\right)^2}{\displaystyle\int_0^x t\mathrm{e}^{2t^2}\mathrm{d}t}.$

【解】 （1）原式 $= \displaystyle\lim_{x\to 0} \dfrac{\cos x^2}{1} = 1.$

(2) 原式 $= \lim\limits_{x\to 0}\dfrac{-\mathrm{e}^{-\cos^2 x}(-\sin x)}{2x} = \lim\limits_{x\to 0}\dfrac{\mathrm{e}^{-\cos^2 x}}{2}\cdot\lim\limits_{x\to 0}\dfrac{\sin x}{x} = \dfrac{\mathrm{e}^{-1}}{2} = \dfrac{1}{2\mathrm{e}}.$

(3) 原式 $= \lim\limits_{x\to 0}\dfrac{\sqrt{\tan(\sin x)}\cdot\cos x}{\sqrt{\sin(\tan x)}\sec^2 x} = \lim\limits_{x\to 0}\dfrac{\sqrt{\tan(\sin x)}}{\sqrt{\sin(\tan x)}}$

$= \sqrt{\lim\limits_{x\to 0}\dfrac{\tan(\sin x)}{\sin(\tan x)}}\xrightarrow[\text{代换}]{\text{无穷小}}\sqrt{\lim\limits_{x\to 0}\dfrac{\sin x}{\tan x}}\xrightarrow[\text{代换}]{\text{无穷小}}\sqrt{\lim\limits_{x\to 0}\dfrac{x}{x}} = 1.$

(4) 原式 $= \lim\limits_{x\to 0}\dfrac{2\left(\int_0^x\mathrm{e}^{t^2}\mathrm{d}t\right)\mathrm{e}^{x^2}}{x\mathrm{e}^{2x^2}} = \lim\limits_{x\to 0}\dfrac{2\left(\int_0^x\mathrm{e}^{t^2}\mathrm{d}t\right)}{x} = \lim\limits_{x\to 0}\dfrac{2\mathrm{e}^{x^2}}{1} = 2.$

5. 设 $F(x) = \int_0^x(t^2 - x^2)f'(t)\mathrm{d}t$，求 $F'(x)$.

【解】 $F(x) = \int_0^x t^2 f'(t)\mathrm{d}t - x^2\int_0^x f'(t)\mathrm{d}t$，则

$F'(x) = x^2 f'(x) - 2x\int_0^x f'(t)\mathrm{d}t - x^2 f'(x)$

$= -2x\int_0^x f'(t)\mathrm{d}t = -2x[f(x)\,|_0^x] = -2x[f(x) - f(0)].$

6. 求 $F(x) = \int_0^x t\mathrm{e}^{-t^2}\mathrm{d}t$ 的极值.

【解】 令 $F'(x) = x\mathrm{e}^{-x^2} = 0$，得驻点 $x = 0$，且当 $x\in(-\delta, 0)$ 时，$F'(x) < 0$，

当 $x\in(0,\delta)$ 时，$F'(x) > 0$，故 $x = 0$ 为极小值点，极小值为 $F(0) = 0.$

7. 设 $f(x)$ 为连续正值函数，证明：当 $x > 0$ 时，$F(x) = \dfrac{\int_0^x tf(t)\mathrm{d}t}{\int_0^x f(t)\mathrm{d}t}$ 为单调增加函数.

【证明】 $F'(x) = \dfrac{xf(x)\int_0^x f(t)\mathrm{d}t - f(x)\int_0^x tf(t)\mathrm{d}t}{\left(\int_0^x f(t)\mathrm{d}t\right)^2}$

$= \dfrac{f(x)\int_0^x(x-t)f(t)\mathrm{d}t}{\left(\int_0^x f(t)\mathrm{d}t\right)^2},$

由题设知 $0 < t < x$，且 $f(t) > 0$，故 $(x - t)f(t) > 0$，$\int_0^x (x - t)f(t)\mathrm{d}t > 0$，所以 $F'(x) > 0\,(x > 0)$，从而当 $x > 0$ 时，$F(x)$ 为单调增加函数.

8. 计算下列定积分.

(1) $\int_1^3 x^3 \mathrm{d}x$；

(2) $\int_4^9 \sqrt{x}(1 + \sqrt{x})\mathrm{d}x$；

(3) $\int_{-\frac{\pi}{4}}^{\frac{\pi}{4}} \sec x \tan x \mathrm{d}x$；

(4) $\int_{\frac{1}{2}}^{\frac{\sqrt{3}}{2}} \dfrac{\mathrm{d}x}{\sqrt{1 - x^2}}$；

(5) $\int_0^2 |1 - x|\mathrm{d}x$；

(6) $\int_2^3 (x + 1)\mathrm{e}^x \mathrm{d}x$.

【解】　(1) 原式 $= \dfrac{1}{4}x^4 \Big|_1^3 = \dfrac{1}{4}(3^4 - 1^4) = 20$.

(2) 原式 $= \int_4^9 \left(x^{\frac{1}{2}} + x\right)\mathrm{d}x = \left(\dfrac{2}{3}x^{\frac{3}{2}} + \dfrac{1}{2}x^2\right)\Big|_4^9 = \dfrac{271}{6} = 45\dfrac{1}{6}$.

(3) 被积函数是奇函数，故原式 $= 0$.

(4) 原式 $= \arcsin x \Big|_{\frac{1}{2}}^{\frac{\sqrt{3}}{2}} = \dfrac{\pi}{6}$.

(5) 原式 $= \int_0^1 (1 - x)\mathrm{d}x + \int_1^2 (x - 1)\mathrm{d}x$

$= \left(x - \dfrac{1}{2}x^2\right)\Big|_0^1 + \left(\dfrac{1}{2}x^2 - x\right)\Big|_1^2 = \dfrac{1}{2} + \dfrac{1}{2} = 1$.

(6) 原式 $= \int_2^3 (\mathrm{e}^x + x\mathrm{e}^x)\mathrm{d}x = x\mathrm{e}^x \big|_2^3 = 3\mathrm{e}^3 - 2\mathrm{e}^2$.

9. 设 $f(x) = \begin{cases} x^2 & x \in [0, 1) \\ x & x \in [1, 2] \end{cases}$，求 $\Phi(x) = \int_0^x f(t)\mathrm{d}t$ 在 $[0, 2]$ 上的表达式，并讨论 $\Phi(x)$ 在 $(0, 2)$ 内的连续性.

【解】　当 $x \in [0, 1)$ 时，$\Phi(x) = \int_0^x t^2 \mathrm{d}t = \dfrac{x^3}{3}$，

当 $x \in [1, 2]$ 时，$\Phi(x) = \int_0^1 t^2 \mathrm{d}t + \int_1^x t \mathrm{d}t = \dfrac{1}{3} + \dfrac{t^2}{2}\Big|_1^x = \dfrac{x^2}{2} - \dfrac{1}{6}$，

故 $\Phi(x) = \begin{cases} \dfrac{x^3}{3} & x \in [0, 1) \\ \dfrac{x^2}{2} - \dfrac{1}{6} & x \in [1, 2] \end{cases}$，由于 $\Phi(1) = \dfrac{1}{3}$，$\lim\limits_{x \to 1^-} \Phi(x) =$

$$\lim_{x \to 1^-} \frac{x^3}{3} = \frac{1}{3} = \Phi(1),$$

$$\lim_{x \to 1^+} \Phi(x) = \lim_{x \to 1^+} \left(\frac{x^2}{2} - \frac{1}{6} \right) = \frac{1}{3} = \Phi(1), \text{ 故 } \Phi(x) \text{ 在 } (0, 2) \text{ 内连续.}$$

4.3　不定积分

1. 求下列不定积分.

(1) $\displaystyle\int x \sqrt{x}\,\mathrm{d}x$;　　　　　　　　(2) $\displaystyle\int \frac{10x^3 + 3}{x^4}\,\mathrm{d}x$;

(3) $\displaystyle\int \frac{(1-x)^2}{x\sqrt{x}}\,\mathrm{d}x$;　　　　　　(4) $\displaystyle\int \frac{x^2 + 7x + 12}{x+4}\,\mathrm{d}x$.

【解】　(1) 原式 $= \displaystyle\int x^{\frac{3}{2}}\,\mathrm{d}x = \frac{2}{5}x^{\frac{5}{2}} + C.$

(2) 原式 $= \displaystyle\int (10x^{-1} + 3x^{-4})\,\mathrm{d}x = 10\ln|x| - x^{-3} + C.$

(3) 原式 $= \displaystyle\int \frac{1 - 2x + x^2}{x^{\frac{3}{2}}}\,\mathrm{d}x = \int \left(x^{-\frac{3}{2}} - 2x^{-\frac{1}{2}} + x^{\frac{1}{2}} \right)\,\mathrm{d}x$

$$= -2x^{-\frac{1}{2}} - 4x^{\frac{1}{2}} + \frac{2}{3}x^{\frac{3}{2}} + C.$$

(4) 原式 $= \displaystyle\int \frac{(x+4)(x+3)}{x+4}\,\mathrm{d}x = \int (x+3)\,\mathrm{d}x = \frac{1}{2}x^2 + 3x + C.$

2. 求下列不定积分.

(1) $\displaystyle\int \cos(1-x)\,\mathrm{d}x$;　　　　　　(2) $\displaystyle\int \sqrt{7 + 5x}\,\mathrm{d}x$;

(3) $\displaystyle\int \frac{\mathrm{e}^{2x} - 1}{\mathrm{e}^x}\,\mathrm{d}x$;　　　　　　(4) $\displaystyle\int \frac{1}{9 + x^2}\,\mathrm{d}x$;

(5) $\displaystyle\int \frac{\mathrm{d}x}{\sqrt{4 - 9x^2}}$;　　　　　　(6) $\displaystyle\int \frac{x^2}{4 + x^3}\,\mathrm{d}x$;

(7) $\displaystyle\int \frac{\ln x}{x}\,\mathrm{d}x$;　　　　　　(8) $\displaystyle\int \frac{1}{\sqrt{x}} \sin\sqrt{x}\,\mathrm{d}x$;

(9) $\displaystyle\int \frac{\mathrm{d}x}{\cos^2 x \sqrt{1 + \tan x}}$;　　　　(10) $\displaystyle\int \frac{x^3}{\sqrt{1 - x^8}}\,\mathrm{d}x$;

(11) $\displaystyle\int \frac{\sin x \cos x}{1 + \cos^2 x}\,\mathrm{d}x$;　　　　(12) $\displaystyle\int \cos^2 \frac{x}{2}\,\mathrm{d}x$;

(13) $\displaystyle\int \cos x \sin 3x\,\mathrm{d}x$;　　　　(14) $\displaystyle\int \cos 2x \cos 3x\,\mathrm{d}x$.

【解】 (1) 原式 $= -\int \cos(1-x)\,\mathrm{d}(1-x) = -\sin(1-x) + C.$

(2) 原式 $= \dfrac{1}{5}\int \sqrt{7+5x}\,\mathrm{d}(7+5x) = \dfrac{1}{5} \cdot \dfrac{2}{3}(7+5x)^{\frac{3}{2}} + C$

$\qquad\quad = \dfrac{2}{15}(7+5x)^{\frac{3}{2}} + C.$

(3) 原式 $= \int (e^x - e^{-x})\,\mathrm{d}x = \int e^x\,\mathrm{d}x + \int e^{-x}\,\mathrm{d}(-x) = e^x + e^{-x} + C.$

(4) 原式 $= \dfrac{1}{9}\int \dfrac{\mathrm{d}x}{1+\left(\dfrac{x}{3}\right)^2} = \dfrac{1}{3}\int \dfrac{\mathrm{d}\left(\dfrac{x}{3}\right)}{1+\left(\dfrac{x}{3}\right)^2} = \dfrac{1}{3}\arctan \dfrac{x}{3} + C.$

(5) 原式 $= \dfrac{1}{2}\int \dfrac{\mathrm{d}x}{\sqrt{1-\left(\dfrac{3x}{2}\right)^2}} = \dfrac{1}{2} \cdot \dfrac{2}{3}\int \dfrac{\mathrm{d}\left(\dfrac{3x}{2}\right)}{\sqrt{1-\left(\dfrac{3x}{2}\right)^2}}$

$\qquad\quad = \dfrac{1}{3}\arcsin \dfrac{3x}{2} + C.$

(6) 原式 $= \dfrac{1}{3}\int \dfrac{1}{4+x^3}\,\mathrm{d}(4+x^3) = \dfrac{1}{3}\ln|4+x^3| + C.$

(7) 原式 $= \int \ln x\,\mathrm{d}(\ln x) = \dfrac{\ln^2 x}{2} + C.$

(8) 原式 $= 2\int \sin\sqrt{x}\,\mathrm{d}\sqrt{x} = -2\cos\sqrt{x} + C.$

(9) 原式 $= \int \dfrac{\mathrm{d}(1+\tan x)}{\sqrt{1+\tan x}} = 2\sqrt{1+\tan x} + C.$

(10) 原式 $= \dfrac{1}{4}\int \dfrac{\mathrm{d}(x^4)}{\sqrt{1-(x^4)^2}} = \dfrac{1}{4}\arcsin(x^4) + C.$

(11) 原式 $= -\dfrac{1}{2}\int \dfrac{\mathrm{d}(1+\cos^2 x)}{1+\cos^2 x} = -\dfrac{1}{2}\ln(1+\cos^2 x) + C.$

(12) 原式 $= \dfrac{1}{2}\int (1+\cos x)\,\mathrm{d}x = \dfrac{1}{2}(x+\sin x) + C.$

(13) 原式 $= \dfrac{1}{2}\int [\sin 2x + \sin 4x]\,\mathrm{d}x$

$\qquad\quad = \dfrac{1}{2} \cdot \dfrac{1}{2}\int \sin 2x\,\mathrm{d}(2x) + \dfrac{1}{2} \cdot \dfrac{1}{4}\int \sin 4x\,\mathrm{d}(4x)$

$$= -\frac{1}{4}\cos 2x - \frac{1}{8}\cos 4x + C.$$

（14）原式 $= \frac{1}{2}\int(\cos x + \cos 5x)\mathrm{d}x = \frac{1}{2}\int\cos x\mathrm{d}x + \frac{1}{2}\cdot\frac{1}{5}\int\cos 5x\mathrm{d}(5x)$

$$= \frac{1}{2}\sin x + \frac{1}{10}\sin 5x + C.$$

3. 求下列不定积分.

（1）$\int x\sqrt{1-2x}\,\mathrm{d}x$；　　　　　　（2）$\int\dfrac{\mathrm{d}x}{1+\sqrt{1+x}}$；

（3）$\int\dfrac{\sqrt{x}}{\sqrt{x}-\sqrt[3]{x}}\,\mathrm{d}x$；　　　　　（4）$\int\dfrac{\mathrm{d}x}{x-\sqrt[3]{3x+2}}$；

（5）$\int\dfrac{x^2}{\sqrt{a^2-x^2}}\,\mathrm{d}x$；　　　　　（6）$\int\dfrac{\mathrm{d}x}{x\sqrt{1-x^2}}$.

【解】　（1）原式 $\xlongequal[\mathrm{d}x=-t\mathrm{d}t]{\sqrt{1-2x}=t}\int\dfrac{1-t^2}{2}\cdot t\cdot(-t\mathrm{d}t)$

$$= \frac{1}{2}\int(t^4-t^2)\mathrm{d}t = \frac{t^5}{10} - \frac{t^3}{6} + C$$

$$= \frac{1}{10}(1-2x)^{\frac{5}{2}} - \frac{1}{6}(1-2x)^{\frac{3}{2}} + C.$$

（2）原式 $\xlongequal[\mathrm{d}x=2t\mathrm{d}t]{\sqrt{1+x}=t}2\int\dfrac{t\mathrm{d}t}{1+t} = 2\int\Big(1-\dfrac{1}{1+t}\Big)\mathrm{d}t$

$$= 2t - 2\ln|1+t| + C$$

$$= 2\sqrt{1+x} - 2\ln|1+\sqrt{1+x}| + C.$$

（3）原式 $\xlongequal[\mathrm{d}x=6t^5\mathrm{d}t]{\sqrt[6]{x}=t}\int\dfrac{t^3}{t^3-t^2}6t^5\mathrm{d}t = 6\int\dfrac{t^6}{t-1}\,\mathrm{d}t$

$$= 6\int\dfrac{(t^6-1)+1}{t-1}\,\mathrm{d}t$$

$$= 6\int\Big(t^5+t^4+t^3+t^2+t+1+\dfrac{1}{t-1}\Big)\mathrm{d}t$$

$$= 6\Big(\dfrac{t^6}{6}+\dfrac{t^5}{5}+\dfrac{t^4}{4}+\dfrac{t^3}{3}+\dfrac{t^2}{2}+t+\ln|t-1|\Big) + C$$

$$= x + \frac{6}{5}x^{\frac{5}{6}} + \frac{3}{2}x^{\frac{2}{3}} + 2x^{\frac{1}{2}} + 3x^{\frac{1}{3}} + 6x^{\frac{1}{6}} + 6\ln\big|\sqrt[6]{x}-1\big|\big) + C.$$

(4) 原式 $\dfrac{\sqrt[3]{3x+2}=t}{\underline{dx=t^2dt}}\displaystyle\int \dfrac{t^2\,\mathrm{d}t}{\dfrac{t^3-2}{3}-t}=\int \dfrac{3t^2\,\mathrm{d}t}{t^3-2-3t}$

$$=\int \dfrac{3t^2\,\mathrm{d}t}{(t+1)^2(t-2)}=\int\left[\dfrac{5/3}{t+1}-\dfrac{1}{(t+1)^2}+\dfrac{4/3}{t-2}\right]\mathrm{d}t$$

$$=\dfrac{5}{3}\ln|t+1|+\dfrac{1}{t+1}+\dfrac{4}{3}\ln|t-2|+C$$

$$=\dfrac{5}{3}\ln\left|\sqrt[3]{3x+2}+1\right|+\dfrac{1}{\sqrt[3]{3x+2}+1}+\dfrac{4}{3}\ln\left|\sqrt[3]{3x+2}-2\right|+C.$$

(5) 法1：原式 $=\displaystyle\int \dfrac{a^2+(x^2-a^2)}{\sqrt{a^2-x^2}}\,\mathrm{d}x$

$$=a^2\int \dfrac{1}{\sqrt{a^2-x^2}}\,\mathrm{d}x-\int \sqrt{a^2-x^2}\,\mathrm{d}x$$

$$\dfrac{\text{套用}}{\text{公式}}\,a^2\arcsin \dfrac{x}{a}-\left(\dfrac{x}{2}\sqrt{a^2-x^2}+\dfrac{a^2}{2}\arcsin\dfrac{x}{a}\right)+C$$

$$=\dfrac{a^2}{2}\arcsin\dfrac{x}{a}-\dfrac{x}{2}\sqrt{a^2-x^2}+C.$$

【注】 $\displaystyle\int \dfrac{1}{\sqrt{a^2-x^2}}\,\mathrm{d}x=\arcsin\dfrac{x}{a}+C,$

$$\int \sqrt{a^2-x^2}\,\mathrm{d}x=\dfrac{x}{2}\sqrt{a^2-x^2}+\dfrac{a^2}{2}\arcsin\dfrac{x}{a}+C.$$

法2：原式 $\dfrac{x=a\sin t}{\underline{dx=a\cos t dt}}\displaystyle\int \dfrac{a^2\sin^2 t}{a\cos t}\,a\cos t\mathrm{d}t=\dfrac{a^2}{2}\int(1-\cos 2t)\,\mathrm{d}t$

$$=\dfrac{a^2}{2}(t-\sin t\cos t)+C=\dfrac{a^2}{2}\arcsin\dfrac{x}{a}-\dfrac{x}{2}\sqrt{a^2-x^2}+C.$$

(6) 法1：原式 $=\displaystyle\int \dfrac{x\mathrm{d}x}{x^2\sqrt{1-x^2}}\dfrac{\sqrt{1-x^2}=t}{\underline{x\mathrm{d}x=-t\mathrm{d}t}}\int \dfrac{\mathrm{d}t}{t^2-1}$

$$=\dfrac{1}{2}\int\left(\dfrac{1}{t-1}-\dfrac{1}{t+1}\right)\mathrm{d}t$$

$$=\dfrac{1}{2}\ln\left|\dfrac{t-1}{t+1}\right|+C=\dfrac{1}{2}\ln\left|\dfrac{\sqrt{1-x^2}-1}{\sqrt{1-x^2}+1}\right|+C.$$

法2：原式 $\dfrac{x=1/t}{\underline{dx=-1/t^2dt}}-\displaystyle\int \dfrac{1}{\sqrt{t^2-1}}\mathrm{d}t=-\ln\left|t+\sqrt{t^2-1}\right|+C$

$$= -\ln\left|\frac{1}{x} + \sqrt{\frac{1}{x^2} - 1}\right| + C = -\ln\left|\frac{1 + \sqrt{1 - x^2}}{x}\right| + C.$$

【注】 $\displaystyle\int \frac{\mathrm{d}t}{x^2 - a^2} = \frac{1}{2a}\ln\left|\frac{x - a}{x + a}\right| + C,$

$$\int \frac{1}{\sqrt{x^2 - a^2}}\mathrm{d}t = \ln\left|x + \sqrt{x^2 - a^2}\right| + C.$$

4. 求下列不定积分.

(1) $\displaystyle\int x^2 e^{3x}\mathrm{d}x$;

(2) $\displaystyle\int x\cos^2 x\mathrm{d}x$;

(3) $\displaystyle\int \arctan x\mathrm{d}x$;

(4) $\displaystyle\int (\ln x)^2\mathrm{d}x$;

(5) $\displaystyle\int \frac{\ln x}{\sqrt{1 + x}}\mathrm{d}x$;

(6) $\displaystyle\int \ln(x + \sqrt{1 + x^2})\mathrm{d}x$;

(7) $\displaystyle\int \frac{1}{\sqrt{x}}\arcsin\sqrt{x}\mathrm{d}x$;

(8) $\displaystyle\int e^{-x}\sin 2x\mathrm{d}x$;

(9) $\displaystyle\int \sin\sqrt{x}\mathrm{d}x$;

(10) $\displaystyle\int \frac{x\arctan x}{\sqrt{1 + x^2}}\mathrm{d}x$.

【解】 (1) 原式 $\displaystyle= \int x^2\mathrm{d}\left(\frac{e^{3x}}{3}\right) = \frac{x^2 e^{3x}}{3} - \int \frac{2x e^{3x}}{3}\mathrm{d}x$

$$= \frac{x^2 e^{3x}}{3} - \int \frac{2x}{3}\mathrm{d}\left(\frac{e^{3x}}{3}\right)$$

$$= \frac{x^2 e^{3x}}{3} - \left(\frac{2x e^{3x}}{9} - \int \frac{2e^{3x}}{9}\mathrm{d}x\right)$$

$$= \frac{x^2 e^{3x}}{3} - \frac{2x e^{3x}}{9} + \frac{2e^{3x}}{27} + C$$

$$= \left(\frac{x^2}{3} - \frac{2x}{9} + \frac{2}{27}\right)e^{3x} + C.$$

(2) 原式 $\displaystyle= \frac{1}{2}\left[\int x\mathrm{d}x + \int x\cos 2x\mathrm{d}x\right] = \frac{1}{2}\left[\frac{x^2}{2} + \int x\mathrm{d}\left(\frac{\sin 2x}{2}\right)\right]$

$$= \frac{x^2}{4} + \frac{x\sin 2x}{4} - \frac{1}{4}\int \sin 2x\mathrm{d}x = \frac{x^2}{4} + \frac{x\sin 2x}{4} + \frac{1}{8}\cos 2x + C.$$

(3) 原式 $\displaystyle= x\arctan x - \int \frac{x}{1 + x^2}\mathrm{d}x = x\arctan x - \frac{1}{2}\int \frac{\mathrm{d}(1 + x^2)}{1 + x^2}$

$$= x\arctan x - \frac{1}{2}\ln(1 + x^2) + C.$$

(4) 原式 $= x(\ln x)^2 - 2\int \ln x \mathrm{d}x = x(\ln x)^2 - 2(x\ln x - \int \mathrm{d}x)$

$\quad = x(\ln x)^2 - 2x\ln x + 2x + C.$

(5) 原式 $= \int \ln x \mathrm{d}(2\sqrt{1+x}) = 2\sqrt{1+x}\ln x - 2\int \dfrac{\sqrt{1+x}}{x}\mathrm{d}x$

$\quad \xlongequal[\mathrm{d}x = 2t\mathrm{d}t]{\sqrt{1+x} = t} 2\sqrt{1+x}\ln x - 4\int \dfrac{t^2}{t^2 - 1}\mathrm{d}t$

$\quad = 2\sqrt{1+x}\ln x - 4\int \left(1 + \dfrac{1}{t^2 - 1}\right)\mathrm{d}t$

$\quad = 2\sqrt{1+x}\ln x - 4t - 2\ln\left|\dfrac{t-1}{t+1}\right| + C$

$\quad = 2\sqrt{1+x}\ln x - 4\sqrt{1+x} - 2\ln\left|\dfrac{\sqrt{1+x}-1}{\sqrt{1+x}+1}\right| + C.$

(6) 原式 $= x\ln(x + \sqrt{1+x^2}) - \int \dfrac{x}{\sqrt{1+x^2}}\mathrm{d}x$

$\quad = x\ln(x + \sqrt{1+x^2}) - \int \dfrac{\mathrm{d}(1+x^2)}{2\sqrt{1+x^2}}.$

$\quad = x\ln(x + \sqrt{1+x^2}) - \sqrt{1+x^2} + C.$

(7) 原式 $\xlongequal[\mathrm{d}x = 2t\mathrm{d}t]{\sqrt{x} = t} 2\int \arcsin t \mathrm{d}t = 2t\arcsin t - 2\int \dfrac{t\mathrm{d}t}{\sqrt{1-t^2}}$

$\quad = 2t\arcsin t + \int \dfrac{\mathrm{d}(1-t^2)}{\sqrt{1-t^2}} = 2t\arcsin t + 2\sqrt{1-t^2} + C$

$\quad = 2\sqrt{x}\arcsin\sqrt{x} + 2\sqrt{1-x} + C.$

(8) $\int \mathrm{e}^{-x}\sin 2x \mathrm{d}x = -\int \sin 2x \mathrm{d}(\mathrm{e}^{-x}) = -\mathrm{e}^{-x}\sin 2x + 2\int \mathrm{e}^{-x}\cos 2x \mathrm{d}x$

$\quad = -\mathrm{e}^{-x}\sin 2x - 2\int \cos 2x \mathrm{d}(\mathrm{e}^{-x})$

$\quad = -\mathrm{e}^{-x}\sin 2x - 2[\mathrm{e}^{-x}\cos 2x + 2\int \mathrm{e}^{-x}\sin 2x \mathrm{d}x]$

$\quad = -\mathrm{e}^{-x}\sin 2x - 2\mathrm{e}^{-x}\cos 2x - 4\int \mathrm{e}^{-x}\sin 2x \mathrm{d}x$

将上式移项, 得

$\quad \int \mathrm{e}^{-x}\sin 2x \mathrm{d}x = -\dfrac{\mathrm{e}^{-x}}{5}(\sin 2x + 2\cos 2x) + C.$

（9）原式 $\xrightarrow[\mathrm{d}x\ =\ 2t\mathrm{d}t]{\sqrt{x}\ =\ t}\ 2\int t\sin t\mathrm{d}t\ =\ 2\int t\mathrm{d}(-\cos t)$

$$= -2t\cos t + 2\int\cos t\mathrm{d}t = -2t\cos t + 2\sin t + C$$

$$= -2\sqrt{x}\cos\sqrt{x} + 2\sin\sqrt{x} + C.$$

（10）原式 $= \int\arctan x\mathrm{d}\sqrt{1+x^2} = \sqrt{1+x^2}\arctan x - \int\dfrac{\mathrm{d}x}{\sqrt{1+x^2}}$

$$= \sqrt{1+x^2}\arctan x - \ln(x + \sqrt{1+x^2}) + C.$$

5. 求下列不定积分.（有理函数积分法）

【提示】　有理函数积分时，注意以下几点：

（1）运用代数学的理论将 $\dfrac{P(x)}{Q(x)}$ 化为最简分式时，要求 $\dfrac{P(x)}{Q(x)}$ 为真分式；而假分式需先运用多项式除法化为有理整式与真分式的和，再化为最简分式.

（2）有理函数化为最简分式进行积分未必是最简单的方法，可根据被积表达式的形式选择最简单的积分方法.

（1）$\displaystyle\int\dfrac{\mathrm{d}x}{2x^2+x-1}$；

（2）$\displaystyle\int\dfrac{\mathrm{d}x}{x^2+2x+3}$；

（3）$\displaystyle\int\dfrac{\mathrm{d}x}{a^2-x^2}$；

（4）$\displaystyle\int\dfrac{x^2}{1+x}\mathrm{d}x$；

（5）$\displaystyle\int\dfrac{x^2}{1-x^2}\mathrm{d}x$；

（6）$\displaystyle\int\dfrac{x+1}{x^2+2x}\mathrm{d}x$；

（7）$\displaystyle\int\dfrac{x^2+1}{(x+1)^2(x-1)}\mathrm{d}x$；

（8）$\displaystyle\int\dfrac{x^3-1}{4x^3-x}\mathrm{d}x$；

（9）$\displaystyle\int\dfrac{\mathrm{d}x}{x^3-1}$；

（10）$\displaystyle\int\dfrac{x^2}{1-x^4}\mathrm{d}x$；

（11）$\displaystyle\int\dfrac{\mathrm{d}x}{x^4(2x^2-1)}$；

（12）$\displaystyle\int\dfrac{x^4}{(x+1)^{100}}\mathrm{d}x$；

（13）$\displaystyle\int\dfrac{\mathrm{d}x}{x(x^{10}+1)}$.

【解】　（1）原式 $= \displaystyle\int\dfrac{\mathrm{d}x}{(2x-1)(x+1)} = \dfrac{1}{3}\int\left(\dfrac{2}{2x-1}-\dfrac{1}{x+1}\right)\mathrm{d}x$

$$= \dfrac{1}{3}\ln\left|\dfrac{2x-1}{x+1}\right| + C.$$

(2) 原式 $= \int \dfrac{\mathrm{d}(x+1)}{(x+1)^2+2} = \dfrac{1}{\sqrt{2}}\arctan\dfrac{x+1}{\sqrt{2}} + C.$

(3) 原式 $= \dfrac{1}{2a}\int\left(\dfrac{1}{a+x} + \dfrac{1}{a-x}\right)\mathrm{d}x = \dfrac{1}{2a}\ln\left|\dfrac{a+x}{a-x}\right| + C.$

(4) 原式 $= \int\dfrac{(x^2-1)+1}{1+x}\mathrm{d}x = \int\left(x-1+\dfrac{1}{1+x}\right)\mathrm{d}x$

$\qquad = \dfrac{x^2}{2} - x + \ln|1+x| + C.$

(5) 原式 $= \int\dfrac{x^2-1+1}{1-x^2}\mathrm{d}x = \int\left(\dfrac{1}{1-x^2} - 1\right)\mathrm{d}x$

$\qquad = \dfrac{1}{2}\ln\left|\dfrac{1+x}{1-x}\right| - x + C.$

(6) 原式 $= \dfrac{1}{2}\int\dfrac{\mathrm{d}(x^2+2x)}{x^2+2x} = \dfrac{1}{2}\ln|x^2+2x| + C.$

(7) 原式 $= \int\left(\dfrac{1}{2}\cdot\dfrac{1}{x+1} - \dfrac{1}{(x+1)^2} + \dfrac{1}{2}\cdot\dfrac{1}{x-1}\right)\mathrm{d}x$

$\qquad = \dfrac{1}{2}\ln|x+1| + \dfrac{1}{x+1} + \dfrac{1}{2}\ln|x-1| + C$

$\qquad = \dfrac{1}{x+1} + \dfrac{1}{2}\ln|x^2-1| + C.$

(8) 原式 $= \int\left(\dfrac{1}{4} - \dfrac{-\dfrac{1}{4}x+1}{x(2x-1)(2x+1)}\right)\mathrm{d}x$

$\qquad = \int\left(\dfrac{1}{4} + \dfrac{1}{x} - \dfrac{9}{8}\cdot\dfrac{1}{2x+1} - \dfrac{7}{8}\cdot\dfrac{1}{2x-1}\right)\mathrm{d}x$

$\qquad = \dfrac{x}{4} + \ln|x| - \dfrac{9}{16}\ln|2x+1| - \dfrac{7}{16}\ln|2x-1| + C.$

(9) 原式 $= \int\dfrac{\mathrm{d}x}{(x-1)(x^2+x+1)} = \dfrac{1}{3}\int\left(\dfrac{1}{x-1} - \dfrac{x+2}{x^2+x+1}\right)\mathrm{d}x$

$\qquad = \dfrac{1}{3}\int\left(\dfrac{1}{x-1} - \dfrac{(x+1/2)+3/2}{x^2+x+1}\right)\mathrm{d}x$

$\qquad = \dfrac{1}{3}\int\dfrac{1}{x-1}\mathrm{d}x - \dfrac{1}{6}\int\dfrac{\mathrm{d}(x^2+x+1)}{x^2+x+1} -$

$\qquad\quad \dfrac{1}{2}\int\dfrac{1}{\left(x+\dfrac{1}{2}\right)^2+\dfrac{3}{4}}\mathrm{d}\left(x+\dfrac{1}{2}\right)$

$$= \frac{1}{3}\ln|x-1| - \frac{1}{6}\ln(x^2+x+1) - \frac{\sqrt{3}}{3}\arctan\frac{2x+1}{\sqrt{3}} + C.$$

(10) 原式 $= \displaystyle\int \frac{x^2}{(1-x)(1+x)(1+x^2)}\mathrm{d}x$

$$= \frac{1}{4}\int\left(\frac{1}{1-x} + \frac{1}{1+x}\right)\mathrm{d}x - \frac{1}{2}\int\frac{1}{1+x^2}\mathrm{d}x$$

$$= \frac{1}{4}\ln\left|\frac{1+x}{1-x}\right| - \frac{1}{2}\arctan x + C.$$

(11) 原式 $\xlongequal{x=\frac{1}{t}} \displaystyle\int \frac{t^4\mathrm{d}t}{t^2-2} = \int\frac{(t^4-4)+4}{t^2-2}\mathrm{d}t$

$$= \int\left(t^2+2+\frac{4}{t^2-(\sqrt{2})^2}\right)\mathrm{d}t$$

$$= \frac{t^3}{3} + 2t + \sqrt{2}\ln\left|\frac{t-\sqrt{2}}{t+\sqrt{2}}\right| + C$$

$$= \frac{1}{3x^3} + \frac{2}{x} + \sqrt{2}\ln\left|\frac{1-\sqrt{2}x}{1+\sqrt{2}x}\right| + C.$$

【注】　$\displaystyle\int\frac{1}{x^2-a^2}\mathrm{d}x = \frac{1}{2a}\ln\left|\frac{x-a}{x+a}\right| + C.$

(12) 原式 $\xlongequal{x+1=t} \displaystyle\int\frac{(t-1)^4}{t^{100}}\mathrm{d}t = \int\frac{t^4-4t^3+6t^2-4t+1}{t^{100}}\mathrm{d}t$

$$= \int\left(\frac{1}{t^{96}} - \frac{4}{t^{97}} + \frac{6}{t^{98}} - \frac{4}{t^{99}} + \frac{1}{t^{100}}\right)\mathrm{d}t$$

$$= -\frac{1}{95t^{95}} + \frac{1}{24t^{96}} - \frac{6}{97t^{97}} + \frac{2}{49t^{98}} - \frac{1}{99t^{99}} + C$$

$$= -\frac{1}{95(x+1)^{95}} + \frac{1}{24(x+1)^{96}} - \frac{6}{97(x+1)^{97}} +$$

$$\frac{2}{49(x+1)^{98}} - \frac{1}{99(x+1)^{99}} + C.$$

(13) 法1：原式 $= \displaystyle\int\frac{x^9\mathrm{d}x}{x^{10}(x^{10}+1)} \xlongequal{x^{10}=t} \frac{1}{10}\int\frac{\mathrm{d}t}{t(t+1)}$

$$= \frac{1}{10}\int\left(\frac{1}{t} - \frac{1}{t+1}\right)\mathrm{d}t = \frac{1}{10}\ln\left|\frac{t}{t+1}\right| + C$$

$$= \frac{1}{10} \ln \frac{x^{10}}{x^{10} + 1} + C.$$

法 2：原式 $\overset{x = \frac{1}{t}}{=\!=\!=\!=\!=} -\int \frac{t^9 \mathrm{d}t}{1 + t^{10}} = -\frac{1}{10} \int \frac{\mathrm{d}(1 + t^{10})}{1 + t^{10}}$

$$= -\frac{1}{10} \ln(1 + t^{10}) + C = \frac{1}{10} \ln \frac{x^{10}}{x^{10} + 1} + C.$$

6. 求下列不定积分.

(1) $\int \dfrac{\mathrm{d}x}{3 + \sin^2 x}$; (2) $\int \dfrac{\mathrm{d}x}{(\sin x + \cos x)^2}$;

(3) $\int \cot^3 x \ \mathrm{d}x$; (4) $\int \cos^2 \dfrac{x}{2} \ \mathrm{d}x$;

(5) $\int (\tan^2 x + \tan^4 x) \mathrm{d}x$; (6) $\int \sin^4 x \ \mathrm{d}x$;

(7) $\int \dfrac{\mathrm{d}x}{1 - \cos x}$; (8) $\int \dfrac{\mathrm{d}x}{1 + \sin x}$;

(9) $\int \dfrac{\sin x \cos x}{1 + \sin^4 x} \ \mathrm{d}x$.

【提示】 三角有理函数积分时，慎用万能公式. 因为万能公式的确万能，使用它后三角有理函数的积分就转化为有理分式的积分，使积分问题得以解决，但它却常常使积分变得冗杂. 因而，尽可能使用其他方法积分.

【解】 （1）原式 $= \int \dfrac{\mathrm{d}x}{3\cos^2 x + 4\sin^2 x} = \dfrac{1}{2} \int \dfrac{\mathrm{d}(2\tan x)}{3 + (2\tan x)^2}$

$$= \frac{1}{2\sqrt{3}} \arctan \frac{2\tan x}{\sqrt{3}} + C.$$

（2）原式 $= \int \dfrac{\mathrm{d}x}{\cos^2 x (1 + \tan x)^2} = \int \dfrac{\mathrm{d}(1 + \tan x)}{(1 + \tan x)^2} = -\dfrac{1}{1 + \tan x} + C.$

（3）原式 $= \int \cot x (\csc^2 x - 1) \mathrm{d}x = -\int \cot x \mathrm{d}(\cot x) - \int \cot x \mathrm{d}x$

$$= -\frac{\cot^2 x}{2} - \ln|\sin x| + C.$$

（4）原式 $= \dfrac{1}{2} \int (1 + \cos x) \mathrm{d}x = \dfrac{1}{2} (x + \sin x) + C.$

（5）原式 $= \int \tan^2 x \cdot \sec^2 x \mathrm{d}x = \int \tan^2 x \mathrm{d}(\tan x) = \dfrac{\tan^3 x}{3} + C.$

(6) 原式 $= \int \left(\dfrac{1 - \cos 2x}{2} \right)^2 \mathrm{d}x = \dfrac{1}{4} \int \left(1 - 2\cos 2x + \dfrac{1 + \cos 4x}{2} \right) \mathrm{d}x$

$\qquad = \dfrac{3}{8}x - \dfrac{1}{4}\sin 2x + \dfrac{1}{32}\sin 4x + C.$

(7) 法1：原式 $= \int \dfrac{1 + \cos x}{\sin^2 x} \mathrm{d}x = \int \dfrac{\mathrm{d}x}{\sin^2 x} + \int \dfrac{\mathrm{d}(\sin x)}{\sin^2 x}$

$\qquad = -\cot x - \dfrac{1}{\sin x} + C;$

法2：原式 $= \int \dfrac{\mathrm{d}x}{2\sin^2 \dfrac{x}{2}} = \int \dfrac{\mathrm{d}\left(\dfrac{x}{2} \right)}{\sin^2 \dfrac{x}{2}} = -\cot \dfrac{x}{2} + C.$

(8) 法1：原式 $= \int \dfrac{1 - \sin x}{\cos^2 x} \mathrm{d}x = \int \dfrac{\mathrm{d}x}{\cos^2 x} + \int \dfrac{\mathrm{d}(\cos x)}{\cos^2 x}$

$\qquad = \tan x - \dfrac{1}{\cos x} + C;$

法2：原式 $= \int \dfrac{\mathrm{d}x}{\sin^2 \dfrac{x}{2} + \cos^2 \dfrac{x}{2} + 2\sin \dfrac{x}{2} \cdot \cos \dfrac{x}{2}}$

$\qquad = 2 \int \dfrac{\mathrm{d}\left(\dfrac{x}{2} \right)}{\left(\sin \dfrac{x}{2} + \cos \dfrac{x}{2} \right)^2}$

$\qquad \xrightarrow{\text{令 } x/2 = t} 2 \int \dfrac{\mathrm{d}t}{(\sin t + \cos t)^2}$

$\qquad = -\dfrac{2}{1 + \tan t} + C$

$\qquad = -\dfrac{2}{1 + \tan \dfrac{x}{2}} + C.$

【注】 $\displaystyle\int \dfrac{\mathrm{d}t}{(\sin t + \cos t)^2}$ 见 P209 4.3 节第 6（2）题的解法.

(9) 原式 $= \dfrac{1}{2} \int \dfrac{\mathrm{d}(\sin^2 x)}{1 + (\sin^2 x)^2} = \dfrac{1}{2} \arctan(\sin^2 x) + C.$

7. 求下列不定积分.

(1) $\displaystyle\int \dfrac{\mathrm{d}x}{\sqrt{1 - x - x^2}}$;　　　　(2) $\displaystyle\int \dfrac{x\mathrm{d}x}{\sqrt{2x^2 - 4x}}$;

(3) $\int \dfrac{x + 1}{\sqrt{x^2 + x + 1}} \mathrm{d}x.$

【解】 (1) 原式 $= \int \dfrac{\mathrm{d}\left(x + \dfrac{1}{2}\right)}{\sqrt{\dfrac{5}{4} - \left(x + \dfrac{1}{2}\right)^2}} = \arcsin \dfrac{2x + 1}{\sqrt{5}} + C.$

(2) 原式 $= \int \dfrac{(x - 1) + 1}{\sqrt{2x^2 - 4x}} \mathrm{d}x$

$= \dfrac{1}{4} \int \dfrac{\mathrm{d}(2x^2 - 4x)}{\sqrt{2x^2 - 4x}} + \dfrac{1}{\sqrt{2}} \int \dfrac{\mathrm{d}(x - 1)}{\sqrt{(x - 1)^2 - 1}}$

$= \dfrac{1}{2}\sqrt{2x^2 - 4x} + \dfrac{1}{\sqrt{2}} \ln\left| x - 1 + \sqrt{x^2 - 2x} \right| + C$

$= \dfrac{1}{\sqrt{2}} \left(\sqrt{x^2 - 2x} + \ln\left| x - 1 + \sqrt{x^2 - 2x} \right| \right) + C.$

【注】 $\int \dfrac{\mathrm{d}x}{\sqrt{x^2 - a^2}} = \ln\left| x + \sqrt{x^2 - a^2} \right| + C.$

(3) 原式 $= \int \dfrac{\left(x + \dfrac{1}{2}\right) + \dfrac{1}{2}}{\sqrt{x^2 + x + 1}} \mathrm{d}x$

$= \dfrac{1}{2} \int \dfrac{\mathrm{d}(x^2 + x + 1)}{\sqrt{x^2 + x + 1}} + \dfrac{1}{2} \int \dfrac{\mathrm{d}\left(x + \dfrac{1}{2}\right)}{\sqrt{\left(x + \dfrac{1}{2}\right)^2 + \dfrac{3}{4}}}$

$= \sqrt{x^2 + x + 1} + \dfrac{1}{2} \ln\left| x + \dfrac{1}{2} + \sqrt{x^2 + x + 1} \right| + C.$

【注】 $\int \dfrac{\mathrm{d}x}{\sqrt{x^2 + a^2}} = \ln\left| x + \sqrt{x^2 + a^2} \right| + C.$

4.4 定积分的计算

1. 计算下列定积分.

(1) $\int_0^{\frac{\pi}{2}} \cos^5 x \sin^2 x \, \mathrm{d}x$;

(2) $\int_1^{e^2} \dfrac{\mathrm{d}x}{x\sqrt{1 + \ln x}}$;

(3) $\int_{\ln 2}^{2\ln 2} \dfrac{\mathrm{d}x}{e^x - 1}$;

(4) $\int_3^8 \dfrac{x}{\sqrt{1 + x}} \mathrm{d}x$;

(5) $\int_1^2 \dfrac{\sqrt{x^2-1}}{x}dx$; 　　　　(6) $\int_0^1 \sqrt{(1-x^2)^3}dx$;

(7) $\int_1^3 \dfrac{dx}{x\sqrt{x^2+5x+1}}$; 　　　　(8) $\int_0^\pi \sqrt{\sin^3 x - \sin^5 x}dx$;

(9) $\int_0^{-\ln 2} \sqrt{1-e^{2x}}dx$.

【解】　(1) 原式 $= \int_0^{\frac{\pi}{2}}\cos^5 x dx - \int_0^{\frac{\pi}{2}}\cos^7 x dx = \dfrac{4!!}{5!!} - \dfrac{6!!}{7!!} = \dfrac{8}{105}$.

(2) 原式 $= \int_1^{e^2}\dfrac{d(1+\ln x)}{\sqrt{1+\ln x}} = 2\sqrt{1+\ln x}\Big|_1^{e^2} = 2(\sqrt{3}-1)$.

(3) 原式 $= \big[\ln|e^x-1| - x\big]_{\ln 2}^{2\ln 2} = \ln\dfrac{3}{2}$.

(4) 原式 $= \int_3^8\left(\sqrt{1+x} - \dfrac{1}{\sqrt{1+x}}\right)d(1+x)$

$= \left[\dfrac{2}{3}(1+x)^{\frac{3}{2}} - 2(1+x)^{\frac{1}{2}}\right]_3^8 = 10\dfrac{2}{3}$.

(5) 原式 $\xlongequal{x=\sec t} \int_0^{\frac{\pi}{3}}\dfrac{\tan t}{\sec t}\cdot \sec t \tan t dt = \int_0^{\frac{\pi}{3}}\tan^2 t dt = \int_0^{\frac{\pi}{3}}(\sec^2 t - 1)dt$

$= (\tan t - t)\Big|_0^{\frac{\pi}{3}} = \sqrt{3} - \dfrac{\pi}{3}$.

(6) 原式 $\xlongequal{x=\sin t} \int_0^{\frac{\pi}{2}}\sqrt{(1-\sin^2 t)^3}\cos t dt = \int_0^{\frac{\pi}{2}}\cos^4 t dt$

$= \dfrac{3!!}{4!!}\cdot\dfrac{\pi}{2} = \dfrac{3\pi}{16}$.

(7) 原式 $\xlongequal{x=\frac{1}{t}} -\int_1^{\frac{1}{3}}\dfrac{dt}{\sqrt{t^2+5t+1}} = -\int_1^{\frac{1}{3}}\dfrac{d\left(t+\dfrac{5}{2}\right)}{\sqrt{\left(t+\dfrac{5}{2}\right)^2 - \dfrac{21}{4}}}$

$= -\ln\left|t+\dfrac{5}{2}+\sqrt{t^2+5t+1}\right|_1^{\frac{1}{3}} = \ln\left(\dfrac{7}{2}+\sqrt{7}\right) - \ln\dfrac{9}{2}$

$= \ln\dfrac{7+2\sqrt{7}}{9}$.

(8) 原式 $= \int_0^\pi \sqrt{\sin^3 x \cdot |\cos x|}dx$

$$= \int_0^{\frac{\pi}{2}} (\sin x)^{\frac{3}{2}} \cos x \mathrm{d}x - \int_{\frac{\pi}{2}}^{\pi} (\sin x)^{\frac{3}{2}} \cos x \mathrm{d}x$$

$$= \int_0^{\frac{\pi}{2}} (\sin x)^{\frac{3}{2}} \mathrm{d}(\sin x) - \int_{\frac{\pi}{2}}^{\pi} (\sin x)^{\frac{3}{2}} \mathrm{d}(\sin x)$$

$$= \frac{2}{5} (\sin x)^{\frac{5}{2}} \Big|_0^{\frac{\pi}{2}} - \frac{2}{5} (\sin x)^{\frac{5}{2}} \Big|_{\frac{\pi}{2}}^{\pi} = \frac{4}{5}.$$

(9) 原式 $\xrightarrow[x = \frac{1}{2}\ln(1-t^2)]{\sqrt{1-\mathrm{e}^{2x}} = t} \int_0^{\frac{\sqrt{3}}{2}} \frac{-t^2}{1-t^2} \mathrm{d}t = \int_0^{\frac{\sqrt{3}}{2}} \left(1 - \frac{1}{1-t^2}\right) \mathrm{d}t$

$$= \int_0^{\frac{\sqrt{3}}{2}} \left(1 - \frac{1}{2} \cdot \frac{1}{1-t} - \frac{1}{2} \cdot \frac{1}{1+t}\right) \mathrm{d}t$$

$$= \left(t + \frac{1}{2}\ln\left|\frac{1-t}{1+t}\right|\right) \Big|_0^{\frac{\sqrt{3}}{2}} = \frac{\sqrt{3}}{2} + \frac{1}{2}\ln\left(\frac{2-\sqrt{3}}{2+\sqrt{3}}\right)$$

$$= \frac{\sqrt{3}}{2} + \ln(2 - \sqrt{3}).$$

2. 计算下列定积分.

(1) $\int_1^{\mathrm{e}} x^2 \ln x \mathrm{d}x$;

(2) $\int_0^{\sqrt{3}} x \arctan x \mathrm{d}x$;

(3) $\int_0^{\frac{\pi}{2}} \mathrm{e}^{2x} \cos x \mathrm{d}x$;

(4) $\int_0^3 \arcsin\sqrt{\frac{x}{1+x}} \mathrm{d}x$;

(5) $\int_0^{\frac{\pi}{2}} \cos^7 x \mathrm{d}x$;

(6) $\int_0^{\pi} \sin^8 \frac{x}{2} \mathrm{d}x$;

(7) $\int_{-\pi}^{\pi} x \cos x \mathrm{d}x$;

(8) $\int_{\frac{\pi}{4}}^{\frac{\pi}{3}} \frac{x}{\sin^2 x} \mathrm{d}x$;

(9) $\int_1^{\mathrm{e}} \sin(\ln x) \mathrm{d}x$.

【解】 (1) 原式 $= \frac{1}{3} \int_1^{\mathrm{e}} \ln x \mathrm{d}x^3 = \frac{1}{3}\left(x^3 \ln x \Big|_1^{\mathrm{e}} - \int_1^{\mathrm{e}} x^3 \frac{1}{x} \mathrm{d}x\right)$

$$= \frac{1}{3}\left(\mathrm{e}^3 - \frac{1}{3}\mathrm{e}^3 + \frac{1}{3}\right) = \frac{2}{9}\mathrm{e}^3 + \frac{1}{9}.$$

(2) 原式 $= \int_0^{\sqrt{3}} \arctan x \mathrm{d}\left(\frac{x^2}{2}\right) = \frac{x^2}{2}\arctan x \Big|_0^{\sqrt{3}} - \int_0^{\sqrt{3}} \frac{x^2}{2(1+x^2)} \mathrm{d}x$

$$= \frac{\pi}{2} - \frac{1}{2}\int_0^{\sqrt{3}}\left(1 - \frac{1}{1+x^2}\right)\mathrm{d}x = \frac{\pi}{2} - \frac{1}{2}(x - \arctan x) \Big|_0^{\sqrt{3}}$$

$$= \frac{2\pi}{3} - \frac{\sqrt{3}}{2}.$$

（3）原式 $= I = \int_0^{\frac{\pi}{2}} e^{2x} d(\sin x) = e^{2x} \sin x \Big|_0^{\frac{\pi}{2}} - \int_0^{\frac{\pi}{2}} 2e^{2x} \sin x dx$

$$= e^{\pi} + 2\int_0^{\frac{\pi}{2}} e^{2x} d(\cos x)$$

$$= e^{\pi} + 2\left[e^{2x} \cos x \Big|_0^{\frac{\pi}{2}} - 2\int_0^{\frac{\pi}{2}} e^{2x} \cos x dx \right] = e^{\pi} - 2 - 4I,$$

所以，原式 $= \frac{1}{5}(e^{\pi} - 2)$.

（4）原式 $\underset{1+x=\frac{1}{1-t^2}}{\overset{\sqrt{\frac{x}{1+x}}=t}{=\!=\!=\!=\!=}} \int_0^{\frac{\sqrt{3}}{2}} \arcsin t \, d\left(\frac{1}{1-t^2} \right)$

$$= \frac{\arcsin t}{1-t^2} \Big|_0^{\frac{\sqrt{3}}{2}} - \int_0^{\frac{\sqrt{3}}{2}} \frac{1}{(1-t^2)^{\frac{3}{2}}} dt \overset{t=\sin y}{=\!=\!=\!=} \frac{4}{3}\pi - \int_0^{\frac{\pi}{3}} \frac{1}{\cos^2 y} dy$$

$$= \frac{4}{3}\pi - \tan y \Big|_0^{\frac{\pi}{3}} = \frac{4}{3}\pi - \sqrt{3}.$$

（5）原式 $= \frac{6!!}{7!!} = \frac{16}{35}$.

【注】 $\int_0^{\frac{\pi}{2}} \cos^n x dx = \int_0^{\frac{\pi}{2}} \sin^n x dx = \frac{(n-1)!!}{n!!}$（$n$ 为奇数）.

（6）原式 $\overset{\frac{x}{2}=t}{=\!=\!=\!=} 2\int_0^{\frac{\pi}{2}} \sin^8 t dt = 2 \cdot \frac{7!!}{8!!} \cdot \frac{\pi}{2} = \frac{35}{128}\pi$.

【注】 $\int_0^{\frac{\pi}{2}} \sin^n x dx = \int_0^{\frac{\pi}{2}} \cos^n x dx = \frac{(n-1)!!}{n!!} \cdot \frac{\pi}{2}$（$n$ 为偶数）.

（7）被积函数是奇函数，故原式 $=0$.

（8）原式 $= \int_{\frac{\pi}{4}}^{\frac{\pi}{3}} x d(-\cot x) = -x\cot x \Big|_{\frac{\pi}{4}}^{\frac{\pi}{3}} + \int_{\frac{\pi}{4}}^{\frac{\pi}{3}} \cot x dx$

$$= \left(\frac{1}{4} - \frac{\sqrt{3}}{9} \right)\pi + \ln|\sin x| \Big|_{\frac{\pi}{4}}^{\frac{\pi}{3}} = \left(\frac{1}{4} - \frac{\sqrt{3}}{9} \right)\pi + \frac{1}{2}\ln\frac{3}{2}.$$

（9）原式 $= I = x\sin(\ln x) \Big|_1^e - \int_1^e \cos(\ln x) dx$

$$= e\sin 1 - \left[x\cos(\ln x) \Big|_1^e + \int_1^e \sin(\ln x)\,dx \right]$$

$$= e\sin 1 - e\cos 1 + 1 - I,$$

所以原式 $= \dfrac{e}{2}(\sin 1 - \cos 1) + \dfrac{1}{2}$.

3. 计算下列定积分.

(1) $\displaystyle\int_{-5}^{5} \dfrac{x^3\sin^2 x}{1 + x^2 + x^4}\,dx$; \qquad (2) $\displaystyle\int_{-\frac{1}{2}}^{\frac{1}{2}} \dfrac{x\arcsin x}{\sqrt{1 - x^2}}\,dx$;

(3) $\displaystyle\int_{-\frac{\pi}{2}}^{\frac{\pi}{2}} \sqrt{\cos x - \cos^3 x}\,dx$.

【解】 (1) 被积函数为奇函数，故原式 $= 0$.

(2) 原式 $= 2\displaystyle\int_0^{\frac{1}{2}} \dfrac{x\arcsin x}{\sqrt{1 - x^2}}\,dx = 2\int_0^{\frac{1}{2}} \arcsin x\,d\left(-\sqrt{1 - x^2} \right)$

$$= 2\left(-\sqrt{1 - x^2}\arcsin x \Big|_0^{\frac{1}{2}} + \int_0^{\frac{1}{2}} dx \right) = 2\left(-\dfrac{\sqrt{3}}{12}\pi + \dfrac{1}{2} \right)$$

$$= 1 - \dfrac{\sqrt{3}}{6}\pi.$$

(3) 原式 $= 2\displaystyle\int_0^{\frac{\pi}{2}} \sqrt{\cos x - \cos^3 x}\,dx = 2\int_0^{\frac{\pi}{2}} \sqrt{\cos x}\sin x\,dx$

$$= -2\int_0^{\frac{\pi}{2}} \sqrt{\cos x}\,d(\cos x) = -2\cdot\dfrac{2}{3}(\cos x)^{\frac{3}{2}} \Big|_0^{\frac{\pi}{2}} = \dfrac{4}{3}.$$

4. 证明：$\displaystyle\int_x^1 \dfrac{dt}{1 + t^2} = \int_1^{\frac{1}{x}} \dfrac{dt}{1 + t^2}$.

【证明】 $\displaystyle\int_x^1 \dfrac{dt}{1 + t^2} \xlongequal{t = \frac{1}{s}} \int_{\frac{1}{x}}^1 \dfrac{-\frac{1}{s^2}ds}{1 + \left(\frac{1}{s}\right)^2} = \int_1^{\frac{1}{x}} \dfrac{ds}{1 + s^2} = \int_1^{\frac{1}{x}} \dfrac{dt}{1 + t^2}$.

5. 证明：$\displaystyle\int_0^1 x^m(1 - x)^n\,dx = \int_0^1 x^n(1 - x)^m\,dx$，其中 m、n 为正整数.

【证明】 $\displaystyle\int_0^1 x^m(1 - x)^n\,dx \xlongequal{x = 1 - t} -\int_1^0 t^n(1 - t)^m\,dt$

$$= \int_0^1 t^n(1 - t)^m\,dt = \int_0^1 x^n(1 - x)^m\,dx.$$

【推论】 $\displaystyle\int_0^a x^m(a - x)^n\,dx = \int_0^a x^n(a - x)^m\,dx$.

6. 设 $I_n = \int_0^{\frac{\pi}{4}} \tan^n x \mathrm{d}x$，其中 n 为大于 1 的整数，证明：$I_n = \dfrac{1}{n-1} - I_{n-2}$，并利用此递推公式计算 $\int_0^{\frac{\pi}{4}} \tan^5 x \mathrm{d}x$.

【证明】 $I_n = \int_0^{\frac{\pi}{4}} \tan^{n-2}x(\sec^2 x - 1)\mathrm{d}x = \int_0^{\frac{\pi}{4}} \tan^{n-2}x \mathrm{d}(\tan x) - I_{n-2}$

$$= \frac{\tan^{n-1}x}{n-1}\Big|_0^{\frac{\pi}{4}} - I_{n-2} = \frac{1}{n-1} - I_{n-2},$$

$$\int_0^{\frac{\pi}{4}} \tan^5 x \mathrm{d}x = I_5 = \frac{1}{4} - I_3 = \frac{1}{4} - \left(\frac{1}{2} - I_1\right)$$

$$= -\frac{1}{4} + \int_0^{\frac{\pi}{4}} \tan x \mathrm{d}x = -\frac{1}{4} - \ln\big|\cos x\big|\Big|_0^{\frac{\pi}{4}}$$

$$= \frac{1}{2}\ln 2 - \frac{1}{4}.$$

7. 设 $f(x) = \begin{cases} 1+x^2 & 0 \leqslant x \leqslant 1 \\ 2-x & 1 < x < 2 \end{cases}$，计算 $\int_0^2 f(x)\mathrm{e}^x \mathrm{d}x$.

【解】 $\int_0^2 f(x)\mathrm{e}^x \mathrm{d}x = \int_0^1 (1+x^2)\mathrm{e}^x \mathrm{d}x + \int_1^2 (2-x)\mathrm{e}^x \mathrm{d}x$

$$= \int_0^1 (1+x^2)\mathrm{d}\mathrm{e}^x + \int_1^2 (2-x)\mathrm{d}\mathrm{e}^x$$

$$= (1+x^2)\mathrm{e}^x \Big|_0^1 - \int_0^1 2x\mathrm{e}^x \mathrm{d}x + (2-x)\mathrm{e}^x \Big|_1^2 + \int_1^2 \mathrm{e}^x \mathrm{d}x$$

$$= 2\mathrm{e} - 1 - \int_0^1 2x\mathrm{d}\mathrm{e}^x - \mathrm{e} + \mathrm{e}^x \big|_1^2$$

$$= \mathrm{e}^2 - 1 - (2x\mathrm{e}^x - 2\mathrm{e}^x)\Big|_0^1 = \mathrm{e}^2 - 3.$$

4.5　广义积分

1. 求下列广义积分.

(1) $\int_0^{+\infty} \mathrm{e}^{-x}\mathrm{d}x$;　　　　(2) $\int_1^{+\infty} \dfrac{\mathrm{d}x}{x(x+1)}$;

(3) $\int_{-\infty}^{-1} \dfrac{\mathrm{d}x}{x^2(x^2+1)}$;　　(4) $\int_0^{+\infty} x\mathrm{e}^{-x^2}\mathrm{d}x$;

(5) $\int_1^{+\infty} \dfrac{\arctan x}{x^2}\mathrm{d}x$;　　(6) $\int_0^{+\infty} \mathrm{e}^{-ax}\cos bx \mathrm{d}x$　$(a > 0)$;

$(7) \int_0^1 \dfrac{\mathrm{d}x}{\sqrt{x}};$ $\qquad (8) \int_0^1 \ln x \mathrm{d}x;$

$(9) \int_0^1 \dfrac{x}{\sqrt{1-x^2}} \mathrm{d}x;$ $\qquad (10) \int_a^{2a} \dfrac{\mathrm{d}x}{(x-a)^{\frac{3}{2}}}.$

【解】 (1) 原式 $= -\mathrm{e}^{-x} \big|_0^{+\infty} = -(0 - \mathrm{e}^0) = 1.$

(2) 原式 $= \int_1^{+\infty} \left(\dfrac{1}{x} - \dfrac{1}{x+1} \right) \mathrm{d}x = \ln \left| \dfrac{x}{x+1} \right| \Big|_1^{+\infty} = -\ln \dfrac{1}{2} = \ln 2.$

(3) 原式 $= \int_{-\infty}^{-1} \left(\dfrac{1}{x^2} - \dfrac{1}{x^2+1} \right) \mathrm{d}x = -\dfrac{1}{x} \Big|_{-\infty}^{-1} - \arctan x \Big|_{-\infty}^{-1}$

$\qquad = 1 - \dfrac{\pi}{4}.$

(4) 原式 $= -\dfrac{1}{2} \int_0^{+\infty} \mathrm{e}^{-x^2} \mathrm{d}(-x^2) = -\dfrac{1}{2} \mathrm{e}^{-x^2} \Big|_0^{+\infty} = \dfrac{1}{2}.$

(5) 原式 $= -\int_1^{+\infty} \arctan x \mathrm{d}\left(\dfrac{1}{x} \right)$

$\qquad = -\left(\dfrac{1}{x} \arctan x \Big|_1^{+\infty} - \int_1^{+\infty} \dfrac{1}{x} \cdot \dfrac{1}{1+x^2} \mathrm{d}x \right)$

$\qquad = \dfrac{\pi}{4} + \int_1^{+\infty} \left(\dfrac{1}{x} - \dfrac{x}{1+x^2} \right) \mathrm{d}x = \dfrac{\pi}{4} + \ln \dfrac{x}{\sqrt{1+x^2}} \Big|_1^{+\infty}$

$\qquad = \dfrac{\pi}{4} + \dfrac{1}{2} \ln 2.$

(6) $\int_0^{+\infty} \mathrm{e}^{-ax} \cos bx \mathrm{d}x = -\dfrac{1}{a} \int_0^{+\infty} \cos bx \mathrm{d}(\mathrm{e}^{-ax})$

$\qquad = -\dfrac{1}{a} \left(\mathrm{e}^{-ax} \cos bx \Big|_0^{+\infty} - \int_0^{+\infty} \mathrm{e}^{-ax} b(-\sin bx) \mathrm{d}x \right)$

$\qquad = \dfrac{1}{a} - \dfrac{b}{a} \int_0^{+\infty} \mathrm{e}^{-ax} \sin bx \mathrm{d}x$

$\qquad = \dfrac{1}{a} + \dfrac{b}{a^2} \int_0^{+\infty} \sin bx \mathrm{d}(\mathrm{e}^{-ax})$

$\qquad = \dfrac{1}{a} + \dfrac{b}{a^2} \left(\mathrm{e}^{-ax} \sin bx \Big|_0^{+\infty} - b \int_0^{+\infty} \mathrm{e}^{-ax} \cos bx \mathrm{d}x \right)$

$\qquad = \dfrac{1}{a} - \dfrac{b^2}{a^2} \int_0^{+\infty} \mathrm{e}^{-ax} \cos bx \mathrm{d}x,$

所以原式 $= \dfrac{a}{a^2+b^2}.$

(7) 原式 $= \lim\limits_{s \to 0^+} \int_s^1 \frac{1}{\sqrt{x}} \mathrm{d}x = \lim\limits_{s \to 0^+} 2\sqrt{x} \Big|_s^1 = \lim\limits_{s \to 0^+} [2 - \sqrt{s}] = 2.$

(8) 原式 $= \lim\limits_{s \to 0^+} \int_s^1 \ln x \mathrm{d}x = \lim\limits_{s \to 0^+} \Big[x\ln x \Big|_s^1 - \int_s^1 \mathrm{d}x \Big] = \lim\limits_{s \to 0^+} [x\ln x - x] \Big|_s^1$

$= -1 + \lim\limits_{s \to 0^+} \frac{\ln s - 1}{\frac{1}{s}} \xrightarrow[\text{法则}]{\text{洛必达}} -1 + \lim\limits_{s \to 0^+} (-s) = -1.$

(9) 原式 $= \lim\limits_{s \to 0^+} \Big[-\frac{1}{2} \int_s^1 \frac{\mathrm{d}(1 - x^2)}{\sqrt{1 - x^2}} \Big] = -\frac{1}{2} \lim\limits_{s \to 0^+} 2\sqrt{1 - x^2} \Big|_s^1$

$= \lim\limits_{s \to 0^+} [0 - \sqrt{1 - s^2}] \Big| = 1.$

(10) 原式 $= \lim\limits_{s \to a^+} \int_s^{2a} \frac{\mathrm{d}(x - a)}{(x - a)^{\frac{3}{2}}} = \lim\limits_{s \to a^+} \frac{-2}{(x - a)^{\frac{1}{2}}} \Big|_s^{2a}$

$= \frac{-2}{a^{\frac{1}{2}}} + \lim\limits_{s \to a^+} \frac{2}{(s - a)^{\frac{1}{2}}} = +\infty,$

故该广义积分发散.

2. 求曲线 $y = xe^{-\frac{x^2}{2}}$ 与其渐近线之间的面积.

【解】　因为 $\lim\limits_{x \to \infty} y = xe^{-\frac{x^2}{2}} = 0$，该曲线的渐近线为 $y = 0$，故曲线与渐近线之间的面积

$$A = \int_{-\infty}^{+\infty} |xe^{-\frac{x^2}{2}}| \mathrm{d}x = \int_{-\infty}^0 (-xe^{-\frac{x^2}{2}}) \mathrm{d}x + \int_0^{+\infty} xe^{-\frac{x^2}{2}} \mathrm{d}x$$

$$= \int_{-\infty}^0 e^{-\frac{x^2}{2}} \mathrm{d}\Big(-\frac{x^2}{2}\Big) - \int_0^{+\infty} e^{-\frac{x^2}{2}} \mathrm{d}\Big(-\frac{x^2}{2}\Big) = e^{-\frac{x^2}{2}} \Big|_{-\infty}^0 - e^{-\frac{x^2}{2}} \Big|_0^{+\infty}$$

$$= 1 + 1 = 2.$$

4.6　定积分的几何应用

1. 求由抛物线 $y = \frac{x^2}{4}$ 与直线 $3x - 2y - 4 = 0$ 所围图形的面积.

【解】　所围图形如图 4-1 所示，联立曲线方程 $\begin{cases} y = \dfrac{x^2}{4} \\ 3x - 2y - 4 = 0 \end{cases}$ 得

交点 $(2,1)$，$(4,4)$，选取 x 作为积分变量，则

$$\mathrm{d}A = \Big(\frac{3}{2}x - 2 - \frac{x^2}{4} \Big) \mathrm{d}x,$$

故　$A = \int_2^4 \Big(\frac{3}{2}x - 2 - \frac{x^2}{4} \Big) \mathrm{d}x = \Big(\frac{3}{4}x^2 - 2x - \frac{x^3}{12} \Big) \Big|_2^4 = \frac{1}{3}.$

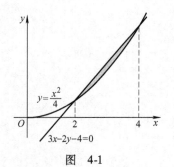

图　4-1

2. 求正弦曲线 $y = \sin x$ 在区间 $[0, 2\pi]$ 上的一段与 x 轴所围图形的面积.

【解】 所围图形如图 4-2 所示,设 A_1 为曲线 $y = \sin x$ 在 $[0, \pi]$ 上的面积,则 $\mathrm{d}A_1 = \sin x \mathrm{d}x$,由对称性得

$$A = 2A_1 = 2\int_0^\pi \sin x \mathrm{d}x = 2(-\cos x)\Big|_0^\pi = 4.$$

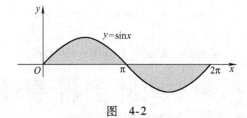

图 4-2

3. 求由抛物线 $y^2 = -4(x-1)$ 与 $y^2 = -2(x-2)$ 围成的图形的面积.

【解】 所围图形如图 4-3 所示,联立曲线方程 $\begin{cases} y^2 = -4(x-1) \\ y^2 = -2(x-2) \end{cases}$ 得交点 $(0, -2)$,$(0, 2)$,选取 y 作为积分变量,设 A_1 为两条曲线在第一象限围成的图形的面积,则

$$\mathrm{d}A_1 = \left[\left(-\frac{y^2}{2}+2\right)-\left(-\frac{y^2}{4}+1\right)\right]\mathrm{d}y = \left(-\frac{y^2}{4}+1\right)\mathrm{d}y,$$

由对称性 $A = 2A_1 = 2\int_0^2 \left(-\frac{y^2}{4}+1\right)\mathrm{d}y = 2\left(-\frac{y^3}{12}+y\right)\Big|_0^2 = \frac{8}{3}.$

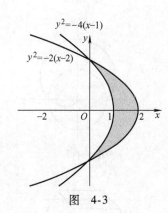

图 4-3

4. 求由摆线 $\begin{cases} x = a(t-\sin t) \\ y = a(1-\cos t) \end{cases}$ 的一拱 $(0 \leqslant t \leqslant 2\pi)$ 与 x 轴所围图形的面积.

【解】 所围图形如图 4-4 所示,设 A_1 为摆线与 x 轴在 $t \in [0, \pi]$ 上所围图形的面积,则 $\mathrm{d}A_1 = y\mathrm{d}x$,由对称性得

$$A = 2A_1 = 2\int_0^{\pi a} y\mathrm{d}x = 2\int_0^\pi a^2(1-\cos t)^2 \mathrm{d}t$$

$$= 8a^2 \int_0^\pi \sin^4\frac{t}{2}\mathrm{d}t \xlongequal{\frac{t}{2}=u} 16a^2 \int_0^{\frac{\pi}{2}} \sin^4 u \mathrm{d}u$$

$$= 16a^2 \cdot \frac{3!!}{4!!} \cdot \frac{\pi}{2} = 3\pi a^2.$$

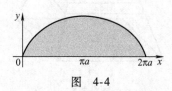

图 4-4

219

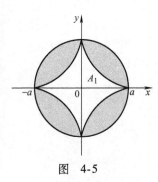

图 4-5

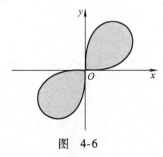

图 4-6

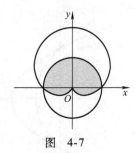

图 4-7

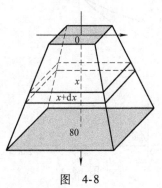

图 4-8

5. 求星形线 $\begin{cases} x = a\cos^3 t \\ y = a\sin^3 t \end{cases}$ 与圆 $\begin{cases} x = a\cos t \\ y = a\sin t \end{cases}$ 所围图形的面积.

【解】 所围图形如图 4-5 所示,设 A_1 为星形线与 x 轴在第一象限围成的图形的面积,则 $dA_1 = y dx$,

$$A = 圆的面积 - 4A_1 = \pi a^2 - 4\int_0^a y dx$$

$$= \pi a^2 - 4\int_{\frac{\pi}{2}}^0 a\sin^3 t \cdot 3a\cos^2 t (-\sin t) dt$$

$$= \pi a^2 - 12a^2 \int_0^{\frac{\pi}{2}} (\sin^4 t - \sin^6 t) dt$$

$$= \pi a^2 - 12a^2 \left(\frac{3!!}{4!!} \cdot \frac{\pi}{2} - \frac{5!!}{6!!} \cdot \frac{\pi}{2} \right) = \frac{5}{8}\pi a^2.$$

6. 求双纽线 $\rho^2 = 4\sin 2\theta$ 所围图形的面积.

【解】 所围图形如图 4-6 所示,由方程知 $\sin 2\theta \geqslant 0$,即 $0 \leqslant 2\theta \leqslant \pi$ 或 $2\pi \leqslant 2\theta \leqslant 3\pi$,得 $0 \leqslant \theta \leqslant \frac{\pi}{2}$ 或 $\pi \leqslant \theta \leqslant \frac{3}{2}\pi$,故双纽线的两个分支分别位于第一象限和第三象限,由对称性

$$A = 2\int_0^{\frac{\pi}{2}} \frac{1}{2}\rho^2 d\theta = 4\int_0^{\frac{\pi}{2}} \sin 2\theta d\theta = -2\cos 2\theta \Big|_0^{\frac{\pi}{2}} = 4.$$

7. 求圆 $\rho = 1$ 与心形线 $\rho = 1 + \sin\theta$ 所围图形公共部分的面积.

【解】 所围图形如图 4-7 所示,设 A_1 为心形线与 x 轴在第四象限围成的图形的面积,则

$$dA_1 = \frac{1}{2}(1 + \sin\theta)^2 d\theta,$$

由对称性

$$A = 半圆的面积 + 2A_1 = \frac{1}{2}\pi \cdot 1^2 + 2\int_{-\frac{\pi}{2}}^0 \frac{1}{2}(1 + \sin\theta)^2 d\theta$$

$$= \frac{\pi}{2} + \int_{-\frac{\pi}{2}}^0 (1 + 2\sin\theta + \sin^2\theta) d\theta = \frac{5}{4}\pi - 2.$$

8. 已知塔高为 80m,距离其顶点 xm 处的水平截面是边长为 $\frac{1}{400}(x + 40)^2$ (单位为 m) 的正方形,求塔的体积.

【解】 如图 4-8 所示建立坐标系,则 $A(x) = \frac{1}{400^2}(x + 40)^4$,

$$V = \int_0^{80} A(x)\,\mathrm{d}x = \frac{1}{400^2}\int_0^{80}(x+40)^4\,\mathrm{d}(x+40)$$

$$= \frac{(x+40)^5}{400^2 \times 5}\bigg|_0^{80} = 30976\,(\mathrm{m}^3)$$

9. 一立体的底面是一半径为 5 的圆面，已知垂直于底面的一条固定直径的截面积都是等边三角形，求立体的体积.

【解】 设立体如图 4-9 所示，固定直径在 x 轴上，则立体底面圆的方程为 $x^2 + y^2 = 5^2$，且位于 x 轴上点 x 处的截面是一边长为 $2|y|$ 的等边三角形，其高为 $\sqrt{3}\,|y|$，面积为

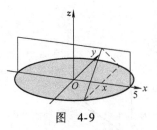

图 4-9

$$A(x) = \frac{1}{2}(2|y|)(\sqrt{3}\,|y|) = \sqrt{3}\,y^2 = \sqrt{3}(5^2 - x^2),$$

由对称性，立体的体积为

$$V = 2\int_0^5 A(x)\,\mathrm{d}x = 2\sqrt{3}\int_0^5(5^2 - x^2)\,\mathrm{d}x = \frac{500}{\sqrt{3}},$$

截面积 $A(x)$ 还可以由正弦定理得到：由于底面弦长为 $2\sqrt{5^2 - x^2}$，所以

$$A(x) = \frac{1}{2}2\sqrt{5^2 - x^2} \cdot 2\sqrt{5^2 - x^2} \cdot \sin\left(\frac{\pi}{3}\right) = \sqrt{3}(5^2 - x^2).$$

10. 求下列旋转体的体积.

（1） 在第一象限中，$xy = 9$ 与 $x + y = 10$ 之间的图形绕 y 轴旋转.

（2） 抛物线 $y^2 = 4x$ 与 $y^2 = 8x - 4$ 之间的图形绕 x 轴旋转.

（3） 在第一象限中，右边为圆周 $x^2 + y^2 = 25$，左边为抛物线 $16x = 3y^2$ 的图形绕 x 轴旋转.

（4） 摆线 $\begin{cases} x = a(t - \sin t) \\ y = a(1 - \cos t) \end{cases}$ 的一拱（$0 \leqslant t \leqslant 2\pi$）与 x 轴之间的图形绕 y 轴旋转.

【解】 （1） 曲线所围图形如图 4-10 所示，联立曲线方程 $\begin{cases} xy = 9 \\ x + y = 10 \end{cases}$ 得交点 $(1, 9)$, $(9, 1)$.

法 1：选取 y 作为积分变量，则 $\mathrm{d}V_y = \pi\left[(10 - y)^2 - \dfrac{9^2}{y^2}\right]\mathrm{d}y$，故

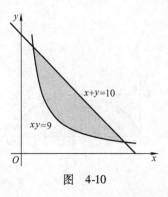

图 4-10

$$V_y = \pi \int_1^9 \left[(10 - y)^2 - \frac{9^2}{y^2} \right] dy = \frac{512}{3}\pi;$$

法 2：选取 x 作为积分变量，则

$$V_y = 2\pi \int_1^9 x \left[(10 - x) - \frac{9}{x} \right] dx = \frac{512}{3}\pi.$$

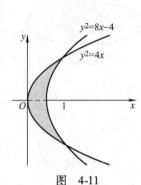

图 4-11

（2）曲线所围图形如图 4-11 所示，联立曲线方程 $\begin{cases} y^2 = 4x \\ y^2 = 8x - 4 \end{cases}$ 得交点 $(1, -2)$，$(1, 2)$，旋转体可视为由第一象限的平面图形绕 x 轴旋转而得.

法 1：选取 y 作为积分变量，则

$$dV_x = 2\pi y \left[\left(\frac{y^2 + 4}{8} \right) - \frac{y^2}{4} \right] dy = \pi \left(y - \frac{y^3}{4} \right) dy,$$

故 $V_x = \pi \int_0^2 \left(y - \frac{y^3}{4} \right) dy = \pi.$

法 2：选取 x 作为积分变量，则 $V_x = \pi \left[\int_0^1 4x dx - \int_{\frac{1}{2}}^1 (8x - 4) dx \right]$
$$= \pi.$$

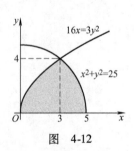

图 4-12

（3）曲线所围图形如图 4-12 所示，联立曲线方程 $\begin{cases} x^2 + y^2 = 25 \\ 16x = 3y^2 \end{cases}$ 得曲线在第一象限的交点 $(3, 4)$.

法 1：选取 x 作为积分变量，则 $V_x = V_1 + V_2$，

$$dV_1 = \pi \frac{16}{3} x dx, \quad dV_2 = \pi (25 - x^2) dx,$$

$$V_x = \frac{16\pi}{3} \int_0^3 x dx + \pi \int_3^5 (25 - x^2) dx = \frac{124}{3}\pi.$$

法 2：选取 y 作为积分变量，则 $V_x = 2\pi \int_0^4 y \left[\sqrt{25 - y^2} - \frac{3}{16} y^2 \right] dy = \frac{124}{3}\pi.$

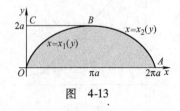

图 4-13

（4）曲线所围图形如图 4-13 所示，可看作平面图形 $OABC$ 与 OBC 分别绕 y 轴旋转构成的旋转体的体积之差.

法 1：选取 y 作为积分变量，则

$$V_y = \int_0^{2a} \pi x_2^2(y)\,\mathrm{d}y - \int_0^{2a} \pi x_1^2(y)\,\mathrm{d}y$$

$$= \pi \int_{2\pi}^{\pi} a^3(t - \sin t)^2 \sin t\,\mathrm{d}t - \pi \int_0^{\pi} a^3(t - \sin t)^2 \sin t\,\mathrm{d}t$$

$$= -\pi a^3 \int_0^{2\pi} (t - \sin t)^2 \sin t\,\mathrm{d}t = 6\pi^3 a^3.$$

法 2：选取 x 作为积分变量，则

$$V_y = 2\pi \int_0^{2\pi a} xy\,\mathrm{d}x = 2\pi a^3 \int_0^{2\pi} (t - \sin t)(1 - \cos t)^2\,\mathrm{d}t$$

$$\xrightarrow{u = t - \pi} 2\pi a^3 \int_{-\pi}^{\pi} (u + \pi + \sin u)(1 + \cos u)^2\,\mathrm{d}u$$

$$= 4\pi^2 a^3 \int_0^{\pi} (1 + \cos u)^2\,\mathrm{d}u = 4\pi^2 a^3 \int_0^{\pi} 4\cos^4 \frac{u}{2}\,\mathrm{d}u$$

$$\xrightarrow{\frac{u}{2} = s} 32\pi^2 a^3 \int_0^{\frac{\pi}{2}} \cos^4 s\,\mathrm{d}s = 32\pi^2 a^3 \frac{3!!}{4!!} \cdot \frac{\pi}{2} = 6\pi^3 a^3.$$

11. 钟形曲线 $y = \mathrm{e}^{-\frac{x^2}{2}}$ 绕 y 轴旋转形成一山峰状的旋转体，求其体积.

【解】 曲线所围图形如图 4-14 所示，因为 $\lim\limits_{x \to \infty} \mathrm{e}^{-\frac{x^2}{2}} = 0$，所以曲线以 $y = 0$ 为渐近线，所求旋转体可视为由第一象限的平面图形绕 y 轴旋转而得.

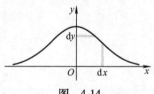

图 4-14

法 1：选 y 作为积分变量，则 $\mathrm{d}V_y = \pi x^2\,\mathrm{d}y = \pi(-2\ln y)\,\mathrm{d}y$，

$$V_y = \int_0^1 \pi(-2\ln y)\,\mathrm{d}y = \lim_{a \to 0^+} \int_a^1 \pi(-2\ln y)\,\mathrm{d}y$$

$$= \lim_{a \to 0^+} \left[-2\pi y(\ln y - 1) \right]_a^1 = 2\pi.$$

法 2：选取 x 作为积分变量，则 $\mathrm{d}V_y = 2\pi xy\,\mathrm{d}x = 2\pi x\mathrm{e}^{-x^2/2}\,\mathrm{d}x$，

$$V_y = 2\pi \int_0^{+\infty} x\mathrm{e}^{-x^2/2}\,\mathrm{d}x = -2\pi\mathrm{e}^{-x^2/2} \Big|_0^{+\infty} = 2\pi.$$

12. 求下列指定曲线段的弧长.

(1) 曲线 $y = \cosh x$ 从 $x = -1$ 到 $x = 1$.

(2) 曲线 $x = \dfrac{y^2}{4} - \dfrac{1}{2}\ln y$ 从 $y = 1$ 到 $y = \mathrm{e}$.

(3) 曲线 $\begin{cases} x = a(\cos t + t\sin t) \\ y = a(\sin t - t\cos t) \end{cases}$ 从 $t = 0$ 到 $t = 2\pi$.

(4) 曲线 $\rho = 2\theta^2$ 从 $\theta = 0$ 到 $\theta = 3$.

【解】 (1) $y' = \sinh x$, $\mathrm{d}s = \sqrt{1 + (y')^2}\mathrm{d}x = \cosh x$,

$$s = \int_{-1}^{1} \cosh x \mathrm{d}x = \sinh x \Big|_{-1}^{1} = \mathrm{e} - \mathrm{e}^{-1}.$$

(2) $x' = \dfrac{1}{2}\left(y - \dfrac{1}{y}\right)$, $\mathrm{d}s = \sqrt{1 + (x')^2}\mathrm{d}y = \dfrac{1}{2}\left(y + \dfrac{1}{y}\right)\mathrm{d}y$,

$$s = \frac{1}{2}\int_{1}^{\mathrm{e}}\left(y + \frac{1}{y}\right)\mathrm{d}y = \frac{1}{2}\left(\frac{y^2}{2} + \ln y\right)\Big|_{1}^{\mathrm{e}} = \frac{1}{4}(\mathrm{e}^2 + 1).$$

(3) $x' = at\cos t$, $y' = at\sin t$, $\mathrm{d}s = \sqrt{(x')^2 + (y')^2}\mathrm{d}t = at\mathrm{d}t$,

$$s = a\int_{0}^{2\pi} t\mathrm{d}t = 2a\pi^2.$$

(4) $\rho' = 4\theta$, $\mathrm{d}s = \sqrt{\rho^2 + (\rho')^2}\mathrm{d}\theta = 2\theta\sqrt{\theta^2 + 2^2}\mathrm{d}\theta$

$$= \sqrt{\theta^2 + 2^2}\mathrm{d}(\theta^2 + 2^2),$$

$$s = \int_{0}^{3}\sqrt{\theta^2 + 2^2}\mathrm{d}(\theta^2 + 2^2) = \frac{2}{3}(\theta^2 + 2^2)^{\frac{3}{2}}\Big|_{0}^{3} = \frac{2}{3}\left[(13)^{\frac{3}{2}} - 8\right].$$

4.7 定积分的物理应用

1. 细杆的线密度 $\rho_l = 6 + 0.3x$（单位为 kg/m），其中 x 为与杆左端的距离，杆长 10m，求细杆的质量.

【解】 $\mathrm{d}m = \rho_l \mathrm{d}x$，故 $m = \displaystyle\int_{0}^{10}(6 + 0.3x)\mathrm{d}x = 75(\mathrm{kg})$.

2. 一根平放的弹簧，拉长 10cm 时，要用 49N 的力，求拉长 15cm 时克服弹性力所做的功.

【解】 如图 4-15 所示选取坐标系，将平衡位置设为原点，将弹簧拉长 x 时，弹性力为 $f(x) = kx$，

由已知 $x = 0.1\mathrm{m}$ 时，$f = 49\mathrm{N}$，故 $k = 490$，所以 $f(x) = 490x$，

因为 $\mathrm{d}W = f(x)\mathrm{d}x = 490x\mathrm{d}x$，故所求功 $W = \displaystyle\int_{0}^{0.15} 490x\mathrm{d}x = 5.5125$（J）.

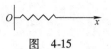

图 4-15

3. 半径为 20m 的半球形水池内存满水，求吸出池中全部水所做的功.

【解题要点】 为了计算简便，建立坐标系遵循以下原则：将中心或特殊点（如端点）置于原点.

【解】 法 1：如图 4-16a 所示选取坐标系，图中半圆为半球体的截面，

水的密度 $\rho = 1000\text{kg/m}^3$，半圆的方程为 $x^2 + y^2 = 20^2$，

将水池中位于 $[x, x + dx]$ 中的水吸出所做的功的微元为

$$dW = x \cdot \rho g \pi y^2 dx = 1000 g \pi x (20^2 - x^2) dx,$$

$$W = 1000 g \pi \int_0^{20} x (20^2 - x^2) dx = 4 \times 10^7 g \pi \approx 1.2315 \times 10^9 \ (\text{J}).$$

法 2：如图 4-16b 所示选取坐标系，图中半圆为半球体的截面，水的密度 $\rho = 1000\text{kg/m}^3$，

设半球体的半径为 R，水池中位于 θ 的表面的水的面积为 $\pi(R\cos\theta)^2$，

表面距水面的距离为 $R\sin\theta$，故图中薄片的体积为

$$\pi(R\cos\theta)^2 d(R\sin\theta),$$

因而将水池中位于 θ 的薄片的水吸出所做的功的微元为

$$dW = \rho g \pi (R\cos\theta)^2 d(R\sin\theta) R\sin\theta = \rho g \pi R^4 \cos^3\theta \sin\theta d\theta,$$

$$W = \rho g \pi R^4 \int_0^{\frac{\pi}{2}} \cos^3\theta \sin\theta d\theta = \rho g \pi R^4 \cdot \left. \frac{-\cos^4\theta}{4} \right|_0^{\frac{\pi}{2}} = \frac{1}{4} \rho g \pi R^4$$

$$= 4 \times 10^7 g \pi \approx 1.2315 \times 10^9 \ (\text{J}).$$

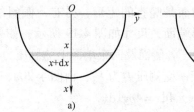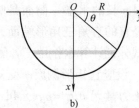

图 4-16

4. 某加油站把汽油存放在地下一容器中，容器为水平放置的圆柱体. 如果圆柱的底面半径为 1.5m，长度为 4m，并且最高点位于地面下方 3m 处，设容器装满了汽油，试求把容器中的汽油从容器中全部抽出所做的功（汽油的密度为 6.73kg/m^3）.

【解】 如图 4-17 所示选取坐标系，图中圆为圆柱体的截面，圆的方程为 $x^2 + y^2 = 1.5^2$，将容器位于区间 $[x, x + dx]$ 上的汽油抽出所做的功的微元

$$dW = (4.5 + x)(\rho g 2y \cdot 4 dx) = 8 \rho g (4.5 + x) \sqrt{1.5^2 - x^2} dx,$$

$$W = 8 \rho g \int_{-1.5}^{1.5} (4.5 + x) \sqrt{1.5^2 - x^2} dx = 8 \times 4.5 \times \rho g \int_{-1.5}^{1.5} \sqrt{1.5^2 - x^2} dx$$

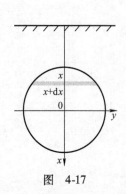

图 4-17

$$\frac{\text{由定积分的}}{\text{几何意义}} 8 \times 4.5 \times \rho g \times \frac{\pi}{2} \times 1.5^2$$

$$\approx 8 \times 4.5 \times 6.73 \times 9.8 \times \frac{\pi}{2} \times 1.5^2 \approx 8387.37 \; (\text{J}).$$

5. 有一等腰梯形闸门垂直立于水中，上底长 10m，下底长 6m，高 20m，上底恰好在水面处，计算闸门所受的侧压力.

【解】 如图 4-18 所示选取坐标系，则位于第一象限的侧边方程为 $y = 5 - \dfrac{x}{10}$，

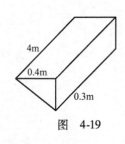

图　4-18

闸门位于区间 $[x, x + \mathrm{d}x]$ 上的面积微元

$$\mathrm{d}A = 2y\mathrm{d}x = 2\left(5 - \frac{x}{10}\right)\mathrm{d}x,$$

侧压力微元为 $\mathrm{d}P = \rho g x \mathrm{d}A = 2\rho g x\left(5 - \dfrac{x}{10}\right)\mathrm{d}x,$

故 $P = 2\rho g \displaystyle\int_0^{20} x\left(5 - \frac{x}{10}\right)\mathrm{d}x = \frac{4400}{3}\rho g$

$$\approx 1467 \times 10^3 \times 9.8 \approx 1.437 \times 10^7 \; (\text{N})$$

6. 一 4m 长的水槽一侧面是竖直的矩形，另有一倾斜的矩形侧面及两个竖直的直角三角形端面，尺寸如图 4-19 所示，如果水槽中装满水，试分别计算水作用于各侧面及两个端面上的侧压力.

【解】 设竖直矩形侧面所受侧压力为 P_1，由图 4-20a，

其侧压力微元 $\mathrm{d}P_1 = \rho g x \times 4\mathrm{d}x = 4\rho g x \mathrm{d}x,$

$$P_1 = \int_0^{0.3} \rho g x \times 4\mathrm{d}x = 4\rho g \int_0^{0.3} x\mathrm{d}x = 0.18\rho g$$

$$\approx 0.18 \times 1000 \times 9.8 = 1764(\text{N}).$$

设每个三角形侧面所受侧压力为 P_2，由图 4-20b，

三角形斜边的方程为 $y = 0.4 - \dfrac{4}{3}x,$

其侧压力微元 $\mathrm{d}P_2 = \rho g x \cdot y\mathrm{d}x = \rho g x\left(0.4 - \dfrac{4}{3}x\right)\mathrm{d}x,$

$$P_2 = \rho g \int_0^{0.3} x\left(0.4 - \frac{4}{3}x\right)\mathrm{d}x = 0.006\rho g$$

$$\approx 0.006 \times 1000 \times 9.8 \approx 58.8 \; (\text{N}).$$

设斜面所受侧压力为 P_3，由图 4-20b，

三角形斜边的方程为 $y = 0.4 - \dfrac{4}{3}x$，则 $y' = -\dfrac{4}{3}$，其侧压力微元

$$dP_3 = \rho g x \cdot 4 ds = 4 \rho g x \sqrt{1 + \left(-\dfrac{4}{3}\right)^2} dx = \dfrac{20}{3} \rho g x dx,$$

$$P_3 = \dfrac{20}{3} \rho g \int_0^{0.3} x dx = \dfrac{10}{3} \rho g \cdot 0.09 = 0.3 \times 1000 \times 9.8 = 2940 \text{ (N)}.$$

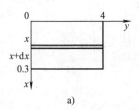 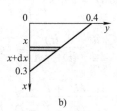

图 4-20

7. 长为 $2l$ 的直导线，均匀带电，电荷线密度为 δ（单位长导线所带的电荷），在导线的中垂线上与导线相距 a 处有带电荷量 q 的点电荷，求：

（1）它与导线间的作用力（计算两个点电荷 q_1、q_2 间的作用力可用库仑定律 $F = k \dfrac{q_1 q_2}{r^2}$）.

（2）点电荷由 a 点移到 b 点所做的功.

（3）点电荷由 a 点到无穷远点处所做的功.

【解】 如图 4-21 所示选取坐标系，

（1）在 $[-l, l]$ 上任取区间 $[x, x+dx]$，该小区间上的导线与 a 点的作用力微元 $dF = \dfrac{kq\delta dx}{x^2 + a^2}$，它在垂直方向上的分力

$$dF_y = dF \cdot \sin\alpha = \dfrac{a}{\sqrt{x^2 + a^2}} \cdot \dfrac{kq\delta dx}{x^2 + a^2} = \dfrac{akq\delta}{(x^2 + a^2)^{\frac{3}{2}}} dx,$$

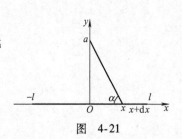

图 4-21

$$F_y = \int_{-l}^{l} \dfrac{akq\delta}{(x^2 + a^2)^{\frac{3}{2}}} dx \xrightarrow{x = a\tan t} \dfrac{2kq\delta}{a} \int_0^{\arctan\frac{l}{a}} \cos t dt = \dfrac{2kq\delta}{a} \cdot \dfrac{l}{\sqrt{l^2 + a^2}}.$$

由于导线关于 y 轴对称，且导线带电是均匀的，故导线在水平

方向上的分力 $F_x = 0$，

$$F = \sqrt{F_x^2 + F_y^2} = \frac{2kq\delta}{a} \cdot \frac{l}{\sqrt{l^2 + a^2}}.$$

（2）由（1）得 $F(y) = \frac{2kq\delta}{y} \cdot \frac{l}{\sqrt{l^2 + y^2}}$，

$$W_b = \int_a^b F(y)\mathrm{d}y = 2kq\delta l \int_a^b \frac{\mathrm{d}y}{y\sqrt{l^2 + y^2}} \xrightarrow{\frac{1}{\sqrt{l^2+y^2}} = t} 2kq\delta l \int_{\frac{1}{\sqrt{l^2+a^2}}}^{\frac{1}{\sqrt{l^2+b^2}}} \frac{\mathrm{d}t}{(lt)^2 - 1}$$

$$= 2kq\delta \int_{\frac{1}{\sqrt{l^2+a^2}}}^{\frac{1}{\sqrt{l^2+b^2}}} \frac{\mathrm{d}(lt)}{(lt)^2 - 1} = kq\delta \ln \left| \frac{lt - 1}{lt + 1} \right| \Big|_{\frac{1}{\sqrt{l^2+a^2}}}^{\frac{1}{\sqrt{l^2+b^2}}}$$

$$= 2kq\delta \ln \frac{a(\sqrt{b^2 + l^2} - l)}{b(\sqrt{a^2 + l^2} - l)}.$$

（3）$W_\infty = \lim\limits_{b\to\infty} W_b = \lim\limits_{b\to\infty} 2kq\delta \ln \dfrac{a(\sqrt{b^2 + l^2} - l)}{b(\sqrt{a^2 + l^2} - l)}$

$$= 2kq\delta \ln \frac{a}{\sqrt{a^2 + l^2} - l}.$$

8. 在纯电阻电路中，已知电流 $i = I_\mathrm{m}\sin\omega t$，其中 I_m、ω 为常数，t 为时间，计算一个周期的功率的平均值（电阻值为 R 时，瞬时功率 $P(t) = i^2 R$）.

【解】 $\overline{P(t)} = \dfrac{\overline{\omega}}{2\pi} \displaystyle\int_0^{\frac{2\pi}{\overline{\omega}}} P(t)\mathrm{d}t = \dfrac{\overline{\omega}RI_\mathrm{m}^2}{2\pi} \int_0^{\frac{2\pi}{\overline{\omega}}} \sin^2 \overline{\omega}t\,\mathrm{d}t$

$$= \frac{\overline{\omega}RI_\mathrm{m}^2}{2\pi} \int_0^{\frac{2\pi}{\overline{\omega}}} \frac{1 - \cos 2\overline{\omega}t}{2}\mathrm{d}t = \frac{RI_\mathrm{m}^2}{2}.$$

9. 一汽车以速度 v（单位为 km/h）行驶，若其速度 v 的大小介于 40km/h 和 100km/h 之间，则它每消耗 1L 汽油可行驶 $\left(8 + \dfrac{1}{30}v\right)$km，假设作为时间 t 的函数的速度 v 由 $v = \dfrac{80t}{t+1}$ 给出（t 的单位为 h），问在 $t = 2\mathrm{h}$ 和 $t = 3\mathrm{h}$ 之间这段时间内汽车消耗了多少升汽油？

【解】 设时间 $[t, t + \mathrm{d}t]$ 内汽车行驶的路程为 $\mathrm{d}s$，消耗的汽油为 $\mathrm{d}y$，则

$$dy = \frac{ds}{8 + \frac{1}{30}v} = \frac{vdt}{8 + \frac{1}{30}v} = \frac{\frac{80t}{t+1}dt}{8 + \frac{1}{30} \cdot \frac{80t}{t+1}} = \frac{30t}{4t+3}dt,$$

$$y = \int_2^3 \frac{30t}{4t+3}dt = \left(\frac{15}{2} - \frac{45}{8}\ln\frac{15}{11}\right)(\text{L}).$$

4.8　综合例题

1. 已知 $f'(2 + \cos x) = \tan^2 x + \sin^2 x$，求 $f(x)$ 的表达式.

【解】　法 1：$f'(2 + \cos x)d(2 + \cos x) = [\tan^2 x + \sin^2 x]d(\cos x)$，

故　$\int f'(2 + \cos x)d(2 + \cos x) = \int[\tan^2 x + \sin^2 x]d(\cos x)$，

$$\int f'(2 + \cos x)d(2 + \cos x) = f(2 + \cos x) + C_1,$$

$$\int[\tan^2 x + \sin^2 x]d(\cos x) = \int\int\left[\frac{1}{\cos^2 x} - 1 + 1 - \cos^2 x\right]d(\cos x)$$

$$= -\frac{1}{\cos x} - \frac{\cos^3 x}{3} + C_2,$$

$$f(2 + \cos x) = -\frac{1}{\cos x} - \frac{\cos^3 x}{3} + C.$$

令 $u = 2 + \cos x$，则 $f(u) = -\frac{1}{u-2} - \frac{(u-2)^3}{3} + C$，即

$$f(x) = \frac{1}{2-x} - \frac{(x-2)^3}{3} + C.$$

法 2（换元法）：令 $u = 2 + \cos x$，则 $\cos x = u - 2$，所以

$$f'(u) = f'(2 + \cos x) = \tan^2 x + \sin^2 x = \sec^2 x - 1 + 1 - \cos^2 x$$

$$= \frac{1}{\cos^2 x} - \cos^2 x = \frac{1}{(u-2)^2} - (u-2)^2,$$

两边对 u 积分　$\int f'(u)du = \int\int\left[\frac{1}{(u-2)^2} - (u-2)^2\right]du$，

则　$f(u) = -\frac{1}{u-2} - \frac{(u-2)^3}{3} + C$，即 $f(x) = \frac{1}{2-x} - \frac{(x-2)^3}{3} + C.$

2. 利用定积分计算下列极限：

(1) $\lim\limits_{n\to\infty} \frac{1}{n}\left(\sqrt{1 + \frac{1}{n}} + \sqrt{1 + \frac{2}{n}} + \cdots + \sqrt{1 + \frac{n}{n}}\right)$；

(2) $\lim\limits_{n\to\infty}\left(\frac{1}{\sqrt{4n^2 - 1^2}} + \frac{1}{\sqrt{4n^2 - 2^2}} + \cdots + \frac{1}{\sqrt{4n^2 - n^2}}\right).$

【解】 将区间 $[0, 1]$ n 等分，则每个分点坐标为 $x_i = \dfrac{i}{n}$，每个小区间的长度 $\Delta x_i = \dfrac{1}{n}$ $(i = 1, 2, \cdots, n)$，取 $\xi_i = x_i$.

(1) 设 $f(x) = \sqrt{1 + x}$，

$$原式 = \lim_{n \to \infty} \sum_{i=1}^{n} \sqrt{1 + \frac{i}{n}} \cdot \frac{1}{n} = \lim_{\lambda \to 0} \sum_{i=1}^{n} f(\xi_i) \Delta x_i$$

$$= \int_0^1 f(x)\,\mathrm{d}x = \int_0^1 \sqrt{1 + x}\,\mathrm{d}(1 + x) = \frac{2}{3}(1 + x)^{\frac{3}{2}} \Big|_0^1$$

$$= \frac{2}{3}(2\sqrt{2} - 1).$$

(2) 设 $f(x) = \dfrac{1}{\sqrt{4 - x^2}}$，

$$原式 = \lim_{n \to \infty} \frac{1}{n}\left[\frac{1}{\sqrt{4 - \left(\frac{1}{n}\right)^2}} + \frac{1}{\sqrt{4 - \left(\frac{2}{n}\right)^2}} + \cdots + \frac{1}{\sqrt{4 - \left(\frac{n}{n}\right)^2}} \right]$$

$$= \lim_{n \to \infty} \sum_{i=1}^{n} \frac{1}{\sqrt{4 - \left(\frac{i}{n}\right)^2}} \cdot \frac{1}{n} = \lim_{\lambda \to 0} \sum_{i=1}^{n} f(\xi_i) \cdot \Delta x_i$$

$$= \int_0^1 f(x)\,\mathrm{d}x = \int_0^1 \frac{1}{\sqrt{4 - x^2}}\,\mathrm{d}x = \arcsin \frac{x}{2} \Big|_0^1 = \frac{\pi}{6}.$$

3. 求下列定积分.

(1) $\displaystyle\int_{-2}^{2} (|x| + x) \mathrm{e}^{-|x|}\,\mathrm{d}x$；　　　　(2) $\displaystyle\int_0^{\frac{\pi}{4}} \ln(1 + \tan x)\,\mathrm{d}x$.

【解】 (1) 因为函数 $|x|\mathrm{e}^{-|x|}$ 为偶函数，函数 $x\mathrm{e}^{-|x|}$ 为奇函数，故

$$原式 = 2\int_0^2 x\mathrm{e}^{-x}\,\mathrm{d}x = 2\int_0^2 x\,\mathrm{d}(-\mathrm{e}^{-x}) = 2[-x\mathrm{e}^{-x} - \mathrm{e}^{-x}]_0^2 = 2\left(1 - \frac{3}{\mathrm{e}^2}\right).$$

(2) 法1：原式 $\xlongequal{u = \frac{\pi}{4} - x}$ $\displaystyle\int_0^{\frac{\pi}{4}} \ln\left(1 + \frac{1 - \tan u}{1 + \tan u}\right)\mathrm{d}u$

$$= \int_0^{\frac{\pi}{4}} \ln\left(\frac{2}{1 + \tan u}\right)\mathrm{d}u$$

$$= \int_0^{\frac{\pi}{4}} \ln 2\,\mathrm{d}u - \int_0^{\frac{\pi}{4}} \ln(1 + \tan u)\,\mathrm{d}u$$

$$= \frac{\pi}{4}\ln 2 - \int_0^{\frac{\pi}{4}} \ln(1 + \tan x)\,dx = \frac{\pi}{8}\ln 2.$$

法 2：原式 $= \int_0^{\frac{\pi}{4}} \ln\left(\frac{\cos x + \sin x}{\cos x}\right)dx$

$$= \int_0^{\frac{\pi}{4}} \ln(\cos x + \sin x)\,dx - \int_0^{\frac{\pi}{4}} \ln\cos x\,dx$$

而 $\int_0^{\frac{\pi}{4}} \ln(\cos x + \sin x)\,dx = \int_0^{\frac{\pi}{4}} \ln\left[\sqrt{2}\cos\left(\frac{\pi}{4} - x\right)\right]dx$

$$\xupo{u = \frac{\pi}{4} - x} - \int_{\frac{\pi}{4}}^{0} \left[\ln\sqrt{2} + \ln\cos u\right]du$$

$$= \frac{\pi}{8}\ln 2 + \int_0^{\frac{\pi}{4}} \ln\cos x\,dx$$

所以原式 $= \frac{\pi}{8}\ln 2.$

法 3：原式 $= x\ln(1 + \tan x)\Big|_0^{\frac{\pi}{4}} - \int_0^{\frac{\pi}{4}} \frac{x\sec^2 x}{1 + \tan x}\,dx$

$$\xupo{令 x = \frac{t}{4}} \frac{\pi}{4}\ln 2 - \frac{1}{4}\int_0^{\pi} \frac{t\sec^2 \frac{t}{4}}{1 + \tan \frac{t}{4}}\,d\left(\frac{t}{4}\right)$$

$$= \frac{\pi}{4}\ln 2 - \frac{\pi}{8}\int_0^{\pi} \frac{\sec^2 \frac{t}{4}}{1 + \tan \frac{t}{4}}\,d\left(\frac{t}{4}\right)$$

$$= \frac{\pi}{4}\ln 2 - \frac{\pi}{8}\int_0^{\pi} \frac{1}{1 + \tan \frac{t}{4}}\,d\left(1 + \tan \frac{t}{4}\right)$$

$$= \frac{\pi}{4}\ln 2 - \frac{\pi}{8}\ln\left(1 + \tan \frac{t}{4}\right)\Big|_0^{\pi}$$

$$= \frac{\pi}{4}\ln 2 - \frac{\pi}{8}\ln 2 = \frac{\pi}{8}\ln 2.$$

【注】 $\int_0^{\pi} xf(\sin x)\,dx = \frac{\pi}{2}\int_0^{\pi} f(\sin x)\,dx.$

4. 已知 $f(2) = \frac{1}{2}$, $f'(2) = 0$, $\int_0^2 f(x)\,dx = 1$, 求 $\int_0^2 x^2 f''(x)\,dx.$

【解】　原式 $= x^2 f'(x) \mid_0^2 - 2\int_0^2 x f'(x)\mathrm{d}x = -2\int_0^2 x\mathrm{d}f(x)$

$$= -2\left[xf(x)\mid_0^2 - \int_0^2 f(x)\mathrm{d}x \right] = -2[1-1] = 0.$$

5. 设 $F(x) = \int_0^{x^2} \mathrm{e}^{-t^2}\mathrm{d}t$，求：

（1）$F(x)$ 的极值；

（2）曲线 $y = F(x)$ 的拐点的横坐标；

（3）$\int_{-2}^3 x^2 F'(x)\mathrm{d}x$.

【解】　$F'(x) = 2x\mathrm{e}^{-x^4}$，$F''(x) = 2\mathrm{e}^{-x^4}(1 - 4x^4)$，

（1）令 $F'(x) = 0$，得驻点 $x = 0$，由于 $F''(0) = 2 > 0$，故 $F(0) = 0$ 为极小值.

（2）令 $F''(x) = 0$，得 $x = \pm\dfrac{1}{\sqrt{2}}$,

法 1：由于所求点两侧 $F''(x)$ 变号（转续）；

法 2：（见教材 P188 习题 3.4 第 18 题的结论）

由于 $F'''(x) = -40x^3\mathrm{e}^{-x^4}$，$F'''\left(\pm\dfrac{1}{\sqrt{2}} \right) \neq 0$.

【续】　因而曲线 $y = F(x)$ 的拐点的横坐标为 $x = \pm\dfrac{1}{\sqrt{2}}$.

（3）原式 $= 2\int_{-2}^3 x^3\mathrm{e}^{-x^4}\mathrm{d}x = -\dfrac{1}{2}\int_{-2}^3 \mathrm{e}^{-x^4}\mathrm{d}(-x^4)$

$$= -\dfrac{1}{2}\mathrm{e}^{-x^4} \bigg|_{-2}^3$$

$$= \dfrac{1}{2}\left(\mathrm{e}^{-16} - \mathrm{e}^{-81} \right).$$

6. $f(x) = \int_0^x \left[\int_1^{\sin t} \sqrt{1 + u^4}\mathrm{d}u \right]\mathrm{d}t$，求 $f''(x)$.

【解】　$f'(x) = \int_1^{\sin x} \sqrt{1 + u^4}\mathrm{d}u$，$f''(x) = \cos x\sqrt{1 + \sin^4 x}$.

7. 设 $\int_0^\pi \dfrac{\cos x}{(x+2)^2}\mathrm{d}x = A$，求 $\int_0^{\frac{\pi}{2}} \dfrac{\sin x\cos x}{x+1}\mathrm{d}x$.

【解】 原式 $= \dfrac{1}{2}\displaystyle\int_0^{\frac{\pi}{2}} \dfrac{\sin 2x}{x+1}\mathrm{d}x \xrightarrow{2x=t} \dfrac{1}{2}\displaystyle\int_0^{\pi} \dfrac{\sin t}{t+2}\mathrm{d}t = \dfrac{1}{2}\displaystyle\int_0^{\pi} \dfrac{\mathrm{d}(-\cos t)}{t+2}$

$\qquad\qquad = \dfrac{1}{2}\Big[\dfrac{-\cos t}{t+2}\Big|_0^{\pi} - \displaystyle\int_0^{\pi} \dfrac{\cos t}{(t+2)^2}\mathrm{d}t \Big]$

$\qquad\qquad = \dfrac{1}{2}\Big(\dfrac{1}{\pi+2} + \dfrac{1}{2} - A \Big).$

8. 设 $f(x)$ 在 $[-\pi, \pi]$ 上连续，$f(x) = \dfrac{x}{1+\cos^2 x} + \displaystyle\int_{-\pi}^{\pi} f(x)\sin x\,\mathrm{d}x$，求 $f(x)$.

【解】 设 $\displaystyle\int_{-\pi}^{\pi} f(x)\sin x\,\mathrm{d}x = A$，则有 $f(x)\sin x = \dfrac{x\sin x}{1+\cos^2 x} + A\sin x$，

两端积分：$\displaystyle\int_{-\pi}^{\pi} f(x)\sin x\,\mathrm{d}x = \int_{-\pi}^{\pi} \dfrac{x\sin x}{1+\cos^2 x}\mathrm{d}x + \int_{-\pi}^{\pi} A\sin x\,\mathrm{d}x$，

利用被积函数的奇偶性得

$A = 2\displaystyle\int_0^{\pi} \dfrac{x\sin x}{1+\cos^2 x}\mathrm{d}x \xrightarrow[\text{代换}\ x=\pi-t]{\text{利用结论或变量}} \pi\displaystyle\int_0^{\pi} \dfrac{\sin x}{1+\cos^2 x}\mathrm{d}x$

$\quad = -\pi\displaystyle\int_0^{\pi} \dfrac{\mathrm{d}(\cos x)}{1+\cos^2 x} = -\pi\arctan(\cos x)\,|_0^{\pi} = \dfrac{\pi^2}{2}.$

【注】 $\displaystyle\int_0^{\pi} xf(\sin x)\,\mathrm{d}x = \dfrac{\pi}{2}\int_0^{\pi} f(\sin x)\,\mathrm{d}x.$

9. 设 $f(x) = \displaystyle\int_0^{a-x} \mathrm{e}^{y(2a-y)}\mathrm{d}y$，计算 $I = \displaystyle\int_0^a f(x)\,\mathrm{d}x.$

【解】 因为 $f'(x) = -\mathrm{e}^{(a^2-x^2)}$，$f(a)=0$，所以

$I = xf(x)\,|_0^a - \displaystyle\int_0^a xf'(x)\,\mathrm{d}x = \int_0^a x\mathrm{e}^{(a^2-x^2)}\mathrm{d}x$

$\quad = -\dfrac{1}{2}\displaystyle\int_0^a \mathrm{e}^{(a^2-x^2)}\mathrm{d}(a^2-x^2) = -\dfrac{1}{2}\mathrm{e}^{(a^2-x^2)}\,\Big|_0^a$

$\quad = \dfrac{1}{2}(\mathrm{e}^{a^2} - 1).$

10. 设 $f'(x)$ 在区间 $[0, a]$ 上连续，$f(a) = 0$，证明

$\left| \displaystyle\int_0^a f(x)\,\mathrm{d}x \right| \leqslant \dfrac{Ma^2}{2}$（其中 $M = \max\limits_{0 \leqslant x \leqslant a} |f'(x)|$）.

【解题要点】 证明定积分不等式或等式的常用方法：

（1）构造辅助函数（将上限设为 t 转化为变上限的积分函数），讨论辅助函数的单调性或最值性；

（2）利用介值定理或最值定理；

（3）利用微分中值定理或广义积分中值定理；

（4）利用泰勒公式；

（5）利用常用不等式：

1）$a^2 + b^2 \geqslant 2ab$；

2）$a^2 + \dfrac{1}{a^2} \geqslant 2$；

3）柯西-施瓦兹不等式

$$\left[\int_a^b f(x) g(x) \mathrm{d}x \right]^2 \leqslant \int_a^b f^2(x) \mathrm{d}x \cdot \int_a^b g^2(x) \mathrm{d}x.$$

证明题选择方法的思路：

（1）若已知 $f(x)$ 在闭区间上连续，式中出现积分形式，则可考虑用（广义）积分中值定理；

（2）若已知 $f(x)$ 在闭区间上连续，在开区间内可导，又已知 $f'(x)$ 的性质，则可考虑用拉格朗日中值定理；

（3）若已知 $f(x)$ 及 $f''(x)$ 的性质，证明 $f'(x)$ 的性质（或已知 $f'(x)$ 及 $f''(x)$ 的性质，证明 $f(x)$ 的性质），或证明积分不等式，则可考虑用泰勒公式；

（4）式中带有变上限的积分函数，一般证明中都要用到对变上限的积分函数求导.

【证明】 由于 $f'(x)$ 在区间 $[0, a]$ 上连续，由闭区间上连续函数的最值定理，必存在 M，使得在区间 $[0, a]$ 上，$|f'(x)| \leqslant M$，

法 1：所以 $\left| \int_0^a f(x) \mathrm{d}x \right| = \left| xf(x) \big|_0^a - \int_0^a xf'(x) \mathrm{d}x \right|$

$$= \left| \int_0^a xf'(x) \mathrm{d}x \right| \leqslant \left| \int_0^a x |f'(x)| \mathrm{d}x \right|$$

$$\leqslant M \left| \int_0^a x \mathrm{d}x \right| = \frac{Ma^2}{2}.$$

法 2：由于 $f'(x)$ 在区间 $[0, a]$ 上连续，由拉格朗日中值定理，$\exists \xi \in (a, b)$，使得

$$f(x) = f(a) + f'(\xi)(x - a) = f'(\xi)(x - a),$$

所以 $\left|\int_0^a f(x)\,\mathrm{d}x\right| = \left|\int_0^a f'(\xi)(x-a)\,\mathrm{d}x\right| \leqslant M\int_0^a |x-a|\,\mathrm{d}x = \dfrac{M}{2}a^2$.

11. 设 $f(x)$ 在区间 $[a,b]$ 上连续, 且 $f(x)>0$, 证明:
$\int_a^b f(x)\,\mathrm{d}x \cdot \int_a^b \dfrac{\mathrm{d}x}{f(x)} \geqslant (b-a)^2$.

【证明】 法 1: 设 $f(t)=\int_a^t f(x)\,\mathrm{d}x \cdot \int_a^t \dfrac{1}{f(x)}\mathrm{d}x - (t-a)^2, t\in[a,b]$,

则 $\qquad f'(t) = f(t)\int_a^t \dfrac{1}{f(x)}\mathrm{d}x + \dfrac{1}{f(t)}\int_a^t f(x)\,\mathrm{d}x - 2(t-a)$

$\qquad\qquad = \int_a^t \dfrac{f(t)}{f(x)}\mathrm{d}x + \int_a^t \dfrac{f(x)}{f(t)}\mathrm{d}x - \int_a^t 2\mathrm{d}x$

$\qquad\qquad = \int_a^t \left(\dfrac{f(t)}{f(x)} - 2 + \dfrac{f(x)}{f(t)}\right)\mathrm{d}x = \int_a^t \left(\sqrt{\dfrac{f(t)}{f(x)}} - \sqrt{\dfrac{f(x)}{f(t)}}\right)^2 \mathrm{d}x > 0,$

即 $f(t)$ 在区间 $[a,b]$ 上单调增加, 故 $f(b)\geqslant f(a)$, 所以
$$\int_a^b f(x)\,\mathrm{d}x \cdot \int_a^b \dfrac{\mathrm{d}x}{f(x)} \geqslant (b-a)^2.$$

法 2: 利用柯西-施瓦兹不等式
$$\left(\int_a^b f(x)g(x)\,\mathrm{d}x\right)^2 \leqslant \int_a^b f^2(x)\,\mathrm{d}x \cdot \int_a^b g^2(x)\,\mathrm{d}x \ \text{证明}.$$

$$\int_a^b f(x)\,\mathrm{d}x \cdot \int_a^b \dfrac{\mathrm{d}x}{f(x)} = \int_a^b (\sqrt{f(x)})^2\,\mathrm{d}x \cdot \int_a^b \dfrac{\mathrm{d}x}{(\sqrt{f(x)})^2}$$
$$\geqslant \left(\int_a^b \sqrt{f(x)} \cdot \dfrac{1}{\sqrt{f(x)}}\mathrm{d}x\right)^2 = (b-a)^2.$$

【注】 主教材 P284 例 7 证明了柯西-施瓦兹不等式.

12. 曲线 $y=(x-1)(x-2)$ 和 x 轴围成一平面图形, 求此图形绕 y 轴旋转一周所成旋转体的体积.

【解】 如图 4-22 所示, 曲线 $y=(x-1)(x-2)$ 与 x 轴的交点为 $(1,0)$, $(2,0)$,

选 x 为积分变量, 则体积微元为
$$\mathrm{d}V_y = 2\pi x(0-y)\,\mathrm{d}x = -2\pi x(x-1)(x-2)\,\mathrm{d}x,$$
$V_y = \int_1^2 [-2\pi x(x-1)(x-2)]\,\mathrm{d}x = \int_1^2 2\pi(3x^2 - x^3 - 2x)\,\mathrm{d}x = \dfrac{\pi}{2}.$

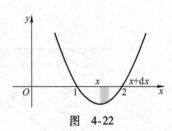
图 4-22

13. 求由曲线 $y=3-|x^2-1|$ 与 x 轴所围成的平面图形绕直线 $y=3$ 旋转一周所得的旋转体的体积 V.

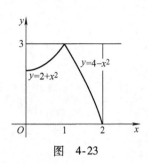

图 4-23

【解】 曲线 $y = 3 - |x^2 - 1|$ 关于 y 轴对称，在第一象限的图形如图 4-23 所示，与 x 轴的交点坐标为 $(-2, 0)$、$(2, 0)$，设以 $x = 0$，$y = 3$，$x = 2$，$y = 0$ 围成的平面图形为 A，A 绕 $y = 3$ 所得的旋转体的体积记为 V_A，为使 $y = 3$ 成为坐标轴，做坐标平移 $\begin{cases} X = x \\ Y = y - 3 \end{cases}$，则曲线在新坐标系中的方程为 $Y = -|X^2 - 1|$，它的图像与 X 轴（直线 $y = 3$）的交点为 $(-1, 0)$、$(1, 0)$，且关于 Y 轴对称，选 X 为积分变量，利用对称性，则

$$V_X = 2\left[V_A - \pi\int_0^2 Y^2 dX\right] = 2\left[\pi \cdot 3^2 \cdot 2 - \pi\int_0^2 (X^2 - 1)^2 dX\right]$$

$$= 2\pi\left(18 - \frac{46}{15}\right) = \frac{448}{15}\pi.$$

14. 在椭圆 $x^2 + \dfrac{y^2}{4} = 1$ 绕其长轴旋转所成的椭球体上，沿其长轴方向穿心打一圆孔，使剩下部分的体积恰好等于椭球体体积的一半，求该圆孔的直径.

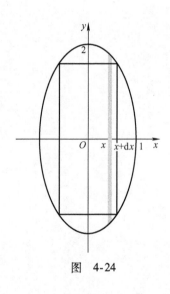

图 4-24

【解】 椭圆如图 4-24 所示，设圆孔的直径为 $2r$，由方程知 y 轴是椭圆的长轴，所求旋转体可视为由 x 轴正向上的图形绕 y 轴所得，选取 x 为积分变量，在 $[x, x + dx]$ 上的体积微元

$$dV_y = 2\pi x \cdot 2|y|dx = 2\pi x \cdot 2\sqrt{4 - 4x^2}dx = 8\pi x\sqrt{1 - x^2}dx,$$

$$V_{椭球} = \int_0^1 8\pi x\sqrt{1 - x^2}dx = -\frac{8}{3}\pi(1 - x^2)^{\frac{3}{2}}\bigg|_0^1 = \frac{8}{3}\pi,$$

$$V_{剩} = \int_r^1 8\pi x\sqrt{1 - x^2}dx = -\frac{8}{3}\pi(1 - x^2)^{\frac{3}{2}}\bigg|_r^1 = \frac{8}{3}\pi(1 - r^2)^{\frac{3}{2}},$$

由题意 $V_{剩} = \dfrac{1}{2}V_{椭球}$，得 $\dfrac{8}{3}\pi(1 - r^2)^{\frac{3}{2}} = \dfrac{1}{2} \cdot \dfrac{8}{3}\pi$，解得 $r = \sqrt{1 - \dfrac{1}{\sqrt[3]{4}}}$，

故圆孔的直径 $2r = 2\sqrt{1 - \dfrac{1}{\sqrt[3]{4}}}$.

15. 半径为 R 的球沉入水中，球的上部与水面相切，球的密度与水相同，现将球从水中取出，需做多少功？

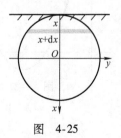

图 4-25

【解】 如图 4-25 所示选取坐标系，图中的圆为球体的截面，其方程为 $x^2 + y^2 = R^2$，小区间 $[x, x + dx]$ 上球体薄片的体积微元为

$dV = \pi y^2 dx = \pi(R^2 - x^2)dx$, 将球从水中取出时, 此薄片在水中经过的距离为 $R + x$, 在空气中经过的距离为 $2R - (R + x) = R - x$, 因为球的密度与水的相同, 在水中重力与浮力大小相等, 方向相反, 所以小薄片在水中移动时做功为零.

在空气中 $dW = (R - x)\rho g\pi(R^2 - x^2)dx$,

$$W = \int_{-R}^{R}(R - x)\rho g\pi(R^2 - x^2)dx = 2\rho g\pi R\int_{0}^{R}(R^2 - x^2)dx = \frac{4}{3}\rho g\pi R^4.$$

16. 容器上部为圆柱形, 高为 4m, 下半部为半球形, 半径为 2m, 容器盛水到圆柱的一半, 该容器埋在地下, 容器口离地面 3m, 求将其中的水全部吸上地面所做的功.

【解】 如图 4-26 所示选取坐标系, 图为容器的截面, 半球截面的方程为 $x^2 + y^2 = 4$, 设将圆柱部分吸出所做的功为 W_1, 将半球部分吸出所做的功为 W_2, 则在小区间 $[x, x + dx]$ 上薄片的体积微元

$$dW_1 = (7 + x)\rho g\pi \cdot 2^2 dx = 4\pi\rho g(7 + x)dx,$$
$$dW_2 = (7 + x)\rho g\pi \cdot y^2 dx = \pi\rho g(7 + x)(4 - x^2)dx,$$

所求功 $W = W_1 + W_2 = \int_{-2}^{0}4\pi\rho g(7 + x)dx + \int_{0}^{2}\pi\rho g(7 + x)(4 - x^2)dx$

$$= 48\pi\rho g + \frac{124}{3}\pi\rho g = \frac{268}{3}\pi\rho g$$

$$\approx \frac{268}{3} \times 3.14 \times 1000 \times 9.8 \approx 2.75 \times 10^6(\text{J}).$$

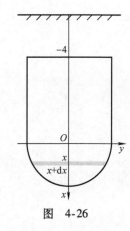

图 4-26

17. 水管的一端与储水器相连, 另一端是阀门, 已知水管直径为 6cm, 储水器的水面高出水管上部边缘 100cm, 求阀门所受侧压力.

【解】 如图 4-27 所示选取坐标系, 图中的圆为阀门的截面, 其方程为 $x^2 + y^2 = 0.03^2$, 小区间 $[x, x + dx]$ 上阀门所受侧压力微元为

$$dF = (1.03 + x)\rho g \cdot 2|y|dx$$
$$= 2\rho g(1.03 + x)\sqrt{0.03^2 - x^2}dx,$$

$$F = 2\rho g\int_{-0.03}^{0.03}(1.03 + x)\sqrt{0.03^2 - x^2}dx$$

$$= 4\rho g\int_{0}^{0.03}1.03\sqrt{0.03^2 - x^2}dx$$

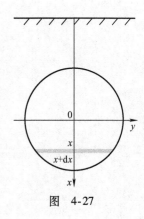

图 4-27

$$\overline{\text{由定积分的}} \atop \text{几何意义} \times 4 \times 1.03\rho g \times \frac{1}{4}\pi \times (0.03)^2 = 9.27 \times 10^{-4}\pi\rho g$$

$$\approx 9.27 \times 10^{-4} \times 3.14 \times 10^3 \times 9.8 \approx 28.53 \quad (\text{N}).$$

18. 某建筑工程打地基时，需用汽锤将桩打进土层. 汽锤每次击打都将克服土层对桩的阻力而做功. 设土层对桩的阻力的大小与桩被打进地下的深度成正比（比例系数为 k，$k>0$），汽锤第一次击打将桩打进地下 a m. 根据设计方案，要求汽锤每次击打桩时所做的功与前一次击打时所做的功之比为常数 $r(0<r<1)$. 问：

(1) 汽锤击打桩 3 次后，可将桩打进地下多深？

(2) 若击打次数不限，汽锤至多能将桩打进地下多深？（注：m 表示长度单位米）

【解】 设第 n 次击打后，桩被打进地下总深度为 x_n，汽锤第 n 次所做的功为 $W_n(n=1,2,\cdots)$.

(1) 由题设，当桩被打进地下深度为 x 时，土层对桩的阻力为 kx，

故

$$W_1 = \int_0^{x_1} kx\mathrm{d}x = \frac{1}{2}kx_1^2 = \frac{1}{2}ka^2,$$

由题设，汽锤每次击打所做的功与前一次击打时所做的功之比为常数 r，故

$$W_2 = rW_1, W_3 = rW_2 = r^2W_1 \Rightarrow W_n = r^{n-1}W_1,$$

则前 n 次击打所做功总和为

$$W_1 + W_2 + \cdots + W_n = W_1 + rW_1 + \cdots + r^{n-1}W_1 = \frac{1-r^n}{1-r}W_1 = \frac{1-r^n}{1-r} \cdot \frac{1}{2}ka^2,$$

又 $W_1 + W_2 + \cdots + W_n = \int_0^{x_n} kx\mathrm{d}x = \frac{1}{2}kx_n^2$，

从而有 $\dfrac{1-r^n}{1-r} \cdot \dfrac{1}{2}ka^2 = \dfrac{1}{2}kx_n^2$，则 $x_n = \sqrt{\dfrac{1-r^n}{1-r}} \cdot a$，

故 $x_3 = \sqrt{\dfrac{1-r^3}{1-r}} \cdot a = \sqrt{1+r+r^2} \cdot a$，

即汽锤击打桩 3 次后，可将桩打进地下 $\sqrt{1+r+r^2} \cdot a$ m.

(2) $\lim\limits_{n\to\infty} x_n = \lim\limits_{n\to\infty} \sqrt{\dfrac{1-r^n}{1-r}} \cdot a = \dfrac{a}{\sqrt{1-r}}$，

即击打次数不限，汽锤至多能将桩打进地下 $\dfrac{a}{\sqrt{1-r}}$ m.

四、 自测题

4.1 定积分的概念与性质

1. 用定积分表示极限
$$\lim_{n \to \infty} \left(\frac{1}{n} \cos \frac{1}{n} + \frac{2}{n} \cos \frac{2}{n} + \cdots + \frac{n-1}{n} \cos \frac{n-1}{n} \right) \sin \frac{\pi}{n}.$$

2. 比较积分 $\int_0^{\frac{\pi}{4}} \frac{\tan x}{x} dx$ 与 $\int_0^{\frac{\pi}{4}} \frac{x}{\tan x} dx$ 的大小.

3. 在 $x \in (0, +\infty)$ 内求使得不等式 $\int_1^x \frac{\sin t}{t} dt > \ln x$ 成立的 x 的取值范围.

4. 设 $f(x)$ 在区间 $[0, 1]$ 上连续，在 $(0, 1)$ 内可导，且 $f(1) = k \int_0^{\frac{1}{k}} x e^{1-x} f(x) dx \ (k > 1)$，证明：存在一点 $\xi \in (0, 1)$，使得 $f'(\xi) = (1 - \xi^{-1}) f(\xi)$.

4.2 微积分基本定理

1. 设 $y = \int_{\sin x}^{\cos x} \cos(\pi t^2) dt$，求 $y'\left(\frac{\pi}{2} \right)$.

2. 求极限 $\lim\limits_{x \to 0} \dfrac{\displaystyle \int_0^{x^2} t e^{t^2} dt}{x \ln(1 + x^3)}$.

3. 设 $F(x) = \int_0^{\sin x} (\sin x - t) f(t) dt$，求 $F'(x)$.

4. 设 $f(x) = \max\{x, x^3\} - x^2 \int_0^2 f(x) dx$，求 $f(x)$.

4.3 不定积分

求下列不定积分：

1. $\displaystyle \int \frac{dx}{x \sqrt{x^2 + 1}}$;

2. $\displaystyle \int \frac{x^2 \arctan x}{1 + x^2} dx$;

3. $\displaystyle \int \frac{x^2}{(x^2 + 2x + 2)^2} dx$;

4. $\displaystyle \int \frac{4 \sin x + 3 \cos x}{\sin x + 2 \cos x} dx$.

4.4 定积分的计算

1. 证明：$\int_0^{2\pi} \sin^{2n} x \, dx = 4 \int_0^{\frac{\pi}{2}} \sin^{2n} x \, dx$.

2. 证明：$\int_0^{2\pi} \sin^{2n+1} x\,\mathrm{d}x = 0.$

3. 求 $\int_0^{\pi} \sin^9 x\,\mathrm{d}x.$

4. 求 $\int_{-\pi}^{\pi} \dfrac{x^3\cos x + x\sin x}{2 + \cos x}\,\mathrm{d}x.$

4.5 广义积分

1. 求 $\int_1^{+\infty} \dfrac{\arctan x}{x^2}\,\mathrm{d}x.$　　2. 试证：$\int_0^{+\infty} \dfrac{\mathrm{d}x}{1 + x^4} = \int_0^{+\infty} \dfrac{x^2}{1 + x^4}\,\mathrm{d}x.$

3. 求 $\int_0^1 \dfrac{x\,\mathrm{d}x}{(2 - x^2)\sqrt{1 - x^2}}.$　　4. 求 $\int_{\frac{1}{2}}^{\frac{3}{2}} \dfrac{\mathrm{d}x}{\sqrt{|x - x^2|}}.$

4.6 定积分的几何应用

1. 求曲线 $y = -x^3 + x^2 + 2x$ 与 x 轴所围图形的面积 A.

2. 从点 $(2，0)$ 引两条直线与曲线 $y = x^3$ 相切，求由此两条切线与曲线 $y = x^3$ 所围图形的面积 A.

3. 求曲线 $\rho = 3\cos\theta$ 及 $\rho = 1 + \cos\theta$ 所围图形公共部分的面积 A.

4. 设 D_1 是由抛物线 $y = 2x^2$ 和直线 $x = a$，$x = 2$ 及 $y = 0$ 所围成的平面区域；D_2 是由抛物线 $y = 2x^2$ 和直线 $x = a$ 及 $y = 0$ 所围成的平面区域，其中 $0 < a < 2$.

（1）试求 D_1 绕 x 轴旋转而成的旋转体体积 V_1；D_2 绕 y 轴旋转而成的旋转体体积 V_2；

（2）问当 a 为何值时，$V_1 + V_2$ 取得最大值？试求此最大值.

4.7 定积分的物理应用

1. 把质量为 M 的冰块沿地面匀速地推过距离 s，速度是 v_0，冰块质量每单位时间减少 m，设摩擦因数为 μ，问在整个过程中克服摩擦力做了多少功？

2. 设有一个边长为 a 的均匀实心正立方体 Ω 沉入了一个面积很大的水池．假设水池中水深为 a，并且 Ω 的上表面恰好与水面重合，又设水的密度为 ρ，立方体 Ω 的密度为 $k\rho$，其中 $k > 1$ 是常数．试利用定积分计算将 Ω 提升出水面需做多少功（重力加速度为 g）.

3. 洒水车的水箱是一个横放的椭圆柱体，其端面的尺寸如图 4-28 所示，当水箱装满水时，求一个端面所受的侧压力.

4. 设有一个质量为 m 的均匀直细棒放在 xOy 坐标面的第一象

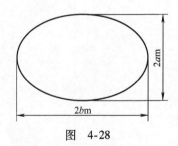

图 4-28

限，细棒两端的坐标分别为 $(2,0)$，$(0,2)$，有一个单位质量的质点位于坐标原点，求细棒对质点的引力在 x 轴正方向的分力.

4.8 综合例题

1. 设 $f(x)$ 连续，且 $f(0) \neq 0$，求极限 $\lim\limits_{x \to 0} \dfrac{\int_0^x (x-t) f(t) \mathrm{d}t}{x \int_0^x f(x-t) \mathrm{d}t}$.

2. 求极限 $\lim\limits_{n \to \infty} \int_0^1 \dfrac{x^n}{1+x} \mathrm{d}x$.

3. 设 $\int \mathrm{e}^{-x} f(x) \mathrm{d}x = \sin x + C$，求 $\int f(x) \mathrm{d}x$.

4. 设 $f(x)$ 在 $[0,1]$ 上连续，且 $f(x) > 2$，证明方程 $x^2 - \int_0^{x^2} f(t) \mathrm{d}t + 1 = 0$ 在 $(0,1)$ 内只有一个解.

五、 自测题答案

4.1 定积分的概念与性质

1. 原式 $= \lim\limits_{n \to \infty} \left(\dfrac{1}{n} \cos \dfrac{1}{n} + \dfrac{2}{n} \cos \dfrac{2}{n} + \cdots + \dfrac{n-1}{n} \cos \dfrac{n-1}{n} \right) \dfrac{\pi}{n}$

$= \pi \lim\limits_{n \to \infty} \left(\dfrac{0}{n} \cos \dfrac{0}{n} + \dfrac{1}{n} \cos \dfrac{1}{n} + \dfrac{2}{n} \cos \dfrac{2}{n} + \cdots + \dfrac{n-1}{n} \cos \dfrac{n-1}{n} \right) \dfrac{1}{n}$,

把区间 $[0,1]$ n 等分，则每个小区间的长度为 $\Delta x_i = \dfrac{1}{n}(i=1, 2, \cdots, n)$，分点 x_i 的坐标为 $x_i = \dfrac{i}{n}(i=0,1,2,\cdots,n)$，取 $\xi_i = x_{i-1} = \dfrac{i-1}{n}$,

原式 $= \pi \lim\limits_{n \to \infty} \sum\limits_{i=1}^n (\xi_i \cos \xi_i) \Delta x_i = \pi \int_0^1 x \cos x \mathrm{d}x$.

2. $0 < x \leq \dfrac{\pi}{4}$ 时，有 $\tan x > x$，于是 $\dfrac{\tan x}{x} > \dfrac{x}{\tan x}$,

由定积分的性质得 $\int_0^{\frac{\pi}{4}} \dfrac{\tan x}{x} \mathrm{d}x > \int_0^{\frac{\pi}{4}} \dfrac{x}{\tan x} \mathrm{d}x$.

3. 不等式等价于 $\int_1^x \dfrac{\sin t}{t} \mathrm{d}t > \int_1^x \dfrac{1}{t} \mathrm{d}t$，即 $\int_1^x \dfrac{\sin t - 1}{t} \mathrm{d}t > 0$,

当 $t > 0$ 时，$\dfrac{\sin t - 1}{t} < 0$，故当 $x \in (0, 1)$ 时，$\displaystyle\int_1^x \dfrac{\sin t - 1}{t} \mathrm{d}t > 0$.

4. 由积分中值定理知：存在 $\eta \in \left[0, \dfrac{1}{k}\right]$，使得

$$f(1) = k\int_0^{\frac{1}{k}} x\mathrm{e}^{1-x} f(x) \mathrm{d}x = k \cdot \dfrac{1}{k}\eta \mathrm{e}^{1-\eta} f(\eta) = \eta \mathrm{e}^{1-\eta} f(\eta),$$

令 $F(x) = x\mathrm{e}^{1-x} f(x)$，则 $F'(x) = \mathrm{e}^{1-x}(f(x) - xf(x) + xf'(x))$，且 $F(1) = f(1) = F(\eta)$，

故 $F(x)$ 在 $[\eta, 1]$ 上满足罗尔定理的条件，因而，存在一点 $\xi \in (\eta, 1) \subset (0, 1)$，使得 $F'(\xi) = 0$，即 $f'(\xi) = (1 - \xi^{-1})f(\xi)$.

4.2　微积分基本定理

1. $y' = \cos(\pi\cos^2 x) \cdot (-\sin x) - \cos(\pi\sin^2 x) \cdot \cos x$，$y'\left(\dfrac{\pi}{2}\right) = -1$.

2. 原式 $= \lim\limits_{x \to 0} \dfrac{\displaystyle\int_0^{x^2} t\mathrm{e}^{t^2}\mathrm{d}t}{x \cdot x^3} = \lim\limits_{x \to 0} \dfrac{x^2 \mathrm{e}^{x^4} \cdot 2x}{4x^3} = \lim\limits_{x \to 0} \dfrac{\mathrm{e}^{x^4}}{2} = \dfrac{1}{2}$.

3. $F(x) = \displaystyle\int_0^{\sin x} (\sin x - t)f(t)\mathrm{d}t = \sin x\int_0^{\sin x} f(t)\mathrm{d}t - \int_0^{\sin x} tf(t)\mathrm{d}t$,

$F'(x) = \cos x\displaystyle\int_0^{\sin x} f(t)\mathrm{d}t + \sin x f(\sin x) \cdot \cos x - \sin x f(\sin x) \cdot \cos x$

$= \cos x\displaystyle\int_0^{\sin x} f(t)\mathrm{d}t$.

4. 在 $[0, 2]$ 上，$\max\{x, x^3\} = \begin{cases} x & 0 \leqslant x \leqslant 1 \\ x^3 & 1 < x \leqslant 2 \end{cases}$，设

$$\int_0^2 f(x)\mathrm{d}x = I,$$

则 $\qquad I = \displaystyle\int_0^2 \max\{x, x^3\}\mathrm{d}x - I\int_0^2 x^2\mathrm{d}x$

$= \displaystyle\int_0^1 x\mathrm{d}x + \int_1^2 x^3\mathrm{d}x - I\int_0^2 x^2\mathrm{d}x = \dfrac{1}{2} + \dfrac{15}{4} - \dfrac{8}{3}I$,

所以 $I = \dfrac{51}{44}$，故 $f(x) = \max\{x, x^3\} - \dfrac{51}{44}x^2$.

4.3　不定积分

1. 法 1：原式 $\xlongequal{x = 1/t} \displaystyle\int \dfrac{t}{\sqrt{\dfrac{1}{t^2} + 1}}\left(-\dfrac{1}{t^2}\right)\mathrm{d}t$

$$= \int \frac{1}{\sqrt{1 + t^2}} dt = \ln \left| t + \sqrt{1 + t^2} \right| + C$$

$$= -\ln \left| 1 + \sqrt{1 + x^2} \right| + \ln |x| + C.$$

法 2：原式 $\xrightarrow[tdt = xdx]{t = \sqrt{x^2 + 1}} \int \frac{1}{t^2 - 1} dt = \frac{1}{2} \int \left(\frac{1}{t - 1} - \frac{1}{t + 1} \right) dt$

$$= \frac{1}{2} \ln \left| \frac{t - 1}{t + 1} \right| + C = \frac{1}{2} \ln \left| \frac{t^2 - 1}{(t + 1)^2} \right| + C$$

$$= \frac{1}{2} \ln \left| \frac{t^2 - 1}{(t + 1)^2} \right| + C$$

$$= \ln |x| - \ln \left| 1 + \sqrt{1 + x^2} \right| + C.$$

2. 原式 $= \int \frac{(x^2 + 1 - 1)\arctan x}{1 + x^2} dx = \int \arctan x dx - \int \frac{\arctan x}{1 + x^2} dx$

$$= x\arctan x - \int \frac{x}{1 + x^2} dx - \int \arctan x d(\arctan x)$$

$$= x\arctan x - \frac{1}{2} \ln(1 + x^2) - \frac{1}{2} (\arctan x)^2 + C.$$

3. 原式 $= \int \frac{x^2 + 2x + 2 - (2x + 2)}{(x^2 + 2x + 2)^2} dx$

$$= \int \frac{dx}{x^2 + 2x + 2} - \int \frac{2x + 2}{(x^2 + 2x + 2)^2} dx$$

$$= \int \frac{d(x + 1)}{(x + 1)^2 + 1} - \int \frac{d(x^2 + 2x + 2)}{(x^2 + 2x + 2)^2}$$

$$= \arctan(x + 1) + \frac{1}{x^2 + 2x + 2} + C.$$

4. 原式 $= \int \frac{2(\sin x + 2\cos x) - (\cos x - 2\sin x)}{\sin x + 2\cos x} dx$

$$= 2 \int dx - \int \frac{d(\sin x + 2\cos x)}{\sin x + 2\sin x} = 2x - \ln |\sin x + 2\sin x| + C.$$

4.4 定积分的计算

1. 原式 $\xlongequal{t = x - \pi} \int_{-\pi}^{\pi} \sin^{2n} t dt = 2 \int_0^{\pi} \sin^{2n} t dt$

$$\xlongequal{u = t - \pi/2} 2 \int_{-\frac{\pi}{2}}^{\frac{\pi}{2}} \cos^{2n} u du = 4 \int_0^{\frac{\pi}{2}} \cos^{2n} u du$$

$$\xlongequal{w = (\pi/2) - u} 4\int_0^{\frac{\pi}{2}} \sin^{2n}w\,dw = 4\int_0^{\frac{\pi}{2}} \sin^{2n}x\,dx.$$

2. 原式 $\xlongequal{t = x - \pi} \int_{-\pi}^{\pi} \sin^{2n+1}(t + \pi)\,dt$

$$= (-1)^{2n+1}\int_{-\pi}^{\pi} \sin^{2n+1}t\,dt = 0 \ (\text{因为 } \sin^{2n+1}t \text{ 为奇函数}).$$

3. 原式 $\xlongequal{t = x - \pi/2} \int_{-\frac{\pi}{2}}^{\frac{\pi}{2}} \cos^9 t\,dt = 2\int_0^{\frac{\pi}{2}} \cos^9 t\,dt = 2 \times \dfrac{8!!}{9!!} = \dfrac{256}{315}.$

4. 原式 $= \displaystyle\int_{-\pi}^{\pi} \dfrac{x^3 \cos x}{2 + \cos x}\,dx + \int_{-\pi}^{\pi} \dfrac{x \sin x}{2 + \cos x}\,dx = 0 + 2\int_0^{\pi} \dfrac{x \sin x}{2 + \cos x}\,dx$

$$\xlongequal[\text{过程略}]{x = \pi - t} 2 \cdot \dfrac{\pi}{2}\int_0^{\pi} \dfrac{\sin x}{2 + \cos x}\,dx$$

$$= -\pi\int_0^{\pi} \dfrac{d(2 + \cos x)}{2 + \cos x} = -\pi\ln|2 + \cos x|\ \Big|_0^{\pi} = \pi\ln 3.$$

【注】 $\displaystyle\int_0^{\pi} x f(\sin x)\,dx = \dfrac{\pi}{2}\int_0^{\pi} f(\sin x)\,dx.$

4.5 广义积分

1. 原式 $= \displaystyle\int_1^{+\infty} \arctan x\,d\left(-\dfrac{1}{x}\right) = -\dfrac{\arctan x}{x}\ \Big|_1^{+\infty} + \int_1^{+\infty} \dfrac{dx}{x(1 + x^2)}$

$$= \dfrac{\pi}{4} + \int_1^{+\infty} \left(\dfrac{1}{x} - \dfrac{x}{1 + x^2}\right)dx = \dfrac{\pi}{4} + \ln\dfrac{x}{\sqrt{1 + x^2}}\ \Big|_1^{+\infty}$$

$$= \dfrac{\pi}{4} + \ln\dfrac{x}{\sqrt{1 + x^2}}\ \Big|_1^{+\infty} = \dfrac{\pi}{4} + \dfrac{1}{2}\ln 2.$$

2. $\displaystyle\int_0^{+\infty} \dfrac{dx}{1 + x^4} \xlongequal{x = 1/t} \int_0^{+\infty} \dfrac{t^2}{1 + t^2}\,dt = \int_0^{+\infty} \dfrac{x^2}{1 + x^4}\,dx,$

设 $I = \displaystyle\int_0^{+\infty} \dfrac{dx}{1 + x^4} = \int_0^{+\infty} \dfrac{x^2}{1 + x^4}\,dx,$

则 $2I = \displaystyle\int_0^{+\infty} \dfrac{dx}{1 + x^4} + \int_0^{+\infty} \dfrac{x^2}{1 + x^4}\,dx = \int_0^{+\infty} \dfrac{1 + x^2}{1 + x^4}\,dx = \int_0^{+\infty} \dfrac{\dfrac{1}{x^2} + 1}{\dfrac{1}{x^2} + x^2}\,dx$

$$= \lim_{a \to 0^+}\int_a^{+\infty} \dfrac{d\left(x - \dfrac{1}{x}\right)}{\left(x - \dfrac{1}{x}\right)^2 + 2} = \lim_{a \to 0^+} \dfrac{1}{\sqrt{2}}\arctan\dfrac{x - \dfrac{1}{x}}{\sqrt{2}}\ \Big|_a^{+\infty} = \dfrac{\pi}{\sqrt{2}},$$

所以 $I = \dfrac{\pi}{2\sqrt{2}}$.

3. 原式 $= \lim\limits_{b \to 1^-} \int_0^b \dfrac{x \mathrm{d}x}{(2 - x^2)\sqrt{1 - x^2}} \xlongequal{x = \sin t} \lim\limits_{a \to \frac{\pi}{2}^-} \int_0^a \dfrac{\sin t \mathrm{d}t}{2 - \sin^2 t}$

$\qquad = -\lim\limits_{a \to \frac{\pi}{2}^-} \int_0^a \dfrac{\mathrm{d}(\cos t)}{1 + \cos^2 t} = -\lim\limits_{a \to \frac{\pi}{2}^-} \arctan \cos t \Big|_0^a = \dfrac{\pi}{4}$.

4. $|x - x^2| = \begin{cases} x - x^2 & 0 \leqslant x \leqslant 1 \\ x^2 - x & x < 0 \text{ 或 } x > 1 \end{cases}$, $x = 1$ 是瑕点,

原式 $= \displaystyle\int_{\frac{1}{2}}^1 \dfrac{\mathrm{d}x}{\sqrt{x - x^2}} + \int_1^{\frac{3}{2}} \dfrac{\mathrm{d}x}{\sqrt{x^2 - x}}$

$\qquad = \lim\limits_{b \to 1^-} \displaystyle\int_{\frac{1}{2}}^b \dfrac{\mathrm{d}x}{\sqrt{x - x^2}} + \lim\limits_{a \to 1^+} \int_a^{\frac{3}{2}} \dfrac{\mathrm{d}x}{\sqrt{x^2 - x}}$

$\qquad = \lim\limits_{b \to 1^-} \displaystyle\int_{\frac{1}{2}}^b \dfrac{\mathrm{d}\left(x - \frac{1}{2}\right)}{\sqrt{\left(\frac{1}{2}\right)^2 - \left(x - \frac{1}{2}\right)^2}} + \lim\limits_{a \to 1^+} \int_a^{\frac{3}{2}} \dfrac{\mathrm{d}\left(x - \frac{1}{2}\right)}{\sqrt{\left(x - \frac{1}{2}\right)^2 - \left(\frac{1}{2}\right)^2}}$

$\qquad = \lim\limits_{b \to 1^-} \arcsin(2x - 1) \Big|_{\frac{1}{2}}^b + \lim\limits_{a \to 1^+} \ln \left| x - \dfrac{1}{2} + \sqrt{x^2 - x} \right| \Big|_a^{\frac{3}{2}}$

$\qquad = \dfrac{\pi}{2} + \ln(2 + \sqrt{3})$.

4.6 定积分的几何应用

1. $y = -x(x + 1)(x - 2)$, 令 $y = 0$, 得 $x = -1$, 0, 2,

当 $-1 \leqslant x \leqslant 0$ 时, $y \leqslant 0$, 当 $0 \leqslant x \leqslant 2$ 时, $y \geqslant 0$,

故 $A = \displaystyle\int_{-1}^2 |y| \mathrm{d}x = -\int_{-1}^0 y \mathrm{d}x + \int_0^2 y \mathrm{d}x = \dfrac{37}{12}$.

2. 如图 4-29 所示, 过切点 (a, a^3) 的切线方程为 $Y - a^3 = y'(a)(X - a)$,

即 $Y = a^3 + 3a^2(X - a)$, 切线过点 $(2, 0)$, 故有 $a^3 + 3a^2(2 - a) = 0$,
解得 $a = 0$ 或 $a = 3$, 得两个切点的坐标 $(0, 0)$ 与 $(3, 27)$,
对应的切线方程为 $Y = 0$ 与 $Y = 27X - 54$,

选取 y 作为积分变量, 此时切线方程为 $X = \dfrac{Y}{27} + 2$,

曲线方程为 $x = \sqrt[3]{y}$, 则 $A = \displaystyle\int_0^{27} \left(\dfrac{Y}{27} + 2 - \sqrt[3]{y} \right) \mathrm{d}y = \dfrac{27}{4}$.

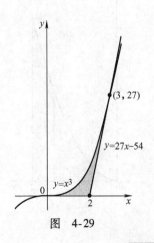

图 4-29

3. 如图 4-30 所示，公共部分为圆周与心形线围成，由对称性，$A = 2S$，S 为第一象限图形的面积，

解方程组 $\begin{cases} \rho = 3\cos\theta \\ \rho = 1 + \cos\theta \end{cases}$，得交点 $B\left(\dfrac{3}{2}, \dfrac{\pi}{3}\right)$，

$$A = 2\left[\frac{1}{2}\int_0^{\frac{\pi}{3}} (1 + \cos\theta)^2 \, \mathrm{d}\theta + \frac{1}{2}\int_{\frac{\pi}{3}}^{\frac{\pi}{2}} (3\cos\theta)^2 \, \mathrm{d}\theta \right]$$

$$= \int_0^{\frac{\pi}{3}} \left(1 + 2\cos\theta + \frac{1 + \cos 2\theta}{2} \right) \mathrm{d}\theta + 9\int_{\frac{\pi}{3}}^{\frac{\pi}{2}} \frac{1 + \cos 2\theta}{2} \, \mathrm{d}\theta$$

$$= \frac{5}{4}\pi + \sqrt{3}.$$

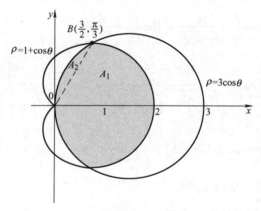

图 4-30

4. 平面区域如图 4-31 所示，

（1）$V_1 = \pi \displaystyle\int_a^2 (2x^2)^2 \, \mathrm{d}x = \dfrac{4\pi}{5}(32 - a^5)$，

$$V_2 = \pi a^2 \cdot 2a^2 - \pi\int_0^{2a^2} \frac{y}{2}\,\mathrm{d}y = 2\pi a^4 - \pi a^4 = \pi a^4,$$

或 $V_2 = \displaystyle\int_0^a 2\pi xy \, \mathrm{d}x = \int_0^a 2\pi x \cdot 2x^2 \, \mathrm{d}x = 4\pi\int_0^a x^3 \, \mathrm{d}x = 4\pi \cdot \dfrac{a^4}{4} = \pi a^4.$

（2）设 $V = V_1 + V_2 = \dfrac{4\pi}{5}(32 - a^5) + \pi a^4$，

令 $V' = 4\pi a^3(1 - a) = 0$，得唯一驻点 $a = 1$（因为 $0 < a < 2$），

当 $0 < a < 1$ 时，$V' > 0$；当 $a > 1$ 时，$V' < 0$；

因而 $a = 1$ 是极大值点，也即最大值点，最大值为 $V(1) = \dfrac{129}{5}\pi$.

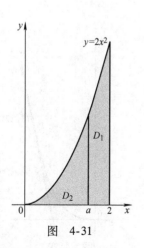

图 4-31

4.7 定积分的物理应用

1. 设时间为 t，开始移动冰块的时刻 $t = 0$，

则冰块移动距离 s，用时 $\dfrac{s}{v_0}$，在小区间 $[\,t,\ t + \mathrm{d}t\,]$ 上冰块移动的距离 $\mathrm{d}s = v_0\,\mathrm{d}t$，阻力近似地认为不变，则 $f(t) = \mu g(M - mt)$，$\mathrm{d}W = f(t)\,\mathrm{d}s = \mu g v_0(M - mt)\,\mathrm{d}t$，

故 $W = \mu g v_0 \displaystyle\int_0^{\frac{s}{v_0}} (M - mt)\,\mathrm{d}t = \mu g v_0 \left(Mt - \dfrac{mt^2}{2} \right) \Big|_0^{\frac{s}{v_0}} = \mu g s \left(M - \dfrac{ms}{2v_0} \right)$.

2. 建立坐标系：以正方体 Ω 的中心作为原点，垂直向下建立 x 轴，则立方体 Ω 介于 $x \in \left[-\dfrac{a}{2}, \dfrac{a}{2} \right]$ 之间，则小区间 $[\,x,\ x + \mathrm{d}x\,]$ 对应的小薄片物体提升位移 a 的过程可分为两部分：水中的位移 $\dfrac{a}{2} + x$ 和水面以上的位移 $\dfrac{a}{2} - x$，从而这一小薄片位移 a 的做功微元

$$\mathrm{d}W = (k-1)a^2\rho g\left(\dfrac{a}{2} + x \right)\mathrm{d}x + k a^2\rho g\left(\dfrac{a}{2} - x \right)\mathrm{d}x = a^2\rho g\left(ka - \dfrac{a}{2} - x \right)\mathrm{d}x,$$

故 $W = a^2\rho g \displaystyle\int_{-\frac{a}{2}}^{\frac{a}{2}} \left(ka - \dfrac{a}{2} - x \right)\mathrm{d}x = a^2\rho g \displaystyle\int_{-\frac{a}{2}}^{\frac{a}{2}} \left(ka - \dfrac{a}{2} \right)\mathrm{d}x$

$\qquad = a^4\rho g\left(k - \dfrac{a}{2} \right)$.

3. 如图 4-32 所示建立坐标系，则水箱端面的边界方程为

$$\dfrac{x^2}{a^2} + \dfrac{y^2}{b^2} = 1,$$

设水的密度为 $\rho\,(\mathrm{kg/m^3})$，重力加速度为 $g\,(\mathrm{m/s^2})$，取 x 作为积分变量，则在小区间 $[\,x, x + \mathrm{d}x\,] \subset [\,-a, a\,]$ 上小薄片对应的面积微元 $\mathrm{d}A = 2\,|\,y\,|\,\mathrm{d}x$，

侧压力的微元 $\mathrm{d}F = \rho g(a + x) \cdot \dfrac{2b}{a}\sqrt{a^2 - x^2}\,\mathrm{d}x$，

故 $F = \dfrac{2b\rho g}{a} \displaystyle\int_{-a}^{a} (a + x)\sqrt{a^2 - x^2}\,\mathrm{d}x \underset{\text{为奇函数}}{\overset{x\sqrt{a^2-x^2}}{=\!=\!=}} 2b\rho g \displaystyle\int_{-a}^{a} \sqrt{a^2 - x^2}\,\mathrm{d}x$

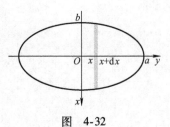

图 4-32

$$\xrightarrow[\text{的几何意义}]{\text{利用定积分}} 2b\rho g \cdot \frac{1}{2}\pi a^2 = a^2 b\rho g\pi \ \text{(N)}.$$

4. 法 1：棒的长度为 $\sqrt{8}$，故线密度 $\rho = \frac{m}{\sqrt{8}}$，细棒所在的直线方程为 $y = 2 - x$，取 x 作为积分变量，小区间 $[x, x + \mathrm{d}x] \subset [0, 2]$ 上对应的一小段棒的质量为 $\mathrm{d}m = \rho \mathrm{d}s = \sqrt{2}\mathrm{d}x$，并将其视为质点，则引力的微元 $\mathrm{d}F = \frac{k\mathrm{d}m}{r^2}$（$r = \sqrt{x^2 + (2-x)^2}$），沿 x 轴正方向的分力的微元

$$\mathrm{d}F_x = \mathrm{d}F \cdot \cos\alpha = \mathrm{d}F \cdot \frac{x}{r} = \frac{kmx\mathrm{d}x}{2[(x^2 + (2-x)^2]^{3/2}},$$

故 $F_x = \dfrac{km}{2}\displaystyle\int_0^2 \dfrac{x\mathrm{d}x}{[(x^2 + (2-x)^2]^{3/2}} = \dfrac{km}{4\sqrt{2}}\displaystyle\int_0^2 \dfrac{x\mathrm{d}x}{[(x-1)^2 + 1]^{3/2}}$

$$\xrightarrow{t = x - 1} \frac{km}{4\sqrt{2}}\int_{-1}^1 \frac{t+1}{(t^2+1)^{3/2}}\mathrm{d}t$$

$$\xrightarrow[\text{是奇函数}]{\text{第一个被积函数}} \frac{km}{4\sqrt{2}}\int_{-1}^1 \frac{1}{(t^2+1)^{3/2}}\mathrm{d}t$$

$$\xrightarrow[\text{是偶函数}]{\text{被积函数}} \frac{km}{2\sqrt{2}}\int_0^1 \frac{1}{[t^2+1]^{3/2}}\mathrm{d}t$$

$$\xrightarrow{t = \tan u} \frac{km}{2\sqrt{2}}\int_0^{\frac{\pi}{4}} \cos u \mathrm{d}u = \frac{km}{2\sqrt{2}} \cdot \frac{\sqrt{2}}{2} = \frac{km}{4}.$$

法 2：利用坐标变换，将细棒放在新坐标系的 Y 轴上，端点坐标分别为 $(0, -\sqrt{2})$ 和 $(0, \sqrt{2})$，质点放在 X 轴上，坐标为 $(-\sqrt{2}, 0)$，设细棒沿新坐标系的 X 轴方向对质点的引力为 F_X，

$$\mathrm{d}F_X = \frac{km}{2\sqrt{2}} \cdot \frac{\sqrt{2}}{R^3}\mathrm{d}Y = \frac{km}{2} \cdot \frac{1}{R^3}\mathrm{d}Y \ (R = \sqrt{Y^2 + 2}),$$

$$F_X = \frac{km}{2}\int_{-\sqrt{2}}^{\sqrt{2}} \cdot \frac{1}{(Y^2 + 2)^{\frac{3}{2}}}\mathrm{d}Y = km\int_0^{\sqrt{2}} \cdot \frac{1}{(Y^2 + 2)^{\frac{3}{2}}}\mathrm{d}Y$$

$$\xrightarrow{Y = \sqrt{2}\tan t} \frac{km}{2}\int_0^{\frac{\pi}{4}} \cos t \mathrm{d}t = \frac{\sqrt{2}}{4}km,$$

$$F_x = F_X \cos\frac{\pi}{4} = \frac{\sqrt{2}}{4}km \cdot \frac{\sqrt{2}}{2} = \frac{km}{4}.$$

4.8　综合例题

1. 原式 $\underset{u=x-t}{\overset{\text{分母令}}{=\!=\!=\!=}}\lim\limits_{x\to0}\dfrac{x\displaystyle\int_0^x f(t)\,\mathrm{d}t-\int_0^x tf(t)\,\mathrm{d}t}{x\displaystyle\int_0^x f(u)\,\mathrm{d}u}$

$$\overset{\frac{0}{0}\text{型}}{=\!=\!=\!=}\lim\limits_{x\to0}\dfrac{\displaystyle\int_0^x f(t)\,\mathrm{d}t}{\displaystyle\int_0^x f(u)\,\mathrm{d}u+xf(x)}$$

$$=\lim\limits_{x\to0}\dfrac{\displaystyle\int_0^x f(t)\,\mathrm{d}t}{\displaystyle\int_0^x f(t)\,\mathrm{d}t+xf(x)}\overset{\text{积分中}}{\underset{\text{值定理}}{=\!=\!=}}\lim\limits_{\substack{x\to0\\(\xi\to0)}}\dfrac{xf(\xi)}{xf(\xi)+xf(x)}\,(0\le\xi\le x)$$

$$=\dfrac{f(0)}{f(0)+f(0)}=\dfrac{1}{2}.$$

2. 设 $f(x)=\dfrac{1}{1+x}$，$g(x)=x^n\ge0\,(0\le x\le1)$，由广义积分中值定

理得

$$\int_0^1\dfrac{x^n}{1+x}\mathrm{d}x=\dfrac{1}{1+\xi}\int_0^1 x^n\mathrm{d}x=\dfrac{1}{1+\xi}\cdot\dfrac{1}{n+1}\,(0\le\xi\le1),$$

所以　　　　$\lim\limits_{n\to\infty}\displaystyle\int_0^1\dfrac{x^n}{1+x}\mathrm{d}x=\lim\limits_{n\to\infty}\dfrac{1}{1+\xi}\cdot\dfrac{1}{n+1}=0.$

3. 等式两端求导：$\mathrm{e}^{-x}f(x)=\cos x$，即 $f(x)=\mathrm{e}^x\cos x$，所以

$$\int f(x)\,\mathrm{d}x=\int\mathrm{e}^x\cos x\mathrm{d}x=\int\cos x\mathrm{d}(\mathrm{e}^x)=\mathrm{e}^x\cos x+\int\mathrm{e}^x\sin x\mathrm{d}x$$

$$=\mathrm{e}^x\cos x+\int\sin x\mathrm{d}(\mathrm{e}^x)$$

$$=\mathrm{e}^x\cos x+\mathrm{e}^x\sin x-\int\mathrm{e}^x\cos x\mathrm{d}x$$

$$=\dfrac{\mathrm{e}^x}{2}(\cos x+\sin x)+C.$$

4. 设 $F(x)=x^2-\displaystyle\int_0^{x^2}f(t)\,\mathrm{d}t+1$，则 $F(x)$ 在 $[0,1]$ 上连续，

且 $F(0)=1>0$，

$$F(1)=2-\int_0^1 f(t)\,\mathrm{d}t=\int_0^1 2\mathrm{d}t-\int_0^1 f(t)\,\mathrm{d}t=\int_0^1(2-f(t))\,\mathrm{d}t<0,$$

由零点定理得：至少存在一点 $\xi\in(0,1)$，使得 $F(\xi)=0$，

即方程 $x^2 - \int_0^{x^2} f(t)\,dt + 1 = 0$ 在 $(0,1)$ 内有解.

由于 $F'(x) = 2x - 2xf(x^2) = 2x(1 - f(x^2)) < 0 \ (x \in (0,1))$, 即 $F(x)$ 在 $(0,1)$ 内严格单调递减, 所以方程 $x^2 - \int_0^{x^2} f(t)\,dt + 1 = 0$ 在 $(0,1)$ 内只有一个解.

第 5 章

常微分方程

一、 学习要求

1. 了解微分方程的定义，理解微分方程的阶、解、通解、初始条件和特解等概念；

2. 掌握可分离变量方程及一阶线性方程的解法；

3. 领会变量代换求解微分方程的思想，会解齐次方程及伯努利方程；

4. 会用降阶法解 $y^{(n)} = f(x)$、$y'' = f(x, y')$ 和 $y'' = f(y, y')$ 型方程；

5. 理解线性微分方程解的结构及其性质，了解常数变易法；

6. 掌握二阶线性常系数齐次微分方程的解法，并了解高于二阶的高阶线性常系数齐次微分方程的解法；

7. 会求自由项为多项式、指数函数、正弦函数、余弦函数，以及它们的和与积的二阶常系数非齐次线性微分方程的特解；

8. 会求欧拉方程的解，了解包含两个未知函数的一阶线性常系数微分方程组的解法；

9. 会用微分方程处理一些简单的应用问题，会用微元法建立某些问题的微分方程模型.

二、 典型例题

5.1 微分方程的基本概念

P253 第 5 题.

5.2 一阶微分方程

P254 第 1(4) 题、P255 第 2 (2)(3) 题、P257 第 3(3)(4)(6) 题、P260 第 4(7) 题、P261 第 7 题、P263 第 10 题.

5.3 可降阶的高阶方程

P264 第 1(4)(5)(7) 题、P268 第 5 题、P269 第 6 题.

5.4 线性微分方程解的结构

P270 第 2 题、P271 第 4 题、P271 第 5 题.

5.5 线性常系数齐次方程

P273 第 1(1)(2)(3) 题、P274 第 4 题.

5.6 线性常系数非齐次方程

P275 第 1(2)(5)(9) 题、P280 第 3(1) 题.

5.7 常系数线性微分方程组

P282 第 1(2) 题.

5.8 用常微分方程求解实际问题

P288 第 5 题、P292 第 12 题、P294 第 16 题、P294 第 17 题、P298 第 22 题.

5.9 综合例题

P299 第 1 题、P302 第 6 题、P306 第 11 题、P307 第 13 题.

三、 习题及解答

5.1 微分方程的基本概念

1. 验证下列各题中函数是所给微分方程的解：

(1) $y'' + y = 0, y_1 = \cos x, y_2 = \sin x$；

(2) $y'' - 3y' + 2y = 0, y = 2e^x + 3e^{2x}$；

(3) $xy' - 2y = 0 = 0, y = 5x^2$；

(4) $(x - 2y)y' = 2x - y$, $y = y(x)$ 由隐函数方程 $x^2 - xy + y^2 = C$ 确定.

【验证】 略.

2. 求下列方程的通解.

(1) $\dfrac{\mathrm{d}y}{\mathrm{d}x} = \dfrac{1}{x}$；   (2) $\dfrac{\mathrm{d}^2 y}{\mathrm{d}x^2} = \cos x$.

【解】 （1）$y = \int \dfrac{1}{x}\mathrm{d}x = \ln|x| + C_1$，或 $x = C\mathrm{e}^y$.

（2）$\dfrac{\mathrm{d}y}{\mathrm{d}x} = \int \cos x\,\mathrm{d}x = \sin x + C_1$，

$$y = \int (\sin x + C_1)\,\mathrm{d}x = -\cos x + C_1 x + C_2.$$

3. 求解下列初值问题.

（1）$\begin{cases} \dfrac{\mathrm{d}y}{\mathrm{d}x} = \sin x; \\ y\big|_{x=0} = 1 \end{cases}$ （2）$\begin{cases} \dfrac{\mathrm{d}^2 y}{\mathrm{d}x^2} = 6x \\ y(0) = 0, y'(0) = 2 \end{cases}$.

【解】 （1）$y = \int \sin x\,\mathrm{d}x = -\cos x + C$，由初值得 $C = 2$，

故 $$y = 2 - \cos x.$$

（2）$\dfrac{\mathrm{d}y}{\mathrm{d}x} = \int 6x\,\mathrm{d}x = 3x^2 + C_1$，$y = \int (3x^2 + C_1)\,\mathrm{d}x = x^3 + C_1 x + C_2$，

由初值得 $C_1 = 2$，$C_2 = 0$，

故 $y = x^3 + 2x$.

4. 已知一曲线通过点 （1，0），且该曲线上任意点 (x, y) 处的切线斜率为 x^2，求该曲线方程.

【解】 由导数的几何意义可知：$\dfrac{\mathrm{d}y}{\mathrm{d}x} = x^2$，且有初值 $y(1) = 0$，

解得 $y = \dfrac{x^3}{3} + C$，由初值得 $C = -\dfrac{1}{3}$，

故曲线方程为 $y = \dfrac{1}{3}(x^3 - 1)$.

5. 已知从原点到曲线 $y = f(x)$ 上任一点处的切线的距离等于该切点的横坐标. 试建立未知函数 y 的微分方程.

【解】 过切点 (x, y) 的切线方程为 $Y - y = y'(X - x)$，

即 $$y'X - Y + (y - xy') = 0,$$

由题意得 $\dfrac{|y - xy'|}{\sqrt{(y')^2 + 1}} = x$，即 $(y - xy')^2 = x^2[(y')^2 + 1]$，

故 y 满足的微分方程为 $2xyy' + x^2 - y^2 = 0$.

5.2 一阶微分方程

1. 解下列可分离变量方程.

$(1)\ xyy' = 1 - x^2;$　　　　　　$(2)\ x\sqrt{1+y^2}\,\mathrm{d}x + y\sqrt{1+x^2}\,\mathrm{d}y = 0;$

$(3)\ \begin{cases} y' = \dfrac{1+y^2}{1+x^2}; \\ y\big|_{x=0} = 1 \end{cases}$　　　　　　$(4)\ \begin{cases}(1+\mathrm{e}^x)yy' = \mathrm{e}^x \\ y\big|_{x=1} = 1\end{cases}.$

【解】　(1) 分离变量 $y\mathrm{d}y = \dfrac{1-x^2}{x}\mathrm{d}x$，两端积分得

$$\frac{1}{2}y^2 = \ln|x| - \frac{1}{2}x^2 + C_1,$$

通解为 $x^2 + y^2 - \ln x^2 = C.$

(2) 分离变量 $\dfrac{y}{\sqrt{1+y^2}}\mathrm{d}y = -\dfrac{x}{\sqrt{1+x^2}}\mathrm{d}x$，两端积分得

$$\sqrt{1+y^2} = -\sqrt{1+x^2} + C,$$

通解为 $\sqrt{1+x^2} + \sqrt{1+y^2} = C.$

(3) 分离变量 $\dfrac{\mathrm{d}y}{1+y^2} = \dfrac{\mathrm{d}x}{1+x^2}$，

法 1：两端积分得 $\arctan y = \arctan x + C$，由初值得 $C = \arctan 1$；

法 2：初值问题的解为 $\displaystyle\int_1^y \frac{\mathrm{d}y}{1+y^2} = \int_0^x \frac{\mathrm{d}x}{1+x^2}.$

即 $\arctan y = \arctan x + \arctan 1$，即 $y = \dfrac{x+1}{1-x}.$

【注】　$\tan(\alpha+\beta) = \dfrac{\tan\alpha + \tan\beta}{1 - \tan\alpha\cdot\tan\beta}.$

(4) 分离变量 $y\mathrm{d}y = \dfrac{\mathrm{e}^x}{1+\mathrm{e}^x}\mathrm{d}x$，

法 1：两端积分得 $\dfrac{1}{2}y^2 = \ln(1+\mathrm{e}^x) + C_1$，即 $y^2 = 2\ln(1+\mathrm{e}^x) + C$，

由初值得 $C = 1 - 2\ln(1+\mathrm{e})$；

法 2：初值问题的解为 $\displaystyle\int_1^y y\mathrm{d}y = \int_1^x \frac{\mathrm{e}^x}{1+\mathrm{e}^x}\mathrm{d}x$，

即 $y^2 = 2\ln(1+\mathrm{e}^x) + 1 - 2\ln(1+\mathrm{e}).$

【提示】　利用 $\displaystyle\int_{y_0}^y f(y)\,\mathrm{d}y = \int_{x_0}^x g(x)\,\mathrm{d}x$ 可直接求出初值问题

$\begin{cases} f(y)\mathrm{d}y = g(x)\mathrm{d}x \\ y\big|_{x=x_0} = y_0 \end{cases}$ 的特解（见 P254 5.2 节第 1(3)(4) 题）.

2. 解下列齐次方程.

(1) $y' = \dfrac{y}{x} + \dfrac{x}{y}$;   (2) $\begin{cases} (y^2 - 3x^2)\,dy + 2xy\,dx = 0 \\ y\big|_{x=0} = 1 \end{cases}$;

(3) $y' = 2\left(\dfrac{y+2}{x+y-1}\right)^2$;   (4) $(x^3 + y^3)\,dx - 3xy^2\,dy = 0$.

【解】 （1）这是齐次方程. 令 $u = \dfrac{y}{x}$，即 $y' = u + u'x$，代入方程得 $u + u'x = u + \dfrac{1}{u}$.

分离变量得 $u\,du = \dfrac{dx}{x}$，两端积分得 $\dfrac{1}{2}u^2 = \ln x + \ln C$，即 $u^2 = 2\ln Cx$，

故通解为 $y^2 = x^2 \ln Cx^2$.

（2）变形为 $\left(1 - 3\dfrac{x^2}{y^2}\right)dy + 2\dfrac{x}{y}dx = 0$，这是齐次方程，

令 $u = \dfrac{x}{y}$，即 $x = uy$，$dx = u\,dy + y\,du$，

代入得 $(1 - u^2)dy + 2uy\,du = 0$，分离变量 $\dfrac{2u\,du}{u^2 - 1} = \dfrac{dy}{y}$，

两端积分得 $\ln(u^2 - 1) = \ln y + \ln C$，即 $\ln(u^2 - 1) = \ln Cy$，得 $u^2 - 1 = Cy$，

因而 $x^2 - y^2 = Cy^3$，由初值得 $C = -1$，故特解为 $y^3 = y^2 - x^2$.

【提示】 把方程的每一项都看作为 $x^\alpha y^\beta$，$\alpha + \beta = k$，若每一项的 k 都相同，则方程就是齐次方程，例如：该题方程中每一项关于 x 及 y 方幂的和都是 2 次幂的，故方程为齐次方程. 该题如果求通解一般会考虑方程两端同除 x^2 对方程变形，但若积分繁杂则会考虑方程两端同除 y^2；如果求特解，当初值为 $y\big|_{x=0} = y_0 (y_0 \neq 0)$ 时，由于 $x = 0$，故不能采用方程两端同除 x^2 对方程变形.

（3）这是可化为齐次的微分方程，故解方程组 $\begin{cases} a + b - 1 = 0 \\ b + 2 = 0 \end{cases}$，

得 $\begin{cases} a = 3 \\ b = -2 \end{cases}$，

令 $\begin{cases} x = X + 3 \\ y = Y - 2 \end{cases}$，代入原方程，得 $\dfrac{dY}{dX} = 2\left(\dfrac{Y}{X+Y}\right)^2$.   (5-1)

法 1：若将 X 视为 Y 的函数，则 $\dfrac{dX}{dY} = \dfrac{1}{2}\left(\dfrac{X}{Y} + 1\right)^2$，　　　　(5-2)

令 $u = \dfrac{X}{Y}$，代入式 (5-2) 得 $u + Y\dfrac{du}{dY} = \dfrac{1}{2}(u+1)^2$，这是可分离变量的方程，

由 $\dfrac{2du}{u^2+1} = \dfrac{dY}{Y}$，积分得 $2\arctan u = \ln|Y| + C$，即

$$2\arctan\frac{x-3}{y+2} = \ln|y+2| + C.$$

法 2：若将 Y 视为 X 的函数，则令 $u = \dfrac{Y}{X}$，代入式 (5-1) 得

$$u + X\frac{du}{dX} = 2\left(\frac{u}{1+u}\right)^2,$$

即 $X\dfrac{du}{dX} = -\dfrac{u(1+u^2)}{(1+u)^2}$，这是可分离变量的方程，

分离变量得 $\left(\dfrac{1}{u} + \dfrac{2}{1+u^2}\right)du = -\dfrac{dX}{X}$，积分得

$$\ln|u| + 2\arctan u = -\ln|X| + C,$$

即 $2\arctan u = -\ln|Y| + C$，故 $2\arctan\dfrac{y+2}{x-3} = -\ln|y+2| + C.$

【提示】　理论上 x 及 y 都可以选为未知函数，但不同的选择将会影响解方程的难易程度，甚至会影响能否解出方程的解（见 P257 5.2 节第 3 (5) 题），特别地，当一阶微分方程 $y' = f(x, y)$ 把 y 视为未知函数难以求解时，而方程右端 $f(x, y)$ 为分式，其分子只有一项，而分母至少两项时，可考虑将 x 视为未知函数，即把方程化为 $x' = \dfrac{1}{f(x,y)}$！

（4）这是齐次方程. 变形为　$\left(1 + \dfrac{y^3}{x^3}\right)dx - 3\dfrac{y^2}{x^2}dy = 0$，

令 $u = \dfrac{y}{x}$，即 $y = ux$，则 $dy = udx + xdu$，

代入方程得 $(1 - 2u^3)dx - 3u^2xdu = 0$，这是可分离变量的微分方程，

分离变量得 $\dfrac{3u^2}{1 - 2u^3}du = \dfrac{dx}{x}$，两端积分得

$$-\frac{1}{2}\ln(1-2u^3) = \ln x - \frac{1}{2}\ln C,$$

化简得 $1 - 2u^3 = \dfrac{C}{x^2}$，故通解为 $2y^3 - x^3 + Cx = 0$.

3. 解下列线性方程和伯努利方程.

(1) $y' + y = \cos x$；　　　　　　(2) $y' + 2xy = x\mathrm{e}^{-x^2}$；

(3) $\begin{cases} xy' + y - \mathrm{e}^x = 0 \\ y\big|_{x=a} = b \end{cases}$；　　(4) $(y^4 + 2x)y' = y$；

(5) $2y\mathrm{d}x + (y^2 - 6x)\mathrm{d}y = 0$；　(6) $xy' + y = y^2\ln x$；

(7) $\begin{cases} y'\arcsin x + \dfrac{y}{\sqrt{1-x^2}} = 1 \\ y\big|_{x=\frac{1}{2}} = 0 \end{cases}$．

【解】　除（6）题外，其余均为一阶线性非齐次的微分方程.

(1) $P(x) = 1$，$Q(x) = \cos x$，

通解 $y = \mathrm{e}^{-\int \mathrm{d}x}\Big[\int \cos x\,\mathrm{e}^{\int \mathrm{d}x}\,\mathrm{d}x + C\Big] = \mathrm{e}^{-x}\Big(\int \cos x \cdot \mathrm{e}^x\,\mathrm{d}x + C\Big).$

$$= \frac{1}{2}(\sin x + \cos x) + C\mathrm{e}^{-x}.$$

(2) $P(x) = 2x$，$Q(x) = x\mathrm{e}^{-x^2}$，

通解 $y = \mathrm{e}^{-\int 2x\mathrm{d}x}\Big[\int x\mathrm{e}^{-x^2}\mathrm{e}^{\int 2x\mathrm{d}x}\,\mathrm{d}x + C\Big] = \mathrm{e}^{-x^2}\Big(\int x\mathrm{d}x + C\Big) = \mathrm{e}^{-x^2}\Big(\frac{1}{2}x^2 + C\Big).$

(3) 化为标准形式 $y' + \dfrac{1}{x}y = \dfrac{\mathrm{e}^x}{x}$，$P(x) = \dfrac{1}{x}$，$Q(x) = \dfrac{\mathrm{e}^x}{x}$，

通解 $y = \mathrm{e}^{-\int \frac{1}{x}\mathrm{d}x}\Big(\int \dfrac{\mathrm{e}^x}{x}\mathrm{e}^{\int \frac{1}{x}\mathrm{d}x}\,\mathrm{d}x + C\Big) = \dfrac{1}{x}\Big(\int \mathrm{e}^x\mathrm{d}x + C\Big) = \dfrac{1}{x}(\mathrm{e}^x + C)$，

由初值得 $C = ab - \mathrm{e}^a$，故特解 $y = \dfrac{1}{x}(\mathrm{e}^x + ab - \mathrm{e}^a)$.

(4) 变形为 $\dfrac{\mathrm{d}x}{\mathrm{d}y} - \dfrac{2}{y}x = y^3$，将 x 视为未知函数，$P(y) = -\dfrac{2}{y}$，

$Q(y) = y^3$，

通解 $x = \mathrm{e}^{\int \frac{2}{y}\mathrm{d}y}\Big[\int y^3 \mathrm{e}^{-\int \frac{2}{y}\mathrm{d}y}\,\mathrm{d}y + C\Big] = y^2\Big(\int y\mathrm{d}y + C\Big) = \dfrac{y^4}{2} + Cy^2$.

(5) 变形为 $\dfrac{\mathrm{d}x}{\mathrm{d}y} - \dfrac{3}{y}x = -\dfrac{y}{2}$，将 x 视为未知函数，其中

$$P(y) = -\frac{3}{y}, \quad Q(y) = -\frac{y}{2},$$

通解

$$x = \mathrm{e}^{\int \frac{3}{y}\mathrm{d}y}\left[\int\left(-\frac{y}{2}\mathrm{e}^{-\int \frac{3}{y}\mathrm{d}y}\right)\mathrm{d}y + C_1\right] = y^3\left[\int\left(-\frac{1}{2y^2}\right)\mathrm{d}y + C_1\right] = y^3\left(\frac{1}{2y} + C_1\right),$$

整理得 $Cy^3 + y^2 - 2x = 0$，其中 $C = 2C_1$。

（6）这是 $n = 2$ 的伯努利方程，化为标准形式 $y' + \frac{1}{x}y = \frac{\ln x}{x} \cdot y^2$，

方程两端同除 y^2：$\frac{y'}{y^2} + \frac{1}{x}y^{-1} = \frac{\ln x}{x}$，令 $u = y^{-1}$，则 $-u' + \frac{1}{x}u = \frac{\ln x}{x}$，

即 $u' - \frac{1}{x}u = -\frac{\ln x}{x}$，这是一阶线性非齐次方程，其中

$$P(x) = -\frac{1}{x}, \quad Q(x) = -\frac{\ln x}{x},$$

故 $u = \mathrm{e}^{\int \frac{1}{x}\mathrm{d}x}\left[\int\left(-\frac{\ln x}{x}\mathrm{e}^{-\int \frac{1}{x}\mathrm{d}x}\right)\mathrm{d}x + C\right] = x\left[\int\left(-\frac{\ln x}{x^2}\right)\mathrm{d}x + C\right]$

$$= x\left(\frac{\ln x}{x} + \frac{1}{x} + C\right) = \ln x + 1 + Cx,$$

故原方程的通解 $\frac{1}{y} = \ln x + 1 + Cx$。

（7）变形为 $y' + \frac{y}{\arcsin x \sqrt{1-x^2}} = \frac{1}{\arcsin x}$，这是一阶线性非齐次

微分方程，

其中 $P(x) = \frac{1}{\arcsin x \sqrt{1-x^2}}, \quad Q(x) = \frac{1}{\arcsin x}$，

通解 $y = \mathrm{e}^{-\int \frac{1}{\arcsin x \sqrt{1-x^2}}\mathrm{d}x}\left[\int \frac{1}{\arcsin x}\mathrm{e}^{\int \frac{1}{\arcsin x \sqrt{1-x^2}}\mathrm{d}x}\mathrm{d}x + C\right]$

$$= \frac{1}{\arcsin x}\left(\int \mathrm{d}x + C\right) = \frac{1}{\arcsin x}(x + C),$$

由初值得 $C = -\frac{1}{2}$，特解 $y = \frac{1}{\arcsin x}\left(x - \frac{1}{2}\right)$。

4. 解下列方程.

（1）$x\dfrac{\mathrm{d}y}{\mathrm{d}x} + y = 2\sqrt{xy}$；　　　　　　（2）$\begin{cases} x^2y' + xy = y^2 \\ y(1) = 1 \end{cases}$；

(3) $\begin{cases} x\ln x\,\mathrm{d}y + (y - \ln x)\,\mathrm{d}x = 0 \\ y(\mathrm{e}) = 1 \end{cases}$; (4) $\sec^2 y\dfrac{\mathrm{d}y}{\mathrm{d}x} + \dfrac{x}{1 + x^2}\tan y = x$;

(5) $(1 + y^2)(\mathrm{e}^{2x}\mathrm{d}x - \mathrm{e}^y\mathrm{d}y) - (1 + y)\mathrm{d}y = 0$;

(6) $\dfrac{\mathrm{d}y}{\mathrm{d}x} + 1 = 4\mathrm{e}^{-y}\sin x$; (7) $(y^3 x^2 + xy)y' = 1$.

【解】 (1) 这是 $n = \dfrac{1}{2}$ 的伯努利方程, 化为标准形式 $\dfrac{\mathrm{d}y}{\mathrm{d}x} + \dfrac{1}{x}y = \dfrac{2}{\sqrt{x}}\sqrt{y}$,

方程两端同除 $\sqrt{y}$: $\dfrac{1}{\sqrt{y}}\dfrac{\mathrm{d}y}{\mathrm{d}x} + \dfrac{1}{x}\sqrt{y} = \dfrac{2}{\sqrt{x}}$,

令 $u = \sqrt{y}$, 则 $2u' + \dfrac{1}{x}u = \dfrac{2}{\sqrt{x}}$,

即 $u' + \dfrac{1}{2x}u = \dfrac{1}{\sqrt{x}}$, 这是一阶线性非齐次方程,

$$P(x) = \dfrac{1}{2x}, \quad Q(x) = \dfrac{1}{\sqrt{x}},$$

$u = \mathrm{e}^{-\int\frac{1}{2x}\mathrm{d}x}\left[\int\dfrac{1}{\sqrt{x}}\mathrm{e}^{\int\frac{1}{2x}\mathrm{d}x}\mathrm{d}x + C\right] = \dfrac{x + C}{\sqrt{x}}$,

故原方程的通解 $\sqrt{xy} = x + C$.

(2) 这是 $n = 2$ 的伯努利方程, 化为标准形式 $y' + \dfrac{1}{x}y = \dfrac{1}{x^2}y^2$,

方程两端同除 y^2: $\dfrac{y'}{y^2} + \dfrac{1}{x}y^{-1} = \dfrac{1}{x^2}$, 令 $u = y^{-1}$, 则

$$-u' + \dfrac{1}{x}u = \dfrac{1}{x^2},$$

即 $u' - \dfrac{1}{x}u = -\dfrac{1}{x^2}$, 这是一阶线性非齐次方程,

$$P(x) = -\dfrac{1}{x}, \quad Q(x) = -\dfrac{1}{x^2},$$

$u = \mathrm{e}^{\int\frac{1}{x}\mathrm{d}x}\left[\int\left(-\dfrac{1}{x^2}\mathrm{e}^{-\int\frac{1}{x}\mathrm{d}x}\right)\mathrm{d}x + C\right] = x\left(\dfrac{1}{2x^2} + C\right)$,

原方程的通解 $\dfrac{1}{y} = x\left(\dfrac{1}{2x^2} + C\right)$, 由初值得 $C = \dfrac{1}{2}$,

故 $\dfrac{1}{y} = x\left(\dfrac{1}{2x^2} + \dfrac{1}{2}\right) = \dfrac{1 + x^2}{2x}$, 即 $y = \dfrac{2x}{1 + x^2}$.

（3）令 $u = \ln x$，则 $x = \mathrm{e}^u$，$\mathrm{d}x = \mathrm{e}^u \mathrm{d}u$，代入方程得

$$\mathrm{e}^u u \mathrm{d}y + (y - u)\mathrm{e}^u \mathrm{d}u = 0,$$

即 $\mathrm{d}(uy) - \mathrm{d}\left(\dfrac{1}{2}u^2\right) = 0$，积分得 $uy - \dfrac{1}{2}u^2 = C$，故 $y\ln x - \dfrac{1}{2}\ln^2 x = C$，

由初值得 $C = \dfrac{1}{2}$，故 $y = \dfrac{1}{2}\left(\ln x + \dfrac{1}{\ln x}\right)$.

（4）令 $u = \tan y$，则 $\dfrac{\mathrm{d}u}{\mathrm{d}x} = \sec^2 y \dfrac{\mathrm{d}y}{\mathrm{d}x}$，代入方程得 $\dfrac{\mathrm{d}u}{\mathrm{d}x} + \dfrac{x}{1+x^2}u = x$，

这是一阶线性非齐次方程，$P(x) = \dfrac{x}{1+x^2}$，$Q(x) = x$，

$$u = \mathrm{e}^{-\int \frac{x}{1+x^2}\mathrm{d}x}\left[\int x\mathrm{e}^{\int \frac{x}{1+x^2}\mathrm{d}x}\mathrm{d}x + C\right] = \frac{1}{\sqrt{1+x^2}}\left[\frac{1}{3}(1+x^2)^{\frac{3}{2}} + C\right],$$

原方程的通解 $\tan y = \dfrac{1}{3}(1+x^2) + \dfrac{C}{\sqrt{1+x^2}}$.

（5）变形为 $\left(2\mathrm{e}^y + \dfrac{2}{1+y^2} + \dfrac{2y}{1+y^2}\right)\mathrm{d}y = 2\mathrm{e}^{2x}\mathrm{d}x$，

两端积分得 $2\mathrm{e}^y + 2\arctan y + \ln(1+y^2) = \mathrm{e}^{2x} + C$.

（6）变形为 $\mathrm{e}^y\dfrac{\mathrm{d}y}{\mathrm{d}x} + \mathrm{e}^y = 4\sin x$，令 $u = \mathrm{e}^y$，则 $\dfrac{\mathrm{d}u}{\mathrm{d}x} = \mathrm{e}^y\dfrac{\mathrm{d}y}{\mathrm{d}x}$，

代入方程得 $\dfrac{\mathrm{d}u}{\mathrm{d}x} + u = 4\sin x$，这是一阶线性非齐次方程，

$$P(x) = 1, \quad Q(x) = 4\sin x,$$

通解 $\mathrm{e}^y = \mathrm{e}^{-\int \mathrm{d}x}\left[\int 4\sin x\mathrm{e}^{\int \mathrm{d}x}\mathrm{d}x + C\right] = \mathrm{e}^{-x}\left(\int 4\sin x\mathrm{e}^x\mathrm{d}x + C\right)$

$\qquad = 2(\sin x - \cos x) + C\mathrm{e}^{-x}$.

（7）变形为 $\dfrac{\mathrm{d}x}{\mathrm{d}y} - yx = y^3 x^2$，将 x 视为未知函数，该方程为 $n = 2$ 的伯努利方程，

方程两端同除 $-x^2$：$-\dfrac{1}{x^2}\dfrac{\mathrm{d}x}{\mathrm{d}y} + yx^{-1} = -y^3$，令 $u = x^{-1}$，

代入方程得 $\dfrac{\mathrm{d}u}{\mathrm{d}y} + yu = -y^3$，这是一阶线性非齐次方程，$P(y) = y$，$Q(y) = -y^3$，

通解 $u = \mathrm{e}^{-\int y\mathrm{d}y}\left[\int(-y^3\mathrm{e}^{\int y\mathrm{d}y})\mathrm{d}y + C\right]$

$$= e^{-y^2/2} \Big[\int (-y^3 e^{y^2/2}) dy + C \Big] = Ce^{-y^2/2} - y^2 + 2,$$

即 $x(Ce^{-y^2/2} - y^2 + 2) = 1$.

5. 设曲线上任一点 P 处的切线与 x 轴交于 A 点. 已知原点与 P 点的距离等于 A 与 P 间的距离,且曲线过点 $(2,1)$,求该曲线的方程.

【解】　过曲线上任一点 $P(x, y)$ 的切线方程为 $Y - y = y'(X - x)$,

令 $Y = 0$,得点 $A\Big(x - \dfrac{y}{y'}, 0\Big)$,由题意得 $\sqrt{x^2 + y^2} = \sqrt{\Big(\dfrac{y}{y'}\Big)^2 + y^2}$,

即 $\dfrac{y}{y'} = \pm x$,

从而 $\dfrac{dy}{y} = \pm \dfrac{dx}{x}$,两端积分 $\ln y = \pm \ln x + \ln C$,即 $y = Cx$,或 $y = \dfrac{C}{x}$,因曲线过点 $(2, 1)$,代入得曲线方程为 $y = \dfrac{x}{2}$,或 $y = \dfrac{2}{x}$.

6. 曲线上任一点的切线的斜率等于原点与该切点连线的斜率的 2 倍,且曲线过点 $\Big(1, \dfrac{1}{3}\Big)$,求该曲线的方程.

【解】　设曲线上任一点的坐标为 (x, y),由题意得 $\begin{cases} y' = 2\dfrac{y}{x} \\ y\big|_{x=1} = \dfrac{1}{3} \end{cases}$,

分离变量得 $y = Cx^2$,由初值得 $C = \dfrac{1}{3}$,故曲线方程为 $y = \dfrac{1}{3} x^2$.

7. 已知曲线在两坐标轴间的任意一条切线段都被切点平分,且曲线过点 $(2, 3)$,求该曲线的方程.

【解】　设曲线方程为 $y = f(x)$,则过切点 $P(x, y)$ 的切线方程为 $Y - y = y'(X - x)$,

令 $Y = 0$,得切线与 x 轴的交点 $A\Big(x - \dfrac{y}{y'}, 0\Big)$,

令 $X = 0$,得切线与 y 轴的交点 $B(0, y - xy')$,

由题意 $|AP| = |PB|$,即 $\Big(\dfrac{y}{y'}\Big)^2 + y^2 = x^2 + (xy')^2$,

整理得 $x^2(y')^4 + (x^2 - y^2)(y')^2 - y^2 = 0$,

此为以 $(y')^2$ 为未知函数的一元二次代数方程,解得

$$(y')^2 = \left(\frac{y}{x}\right)^2, \quad 即\ |y'| = \left|\frac{y}{x}\right|,$$

由 P261 5.2 节第 5 题知其解为 $y = \dfrac{C}{x}$ （$y = Cx$ 不合题意，舍去），

因曲线过点 （2，3），代入得 $C = 6$，

故曲线方程为 $xy = 6$.

8. 曲线上任一点处的切线介于 x 轴和直线 $y = x$ 之间的线段都被切点平分，且曲线过点 （0，1），求该曲线的方程.

【解】 过曲线上任一点 $P(x，y)$ 的切线方程为 $Y - y = y'(X - x)$，

令 $Y = 0$，得切线与 x 轴的交点 $A\left(x - \dfrac{y}{y'}，0\right)$，

令 $Y = X$，得切线与 $y = x$ 的交点 $B\left(\dfrac{xy' - y}{y' - 1}，\dfrac{xy' - y}{y' - 1}\right)$，

由题意得 $\begin{cases} 2y = \dfrac{xy' - y}{y' - 1}， \\ y\big|_{x=0} = 1 \end{cases}$

整理得 $\dfrac{\mathrm{d}x}{\mathrm{d}y} + \dfrac{1}{y}x = 2$，这是一阶线性非齐次方程，$P(y) = \dfrac{1}{y}$，$Q(y) = 2$，

故通解 $x = \mathrm{e}^{-\int \frac{1}{y}\mathrm{d}y}\left[\int 2\mathrm{e}^{\int \frac{1}{y}\mathrm{d}y}\mathrm{d}y + C\right] = \dfrac{1}{y}\left[\int 2y\mathrm{d}y + C\right] = y + \dfrac{C}{y}$，

由初值得 $C = -1$，故曲线方程为 $x = y - \dfrac{1}{y}$.

9. 设函数 $f(x)$ 在 $[1，+\infty)$ 上连续，若由曲线 $f(x)$、直线 $x = 1$、$x = t\ (t > 1)$ 与 x 轴所围成的平面图形绕 x 轴旋转一周所成的旋转体体积为 $V(t) = \dfrac{\pi}{3}\left[t^2 f(t) - f(1)\right]$，试求 $f(x)$ 所满足的微分方程，并求该微分方程满足条件 $y\big|_{x=2} = \dfrac{2}{9}$ 的解.

【解】 由题意得 $\pi\displaystyle\int_1^t f^2(x)\mathrm{d}x = \dfrac{\pi}{3}\left[t^2 f(t) - f(1)\right]$，即

$$3\int_1^t f^2(x)\mathrm{d}x = t^2 f(t) - f(1)，$$

两端对 t 求导 $3f^2(t) = 2tf(t) + t^2 f'(t)$，

故所求微分方程为 $y' = 3\dfrac{y^2}{x^2} - 2\dfrac{y}{x}$，这是齐次微分方程，

令 $u = \dfrac{y}{x}$，代入方程得 $x\dfrac{\mathrm{d}u}{\mathrm{d}x} = 3u(u-1)$，

分离变量得 $\dfrac{1}{u(u-1)}\mathrm{d}u = \dfrac{3\mathrm{d}x}{x}$，两端积分得 $\ln\dfrac{u-1}{u} = 3\ln x + \ln C$，

化简得 $\dfrac{u-1}{u} = Cx^3$，故 $1 - \dfrac{x}{y} = Cx^3$，

由初值得 $C = -1$，故曲线方程为 $y = \dfrac{x}{1+x^3}$.

10. 求微分方程 $x\mathrm{d}y + (x-2y)\mathrm{d}x = 0$ 的一个解 $y = y(x)$，使得由曲线 $y = y(x)$ 与直线 $x = 1$、$x = 2$ 以及 x 轴所围成的平面图形绕 x 轴旋转一周的旋转体体积最小.

【解】 变形为 $\dfrac{\mathrm{d}y}{\mathrm{d}x} - \dfrac{2}{x}y = -1$，这是一阶线性非齐次方程，其中

$$P(x) = -\dfrac{2}{x},\ Q(x) = -1,$$

$$y = \mathrm{e}^{\int\frac{2}{x}\mathrm{d}x}\left[\int\left(-\mathrm{e}^{-\int\frac{2}{x}\mathrm{d}x}\right)\mathrm{d}x + C\right] = x^2\left[\int\left(-\dfrac{\mathrm{d}x}{x^2}\right) + C\right]$$

$$= x^2\left(\dfrac{1}{x} + C\right) = x + Cx^2,$$

则 $V_x = \pi\displaystyle\int_1^2 (x + Cx^2)^2\mathrm{d}x$，据题意，求使得 V_x 取得最小值的 C 值.

法 1：$(V_x)'_C = \pi\displaystyle\int_1^2 \left[(x + Cx^2)^2\right]'\mathrm{d}x = \pi\displaystyle\int_1^2 2(x + Cx^2)x^2\mathrm{d}x$

$$= \pi\int_1^2 (2x^3 + 2Cx^4)\mathrm{d}x = \pi\left[\dfrac{x^4}{2} + \dfrac{2}{5}Cx^5\right]_1^2$$

$$= \pi\left[\dfrac{15}{2} + \dfrac{62}{5}C\right]\ (转续);$$

法 2：$V_x = \pi\displaystyle\int_1^2 (x + Cx^2)^2\mathrm{d}x = 2\pi\left[\dfrac{31}{5}C^2 + \dfrac{15}{2}C + \dfrac{7}{3}\right]$，

$$(V_x)'_C = \pi\left[\dfrac{15}{2} + \dfrac{62}{5}C\right],$$

【续】 令 $(V_x)'_C = 0$ 得唯一驻点 $C = -\dfrac{75}{124}$，

又 $(V_x)''_C = \dfrac{62}{5}\pi > 0$，故 $y = x - \dfrac{75}{124}x^2$ 为所要求的解.

5.3　可降阶的高阶方程

1. 求解下列方程.

(1) $(1+x^2)y'' = 1$;

(2) $xy'' = y'$;

(3) $xy'' + 3y' = 0$;

(4) $2yy'' = 1 + y'^2$;

(5) $y'' + \sqrt{1 - y'^2} = 0$;

(6) $\begin{cases} (x^2+1)y'' = 2xy' \\ y(0) = 1, y'(0) = 3 \end{cases}$;

(7) $\begin{cases} yy'' + y'^2 = 0 \\ y(0) = 1, y'(0) = \dfrac{1}{2} \end{cases}$;

(8) $\begin{cases} y^3 y'' + 1 = 0 \\ y(1) = 1, y'(1) = 0 \end{cases}$;

(9) $\begin{cases} y'' - 2y'^2 = 0 \\ y(0) = 0, y'(0) = -1 \end{cases}$.

【解】　(1) 令 $y' = P(x)$，则 $y'' = P'(x)$，代入方程得

$$(1+x^2)\frac{\mathrm{d}P}{\mathrm{d}x} = 1,$$

分离变量得 $P = \arctan x + C_1$，即 $y' = \arctan x + C_1$，

两端积分得 $y = x\arctan x - \dfrac{1}{2}\ln(1+x^2) + C_1 x + C_2$.

(2) 令 $y' = P(x)$，则 $y'' = P'(x)$，代入方程得 $x\dfrac{\mathrm{d}P}{\mathrm{d}x} = P$，

分离变量得 $P = C_0 x$，即 $y' = C_0 x$，

两端积分得 $y = \dfrac{C_0}{2}x^2 + C_2 = C_1 x^2 + C_2$.

(3) 令 $y' = P(x)$，则 $y'' = P'(x)$，代入方程得 $xP' + 3P = 0$，

分离变量得 $P = \dfrac{C_1}{x^3}$，即 $y' = \dfrac{C_1}{x^3}$，

两端积分得 $y = -\dfrac{C_1}{2x^2} + C_2 = \dfrac{C_3}{x^2} + C_2$.

(4) 令 $y' = P(y)$，则 $y'' = P\dfrac{\mathrm{d}P}{\mathrm{d}y}$，代入方程得 $2yP\dfrac{\mathrm{d}P}{\mathrm{d}y} = 1 + P^2$，

分离变量得 $1 + P^2 = C_1 y$，即 $y' = \pm\sqrt{C_1 y - 1}$，故

$$\mathrm{d}x = \frac{\mathrm{d}y}{\pm\sqrt{C_1 y - 1}},$$

两端积分得 $x + C_2 = \pm \dfrac{2}{C_1} \sqrt{C_1 y - 1}$，即 $C_1^2 (x + C_2)^2 = 4(C_1 y - 1)$.

（5）令 $y' = P(x)$，则 $y'' = P'(x)$，代入方程得 $P' + \sqrt{1 - P^2} = 0$，

分离变量得 $P = \cos(x + C_1)$，即 $y' = \cos(x + C_1)$，

两端积分得 $y = \sin(x + C_1) + C_2$.

【提示】　当微分方程既不显含变量 x 也不显含变量 y 时，选择做变换 $y' = P(y)$ 还是 $y' = P(x)$，有时会与解方程过程的繁杂程度相关！

（6）令 $y' = P(x)$，则 $y'' = P'$，代入方程得 $(x^2 + 1)P' = 2xP$，

分离变量得 $P = C_1(1 + x^2)$，即 $y' = C_1(1 + x^2)$，

两端积分得 $y = \displaystyle\int C_1(1 + x^2)\,\mathrm{d}x = C_1 x + \dfrac{C_1}{3}x^3 + C_2$，

由初值得 $C_1 = 3$，$C_2 = 1$，故特解 $y = x^3 + 3x + 1$.

（7）法 1：令 $y' = P(y)$，则 $y'' = P\dfrac{\mathrm{d}P}{\mathrm{d}y}$，代入方程得 $yP\dfrac{\mathrm{d}P}{\mathrm{d}y} + P^2 = 0$，

运用分离变量法解 $y\dfrac{\mathrm{d}P}{\mathrm{d}y} + P = 0$（$P = 0$ 不合题意，舍去）得 $P = \dfrac{C_1}{y}$，即 $y' = \dfrac{C_1}{y}$（转续）

法 2：原方程可化为 $(yy')' = 0$，两端积分：$yy' = C_1$，

【续】由初值得 $C_1 = \dfrac{1}{2}$，即 $\dfrac{\mathrm{d}y}{\mathrm{d}x} = \dfrac{1}{2y}$，$2y\mathrm{d}y = \mathrm{d}x$，故 $y^2 = x + C_2$，

由初值得 $C_2 = 1$，故特解 $y = \sqrt{x + 1}$.

（8）令 $y' = P(y)$，则 $y'' = P\dfrac{\mathrm{d}P}{\mathrm{d}y}$，代入方程得 $y^3 P\dfrac{\mathrm{d}P}{\mathrm{d}y} + 1 = 0$，

分离变量得 $P^2 = \dfrac{1}{y^2} + C_1$，

由初值得 $C_1 = -1$，即 $y' = \pm\sqrt{\dfrac{1}{y^2} - 1} = \pm\dfrac{\sqrt{1 - y^2}}{y}$，

故 $\pm\dfrac{y}{\sqrt{1 - y^2}}\mathrm{d}y = \mathrm{d}x$，两端积分得

$$\pm\sqrt{1 - y^2} = x + C_2，\text{或} 1 - y^2 = (x + C_2)^2，$$

由初值得 $C_2 = -1$，故特解 $y = \sqrt{2x - x^2}$.

(9) 法1：令 $y'=P(y)$，则 $y''=P\dfrac{\mathrm{d}P}{\mathrm{d}y}$，代入方程得 $P\dfrac{\mathrm{d}P}{\mathrm{d}y}-2P^2=0$，

运用分离变量法解 $\dfrac{\mathrm{d}P}{\mathrm{d}y}-2P=0$（$P=0$ 不合题意，舍去）得 $P=C_1\mathrm{e}^{2y}$，

由初值得 $C_1=-1$，即 $-\mathrm{e}^{-2y}\mathrm{d}y=\mathrm{d}x$，两端积分得 $\dfrac{\mathrm{e}^{-2y}}{2}=x+C_2$，

由初值得 $C_2=\dfrac{1}{2}$，故特解 $y=-\dfrac{1}{2}\ln(2x+1)$.

法2：令 $y'=P(x)$，则 $y''=P'(x)$，代入方程得 $-\dfrac{\mathrm{d}P}{P^2}=-2\mathrm{d}x$，

两端积分得 $\dfrac{1}{P}=-2x+C_1$，由初值得 $C_1=-1$，即 $y'=-\dfrac{1}{2x+1}$，

两端积分得 $y=-\dfrac{1}{2}\ln(2x+1)-\dfrac{1}{2}\ln C_2$，$y=-\dfrac{1}{2}\ln C_2(2x+1)$，

由初值得 $C_2=1$，故特解 $y=-\dfrac{1}{2}\ln(2x+1)$.

2. 求方程 $y''=x+\sin x$ 的一条积分曲线，使其与直线 $y=x$ 在原点相切.

【解】 直线 $y=x$ 在原点处有 $y(0)=0,y'(0)=1$，由题意得 $\begin{cases}y''=x+\sin x\\ y(0)=0,y'(0)=1\end{cases}$，

两端积分得 $y'=\dfrac{x^2}{2}-\cos x+C_1$，由初值得 $C_1=2$，

两端积分得 $y=\dfrac{x^3}{6}-\sin x+2x+C_2$，由初值得 $C_2=0$，

故积分曲线为 $y=\dfrac{x^3}{6}-\sin x+2x$.

3. 设函数 $y(x)(x\geqslant0)$ 二阶可导且 $y'(x)>0$，$y(0)=1$，过曲线 $y=y(x)$ 上任意一点 $P(x,y)$ 作该曲线的切线与 x 轴的垂线，上述两直线与 x 轴所围成的三角形的面积记为 A_1，区间 $[0,x]$ 上以 $y=y(x)$ 为曲边的曲边梯形面积记为 A_2，并设 $2A_1-A_2$ 恒为 1，求此曲线的方程.

【解】 过点 P 的切线方程为 $Y-y=y'(X-x)$，

令 $Y = 0$，则切线与 x 轴的交点 $A\left(x - \dfrac{y}{y'}, 0\right)$，

由题意得 $A_1 = \dfrac{1}{2} y \cdot \left| x - \left(x - \dfrac{y}{y'}\right) \right| = \dfrac{y^2}{2y'}$，$A_2 = \displaystyle\int_0^x y(t)\,\mathrm{d}t$，

故 $2 \cdot \dfrac{y^2}{2y'} - \displaystyle\int_0^x y(t)\,\mathrm{d}t = 1$，　　　　　　　　　　　　(5-3)

两端对 x 求导：$\dfrac{2y(y')^2 - y^2 y''}{(y')^2} - y = 0$，

由 $y(0) = 1 \neq 0$，得 $yy'' = (y')^2$，

由 $y(0) = 1$ 及式 (5-3) 得 $y'(0) = 1$，故得初值问题 $\begin{cases} yy'' = (y')^2 \\ y(0) = 1, y'(0) = 1 \end{cases}$

法 1：变形为 $\dfrac{y''}{y'} = \dfrac{y'}{y}$，两端积分：$\ln y' = \ln y + \ln C_1$，

即 $y' = C_1 y$（转续）；

法 2：令 $y' = P(y)$，则 $y'' = P\dfrac{\mathrm{d}P}{\mathrm{d}y}$，代入方程得 $yp\dfrac{\mathrm{d}P}{\mathrm{d}y} = P^2$，

采用分离变量法解 $y\dfrac{\mathrm{d}P}{\mathrm{d}y} = P$（$P = 0$ 不合题意，舍去）

得 $P = C_1 y$，即 $y' = C_1 y$.

【续】　由初值得 $C_1 = 1$，故 $\dfrac{y'}{y} = 1$，两端积分：$\ln y = x + \ln C_2$，

即 $y = C_2 \mathrm{e}^x$，

由初值得 $C_2 = 1$，故曲线方程为 $y = \mathrm{e}^x$.

4. 设 $y = y(x)$ 是一条连续的凸曲线，其上任一点 (x, y) 处的

曲率为 $\dfrac{1}{\sqrt{1 + (y')^2}}$，且此曲线上点 $(0, 1)$ 处的切线方程为 $y = x + 1$，

求该曲线的方程，并求函数 $y = y(x)$ 的极值.

【解】　由题意得 $\dfrac{|y''|}{[1 + (y')^2]^{3/2}} = \dfrac{1}{\sqrt{1 + (y')^2}}$，

且 $y(0) = 1$，$y'(0) = 1$，

因为是凸曲线，故 $y'' < 0$，即 $\dfrac{y''}{1 + (y')^2} = -1$，　　　　　　　　　　(5-4)

令 $y' = P(x)$，则 $y'' = P'(x)$，代入方程得 $\dfrac{P'}{1 + P^2} = -1$，

两端积分得 $\arctan P = -x + C_1$, $\qquad\qquad$ (5-5)

由初值得 $C_1 = \dfrac{\pi}{4}$, 即 $y' = P = \tan\left(\dfrac{\pi}{4} - x\right)$, $\qquad$ (5-6)

积分得 $y = \ln\left|\cos\left(\dfrac{\pi}{4} - x\right)\right| + C_2$, 由初值得 $C_2 = 1 + \dfrac{1}{2}\ln 2$,

即 $y = \ln\left|\cos\left(\dfrac{\pi}{4} - x\right)\right| + 1 + \dfrac{1}{2}\ln 2$,

由式 (5-5) 得函数的定义域 $-\dfrac{\pi}{2} < \dfrac{\pi}{4} - x < \dfrac{\pi}{2}$, 即

$$-\dfrac{\pi}{4} < x < \dfrac{3\pi}{4},$$

故曲线方程为 $y = \ln\cos\left(\dfrac{\pi}{4} - x\right) + 1 + \dfrac{1}{2}\ln 2$,

令式 (5-6) $y' = 0$, 在函数的定义域内 $x = \dfrac{\pi}{4}$ 为函数唯一的驻

点, 由式 (5-4) 得 $y''\left(\dfrac{\pi}{4}\right) = -1 < 0$, 所以 $x = \dfrac{\pi}{4}$ 是极大值点, 极大

值为 $y\left(\dfrac{\pi}{4}\right) = 1 + \dfrac{1}{2}\ln 2$, 无极小值.

5. 求下列初值问题的解.

$$\begin{cases} (1 - x^2)y''' + 2xy'' = 0 \\ y(2) = 0, y'(2) = \dfrac{2}{3}, y''(2) = 3 \end{cases}.$$

【解】 令 $y'' = P(x)$, 则 $y''' = P'(x)$,

代入方程得 $P' + \dfrac{2x}{1 - x^2}P = 0$, 这是一阶线性齐次方程,

其解为 $y'' = P = C_1 \mathrm{e}^{-\int \frac{2x}{1 - x^2}\mathrm{d}x} = C_1(1 - x^2)$,

由初值得 $C_1 = -1$, 即 $y'' = x^2 - 1$,

积分得 $y' = \dfrac{x^3}{3} - x + C_2$, 由初值得 $C_2 = 0$, 即 $y' = \dfrac{x^3}{3} - x$,

积分得 $y = \dfrac{x^4}{12} - \dfrac{x^2}{2} + C_3$, 由初值得 $C_3 = \dfrac{2}{3}$,

故解为 $y = \dfrac{x^4}{12} - \dfrac{x^2}{2} + \dfrac{2}{3}$.

【提示】 解初值问题时, 未必把通解求出后再确定常数, 而边

积分边确定常数往往会使之后的积分过程简单.

6. 求方程 $y'y''' - 3(y'')^2 = 0$ 的通解.

【解】 令 $y' = P(x)$，则 $y'' = P'(x)$，$y''' = P''(x)$，代入方程得 $PP'' - 3(P')^2 = 0$.

法 1：这是二阶可降阶方程，设 $P' = T(P)$，则

$$P'' = \frac{\mathrm{d}T}{\mathrm{d}P} \cdot \frac{\mathrm{d}P}{\mathrm{d}x} = T\frac{\mathrm{d}T}{\mathrm{d}P},$$

代入方程得 $PT\dfrac{\mathrm{d}T}{\mathrm{d}P} - 3T^2 = 0$，故 $P\dfrac{\mathrm{d}T}{\mathrm{d}P} - 3T = 0$ 或 $T = 0$，

当 $T = 0$ 时，解得 $y = E_1 x + E_2$，因只有两个独立的任意的常数，则该解不是通解；

当 $P\dfrac{\mathrm{d}T}{\mathrm{d}P} - 3T = 0$ 时，由分离变量法得 $\ln T = 3\ln P + \ln C_1$，

即 $P' = T = C_1 P^3$（转续）；

法 2：变形为 $\dfrac{P''}{P'} = 3\dfrac{P'}{P}$，两端积分得 $\ln P' = 3\ln P + \ln C_1$，$P' = C_1 P^3$，

【续】 分离变量得 $\dfrac{\mathrm{d}P}{P^3} = C_1\mathrm{d}x$，两端积分得 $-\dfrac{1}{2P^2} = C_1 x + C_2$，

即 $P^2 = \dfrac{1}{D_1 x + D_2}(D_1 = -2C_1, D_2 = -2C_2)$，

$y' = P = \dfrac{1}{\pm\sqrt{D_1 x + D_2}}$，积分得 $y = \pm\dfrac{2}{D_1}\sqrt{D_1 x + D_2} + D_3$，

故通解为 $(y - E_3)^2 = E_1 x + E_2\left(E_1 = \dfrac{4}{D_1}, E_2 = \dfrac{4D_2}{D_1^2}, E_3 = D_3\right)$.

法 3：注意到：$\left(\dfrac{y''}{(y')^3}\right)' = \dfrac{y'''(y')^3 - 3(y')^2(y'')^2}{(y')^6}$

$$= \dfrac{y'y''' - 3(y'')^2}{(y')^4},$$

由方程 $y'y''' - 3(y'')^2 = 0$ 可得 $\left(\dfrac{y''}{(y')^3}\right)' = 0$，

两端积分得 $\dfrac{y''}{(y')^3} = C_1$，这是可降阶的二阶方程（略）.

5.4 线性微分方程解的结构

1. 用观察法求下列方程的一个特解.

(1) $(x^2+1)y''-2xy'+2y=0$； (2) $xy''-(1+x)y'+y=0$.

【解题要点】 对二阶线性齐次方程 $y''+p(x)y'+q(x)y=0$，可如下观察出其特解：

(1) 若 $p(x)+xq(x)=0$，则有特解：$y=x$；

(2) 若 $1+p(x)+q(x)=0$，则有特解：$y=e^x$；

(3) 若 $1-p(x)+q(x)=0$，则有特解：$y=e^{-x}$.

【提示】 本题所给的两个方程都是二阶线性齐次方程，若改为求通解，由于不易观察出两个线性无关的特解，所以当观察出一个特解时，就可以利用刘维尔公式求出另一个线性无关的特解，再利用二阶线性齐次方程通解的结构定理就能求出通解.

【补充知识】 刘维尔公式：已知 $y=y_1(x)$ 是 $y''+p(x)y'+q(x)y=0$ 的一个非零特解，则

$$y_2=y_1\int\frac{e^{-\int p(x)dx}}{y_1^2}dx$$ 是 $y''+p(x)y'+q(x)y=0$ 的一个与 y_1 线性无关的特解（式中的积分表示某一个原函数）.

【解】 (1) 化为 $y''-\dfrac{2x}{x^2+1}y'+\dfrac{2}{x^2+1}y=0$，$p(x)=-\dfrac{2x}{x^2+1}$，

$q(x)=\dfrac{2}{x^2+1}$，且 $p(x)+xq(x)=0$，故 $y_1=x$ 为方程的一个特解.

(2) 化为 $y''-\left(\dfrac{1}{x}+1\right)y'+\dfrac{1}{x}y=0$，$p(x)=-\left(\dfrac{1}{x}+1\right)$，$q(x)=$

$\dfrac{1}{x}$，且 $1+p(x)+q(x)=0$，故 $y_1=e^x$ 为方程的一个特解.

【注】 本题利用刘维尔公式求出的与 y_1 线性无关的特解

(1) $y_2=x^2-1$；(2) $y_2=-(1+x)$.

2. 用常数变易法求方程 $y''+y=\tan x$ 的通解.

【解】 可观察出对应的齐次方程的两个线性无关的特解

$$y_1=\cos x,\quad y_2=\sin x,$$

故对应的齐次方程的通解 $\overline{y}=C_1\cos x+C_2\sin x$，

设非齐次方程的特解为 $y_0=C_1(x)\cos x+C_2(x)\sin x$，

则 $y_0'=C_1'(x)\cos x-C_1(x)\sin x+C_2'(x)\sin x+C_2(x)\cos x$，

令 $C_1'(x)\cos x+C_2'(x)\sin x=0$，   (5-7)

故 $y_0' = -C_1(x)\sin x + C_2(x)\cos x$,

$y_0'' = -C_1'(x)\sin x - C_1(x)\cos x + C_2'(x)\cos x - C_2(x)\sin x$,

代入原方程得 $-C_1'(x)\sin x + C_2'(x)\cos x = \tan x$.   (5-8)

联立式 (5-7)、式 (5-8) 解得 $C_1'(x) = -\dfrac{\sin^2 x}{\cos x}$, $C_2'(x) = \sin x$,

积分得 $C_1(x) = \sin x - \ln|\sec x + \tan x|$, $C_2(x) = -\cos x$,

故原方程通解 $y = C_1\cos x + C_2\sin x - \cos x \cdot \ln|\sec x + \tan x|$.

【注】 学习了本章第 5 节解线性常系数齐次微分方程的特征根法后，很容易求出对应的齐次方程的两个线性无关的特解 $y_1 = \cos x$, $y_2 = \sin x$.

3. 验证 $y_1 = e^{x^2}$ 和 $y_2 = xe^{x^2}$ 都是方程 $y'' - 4xy' + (4x^2 - 2)y = 0$ 的解，并写出该方程的通解.

【解】 $y_1' = 2xe^{x^2}$, $y_1'' = 2e^{x^2} + 4x^2 e^{x^2}$, 代入方程即得验证；

$y_2' = e^{x^2} + 2x^2 e^{x^2}$, $y_2'' = 6xe^{x^2} + 4x^3 e^{x^2}$, 代入方程即得验证；

由于 $y_1 = e^{x^2}$ 和 $y_2 = xe^{x^2}$ 线性无关，

由线性齐次方程通解的结构定理知：方程的通解

$$y = C_1 e^{x^2} + C_2 xe^{x^2}.$$

4. 证明：如果 y_1 和 y_2 是二阶线性非齐次方程 $y'' + p(x)y' + q(x)y = f(x)$ 的两个解，则 $y_1 - y_2$ 是对应的齐次方程的解.

【证明】 因为 y_1 和 y_2 是方程的解，故有

$y_1'' + p(x)y_1' + q(x)y_1 = f(x)$, $y_2'' + p(x)y_2' + q(x)y_2 = f(x)$,

两式相减得 $(y_1 - y_2)'' + p(x)(y_1 - y_2)' + q(x)(y_1 - y_2) = 0$,

即 $y_1 - y_2$ 是对应的齐次方程的解.

5. 已知二阶线性非齐次方程的三个特解为 $y_1 = x - (x^2 + 1)$, $y_2 = 3e^x - (x^2 + 1)$, $y_3 = 2x - e^x - (x^2 + 1)$, 求该方程满足初始条件 $y(0) = 0$, $y'(0) = 0$ 的特解.

【证明】 由 P271 5.4 节第 4 题知 $y_1 - y_2 = x - 3e^x$, $y_1 - y_3 = e^x - x$ 为对应的齐次方程的解，

这两个解线性无关，故对应的齐次方程的通解为

$$\bar{y} = C_1(x - 3e^x) + C_2(e^x - x),$$

由线性非齐次方程通解的结构定理知：

该二阶线性非齐次方程的通解为

$$y = C_1(x - 3\mathrm{e}^x) + C_2(\mathrm{e}^x - x) + x - (x^2 + 1),$$

代入初值得 $\begin{cases} -3C_1 + C_2 - 1 = 0 \\ -2C_1 + 1 = 0 \end{cases}$，解得 $C_1 = \dfrac{1}{2}, C_2 = \dfrac{5}{2}$，

故特解为 $y = \mathrm{e}^x - x^2 - x - 1$.

6. 已知微分方程 $(x^2 - 2x)y'' - (x^2 - 2)y' + (2x - 2)y = 6x - 6$ 有三个特解 $y_1 = 3$，$y_2 = 3 + x^2$，$y_3 = 3 + x^2 + \mathrm{e}^x$，求该方程的通解.

【解】　该方程是二阶线性非齐次微分方程，

由 P271 5.4 节第 4 题知 $y_2 - y_1 = x^2$，$y_3 - y_2 = \mathrm{e}^x$ 为对应的齐次方程的解，由于这两个解线性无关，故对应的齐次方程的通解为

$$\bar{y} = C_1 x^2 + C_2 \mathrm{e}^x,$$

由线性非齐次方程通解的结构定理知：所求通解 $y = C_1 x^2 + C_2 \mathrm{e}^x + 3$.

5.5　线性常系数齐次方程

1. 求下列方程的通解.

（1）$y'' + 8y' + 15y = 0$；　　　　（2）$y'' + 6y' + 9y = 0$；

（3）$y'' + 4y' + 5y = 0$；　　　　（4）$\dfrac{\mathrm{d}^2 s}{\mathrm{d}t^2} - 2\dfrac{\mathrm{d}s}{\mathrm{d}t} - s = 0$；

（5）$4\dfrac{\mathrm{d}^2 x}{\mathrm{d}t^2} - 20\dfrac{\mathrm{d}x}{\mathrm{d}t} + 25x = 0$；　（6）$y'' + 2\delta y' + \omega_0^2 y = 0\,(\omega_0 > \delta > 0)$.

【解题要点】　n 阶线性常系数齐次方程 $y^{(n)} + a_1 y^{(n-1)} + \cdots + a_n y = 0$（其中 a_1，a_2，$\cdots$，a_n 为常数）的解法为特征根法，步骤为：

（1）写出对应的特征方程：$r^n + a_1 r^{n-1} + \cdots + a_n = 0$；

（2）求出特征方程的根（称为特征根），应该有 n 个特征根（包含重根）；

（3）依据特征根的情况写出通解：

如果 r 为 k 重实根，则通解中包含 $(C_0 + C_1 x + \cdots + C_{k-1} x^{k-1}) \cdot \mathrm{e}^{rx}$ 项；

若 $r_{1,2} = \alpha \pm \mathrm{i}\beta$ 为 k 重共轭复根，则通解中包含

$$[(D_0 + D_1 x + \cdots + D_{k-1} x^{k-1})\cos\beta x +$$

$$(F_0 + F_1 x + \cdots + F_{k-1} x^{k-1})\sin\beta x]\mathrm{e}^{\alpha x} 项，$$

其中，C_i、D_i、F_i（$(i = 0, 1, \cdots, k-1)$ 为任意常数.

则通解为 $y = y(x)$，右端 $y(x)$ 为所有特征根对应的通解中的项

叠加，由于每个特征根对应通项中的一项，故项数总和为 n.

特别地，当方程为二阶线性常系数齐次方程 $y'' + py + qy = 0$ （p，q 是常数）时，

若特征根是两个不同的实数根 r_1，r_2，其通解为

$$y = C_1 \mathrm{e}^{r_1 x} + C_2 \mathrm{e}^{r_2 x};$$

若特征根是两个相同的实数根 r （二重根），其通解为

$$y = (C_1 + C_2 x)\mathrm{e}^{rx};$$

若特征根是一对共轭复根 $r_{1,2} = \alpha \pm \mathrm{i}\beta$，其通解为

$$y = \mathrm{e}^{\alpha x}(C_1 \cos\beta x + C_2 \sin\beta x).$$

【提示】　线性常系数齐次方程对应的特征方程写得是否正确，直接影响通解的正确性，因而一定要仔细检查！特征方程的写法：将方程中的未知函数改写为 r，把未知函数的导数的阶数对应地改写为方幂数，各项系数不变. 当方程中未知函数的导数有缺项时，很容易出错！如 $y'' + 16y = 0$，有人就会把特征方程写为 $r^2 + 16r = 0$！

【解】　（1）特征方程为 $r^2 + 8r + 15 = 0$，特征根 $r_1 = -3$，$r_2 = -5$，

通解 $y = C_1 \mathrm{e}^{-3x} + C_2 \mathrm{e}^{-5x}$；

（2）特征方程为 $r^2 + 6r + 9 = 0$，特征根 $r_{1,2} = -3$，

通解 $y = (C_1 + C_2 x)\mathrm{e}^{-3x}$；

（3）特征方程为 $r^2 + 4r + 5 = 0$，特征根 $r_{1,2} = -2 \pm \mathrm{i}$，

通解 $y = \mathrm{e}^{-2x}(C_1 \cos x + C_2 \sin x)$；

（4）特征方程为 $r^2 - 2r - 1 = 0$，特征根 $r_{1,2} = 1 \pm \sqrt{2}$，

通解 $s = C_1 \mathrm{e}^{(1+\sqrt{2})t} + C_2 \mathrm{e}^{(1-\sqrt{2})t}$；

（5）特征方程为 $4r^2 - 20r + 25 = 0$，特征根 $r_{1,2} = \dfrac{5}{2}$，

通解 $x = (C_1 + C_2 t)\mathrm{e}^{\frac{5}{2}t}$.

（6）特征方程为 $r^2 - 2\delta r + \omega_0^2 = 0$，特征根

$$r_{1,2} = \delta \pm \mathrm{i}\sqrt{\omega_0^2 - \delta^2} \overset{\triangle}{=\!=} \delta \pm \mathrm{i}\omega,$$

通解 $y = \mathrm{e}^{-\delta x}(C_1 \cos\omega x + C_2 \sin\omega x)$.

2. 求下列初值问题的解.

（1）$\begin{cases} y'' + 4y' + 4y = 0 \\ y|_{x=0} = 1, y'|_{x=0} = 1 \end{cases}$；　　　　（2）$\begin{cases} 4y'' + 9y = 0 \\ y(0) = 2, y'(0) = -1 \end{cases}$.

【解】（1）特征方程为 $r^2+4r+4=0$，特征根 $r_{1,2}=-2$，通解为 $y=(C_1+C_2x)\mathrm{e}^{-2x}$，

代入初值得 $C_1=1$，$C_2=3$，解为 $y=(1+3x)\mathrm{e}^{-2x}$.

（2）特征方程为 $4r^2+9=0$，特征根 $r_{1,2}=\pm\dfrac{3}{2}\mathrm{i}$，通解为

$$y=C_1\cos\frac{3}{2}x+C_2\sin\frac{3}{2}x,$$

代入初始条件得 $C_1=2$，$C_2=-\dfrac{2}{3}$，解为

$$y=2\cos\frac{3}{2}x-\frac{2}{3}\sin\frac{3}{2}x.$$

3. 求下列方程的通解.

（1）$y'''-y=0$；　　　　　　　　（2）$y'''-2y'+y=0$；

（3）$y'''+3y''+3y'+y=0$.

【解】（1）特征方程为 $r^3-1=0$，特征根 $r_1=1$，$r_{2,3}=-\dfrac{1}{2}\pm\dfrac{\sqrt{3}}{2}\mathrm{i}$，

通解为 $y=C_1\mathrm{e}^x+\mathrm{e}^{-\frac{1}{2}x}\left(C_2\cos\dfrac{\sqrt{3}}{2}x+C_3\sin\dfrac{\sqrt{3}}{2}x\right)$.

（2）特征方程为 $r^3-2r+1=0$，特征根 $r_1=1$，$r_{2,3}=-\dfrac{1}{2}\pm\dfrac{\sqrt{5}}{2}$，

通解为 $y=C_1\mathrm{e}^x+C_2\mathrm{e}^{\left(-\frac{1}{2}+\frac{\sqrt{5}}{2}\right)x}+C_3\mathrm{e}^{\left(-\frac{1}{2}-\frac{\sqrt{5}}{2}\right)x}$.

（3）特征方程为 $r^3+3r^2+3r+1=0$，特征根 $r_{1,2,3}=-1$，

通解为 $y=(C_1+C_2x+C_3x^2)\mathrm{e}^{-x}$.

4. 求具有特解 $y_1=\mathrm{e}^{-x}$，$y_2=2x\mathrm{e}^{-x}$，$y_3=3\mathrm{e}^x$ 的三阶常系数齐次线性微分方程.

【解】　由特解 y_1 及 y_2 的形式可知 $r=-1$ 为方程对应的特征方程的二重特征根，

由特解 y_3 的形式可知 $r=1$ 为方程对应的特征方程的单特征根，

故方程对应的特征方程为 $(r+1)^2(r-1)=0$，即 $r^3+r^2-r-1=0$，

故所求微分方程为 $y'''+y''-y'-y=0$.

5.6　线性常系数非齐次方程

1. 求下列方程的通解.

（1）$y''-7y'+12y=x$；　　　　　　（2）$y''-3y'=2-6x$；

（3）$2y'' + y' - y = 2\mathrm{e}^x$；　　　　（4）$y'' - 3y' + 2y = 3\mathrm{e}^{2x}$；

（5）$y'' + y = \cos 2x$；　　　　　　（6）$y'' + y = \sin x$；

（7）$y'' + 4y = x\cos x$；　　　　　（8）$y'' - 6y' + 9y = (x+1)\mathrm{e}^{3x}$；

（9）$y'' + y = \mathrm{e}^x + \cos x$；　　　（10）$y^{(4)} + 3y'' - 4y = \mathrm{e}^x$；

（11）$y'' - 2y' + 2y = \mathrm{e}^x$；　　（12）$y'' - 4y = \mathrm{e}^{2x}$.

【解题要点】　二阶线性非齐次方程 $y'' + a_1(x)y' + a_2(x)y = f(x)$ 的通解为 $y = \bar{y} + y_0$，其中，$\bar{y}$ 为对应的齐次方程的通解，y_0 为原方程的一个特解. y_0 的设定利用常数变易法.

对于二阶线性常系数非齐次方程 $y'' + a_1 y' + a_2 y = f(x)$，$y_0$ 依据自由项的形式来设定（待定系数法），具体如下：

（1）$f(x) = P_n(x)\mathrm{e}^{wx}$（$w$ 可以是复数，$P_n(x)$ 为几次多项式），

当 $w = \alpha + \mathrm{i}\beta$ 时，$f(x) = P_n(x)\mathrm{e}^{\alpha x}(\cos\beta x + \mathrm{i}\sin\beta x)$，

可设 $y_0 = x^k Q_n(x)\mathrm{e}^{wx}$，其中，$Q_n(x)$ 是与 $P_n(x)$ 同次（n 次）的多项式，

$$k = \begin{cases} 0 & w \text{ 不是特征根} \\ 1 & w \text{ 是单特征根.} \\ 2 & w \text{ 是重特征根} \end{cases}$$

（2）$f(x) = \mathrm{e}^{\alpha x}[P_l(x)\cos\beta x + P_m(x)\sin\beta x]$　（$\alpha, \beta \in \mathbf{R}$），

可设 $y_0 = x^k \mathrm{e}^{\alpha x}[Q_n(x)\cos\beta x + R_n(x)\sin\beta x]$　（$\alpha, \beta \in \mathbf{R}$），

其中，$Q_n(x)$ 和 $R_n(x)$ 是 n 次多项式，$n = \max\{l, m\}$，

$$k = \begin{cases} 0 & \alpha + \mathrm{i}\beta \text{ 不是特征根} \\ 1 & \alpha + \mathrm{i}\beta \text{ 是特征根} \end{cases}.$$

（3）$f(x)$ 非（1）、（2）类型，用常数变易法.

【解】（1）对应的齐次方程的特征根为 $r_1 = 3$，$r_2 = 4$，其通解 $\bar{y} = C_1 \mathrm{e}^{3x} + C_2 \mathrm{e}^{4x}$；

由于 0 不是特征根，故设原方程的特解 $y_0 = ax + b$，

代入原方程得 $12ax + 12b - 7a = x$，从而 $\begin{cases} 12a = 1 \\ 12b - 7a = 0 \end{cases}$，

解得 $a = \dfrac{1}{12}$，$b = \dfrac{7}{144}$，即 $y_0 = \dfrac{x}{12} + \dfrac{7}{144}$，

故通解 $y = C_1 \mathrm{e}^{3x} + C_2 \mathrm{e}^{4x} + \dfrac{x}{12} + \dfrac{7}{144}$.

（2）对应的齐次方程的特征根为 $r_1 = 3$，$r_2 = 0$，其通解

$$\overline{y} = C_1 e^{3x} + C_2,$$

由于 0 是特征根，故设原方程的特解 $y_0 = x(ax+b)$，

代入原方程得 $2a - 3(2ax + b) = 2 - 6x$，从而 $\begin{cases} -6a = -6 \\ 2a - 3b = 2 \end{cases}$，

解得 $a = 1$，$b = 0$，即 $y_0 = x^2$，故通解 $y = C_1 e^{3x} + C_2 + x^2$.

（3）对应的齐次方程的特征根为 $r_1 = \dfrac{1}{2}$，$r_2 = -1$，其通解

$$\overline{y} = C_1 e^{\frac{x}{2}} + C_2 e^{-x},$$

由于 1 不是特征根，故设原方程的特解为 $y_0 = a e^x$，

代入原方程得 $a = 1$，即 $y_0 = e^x$，

故通解 $y = C_1 e^{\frac{x}{2}} + C_2 e^{-x} + e^x$.

（4）对应的齐次方程的特征根为 $r_1 = 1$，$r_2 = 2$，其通解

$$\overline{y} = C_1 e^x + C_2 e^{2x},$$

由于 2 是特征根，故设原方程的特解 $y_0 = a x e^{2x}$，

代入原方程得 $a = 3$，即 $y_0 = 3x e^{2x}$，

故通解 $y = C_1 e^x + C_2 e^{2x} + 3x e^{2x}$.

（5）对应的齐次方程的特征根为 $r_{1,2} = \pm i$，其通解

$$\overline{y} = C_1 \cos x + C_2 \sin x,$$

法 1：设辅助方程 $y'' + y = \cos 2x + i \sin 2x = e^{2ix}$，

由于 $2i$ 不是特征根，故设其特解 $y^* = a e^{2ix}$，

代入辅助方程得 $a = -\dfrac{1}{3}$，所以

$$y^* = -\frac{1}{3} e^{2ix} = -\frac{1}{3} \cos 2x + \left(-\frac{1}{3} \sin 2x \right) i;$$

由于原方程的自由项是辅助方程的实部，由线性非齐次方程解的性质知：

辅助方程特解的实部是原方程的特解，即原方程的特解

$$y_0 = -\frac{1}{3} \cos 2x,$$

法 2：由于 $2i$ 不是特征根，故设原方程的特解为

$$y_0 = a \cos 2x + b \sin 2x,$$

代入原方程得 $-3a\cos 2x - 3b\sin 2x = \cos 2x$，故得 $a = -\dfrac{1}{3}$，$b = 0$，

即 $y_0 = -\dfrac{1}{3}\cos 2x$. 故通解 $y = C_1\cos x + C_2\sin x - \dfrac{1}{3}\cos 2x$.

（6）对应的齐次方程的特征根 $r_{1,2} = \pm\mathrm{i}$，其通解

$$\bar{y} = C_1\cos x + C_2\sin x,$$

法 1：设辅助方程 $y'' + y = \cos x + \mathrm{i}\sin x = \mathrm{e}^{\mathrm{i}x}$，

由于 i 是特征根，设其特解 $y^* = ax\mathrm{e}^{\mathrm{i}x}$，

代入辅助方程得 $2\mathrm{i}a = 1$，从而 $a = -\dfrac{1}{2}\mathrm{i}$，

所以 $y^* = -\dfrac{1}{2}\mathrm{i}\mathrm{e}^{\mathrm{i}x} = \dfrac{1}{2}x\sin x + \left(-\dfrac{1}{2}x\cos x\right)\mathrm{i}$，

由于原方程的自由项是辅助方程的虚部，由线性非齐次方程解的性质知：

辅助方程特解的虚部是原方程的特解，即原方程的特解

$$y_0 = -\dfrac{1}{2}x\cos x.$$

法 2：由于 i 是特征根，故设原方程的特解为 $y_0 = x(a\cos x + b\sin x)$

代入原方程得 $-2a\sin x + 2b\cos x = \sin x$，故得 $a = -\dfrac{1}{2}$，$b = 0$，

即 $y_0 = -\dfrac{1}{2}x\cos x$. 故通解 $y = C_1\cos x + C_2\sin x - \dfrac{1}{2}x\cos x$.

（7）对应的齐次方程的特征根 $r_{1,2} = \pm 2\mathrm{i}$，其通解

$$\bar{y} = C_1\cos 2x + C_2\sin 2x,$$

法 1：设辅助方程 $y'' + 4y = x(\cos x + \mathrm{i}\sin x) = x\mathrm{e}^{\mathrm{i}x}$，

由于 i 不是特征根，设其特解 $y^* = (ax + b)\mathrm{e}^{\mathrm{i}x}$，

代入辅助方程得 $a = \dfrac{1}{3}$，$b = -\dfrac{2}{9}\mathrm{i}$，

所以 $y^* = \left(\dfrac{1}{3}x - \dfrac{1}{9}\right)\mathrm{e}^{\mathrm{i}x} = \left(\dfrac{1}{3}x - \dfrac{1}{9}\right)(\cos x + \mathrm{i}\sin x)$

$$= \dfrac{1}{9}(3x\cos x + 2\sin x) + \dfrac{1}{9}(3x\sin x - 2\cos x)\mathrm{i}.$$

由于原方程的自由项是辅助方程的实部，由线性非齐次方程解的性质知：

辅助方程特解的实部是原方程的特解，即原方程的特解

$$y_0 = \frac{1}{9}(3x\cos x + 2\sin x).$$

法2：由于 i 不是特征根，故设原方程的特解为

$$y_0 = (ax + b)\cos x + (cx + d)\sin x,$$

代入原方程得 $(3cx + c + 3d - 2a)\sin x + (3ax + 3b + c)\cos x = x\cos x$，

故得 $3c = 0$，$c + 3d - 2a = 0$，$3a = 1$，$3b + c = 0$，

即 $a = \frac{1}{3}$，$b = 0$，$c = 0$，$d = \frac{2}{9}$，

原方程的特解 $y_0 = \frac{x}{3}\cos x + \frac{2}{9}\sin x$.

故通解 $y = C_1\cos 2x + C_2\sin 2x + \frac{x}{3}\cos x + \frac{2}{9}\sin x$

（8）对应的齐次方程的特征根 $r_{1,2} = 3$，其通解 $\bar{y} = (C_1 + C_2 x)e^{3x}$，

由于 3 是二重特征根，故设原方程的特解为 $y_0 = x^2(ax + b)e^{3x}$，

代入原方程得 $(6ax + 2b)e^{3x} = (x + 1)e^{3x}$，故得 $a = \frac{1}{6}$，$b = \frac{1}{2}$，

即 $y_0 = x^2\left(\frac{1}{6}x + \frac{1}{2}\right)e^{3x}$，

故原方程的通解 $y = \left(C_1 + C_2 x + \frac{1}{2}x^2 + \frac{1}{6}x^3\right)e^{3x}$.

（9）对应的齐次方程的特征根 $r_{1,2} = \pm i$，其通解为

$$\bar{y} = C_1\cos x + C_2\sin x,$$

由于 1 不是特征根，故设 $y_1 = ae^x$ 为 $y'' + y = e^x$ 的一个特解，

代入方程得 $a = \frac{1}{2}$，即 $y_1 = \frac{1}{2}e^x$，

由于 i 是特征根，故设 $y_2 = x(b\cos x + c\sin x)$ 为 $y'' + y = \cos x$ 的一个特解，

代入方程得 $b = 0$，$c = \frac{1}{2}$，即 $y_2 = \frac{x}{2}\sin x$，

由线性非齐次方程解的性质知：原方程的特解 $y_0 = \frac{1}{2}e^x + \frac{x}{2}\sin x$，

所以原方程的通解 $y = C_1\cos x + C_2\sin x + \frac{1}{2}e^x + \frac{x}{2}\sin x$.

（10）对应的齐次方程的特征根 $r_{1,2} = \pm 1$，$r_{3,4} = \pm 2i$，

其通解 $\bar{y} = C_1 e^x + C_2 e^{-x} + C_3 \cos 2x + C_4 \sin 2x$，

由于 i 是特征根，故设原方程的特解 $y_0 = ax e^x$，

代入原方程得 $a = \dfrac{1}{10}$，即 $y_0 = \dfrac{1}{10} x e^x$，

原方程的通解 $y = C_1 e^x + C_2 e^{-x} + C_3 \cos 2x + C_4 \sin 2x + \dfrac{1}{10} x e^x$.

（11）对应的齐次方程的特征根 $r_{1,2} = 1 \pm i$，其通解

$$\bar{y} = e^x (C_1 \cos x + C_2 \sin x)，$$

由于 1 不是特征根，故设原方程的特解 $y_0 = a e^x$，

代入原方程得 $a = 1$，即 $y_0 = e^x$，

故通解为 $y = e^x (C_1 \cos x + C_2 \sin x) + e^x$.

（12）对应的齐次方程的特征根 $r_{1,2} = \pm 2$，其通解 $\bar{y} = C_1 e^{2x} + C_2 e^{-2x}$，

由于 2 是特征根，故设原方程的特解 $y_0 = ax e^{2x}$，

代入原方程得 $a = \dfrac{1}{4}$，即 $y_0 = \dfrac{1}{4} x e^{2x}$，

故通解 $y = C_1 e^{2x} + C_2 e^{-2x} + \dfrac{1}{4} x e^{2x}$.

2. 求解下列初值问题.

（1）$\begin{cases} y'' + 4y = 12\cos^2 x \\ y(0) = 2, y'(0) = 1 \end{cases}$；　　（2）$\begin{cases} 2y'' + y' = 8\sin 2x + e^{-x} \\ y(0) = 1, y'(0) = 0 \end{cases}$.

【解】 （1）变形为 $y'' + 4y = 6\cos 2x + 6$，对应的齐次方程的特征根 $r_{1,2} = \pm 2i$，

其通解 $\bar{y} = C_1 \cos 2x + C_2 \sin 2x$，

2i 是特征根，故设 $y_1 = x(a\cos 2x + b\sin 2x)$ 为 $y'' + 4y' = 6\cos 2x$ 的一个特解，

代入方程得 $a = 0$，$b = \dfrac{3}{2}$，即 $y_1 = \dfrac{3}{2} x \sin 2x$；

由于 0 不是特征根，故设 $y_2 = a$ 为 $y'' + 4y = 6$ 的一个特解，

代入方程得 $a = \dfrac{3}{2}$，即 $y_2 = \dfrac{3}{2}$；

由线性非齐次方程解的性质知：原方程的特解 $y_0 = \dfrac{3}{2}x\sin2x + \dfrac{3}{2}$，

故通解 $y = C_1\cos2x + C_2\sin2x + \dfrac{3}{2}x\sin2x + \dfrac{3}{2}$.

代入初值得 $C_1 = \dfrac{1}{2}$，$C_2 = \dfrac{1}{2}$，

特解为 $y = \dfrac{1}{2}\cos2x + \dfrac{1}{2}\sin2x + \dfrac{3}{2}x\sin2x + \dfrac{3}{2}$，

即 $y = \dfrac{1}{2}[\cos2x + (1 + 3x)\sin2x + 3]$.

（2）对应的齐次方程的特征根 $r_1 = 0$，$r_2 = -\dfrac{1}{2}$，其通解

$$\bar{y} = C_1 + C_2\mathrm{e}^{-\frac{x}{2}},$$

2i 不是特征根，故设 $y_1 = a\cos2x + b\sin2x$ 为 $2y'' + y' = 8\sin2x$ 的一个特解，

代入方程得 $a = -\dfrac{4}{17}$，$b = -\dfrac{16}{17}$，即 $y_1 = -\dfrac{4}{17}(\cos2x + 4\sin2x)$；

由于 -1 不是特征根，故设 $y_2 = c\mathrm{e}^{-x}$ 为 $2y'' + y' = \mathrm{e}^{-x}$ 的一个特解，

代入方程得 $c = 1$，即 $y_2 = \mathrm{e}^{-x}$，由线性非齐次方程解的性质知：

原方程的特解 $y_0 = -\dfrac{4}{17}(\cos2x + 4\sin2x) + \mathrm{e}^{-x}$，

故通解为 $y = C_1 + C_2\mathrm{e}^{-\frac{x}{2}} - \dfrac{4}{17}(\cos2x + 4\sin2x) + \mathrm{e}^{-x}$，

代入初值得 $C_1 = 6$，$C_2 = -\dfrac{98}{17}$，

所求特解 $y = 6 - \dfrac{98}{17}\mathrm{e}^{-\frac{x}{2}} - \dfrac{4}{17}(\cos2x + 4\sin2x) + \mathrm{e}^{-x}$.

3. 解下列方程.

（1）$\dfrac{\mathrm{d}^2 y}{\mathrm{d}r^2} + \dfrac{2}{r}\dfrac{\mathrm{d}y}{\mathrm{d}r} - \dfrac{n(n + 1)}{r^2}y = 0$　（$r > 0, n$ 为正整数）；

（2）$x^2 y'' + xy' + y = 2\sin\ln x$；

（3）$x^3 y'' - x^2 y' + xy = x^2 + 1$.

【解】（1）变形为 $r^2\dfrac{\mathrm{d}^2 y}{\mathrm{d}r^2} + 2r\dfrac{\mathrm{d}y}{\mathrm{d}r} - n(n + 1)y = 0$，这是欧拉方程，

令 $r = \mathrm{e}^t$，则 $t = \ln r$，

代入方程得 $\left(\dfrac{\mathrm{d}^2 y}{\mathrm{d}t^2} - \dfrac{\mathrm{d}y}{\mathrm{d}t}\right) + 2\dfrac{\mathrm{d}y}{\mathrm{d}t} - n(n+1)y = 0$,

整理得 $\dfrac{\mathrm{d}^2 y}{\mathrm{d}t^2} + \dfrac{\mathrm{d}y}{\mathrm{d}t} - n(n+1)y = 0$,

其特征根 $r_1 = n$, $r_2 = -(n+1)$,

故通解 $y = C_1 \mathrm{e}^{nt} + C_2 \mathrm{e}^{-(n+1)t} = C_1 \mathrm{e}^{n\ln r} + C_2 \mathrm{e}^{-(n+1)\ln r}$

$\qquad = C_1 r^n + C_2 r^{-(n+1)}$.

（2）这是欧拉方程，令 $x = \mathrm{e}^t$，则 $t = \ln x$,

代入方程得 $\dfrac{\mathrm{d}^2 y}{\mathrm{d}t^2} + y = 2\sin t$, $\qquad\qquad\qquad\qquad$ (5-9)

这是二阶线性常系数非齐次方程，对应的齐次方程的特征根为 $r_{1,2} = \pm\mathrm{i}$，其通解 $\bar{y} = C_1\cos t + C_2\sin t$，i 是特征根，故设 $y_0 = t(a\cos t + b\sin t)$ 为方程（5-9）的一个特解，

代入方程（5-9）得 $a = -1$，$b = 0$，$y_0 = -t\cos t$,

故方程（5-9）通解 $y = C_1\cos t + C_2\sin t - t\cos t$

原方程的通解 $y = C_1\cos\ln x + C_2\sin\ln x - \ln x \cdot \cos\ln x$.

（3）这是欧拉方程，令 $x = \mathrm{e}^t$，则 $t = \ln x$,

代入方程得 $\qquad \dfrac{\mathrm{d}^2 y}{\mathrm{d}t^2} - 2\dfrac{\mathrm{d}y}{\mathrm{d}t} + y = \mathrm{e}^t + \mathrm{e}^{-t}$, $\qquad\qquad$ (5-10)

这是二阶线性常系数非齐次方程，对应的齐次方程的特征根 $r_{1,2} = 1$，其通解 $\bar{y} = (C_1 + C_2 t)\mathrm{e}^t$,

1 是二重特征根，故设 $y_1 = at^2\mathrm{e}^t$ 为 $\dfrac{\mathrm{d}^2 y}{\mathrm{d}t^2} - 2\dfrac{\mathrm{d}y}{\mathrm{d}t} + y = \mathrm{e}^t$ 的一个特解，

代入方程得 $a = \dfrac{1}{2}$，即 $y_1 = \dfrac{t^2}{2}\mathrm{e}^t$,

-1 不是特征根，故设 $y_2 = b\mathrm{e}^{-t}$ 为 $\dfrac{\mathrm{d}^2 y}{\mathrm{d}t^2} - 2\dfrac{\mathrm{d}y}{\mathrm{d}t} + y = \mathrm{e}^{-t}$ 的一个特解，

代入方程得 $b = \dfrac{1}{4}$，即 $y_2 = \dfrac{1}{4}\mathrm{e}^{-t}$,

由线性非齐次方程解的性质知：方程（5-10）的特解

$$y_0 = y_1 + y_2 = \dfrac{t^2}{2}\mathrm{e}^t + \dfrac{1}{4}\mathrm{e}^{-t},$$

故方程（5-10）通解 $y = (C_1 + C_2 t) \mathrm{e}^t + \dfrac{t^2}{2} \mathrm{e}^t + \dfrac{1}{4} \mathrm{e}^{-t}$，

原方程的通解 $y = (C_1 + C_2 \ln x) x + \dfrac{x}{2} \ln^2 x + \dfrac{1}{4x}$.

5.7 常系数线性微分方程组

求下列方程组的通解.

1. $\begin{cases} \dfrac{\mathrm{d}x}{\mathrm{d}t} = x + y \\[2mm] \dfrac{\mathrm{d}y}{\mathrm{d}t} = x - y \end{cases}$；

2. $\begin{cases} \dfrac{\mathrm{d}x}{\mathrm{d}t} + \dfrac{\mathrm{d}y}{\mathrm{d}t} = -x + y + 3 \\[2mm] \dfrac{\mathrm{d}x}{\mathrm{d}t} - \dfrac{\mathrm{d}y}{\mathrm{d}t} = x + y - 3 \end{cases}$；

3. $\begin{cases} \dfrac{\mathrm{d}y}{\mathrm{d}x} + 5y + z = 0, y(0) = 0 \\[2mm] \dfrac{\mathrm{d}z}{\mathrm{d}x} - 2y + 3z = 0, z(0) = 1 \end{cases}$；

4. $\begin{cases} \dfrac{\mathrm{d}y}{\mathrm{d}x} + z = 0, y(0) = 1 \\[2mm] \dfrac{\mathrm{d}y}{\mathrm{d}x} - \dfrac{\mathrm{d}z}{\mathrm{d}x} = 3y + z, z(0) = 1 \end{cases}$.

【解】　1. $\begin{cases} \dfrac{\mathrm{d}x}{\mathrm{d}t} = x + y, & (5\text{-}11) \\[2mm] \dfrac{\mathrm{d}y}{\mathrm{d}t} = x - y, & (5\text{-}12) \end{cases}$

由式（5-11）得 $y = \dfrac{\mathrm{d}x}{\mathrm{d}t} - x$，　　　　　　　　　　　　　　　（5-13）

式（5-13）两端对 t 求导得 $\dfrac{\mathrm{d}y}{\mathrm{d}t} = \dfrac{\mathrm{d}^2 x}{\mathrm{d}t^2} - \dfrac{\mathrm{d}x}{\mathrm{d}t}$，　　　　　（5-14）

将式（5-13）、式（5-14）代入式（5-12）整理得

$$\frac{\mathrm{d}^2 x}{\mathrm{d}t^2} - 2x = 0, \tag{5-15}$$

式（5-15）是二阶常系数线性齐次方程，其特征根为

$$r_{1,2} = \pm\sqrt{2},$$

故方程（5-15）通解为 $x = C_1 \mathrm{e}^{\sqrt{2}t} + C_2 \mathrm{e}^{-\sqrt{2}t}$，　　　　　（5-16）

将式（5-16）代入式（5-13）得 $y = C_1(\sqrt{2} - 1)\mathrm{e}^{\sqrt{2}t} - C_2(\sqrt{2} + 1)\mathrm{e}^{-\sqrt{2}t}$，

方程组通解为 $\begin{cases} x = C_1 \mathrm{e}^{\sqrt{2}t} + C_2 \mathrm{e}^{-\sqrt{2}t} \\[2mm] y = C_1(\sqrt{2} - 1)\mathrm{e}^{\sqrt{2}t} - C_2(\sqrt{2} + 1)\mathrm{e}^{-\sqrt{2}t}. \end{cases}$

2. $\begin{cases} \dfrac{\mathrm{d}x}{\mathrm{d}t} + \dfrac{\mathrm{d}y}{\mathrm{d}t} = -x + y + 3, & (5\text{-}17) \\[2mm] \dfrac{\mathrm{d}x}{\mathrm{d}t} - \dfrac{\mathrm{d}y}{\mathrm{d}t} = x + y - 3, & (5\text{-}18) \end{cases}$

式 (5-17) + 式 (5-18) 得 $y = \dfrac{\mathrm{d}x}{\mathrm{d}t}$，$\qquad\qquad$ (5-19)

式 (5-19) 两端对 t 求导得 $\dfrac{\mathrm{d}y}{\mathrm{d}t} = \dfrac{\mathrm{d}^2 x}{\mathrm{d}t^2}$，$\qquad\qquad$ (5-20)

将式 (5-19)、式 (5-20) 代入式 (5-17) 整理得

$$\dfrac{\mathrm{d}^2 x}{\mathrm{d}t^2} + x = 3，\qquad\qquad (5\text{-}21)$$

式 (5-21) 是二阶常系数线性非齐次方程，利用待定系数法，

其通解为 $x = C_1 \cos t + C_2 \sin t + 3$，$\qquad\qquad$ (5-22)

将式 (5-22) 代入式 (5-19) 得 $y = -C_1 \sin t + C_2 \cos t$，

方程组通解为 $\begin{cases} x = C_1 \cos t + C_2 \sin t + 3 \\ y = -C_1 \sin t + C_2 \cos t \end{cases}$.

3. $\begin{cases} \dfrac{\mathrm{d}y}{\mathrm{d}x} + 5y + z = 0 & (5\text{-}23) \\[2mm] \dfrac{\mathrm{d}z}{\mathrm{d}x} - 2y + 3z = 0 & (5\text{-}24) \end{cases}$，

由式 (5-23) 得 $z = -\dfrac{\mathrm{d}y}{\mathrm{d}x} - 5y$，$\qquad\qquad$ (5-25)

式 (5-25) 两端对 x 求导得 $\dfrac{\mathrm{d}z}{\mathrm{d}x} = -\dfrac{\mathrm{d}^2 y}{\mathrm{d}x^2} - 5\dfrac{\mathrm{d}y}{\mathrm{d}x}$，$\qquad$ (5-26)

将式 (5-25)、式 (5-26) 代入式 (5-24) 整理得

$$\dfrac{\mathrm{d}^2 y}{\mathrm{d}x^2} + 8\dfrac{\mathrm{d}y}{\mathrm{d}x} + 17y = 0，\qquad\qquad (5\text{-}27)$$

式 (5-27) 是二阶常系数线性齐次方程，其特征根为

$$r_{1,2} = -4 \pm \mathrm{i}，$$

其通解为 $y = \mathrm{e}^{-4x}(C_1 \cos x + C_2 \sin x)$，$\qquad\qquad$ (5-28)

将式 (5-28) 代入式 (5-25) 得

$$z = -\mathrm{e}^{-4x}\left[(C_2 + C_1)\cos x - (C_1 - C_2)\sin x\right]，$$

方程组通解为 $\begin{cases} y = \mathrm{e}^{-4x}(C_1 \cos x + C_2 \sin x) \\ z = -\mathrm{e}^{-4x}\left[(C_2 + C_1)\cos x - (C_1 - C_2)\sin x\right] \end{cases}$，

由初值得 $C_1 = 0$，$C_2 = -1$，

故特解为 $\begin{cases} y = -\mathrm{e}^{-4x}\sin x \\ z = \mathrm{e}^{-4x}(\cos x + \sin x) \end{cases}$.

$$4. \begin{cases} \dfrac{\mathrm{d}y}{\mathrm{d}x} + z = 0 & (5\text{-}29) \\[3mm] \dfrac{\mathrm{d}y}{\mathrm{d}x} - \dfrac{\mathrm{d}z}{\mathrm{d}x} = 3y + z & (5\text{-}30) \end{cases},$$

由式（5-29）得 $z = -\dfrac{\mathrm{d}y}{\mathrm{d}x}$,　　　　　　　　　　　　　　　　(5-31)

式（5-31）两端对 x 求导得 $\dfrac{\mathrm{d}z}{\mathrm{d}x} = -\dfrac{\mathrm{d}^2y}{\mathrm{d}x^2}$,　　　　　　(5-32)

将式（5-31）、式（5-32）代入式（5-30）整理得

$$\frac{\mathrm{d}^2y}{\mathrm{d}x^2} + 2\frac{\mathrm{d}y}{\mathrm{d}x} - 3y = 0,　　　　　　　　(5\text{-}33)$$

式（5-33）是二阶常系数线性齐次方程，其特征根为

$$r_1 = 1,\ r_2 = -3,$$

其通解为 $y = C_1\mathrm{e}^x + C_2\mathrm{e}^{-3x}$,　　　　　　　　　　　(5-34)

将式（5-34）代入式（5-31）得 $z = -C_1\mathrm{e}^x + 3C_2\mathrm{e}^{-3x}$,

方程组通解为 $\begin{cases} y = C_1\mathrm{e}^x + C_2\mathrm{e}^{-3x} \\ z = -C_1\mathrm{e}^x + 3C_2\mathrm{e}^{-3x} \end{cases}$,

由初值得 $\begin{cases} C_1 + C_2 = 1 \\ -C_1 + 3C_2 = 1 \end{cases}$, 即 $C_1 = \dfrac{1}{2}$, $C_2 = \dfrac{1}{2}$,

故特解为 $\begin{cases} y = \dfrac{1}{2}(\mathrm{e}^x + \mathrm{e}^{-3x}) \\[2mm] z = -\dfrac{1}{2}(\mathrm{e}^x - 3\mathrm{e}^{-3x}) \end{cases}$.

5.8　用常微分方程求解实际问题

【解题要点】　建立微分方程解决实际问题常用的方法有：

（1）根据题设的几何条件列出微分方程.

（2）微元法：在自变量 x 的小区间 $[x,\ x + \mathrm{d}x]$ 上，分析所求量的微元，建立微分方程.

（3）利用物理定律列出微分方程. 常用的物理定律有：

1）牛顿第二定律：$F = ma$（F 为作用力，m 为质量，a 为加速度）. 受力分析时，速度和加速度的方向与坐标轴的正方向一致.

2）牛顿冷却定律：温度为 T 的物体在温度为 T_0（$T_0 < T$）的环

境中冷却的速度与温差 $T - T_0$ 成正比.

3）光的反射定律：反射角等于入射角.

4）电学的基尔霍夫回路电压定律：沿着闭合回路所有元件两端的电势差（电压）的代数和等于零.

1. 一圆柱形水桶内有 40L 盐溶液，每升溶液中含盐 1kg. 现有质量浓度为 1.5kg/L 的盐溶液以 4L/min 的流速注入桶内，搅拌均匀后以 4L/min 的速度流出. 求任意时刻桶内溶液所含盐的质量.

【解】 设 $m(t)$ 为时刻 t 的含盐量，则时刻 t 流出的溶液的浓度为 $\dfrac{m}{40}$，在时间微元 $[t, t+\mathrm{d}t]$ 上，盐量的变化量等于流入的盐量减去流出的盐量，即

$$\mathrm{d}m = 1.5 \times 4\mathrm{d}t - \frac{m}{40} \times 4\mathrm{d}t = \left(6 - \frac{m}{10}\right)\mathrm{d}t,$$

故有 $\begin{cases} \dfrac{\mathrm{d}m}{\mathrm{d}t} = 6 - \dfrac{m}{10}, \\ m\big|_{t=0} = 40 \end{cases}$ 解得 $m = 60 - Ce^{-\frac{t}{10}}$，由初值得 $C = 20$，

故时刻 t 桶内溶液所含盐的质量 $m = 60 - 20e^{-\frac{t}{10}}$.

2. 有直径 $D = 1\mathrm{m}$，高 $H = 2\mathrm{m}$ 的直立圆柱形桶，充满液体，液体从其底部直径 $d = 1\mathrm{cm}$ 的圆孔流出. 问需要多长时间桶内的液体全部流出（流速为 $v = c\sqrt{2gh}$，其中 $c = 0.6$，h 为液面高，$g = 9.8\mathrm{m/s^2}$）？

【解】 取微元 $[t, t+\mathrm{d}t]$，则相应的液面高度的微元为 $[h, h+\mathrm{d}h]$，且 $\mathrm{d}t$ 与 $\mathrm{d}h$ 反号，在 $[t, t+\mathrm{d}t]$ 内液体的变化量等于桶内液体的流出量，当 $\mathrm{d}t > 0$ 时，流出量 $\mathrm{d}Q_1 > 0$，

$$\mathrm{d}Q_1 = \pi\left(\frac{0.01}{2}\right)^2 \cdot v\mathrm{d}t = \frac{\pi c}{4}\sqrt{2gh} \cdot 10^{-4}\mathrm{d}t,$$

桶内液体的减少量 $\mathrm{d}Q_2 = \pi(0.5)^2(-\mathrm{d}h) = -\dfrac{\pi}{4}\mathrm{d}h,$

由于减少量 $\mathrm{d}Q_2$ 与流出量 $\mathrm{d}Q_1$ 相等，即

$$\frac{\pi c}{4}\sqrt{2gh} \cdot 10^{-4}\mathrm{d}t = -\frac{\pi}{4}\mathrm{d}h,$$

故有 $\begin{cases} dt = \dfrac{10^{-4}}{c\sqrt{2g}} \cdot \dfrac{dh}{\sqrt{h}}, \\ h\big|_{t=0} = 2 \end{cases}$

设 T 时桶内液体流净，则对方程两端积分得 $\int_0^T dt = \int_2^0 \dfrac{10^{-4}}{c\sqrt{2g}} \cdot \dfrac{dh}{\sqrt{h}}$，

得 $T = \dfrac{10^4}{0.6\sqrt{2g}} \cdot 2\sqrt{h}\,\Big|_0^2 = \dfrac{2\times 10^4}{0.6\sqrt{9.8}}(\text{s}) \approx 10648(\text{s}) \approx 3(\text{h})$.

3. 某容器是由曲线 $y = f(x)$ 绕 y 轴旋转而成的立体. 今按 $2t\,\text{cm}^3/\text{s}$ 的流量注水. 为使水面上升速率恒为 $\dfrac{2}{\pi}\text{cm/s}$，$f(x)$ 应是怎样的函数?（设 $f(0) = 0$）.

【解】 曲线图形如图 5-1 所示.

法 1：取微元 $[t, t+dt]$，则相应的水面高度的微元为 $[y, y+dy]$，

容器中水量的增加量 $dQ = \pi x^2 dy$，　　　　　　　　　　(5-35)

注入水量 $dQ = 2t\,dt$，　　　　　　　　　　　(5-36)

由题设得 $\dfrac{dy}{dt} = \dfrac{2}{\pi}$，　　　　　　　　　　　(5-37)

由式 (5-35)、式 (5-36) 得 $\dfrac{dy}{dt} = \dfrac{2t}{\pi x^2}$，　　　　　(5-38)

由式 (5-37)、式 (5-38) 得 $\dfrac{2t}{\pi x^2} = \dfrac{2}{\pi}$，即 $t = x^2$，　(5-39)

解方程 (5-37) 得 $y = \dfrac{2}{\pi}t + C$，

由题意知：当 $t = 0$ 时，$y = 0$，代入上式得 $C = 0$，从而 $y = \dfrac{2}{\pi}t$，

将式 (5-39) 代入上式得 $y = \dfrac{2}{\pi}x^2$.

法 2：当水面高度为 y 时容量为 $V = \int_0^y \pi x^2 dy = \int_0^y \pi x^2(y)\,dy$，

由题设得 $\dfrac{dy}{dt} = \dfrac{2}{\pi}$，　　　　　　　　　　(5-40)

故有 $\dfrac{dV}{dt} = \dfrac{dV}{dy} \cdot \dfrac{dy}{dt} = \pi x^2(y) \cdot \dfrac{2}{\pi} = 2x^2(y)$，

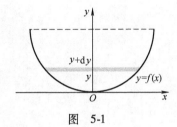

图 5-1

又由题设 $\dfrac{dV}{dt}=2t$，从而得 $2x^2=2t$，即 $t=x^2$， $\hspace{3em}$ (5-41)

解方程 (5-40) 得 $y=\dfrac{2}{\pi}t+C$，

由题意知：当 $t=0$ 时，$y=0$，代入上式得 $C=0$，从而 $y=\dfrac{2}{\pi}t$，

将式 (5-41) 代入上式得 $y=\dfrac{2}{\pi}x^2$．

4. 在半径（单位为 m）为 R 的圆柱形储水槽中，开始加水至 H （单位为 m）．由半径（单位为 m）为 r_1 的给水管以 v_1 的流速（单位为 m/s）给水，同时由位于槽底部的半径为 r_2 的排水管以 v_2 的流速（单位为 m/s）排水，其中 $v_2=\sqrt{2gh}$，g 为重力加速度，y 为水位高度，试求时间 t 与水位高度 y 之间的函数关系 $t=t(y)$．

【解】 取微元 $[t,\ t+dt]$，则相应的水面高度的微元为 $[y,\ y+dy]$，

则给水量 $dV_1=\pi r_1^2 v_1 dt$，排水量 $dV_2=\pi r_2^2\cdot c\sqrt{2gy}dt$，

槽内水量变化 $dV=\pi R^2 dy$，由 $dV=dV_1-dV_2$，得

$$\begin{cases} R^2\dfrac{dy}{dt}=r_1^2 v_1-cr_2^2\sqrt{2gy} \\ y\big|_{t=0}=H \end{cases},$$

记 $a=r_1^2 v_1$，$b=cr_2^2\sqrt{2g}$，则 $\dfrac{dy}{a-b\sqrt{y}}=\dfrac{dt}{R^2}$， $\hspace{2em}$ (5-42)

记 $u=a-b\sqrt{y}$，则 $y=\dfrac{1}{b^2}(a-u)^2$，$dy=-\dfrac{2}{b^2}(a-u)du$，

代入式 (5-42) 得 $-\dfrac{2}{b^2}\dfrac{a-u}{u}du=\dfrac{1}{R^2}dt$，

积分得 $-\dfrac{2}{b^2}(a\ln u-u)=\dfrac{1}{R^2}t+C$， $\hspace{2em}$ (5-43)

由题意知：当 $t=0$ 时，$y=H$，$u=a-b\sqrt{H}$，

代入式 (5-43) 得 $C=\dfrac{2}{b^2}\big[a-b\sqrt{H}-a\ln(a-b\sqrt{H})\big]$，

代入式 (5-43) 得 $t=\dfrac{2R^2}{b^2}\Big[u-a+b\sqrt{H}+a\ln\dfrac{a-b\sqrt{H}}{u}\Big]$

$$= \frac{2R^2}{b}(\sqrt{H} - \sqrt{y}) + \frac{2R^2}{b^2}\ln\frac{a - b\sqrt{H}}{a - b\sqrt{y}}$$

$$= \frac{R^2}{cr_2^2}\sqrt{\frac{2}{g}}(\sqrt{H} - \sqrt{y}) + \frac{v_1 R^2 r_1^2}{c^2 g r_2^4}\ln\frac{r_1^2 v_1 - cr_2^2\sqrt{2gH}}{r_1^2 v_1 - cr_2^2\sqrt{2gy}}.$$

5. 假设有人开始在一间 60m^3 的房间里抽烟，从而向房间内输入含5%（体积分数）CO 的空气，输入速度为 $0.002\text{m}^3/\text{min}$. 设烟气与其他空气立即混合，且以同样的速度从房间流出. 试求 t 时刻 CO 的含量（体积分数）$\varphi(t)$. 且 $\varphi(t)$ 何时达到 0.1%（此时可引起中毒）？

【解】 取微元 $[t, t + \mathrm{d}t]$，记 $Q(t)$ 为时刻 t 一氧化碳的含量，则浓度 $C(t) = \frac{Q(t)}{60}$，

则一氧化碳在 $[t, t + \mathrm{d}t]$ 的变化量等于输入量减去流出量，即

$$\mathrm{d}Q = 0.05 \times 0.002\mathrm{d}t - \frac{Q(t)}{60} \times 0.002\mathrm{d}t,$$

故有
$$\begin{cases} \dfrac{\mathrm{d}Q}{\mathrm{d}t} = \dfrac{10^{-4}}{3}(3 - Q), \\ Q|_{t=0} = 0 \end{cases}$$

解得 $Q = 3(1 - \mathrm{e}^{-\frac{10^{-4}}{3}t})$，故 $C(t) = \frac{1}{20}(1 - \mathrm{e}^{-\frac{10^{-4}}{3}t})$，

令 $C(t) = 0.1\%$，代入上式得 $t = -30000\ln 0.08 = 606(\text{min}) = 10\text{h}6\text{min}$，

即从开始抽烟，经过 10h6min 后，房间内空气中的一氧化碳含量达到 0.1% 的浓度.

6. 枯死的落叶在森林中以每年 $3\text{g}/\text{cm}^2$ 的速率聚集在地面上，同时这些落叶中每年又有 75% 会腐烂掉. 试求枯叶每平方厘米上的质量与时间的函数关系 $m(t)$，并讨论其变化趋势.

【解】 假设树叶的下落和腐烂是连续地进行的，且 $m(0) = 0$，

法1：落叶总质量 $m(t)$ 的变化率与落叶质量的增加及腐烂树叶质量的减少有关.

故有
$$\begin{cases} \dfrac{\mathrm{d}m}{\mathrm{d}t} = 3 - 0.75m \\ m|_{t=0} = 0 \end{cases} \quad (\text{转续});$$

法2（微元法）：在时间 $[t, t + \mathrm{d}t]$ 内，落叶增加的质量为

$3dt$，而树叶腐烂减少的质量为 $75\% \cdot mdt$，因此落叶总质量的变化量为 $dm = 3dt - 0.75mdt$，

故有
$$\begin{cases} \dfrac{dm}{dt} = 3 - 0.75m \\ m|_{t=0} = 0 \end{cases}.$$

【续】 解得 $m(t) = 4(1 - e^{-0.75t})$，

随着时间增加，落叶质量也增加，当 $t \to \infty$ 时，$m(t) \to 4$，

即落叶总质量 $m(t)$ 的极限值为 $4\text{g}/\text{cm}^2$.

7. 假设某公司的净资产因资产本身产生利息而以每年 5% 的利率（连续复利）增长，该公司每年需支付职工工资 2 亿元. 设初始净资产为 W_0，求净资产与时间的函数关系 $W(t)$；并讨论当 W_0 为 30 亿元、40 亿元、50 亿元时，$W(t)$ 的变化趋势.

【解】 法 1：$W(t)$ 的变化率与资本的增长（利息 $5\% \cdot W$）及资本的减少（支付工资 2 亿元）有关，

故有
$$\begin{cases} \dfrac{dW}{dt} = 0.05W - 2 \\ W|_{t=0} = W_0 \end{cases} \quad \text{（转续）};$$

法 2（微元法）：在时间 $[t, t+dt]$ 内，资本的增长为 $5\% \cdot Wdt$，资本的减少为 $2dt$，

因此净资产的变化量为 $dW = 5\% \cdot Wdt - 2dt$，

故有
$$\begin{cases} \dfrac{dW}{dt} = 0.05W - 2 \\ W|_{t=0} = W_0 \end{cases}.$$

【续】 解得 $W(t) = 40 + (W_0 - 40)e^{0.05t}$，

当 $W_0 = 30$ 时，$W = 40 - 10e^{0.05t}$，W 是 t 的单调减函数，且当 $t = t_0 = 2.77$（年）时，$W = 0$，即此时净资产为 0；

当 $W_0 = 40$ 时，$W \equiv 40$；

当 $W_0 = 50$ 时，$W = 40 + 10e^{0.05t}$，W 是 t 的单调增函数，且当 $t \to +\infty$ 时，$W \to +\infty$；

$W = W(t)$ 的曲线如图 5-2 所示.

8. 有一平底容器，其内侧壁是曲线 $x = \varphi(y) (y \geqslant 0)$ 绕 y 轴旋转

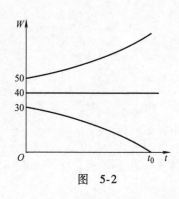

图 5-2

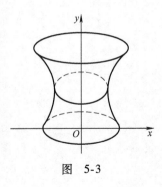

图 5-3

而成的旋转曲面，如图 5-3 所示，容器底面圆的半径为 2m，根据设计要求，当以 $3m^3/min$ 的速率向容器内注入液体时，液面的面积将以 $\pi m^2/min$ 的速率均匀扩大（假设注入液体前，容器内无液体）.

（1）根据 t 时刻液面的面积，写出 t 与 $\varphi(y)$ 之间的关系式.

（2）求曲线 $x = \varphi(y)$ 的方程.

【解】 设时刻 t 液面的面积为 $A(t)$，注入的液体体积为 $V(t)$，则 $A(t) = \pi x^2$，

由题设知 $\dfrac{dV}{dt} = 3$，$\dfrac{dA}{dt} = \pi$，$x\big|_{\substack{t=0 \\ y=0}} = 2$，

（1）由于 $\dfrac{dA}{dt} = \dfrac{d}{dt}(\pi x^2)$，得 $\pi = \dfrac{d}{dt}(\pi x^2)$，即 $\dfrac{d}{dt}(x^2) = 1$，

积分得 $x^2 = t + C$，由 $x\big|_{\substack{t=0 \\ y=0}} = 2$ 得 $C = 4$，即 $t = x^2 - 4$，

故 t 与 $\varphi(y)$ 之间的关系式为 $t = \varphi^2(y) - 4$.

（2）取微元 $[t,\ t + dt]$，则相应的液面高度的微元为 $[y,\ y + dy]$，

相应的体积微元为 $dV = \pi x^2 dy$，即 $\dfrac{dV}{dt} = \pi x^2 \dfrac{dy}{dt}$，

由 $\dfrac{dV}{dt} = 3$，代入上式得 $3 = \pi x^2 \dfrac{dy}{dt}$，　　　　　　(5-44)

由题意：$\dfrac{dA}{dt} = \dfrac{d}{dt}(\pi x^2) = 2\pi x \dfrac{dx}{dy} \cdot \dfrac{dy}{dt} = \pi$，

即 $2x \dfrac{dx}{dy} \cdot \dfrac{dy}{dt} = 1$.　　　　　　(5-45)

将式 (5-44) 代入式 (5-45) 得 $6\dfrac{dx}{dy} = \pi x$，

运用分离变量法解得 $x = Ce^{\frac{\pi}{6}y}$，由 $x\big|_{\substack{t=0 \\ y=0}} = 2$，得 $C = 2$，

故曲线的方程为 $x = 2e^{\frac{\pi}{6}y}$.

9. 在某人群中推广新技术是通过其中已掌握新技术的人进行的，设该人群的总人数为 N，在 $t = 0$ 时刻已掌握新技术的人数为 x_0，在任意时刻 t 已掌握新技术的人数为 $x(t)$（将 $x(t)$ 视为连续可微函数），其变化率与已掌握新技术的人数和未掌握新技术的人数之积成正比，比例系数 $k > 0$，求 $x(t)$.

【解】 由题意得 $\begin{cases} \dfrac{\mathrm{d}x}{\mathrm{d}t} = kx(N-x) \\ x(0) = x_0 \end{cases}$,

运用分离变量法解得 $x = \dfrac{NC\mathrm{e}^{kNt}}{1 + C\mathrm{e}^{kNt}}$, 由初值得 $C = \dfrac{x_0}{N - x_0}$,

故 $x = \dfrac{Nx_0\mathrm{e}^{kNt}}{N - x_0 + x_0\mathrm{e}^{kNt}}$.

10. 物质 A 和 B 化合生成新物质 X. 设反应过程不可逆. 反应初始时刻 A、B、X 的量分别为 a、b、0, 在反应过程中, A、B 失去的量为 X 生成的量, 并且 X 中含 A 与 B 的比例为 $\alpha{:}\beta$. 已知 X 的量 x 的增长率与 A、B 的剩余量之积成正比, 比例系数 $k > 0$. 求过程开始后 t 时, 生成物 X 的量 x 与时间 t 的关系（其中, $b\alpha - a\beta \neq 0$）.

【解】 生成物 X 中含物质 A 的量为 $\dfrac{\alpha}{\alpha + \beta}x$、含物质 B 的量为 $\dfrac{\beta}{\alpha + \beta}x$,

A 的剩余量为 $a - \dfrac{\alpha}{\alpha + \beta}x$、$B$ 的剩余量为 $b - \dfrac{\beta}{\alpha + \beta}x$,

由题意得 $\begin{cases} \dfrac{\mathrm{d}x}{\mathrm{d}t} = k\left(a - \dfrac{\alpha}{\alpha + \beta}x\right)\left(b - \dfrac{\beta}{\alpha + \beta}x\right) \\ x(0) = 0 \end{cases}$,

分离变量得 $\dfrac{1}{b\alpha - a\beta}\left[\dfrac{\alpha}{a - \dfrac{\alpha}{\alpha + \beta}x} - \dfrac{\beta}{b - \dfrac{\beta}{\alpha + \beta}x}\right]\mathrm{d}x = k\mathrm{d}t$,

积分得 $\dfrac{\alpha + \beta}{a\beta - b\alpha}\ln\dfrac{a(\alpha + \beta) - \alpha x}{b(\alpha + \beta) - \beta x} = kt + C$,

由初值得 $C = \dfrac{\alpha + \beta}{a\beta - b\alpha}\ln\dfrac{a}{b}$,

故 $\dfrac{\alpha + \beta}{a\beta - b\alpha}\ln\dfrac{ab(\alpha + \beta) - b\alpha x}{ab(\alpha + \beta) - a\beta x} = kt$.

11. 潜水艇在下沉力 F（包含重力）的作用下向水下沉（此时没有前进速度）. 设水的阻力与下沉速度成正比（比例系数为 k）, 开始时下沉速度为 0, 求速度与时间的关系（设潜水艇的质量为 m）.

【解】 设下沉速度为 v，时间为 t，由牛顿定律得 $\begin{cases} m\dfrac{\mathrm{d}v}{\mathrm{d}t} = F - kv \\ v(0) = 0 \end{cases}$，

运用分离变量法求解得 $v = \dfrac{1}{k}\left(F - C\mathrm{e}^{-\frac{k}{m}t}\right)$，由初值得 $C = F$，

解为 $v = \dfrac{F}{k}\left(1 - \mathrm{e}^{-\frac{k}{m}t}\right)$.

12. 雨水从屋檐上滴入下面的一圆柱形水桶中，当雨停时，桶中雨水以与水深的平方根成正比的速率向桶外渗漏，如果水面高度在 1h 内由开始的 90cm 减少至 88cm，那么需要多长时间桶内的水能够全部渗漏掉.

【解】 如图 5-4 所示建立坐标，取微元 $[t,\ t + \mathrm{d}t]$，则相应的水面高度的微元为 $[x,\ x + \mathrm{d}x]$，

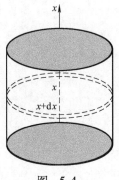

图 5-4

由题设得初值问题 $\begin{cases} \dfrac{\mathrm{d}x}{\mathrm{d}t} = -k\sqrt{x} \\ x\big|_{t=0} = 90, x\big|_{t=1} = 88 \end{cases}$ （负号表示高度函数为减函数），

运用分离变量法解得 $\sqrt{x} = -\dfrac{k}{2}t + C$，

由初值得 $C = \sqrt{90}$，$k = 2(\sqrt{90} - \sqrt{88})$，

故 $\sqrt{x} = -(\sqrt{90} - \sqrt{88})t + \sqrt{90}$，

当 $x = 0$ 时，$t = \dfrac{\sqrt{90}}{\sqrt{90} - \sqrt{88}} = \dfrac{\sqrt{90}(\sqrt{90} + \sqrt{88})}{2}$

$$= 45 + \sqrt{1980} \approx 45 + 44.5 = 89.5,$$

即需要约 89.5h 的时间桶内的水能够全部渗漏掉.

13. 当轮船的前进速度为 v_0 时，轮船的推进器停止工作，一只船所受水的阻力与船速的平方成正比（比例系数为 mk，m 为船的质量），问经过多长时间船速减为原来的一半?

【解】 由题意得 $\begin{cases} m\dfrac{\mathrm{d}v}{\mathrm{d}t} = -mkv^2 \\ v(0) = v_0 \end{cases}$，

运用分离变量法求解得 $\dfrac{1}{v} = kt + C$，由初值可得 $C = \dfrac{1}{v_0}$，

故 $\dfrac{1}{v} - \dfrac{1}{v_0} = kt$，当 $v = \dfrac{1}{2} v_0$ 时，$t = \dfrac{1}{kv_0}$，

即经过 $t = \dfrac{1}{kv_0}$ 后，船速减为原来的一半.

14. 质量为 $1 \times 10^{-3} \mathrm{kg}$ 的质点受力作用做直线运动，力与时间成正比，且与质点的运动速度成反比，在 $t = 10\mathrm{s}$ 时，速度等于 $0.5\mathrm{m/s}$ 所受力为 $4 \times 10^{-5}\mathrm{N}$，问运动开始后 $60\mathrm{s}$ 质点的速度是多少？

【解】 由题设知 $F = \dfrac{kt}{v}$，且 $v|_{t=10} = 0.5$，$F|_{t=10} = 4 \times 10^{-5}$；可得

$k = 2 \times 10^{-6}$，由牛顿第二定律得 $10^{-3} \dfrac{\mathrm{d}v}{\mathrm{d}t} = \dfrac{kt}{v}$，

运用分离变量法求解得 $v^2 = 2 \times 10^{-3} t^2 + C$，

由 $v|_{t=10} = 0.5$ 得 $C = 0.05$，故 $v(t) = \sqrt{2 \times 10^{-3} t^2 + 0.05}$，

所以 $v(60) = \sqrt{7.25} \approx 2.693 (\mathrm{m/s})$，

即运动开始后 $60\mathrm{s}$ 质点的速度大约是 $2.693 (\mathrm{m/s})$.

15. 质量为 $0.2\mathrm{kg}$ 的物体悬挂于弹簧上呈平衡状态. 现将物体下拉使弹簧伸长 $2\mathrm{cm}$，然后轻轻放开，使之振动，试求其运动方程. 假定介质阻力与速度成正比，当速度为 $1\mathrm{cm/s}$ 时，阻力为 $9.8 \times 10^{-4}\mathrm{N}$，弹性系数 $\mu = 49\mathrm{N/cm}$.

【解】 设弹簧在时刻 $t(\mathrm{s})$ 伸长长度为 $x(t)$ (m)，且物体放开时 $t = 0$，

由题意，物体受力共两个：弹性力为 $-\mu x$，负号表示弹性力与 x 轴正向方向相反；阻力为 $-k \dfrac{\mathrm{d}x}{\mathrm{d}t}$，负号表示阻力与速度方向相反，由牛顿第二定律得

$$\begin{cases} m \dfrac{\mathrm{d}^2 x}{\mathrm{d}t^2} = -k \dfrac{\mathrm{d}x}{\mathrm{d}t} - \mu x \\ x|_{t=0} = 0.02, \dfrac{\mathrm{d}x}{\mathrm{d}t}\bigg|_{t=0} = 0 \end{cases},$$

由题设 $k \cdot 0.01 = 9.8 \times 10^{-4}$，得 $k = 9.8 \times 10^{-2}$，

$$\mu = 49\mathrm{N/cm} = 4900\mathrm{N/m},$$

方程变形为 $\dfrac{\mathrm{d}^2 x}{\mathrm{d}t^2} + \dfrac{k}{m} \dfrac{\mathrm{d}x}{\mathrm{d}t} + \dfrac{\mu}{m} x = 0$，

即 $\dfrac{d^2x}{dt^2} + 0.49\dfrac{dx}{dt} + 24500x = 0$，这是二阶常系数线性齐次方程，

其特征根为 $r_{1,2} = -0.245 \pm 156.5i$，

故通解 $x = e^{-0.245t}(C_1\cos156.5t + C_2\sin156.5t)$，

由初值得 $C_1 = 0.02$，$C_2 = 0.313 \times 10^{-4}$，

特解 $x = e^{-0.245t}(0.02\cos156.5t + 0.313 \times 10^{-4}\sin156.5t)$

（x 的单位为 m，t 的单位为 s）或 $x = e^{-0.245t}(2\cos156.5t + 0.00313\sin156.5t)$（$x$ 的单位为 cm，t 的单位为 s）.

16. 质量均匀的链条悬挂在钉子上，起动时一端距钉子 8m，另一端距钉子 12m，若不计钉子对链条产生的摩擦力，求链条自然滑下所需的时间.

【解】 如图 5-5 所示建立坐标系，设从链条起动时开始计时，时刻 t 链条的一端下滑至 x 处，则 $x = x(t)$（$12 \leqslant x \leqslant 20$），此时另一端的坐标为 $20 - x$，设链条的线密度为 ρ（由于是均匀的链条，ρ 为常数），则链条的质量为 20ρ，链条在下滑过程中所受重力为 ρgx，所受的阻力为 $\rho g(20 - x)$，由牛顿第二定律得

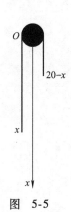

图 5-5

$$\begin{cases} 20\rho\dfrac{d^2x}{dt^2} = \rho gx - \rho g(20 - x) \\ x\big|_{t=0} = 12, \dfrac{dx}{dt}\Big|_{t=0} = 0 \end{cases}, \quad \text{即} \quad \begin{cases} 10\dfrac{d^2x}{dt^2} = g(x - 10) \\ x\big|_{t=0} = 12, \dfrac{dx}{dt}\Big|_{t=0} = 0 \end{cases},$$

这是二阶常系数线性非齐次方程，解得 $x = C_1e^{-\sqrt{\frac{g}{10}}t} + C_2e^{\sqrt{\frac{g}{10}}t} + 10$，由初值得 $C_1 = 1$，$C_2 = 1$，

解为 $x = e^{-\sqrt{\frac{g}{10}}t} + e^{\sqrt{\frac{g}{10}}t} + 10 = 2\cosh\left(\sqrt{\dfrac{g}{10}}t\right) + 10$，

即 $t = \sqrt{\dfrac{10}{g}}\text{arccosh}\left(\dfrac{x-10}{2}\right) = \sqrt{\dfrac{10}{g}}\ln\left(\dfrac{x-10}{2} + \sqrt{\left(\dfrac{x-10}{2}\right)^2 - 1}\right)$，

当链条全部滑过钉子时，$x = 20$，$t = \sqrt{\dfrac{10}{g}}\ln(5 + 2\sqrt{6})$，

故链条滑下所需时间 $t = \sqrt{\dfrac{10}{g}}\ln(5 + 2\sqrt{6})$.

17. 从船上向海中沉放某种探测仪器，按探测要求，需确定仪器

的下沉深度 y（从海平面算起）与下沉速度 v 之间的函数关系. 设仪器在重力作用下，从海平面由静止开始铅直下沉，在下沉过程中还受到阻力和浮力的作用. 设仪器质量为 m，体积为 V，海水的密度为 ρ，仪器所受的阻力与下沉速度成正比，比例系数为 $k(k>0)$. 试建立 y 与 v 所满足的微分方程，并求出函数关系式 $y=y(v)$.

【解】 如图 5-6 所示建立坐标系，仪器受力：重力为 mg，浮力为 $-V\rho g$，阻力为 $-kv$.

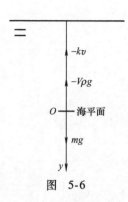

图　5-6

由牛顿第二定律得
$$\begin{cases} m\dfrac{\mathrm{d}^2 y}{\mathrm{d}t^2} = mg - V\rho g - kv \\ y\big|_{t=0} = 0,\ \dfrac{\mathrm{d}y}{\mathrm{d}t}\bigg|_{t=0} = 0 \end{cases},$$

令 $\dfrac{\mathrm{d}y}{\mathrm{d}t}=v(y)$，则 $\dfrac{\mathrm{d}^2 y}{\mathrm{d}t^2}=v\dfrac{\mathrm{d}v}{\mathrm{d}y}$，

原方程化为 $mv\dfrac{\mathrm{d}v}{\mathrm{d}y}=mg-V\rho g-kv$，且初值化为 $v\big|_{y=0}=0$，

运用分离变量法得 $y=-\dfrac{m}{k}v-\dfrac{m(mg-V\rho g)}{k^2}\ln(mg-V\rho g-kv)+C$，

代入初值得 $C=\dfrac{m(mg-V\rho g)}{k^2}\ln(mg-V\rho g)$，

故 $y=-\dfrac{m}{k}v-\dfrac{m(mg-V\rho g)}{k^2}\ln\dfrac{mg-V\rho g-kv}{mg-V\rho g}$.

18. 把温度为 $100℃$ 的物体放在温度为 $20℃$ 的空气中，已知 $20\min$ 后物体冷却到 $60℃$，求物体的温度降到 $30℃$ 的时间（物体冷却遵从牛顿冷却定律：物体冷却速率正比于物体与周围介质的温度差，设空气为恒温）.

【解】 设物体在时刻 t 的温度为 $T(t)$，由题意得
$$\begin{cases} \dfrac{\mathrm{d}T}{\mathrm{d}t} = -k(T-20) \\ T\big|_{t=0} = 100,\ T\big|_{t=20} = 60 \end{cases},$$

运用分离变量法求解得 $T=20+C\mathrm{e}^{-kt}$，

由 $T\big|_{t=0}=100$ 得 $C=80$，由 $T\big|_{t=20}=60$，得 $k=\dfrac{\ln 2}{20}$，

故 $T=20+80\mathrm{e}^{-\frac{\ln 2}{20}t}$，得 $t=\dfrac{20}{\ln 2}\cdot\ln\dfrac{80}{T-20}$，

$$t\big|_{T=30} = \frac{20}{\ln 2} \cdot \ln 8 = 20 \times 3 = 60 \ (\text{min}),$$

即物体降到30℃的时间是1h.

19. 他是嫌疑犯吗？按照牛顿冷却定律，温度为 T 的物体在温度为 $T_0(T_0 < T)$ 的环境中冷却的速度与温差 $T - T_0$ 成正比，你能用该定律确定张某是下面案件中的嫌疑犯吗？

受害者的尸体于晚上 7:30 被发现，法医于晚上 8:20 赶到凶案现场，测得尸体温度为32.6℃；1h 后，当尸体即将被抬走时，测得尸体温度为31.4℃，室温在几小时内始终保持在21.1℃. 此案最大的嫌疑犯是张某，但张某声称自己是无罪的，并有证人说"下午张某一直在办公室上班，5:00 时打了一个电话，打完电话后就离开了办公室". 从张某的办公室到受害者家（凶案现场）需 5min. 张某的律师发现受害者在死亡的当天下午去医院看过病，病历记录：发烧，体温 38.3℃. 假设受害者死时的体温是 38.3℃，试问张某能被排除在嫌疑犯之外吗？（注：死者体内没有发现服用过阿斯匹林等类似退热药物）

【解】 设 $T(x)$ 表示时刻 t 尸体的温度，并记法医到达现场的时刻 20:20 分为 $t=0$，则 $T(0) = 32.6$，$T(1) = 31.4$，只要确定受害者的死亡时间，即求出使 $T(t) = 38.3$ 的时刻 t_d，然后依据张某能否在时刻 t_d 到达案发现场，来判断他是否可以排除在嫌疑犯之外.

人体体温受大脑神经中枢调节，人死后体温调节功能消失，尸体的温度受外界环境温度的影响. 假设尸体温度的变化率服从牛顿冷却定律：尸体温度的变化率正比于尸体温度与室温的差.

故有
$$\begin{cases} \dfrac{\mathrm{d}T}{\mathrm{d}t} = -k(T - 21.1) \\ T(0) = 32.6, T(1) = 31.4 \end{cases},$$

由分离变量法得 $T(t) = 21.1 + Ce^{-kt}$，

由初值得 $C = 11.5$，$k = \ln \dfrac{115}{103} \approx 0.11$，

故 $T(t) = 21.1 + 11.5e^{-0.11t}$，即 $t = -\dfrac{1}{0.11} \ln \dfrac{T(t) - 21.1}{11.5}$，

故 $t_d = -\dfrac{1}{0.11} \ln \dfrac{38.3 - 21.1}{11.5} = -\dfrac{1}{0.11} \ln \dfrac{172}{115}$

$\approx -3.66 \ (\text{h}) \approx -3\text{h}40\text{min},$

故死亡时间约为 20h20min – 3h40min = 16h40min,

由于 17h 之前张某一直在办公室上班,因此仅从捉拿凶犯(而非同谋)的角度看,可以将张某排除在嫌疑犯之外.

20. 当一次谋杀发生后,尸体的温度从原来的 37℃ 按照牛顿冷却定律开始变凉,假设 2h 后尸体温度变为 35℃,并且假定周围空气的温度保持 20℃ 不变,求尸体温度 T 与时间 t 的函数关系 $T(t)$. 如果尸体被发现时的温度是 30℃,时间是下午 4 点整,那么谋杀是何时发生的?

【解】　设谋杀发生时 $t = 0$,由冷却定律得
$$\begin{cases} \dfrac{\mathrm{d}T}{\mathrm{d}t} = -k(T - 20), \\ T|_{t=0} = 37 \end{cases}$$

运用分离变量法解得 $T = 20 + C\mathrm{e}^{-kt}$,由初值得 $C = 17$,故
$$T = 20 + 17\mathrm{e}^{-kt},$$

由题设,当 $t = 2(\mathrm{h})$ 时,$T = 35$,即 $35 = 20 + 17\mathrm{e}^{-2k}$,得 $k = \dfrac{1}{2}\ln\dfrac{17}{15}$,

故 $T = 20 + 17\mathrm{e}^{\left(-\frac{1}{2}\ln\frac{17}{15}\right)t}$,　$t = \dfrac{2\ln\left[(T-20)/17\right]}{\ln(15/17)}$,

当 $T = 30$ 时,$t = \dfrac{2\ln(10/17)}{\ln(15/17)} \approx 8.48(\mathrm{h}) \approx 8\mathrm{h}29\mathrm{min}$,

依题意,谋杀发生后至被发现共经过了 8h29min,被发现的时间为 16:00,故谋杀时间是 7:31.

21. 设有一河流,水流速度的方向为 y 轴正向,如图 5-7 所示,其大小 $v(x) = v_0\left(1 - \dfrac{x^2}{a^2}\right)$,

v_0 为常数,有一渡船以常速 v_c(方向与 y 轴垂直)由点 $A(-a, 0)$ 出发驶向对岸,试求航线 AB 的方程 $y = y(x)$.

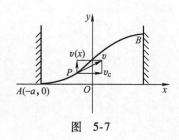

图　5-7

【解】　设 $P(x, y)$ 为曲线 $\overset{\frown}{AB}$ 上任一点,α 为该点处切线的倾角,则在此点处船的实际速度 v 沿曲线的切向,它由水流速度 $v(x)$ 和船的常速 v_c 合成. $\boldsymbol{v} = \boldsymbol{v}(x) + \boldsymbol{v}_c$,

又 $y' = \tan\alpha = \dfrac{v(x)}{v_c} = \dfrac{v_0}{v_c}\left(1 - \dfrac{x^2}{a^2}\right)$,故有
$$\begin{cases} \dfrac{\mathrm{d}y}{\mathrm{d}x} = \dfrac{v_0}{v_c}\left(1 - \dfrac{x^2}{a^2}\right), \\ y|_{x=-a} = 0 \end{cases}$$

积分得 $y = \dfrac{v_0}{v_c}\left(x - \dfrac{x^3}{3a^2}\right) + C$,由初值得 $C = \dfrac{2av_0}{3v_c}$,

故航线 AB 的方程为 $y = \dfrac{v_0}{v_c}\left(\dfrac{2a}{3} + x - \dfrac{x^3}{3a^2}\right)$.

22. 一点从 x 轴上距原点 a（$a > 0$）处出发，以匀速 v 沿平行于 y 轴的方向移动（取正向）. 另一点自原点同时出发，紧盯着前一点追赶，其速度为 $2v$，求后一点走过的路线及追上前一点所用的时间.

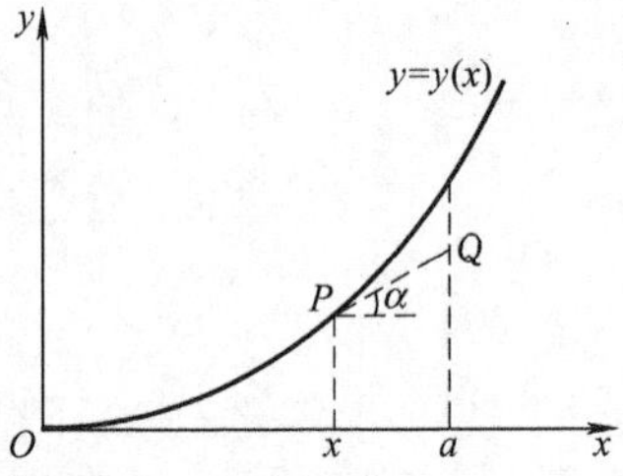

【解】　如图 5-8 所示，设时刻 t 时，后点处于点 $P(x, y)$，前点处于点 $Q(a, vt)$，则

图　5-8

$\tan\alpha = \dfrac{vt - y}{a - x}$，$PQ$ 为 $y = y(x)$ 的切线，因而 $\dfrac{\mathrm{d}y}{\mathrm{d}x} = \dfrac{vt - y}{a - x}$，

即 $2(a - x)\dfrac{\mathrm{d}y}{\mathrm{d}x} = 2vt - 2y$. 　　　　　　　　　　(5-46)

$\overset{\frown}{OP}$ 为后点在时刻 t 的路程，因而有

$$2vt = \int_0^x \sqrt{1 + (y')^2}\,\mathrm{d}x, \tag{5-47}$$

将式（5-47）代入式（5-46）得

$$2(a - x)\frac{\mathrm{d}y}{\mathrm{d}x} = \int_0^x \sqrt{1 + (y')^2}\,\mathrm{d}x - 2y, \tag{5-48}$$

式（5-48）两端对 x 求导得 $2(a - x)\dfrac{\mathrm{d}^2 y}{\mathrm{d}x^2} = \sqrt{1 + \left(\dfrac{\mathrm{d}y}{\mathrm{d}x}\right)^2}$，

这是后点运动路线 $y = y(x)$ 满足的微分方程.

由于后点从原点出发，故 $y\big|_{x=0} = 0$，又由于后点出发时沿 x 轴方

向运动，故 $\dfrac{\mathrm{d}y}{\mathrm{d}x}\Big|_{x=0} = 0$，因而 $\begin{cases} 2(a - x)\dfrac{\mathrm{d}^2 y}{\mathrm{d}x^2} = \sqrt{1 + \left(\dfrac{\mathrm{d}y}{\mathrm{d}x}\right)^2} \\ y\big|_{x=0} = 0, \dfrac{\mathrm{d}y}{\mathrm{d}x}\Big|_{x=0} = 0 \end{cases}$，

令 $y' = P(x)$，原方程化为 $2(a - x)\dfrac{\mathrm{d}P}{\mathrm{d}x} = \sqrt{1 + P^2}$，

运用分离变量法求解得 $P + \sqrt{1 + P^2} = C_1 (a - x)^{-\frac{1}{2}}$，由初值得

$C_1 = a^{\frac{1}{2}}$，故 $P + \sqrt{1 + P^2} = \left(\dfrac{a - x}{a}\right)^{-\frac{1}{2}}$，　　　　　(5-49)

即 $\dfrac{1}{P+\sqrt{1+P^2}}=\left(\dfrac{a-x}{a}\right)^{\frac{1}{2}}$,

分母有理化得 $P-\sqrt{1+P^2}=-\left(\dfrac{a-x}{a}\right)^{\frac{1}{2}}$,　　　　　(5-50)

式（5-49）+式（5-50）得 $P=\dfrac{1}{2}\left[\left(\dfrac{a-x}{a}\right)^{-\frac{1}{2}}-\left(\dfrac{a-x}{a}\right)^{\frac{1}{2}}\right]$,

即 $\dfrac{\mathrm{d}y}{\mathrm{d}x}=\dfrac{1}{2}\left[\left(\dfrac{a-x}{a}\right)^{-\frac{1}{2}}-\left(\dfrac{a-x}{a}\right)^{\frac{1}{2}}\right]$,

积分得 $y=a\left[\dfrac{1}{3}\left(\dfrac{a-x}{a}\right)^{\frac{3}{2}}-\left(\dfrac{a-x}{a}\right)^{\frac{1}{2}}\right]+C_2$，由初值得 $C_2=\dfrac{2}{3}a$,

故后点走过的路线 $y=a\left[\dfrac{1}{3}\left(\dfrac{a-x}{a}\right)^{\frac{3}{2}}-\left(\dfrac{a-x}{a}\right)^{\frac{1}{2}}\right]+\dfrac{2}{3}a$,

当 $x=a$ 时，后点追上前点，此时有 $y=\dfrac{2}{3}a$，即前点在点 $\left(a,\dfrac{2}{3}a\right)$ 被后点追上，将 $\left(a,\dfrac{2}{3}a\right)$ 代入式（5-46）得 $vt=\dfrac{2}{3}a$，因此后点追上前点所用的时间 $t=\dfrac{2a}{3v}$.

5.9　综合例题

1. 设有微分方程 $y'-2y=\varphi(x)$，其中 $\varphi(x)=\begin{cases}2 & x<1 \\ 0 & x>1\end{cases}$，试求 $(-\infty,+\infty)$ 内的连续函数 $y=y(x)$，使之在 $(-\infty,1)$ 和 $(1,+\infty)$ 内都满足所给方程，且满足条件 $y(0)=0$.

【解】　先解 $\begin{cases}y'-2y=2 \\ y(0)=0\end{cases}$，这是一阶线性非齐次方程，

解得 $y=\mathrm{e}^{\int 2\mathrm{d}x}\left[\int 2\mathrm{e}^{-\int 2\mathrm{d}x}\mathrm{d}x+C\right]=\mathrm{e}^{2x}\left[C-\mathrm{e}^{-2x}\right]=C\mathrm{e}^{2x}-1$,

由初值得 $C=1$，故 $y=\mathrm{e}^{2x}-1$，由此得 $y(1)=\mathrm{e}^2-1$,

再解 $\begin{cases}y'-2y=0 \\ y(1)=\mathrm{e}^2-1\end{cases}$，这是一阶线性齐次方程，

解得 $y=C\mathrm{e}^{2x}$，由初值得 $C=1-\mathrm{e}^{-2}$，故 $y=(1-\mathrm{e}^{-2})\mathrm{e}^{2x}$,

故 $y = \begin{cases} e^{2x} - 1 & x \leqslant 1 \\ (1 - e^{-2})e^{2x} & x > 1 \end{cases}$.

2. 求解初值问题

$$\begin{cases} y'' + 4y = 3\,|\sin x|, & -\pi \leqslant x \leqslant \pi \\ y\left(\dfrac{\pi}{2}\right) = 0, y'\left(\dfrac{\pi}{2}\right) = 1 \end{cases}.$$

【解】　由初值知先求 $\begin{cases} y'' + 4y = 3\sin x, & 0 \leqslant x \leqslant \pi \\ y\left(\dfrac{\pi}{2}\right) = 0, y'\left(\dfrac{\pi}{2}\right) = 1 \end{cases}$,　　(5-51)

这是二阶线性非齐次微分方程.

对应的齐次方程的特征根为 $r_{1,2} = \pm 2i$,

对应的齐次方程的通解 $\overline{y} = C_1\cos 2x + C_2\sin 2x$,

设非齐次方程的特解为 $y_1 = a\cos x + b\sin x$（i 不是特征根），

代入非齐次方程得 $\begin{cases} a = 0 \\ b = 1 \end{cases}$，所以 $y_1 = \sin x$,

由线性非齐次方程的通解结构定理知通解为

$$y = C_1\cos 2x + C_2\sin 2x + \sin x,$$

由初值得 $C_1 = 1$，$C_2 = -\dfrac{1}{2}$，故在区间 $[0, \pi]$ 上

$$y = \cos 2x - \frac{1}{2}\sin 2x + \sin x,$$

由 y 及 y' 的连续性可得 $y(0) = 1$，$y'(0) = 0$,

再求 $\begin{cases} y'' + 4y = -3\sin x, & -\pi \leqslant x < 0 \\ y(0) = 1, y'(0) = 0 \end{cases}$,　　(5-52)

观察方程（5-51）、方程（5-52）的非齐次项可知，$y_2 = -y_1$ 是方程（5-52）的特解，

即 $y_2 = -\sin x$,

由线性非齐次方程的通解结构定理知通解为

$$y = C_1\cos 2x + C_2\sin 2x - \sin x,$$

由初值可得 $C_1 = 1$，$C_2 = \dfrac{1}{2}$，故在区间 $[-\pi, 0)$ 上

$$y = \cos 2x + \frac{1}{2}\sin 2x - \sin x,$$

故 $y = \begin{cases} \cos2x + \dfrac{1}{2}\sin2x - \sin x & -\pi \leqslant x < 0 \\ \cos2x - \dfrac{1}{2}\sin2x + \sin x & 0 \leqslant x \leqslant \pi \end{cases}$.

3. 已知线性常系数齐次方程的特征根，试写出相应的阶数最低的微分方程.

（1）$r_1 = -2$，$r_2 = -3$；　　　　（2）$r_1 = r_2 = 1$；

（3）$r_{1,2} = -1 \pm 2\mathrm{i}$；　　　　　（4）$r_{1,2} = \pm \mathrm{i}$，$r_3 = -1$.

【解】（1）特征方程为 $(r+2)(r+3) = 0$，即 $r^2 + 5r + 6 = 0$，
所求方程为 $y'' + 5y' + 6y = 0$.

（2）特征方程为 $(r-1)^2 = 0$，即 $r^2 - 2r + 1 = 0$，
所求方程为 $y'' - 2y' + y = 0$.

（3）特征方程为 $(r+1-2\mathrm{i})(r+1+2\mathrm{i}) = 0$，即 $r^2 + 2r + 5 = 0$，
所求方程为 $y'' + 2y' + 5y = 0$.

（4）特征方程为 $(r+\mathrm{i})(r-\mathrm{i})(r+1) = 0$，即 $r^3 + r^2 + r + 1 = 0$，
所求方程为 $y''' + y'' + y' + y = 0$.

4. 利用代换 $y = \dfrac{u}{\cos x}$，将方程 $y''\cos x - 2y'\sin x + 3y\cos x = \mathrm{e}^x$ 化简，并求出原方程的通解.

【解】令 $y = \dfrac{u}{\cos x}$，则 $u = y\cos x$，$\dfrac{\mathrm{d}u}{\mathrm{d}x} = \dfrac{\mathrm{d}y}{\mathrm{d}x}\cos x + y(-\sin x)$，

故 $\dfrac{\mathrm{d}y}{\mathrm{d}x} = \dfrac{1}{\cos x}\left(\dfrac{\mathrm{d}u}{\mathrm{d}x} + y\sin x\right)$，

$\dfrac{\mathrm{d}^2 u}{\mathrm{d}x^2} = \dfrac{\mathrm{d}^2 y}{\mathrm{d}x^2}\cos x + 2\dfrac{\mathrm{d}y}{\mathrm{d}x}(-\sin x) + y(-\cos x)$，

$\dfrac{\mathrm{d}^2 y}{\mathrm{d}x^2} = \dfrac{1}{\cos x}\left(\dfrac{\mathrm{d}^2 u}{\mathrm{d}x^2} + 2\sin x\dfrac{\mathrm{d}y}{\mathrm{d}x} + y\cos x\right)$，

把 y，$\dfrac{\mathrm{d}y}{\mathrm{d}x}$，$\dfrac{\mathrm{d}^2 y}{\mathrm{d}x^2}$ 的表达式代入原方程，并整理得 $\dfrac{\mathrm{d}^2 u}{\mathrm{d}x^2} + 4u = \mathrm{e}^x$，

解此二阶线性常系数非齐次微分方程得 $u = C_1\cos2x + C_2\sin2x + \dfrac{1}{5}\mathrm{e}^x$，

原方程通解 $y = \dfrac{1}{\cos x}\left(C_1\cos2x + C_2\sin2x + \dfrac{1}{5}\mathrm{e}^x\right)$，

或 $y = C_1\dfrac{\cos2x}{\cos x} + 2C_2\sin x + \dfrac{\mathrm{e}^x}{5\cos x}$.

5. 设函数 $y = y(x)$ 在 $(-\infty, +\infty)$ 内具有二阶导数，且 $y' \neq 0$，$x = x(y)$ 是 $y = y(x)$ 的反函数.

(1) 试将 $x = x(y)$ 所满足的微分方程 $\dfrac{d^2 x}{dy^2} + (y + \sin x)\left(\dfrac{dx}{dy}\right)^3 = 0$ 变换为 $y = y(x)$ 满足的微分方程.

(2) 求变换后的微分方程满足初始条件 $y(0) = 0$，$y'(0) = \dfrac{3}{2}$ 的解.

【解】 (1) 由反函数的导数知：$\dfrac{dx}{dy} = \dfrac{1}{y'}$，$\dfrac{d^2 x}{dy^2} = -\dfrac{y''}{(y')^3}$，

代入原方程得 $y'' - y = \sin x$.

(2) 对应的齐次方程的特征方程为 $r^2 - 1 = 0$，特征根为 $r_{1,2} = \pm 1$，对应的齐次方程的通解为 $\bar{y} = C_1 e^x + C_2 e^{-x}$，

设非齐次方程的特解为 $y_0 = a\cos x + b\sin x$（i 不是特征根），

代入非齐次方程，得 $\begin{cases} a = 0 \\ b = -\dfrac{1}{2} \end{cases}$，故 $y_0 = -\dfrac{1}{2}\sin x$，

由线性非齐次方程的通解结构定理知所求通解为

$$y = C_1 e^x + C_2 e^{-x} - \frac{1}{2}\sin x,$$

由初值得 $C_1 = 1$，$C_2 = -1$，故解为 $y = e^x - e^{-x} - \dfrac{1}{2}\sin x$.

6. 求通过点 $(1, 2)$ 的曲线方程，使此曲线在 $[1, x]$ 上所形成的曲边梯形面积的值等于此曲线段终点的横坐标 x 与纵坐标 y 的乘积 2 倍减 4.

【解】 设所求曲线为 $y = f(x)$，依题意得 $\begin{cases} \displaystyle\int_1^x f(t)dt = 2xf(x) - 4 \\ f(1) = 2 \end{cases}$，

两端求导得 $2xf'(x) + f(x) = 0$，

由分离变量法得 $f(x) = \dfrac{C}{\sqrt{x}}$，由初值得 $C = 2$，故 $f(x) = \dfrac{2}{\sqrt{x}}$.

7. 设 L 是一条平面曲线，其上任意一点 $P(x, y)(x > 0)$ 到坐标原点的距离恒等于该点处的切线在 y 轴上的截距，且 L 经过点 $\left(\dfrac{1}{2}, 0\right)$.

（1）试求曲线 L 的方程.

（2）求 L 位于第一象限部分的一条切线，使该切线与 L 及两坐标轴所围成图形的面积最小.

【解】　点 $P(x, y)$ 的切线方程为 $Y - y = y'(X - x)$，

分别令 $X = 0$ 及 $Y = 0$，得切线在 y 轴及在 x 轴上的截距为

$$Y = y - xy'、X = x - \frac{y}{y'}.$$

（1）由题意得：$y - xy' = \sqrt{x^2 + y^2}$，即 $y' = \frac{y}{x} - \sqrt{1 + \left(\frac{y}{x}\right)^2}$，

令 $u = \frac{y}{x}$，得 $\frac{\mathrm{d}u}{\sqrt{1 + u^2}} = -\frac{\mathrm{d}x}{x}$，

积分得 $\ln(u + \sqrt{1 + u^2}) = \ln\frac{C}{x}$，$x(u + \sqrt{1 + u^2}) = C$，即

$$y + \sqrt{x^2 + y^2} = C,$$

因为 L 经过点 $\left(\frac{1}{2}, 0\right)$. 故得 $C = \frac{1}{2}$，解得 $y = \frac{1}{4} - x^2$.

（2）该切线与 L 及两坐标轴所围成图形的面积

$$A(x) = \frac{1}{2}(y - xy')\left(x - \frac{y}{y'}\right) - \int_0^{\frac{1}{2}}\left(\frac{1}{4} - x^2\right)\mathrm{d}x = \frac{\left(\frac{1}{4} + x^2\right)^2}{4x} - \frac{1}{12},$$

由于函数 $B(x) = \dfrac{\left(\frac{1}{4} + x^2\right)^2}{x}$ 与 $A(x)$ 有相同的驻点，而 $C(x) = \ln B(x)$ 与 $B(x)$ 有相同的驻点，即 $C(x) = 2\ln\left(\frac{1}{4} + x^2\right) - \ln x$ 与 $A(x)$ 有相同的驻点，

令 $C'(x) = \dfrac{4x}{\frac{1}{4} + x^2} - \dfrac{1}{x} = \dfrac{3x^2 - \frac{1}{4}}{x\left(\frac{1}{4} + x^2\right)} = 0$，得唯一驻点 $x = \dfrac{1}{2\sqrt{3}}$，

由实际问题的实际意义可知，$x = \dfrac{1}{2\sqrt{3}}$ 为 $A(x)$ 的最小值点.

当 $x = \dfrac{1}{2\sqrt{3}}$ 时，$y = \dfrac{1}{6}$，$y' = -\dfrac{1}{\sqrt{3}}$，

故所求切线为 $y - \dfrac{1}{6} = -\dfrac{1}{\sqrt{3}}\left(x - \dfrac{1}{2\sqrt{3}}\right)$，即 $y = -\dfrac{1}{\sqrt{3}}x + \dfrac{1}{3}$.

【注】　见 P147 3.4 节第 8 题【提示】.

8. 设位于第一象限的曲线 $y = f(x)$ 过点 $\left(\dfrac{\sqrt{2}}{2}, \dfrac{1}{2}\right)$，其上任一点 $P(x, y)$ 处的法线与 y 轴的交点为 Q，且线段 PQ 被 x 轴平分.

(1) 求曲线 $y = f(x)$ 的方程.

(2) 已知曲线 $y = \sin x$ 在 $[0, \pi]$ 上的弧长为 l，试用 l 表示曲线 $y = f(x)$ 的弧长 s.

【解】　(1) 过 P 点的法线方程为 $Y - y = -\dfrac{1}{y'}(X - x)$，

令 $X = 0$，则得法线与 y 轴的交点坐标 $Q\left(0, y + \dfrac{x}{y'}\right)$，

令 $Y = 0$，则得法线与 x 轴的交点坐标 $N(x + yy', 0)$，

由题意得 $|PN| = |NQ|$，即

$$\sqrt{(yy')^2 + y^2} = \sqrt{(x + yy')^2 + \left(y + \dfrac{x}{y'}\right)^2},$$

得 $2y(y')^3 + x(y')^2 + 2yy' + x = 0$，

即 $[(y')^2 + 1](2yy' + x) = 0$，即 $2yy' + x = 0$，

由分离变量法得 $y^2 = -\dfrac{x^2}{2} + C$，

由于曲线过点 $\left(\dfrac{\sqrt{2}}{2}, \dfrac{1}{2}\right)$，代入得 $C = \dfrac{1}{2}$，

故曲线方程为 $x^2 + 2y^2 = 1 \, (x \geqslant 0, y \geqslant 0)$.

(2) 由题意得 $l = \displaystyle\int_0^\pi \sqrt{1 + \cos^2 x}\,\mathrm{d}x = 2\int_0^{\frac{\pi}{2}} \sqrt{1 + \cos^2 x}\,\mathrm{d}x$

$$\xlongequal{x = \frac{\pi}{2} - \theta} 2\int_0^{\frac{\pi}{2}} \sqrt{1 + \sin^2 \theta}\,\mathrm{d}\theta,$$

方程 $x^2 + 2y^2 = 1 \,(x \geqslant 0, y \geqslant 0)$ 的参数方程为 $\begin{cases} x = \cos\theta \\ y = \dfrac{1}{\sqrt{2}}\sin\theta \end{cases} \left(0 \leqslant \theta \leqslant \dfrac{\pi}{2}\right),$

$$s = \int_0^{\frac{\pi}{2}} \sqrt{[x'(\theta)]^2 + [y'(\theta)]^2}\,d\theta = \int_0^{\frac{\pi}{2}} \sqrt{(-\sin\theta)^2 + \left(\frac{1}{\sqrt{2}}\cos\theta\right)^2}\,d\theta$$

$$= \frac{1}{\sqrt{2}} \int_0^{\frac{\pi}{2}} \sqrt{1 + \sin^2\theta}\,d\theta = \frac{1}{2\sqrt{2}} \cdot 2 \int_0^{\frac{\pi}{2}} \sqrt{1 + \sin^2\theta}\,d\theta = \frac{l}{2\sqrt{2}}.$$

9. 微分方程 $y''' - y' = 0$ 的哪一条积分曲线在原点处有拐点，且以 $y = 2x$ 为它的切线.

【解】　特征根为 $r_1 = 0, r_{2,3} = \pm 1$，故通解为 $y = C_1 + C_2 e^x + C_3 e^{-x}$，依题意，初值为 $y(0) = 0$，$y'(0) = 2$，$y''(0) = 0$，

解得 $C_1 = 0$，$C_2 = 1$，$C_3 = -1$，

即 $y = e^x - e^{-x}$.

10. 函数 $f(x)$ 在 $[0, +\infty)$ 上可导，$f(0) = 1$，且满足等式

$$f'(x) + f(x) - \frac{1}{x+1} \int_0^x f(t)\,dt = 0.$$

(1) 求 $f'(x)$；

(2) 证明：当 $x \geqslant 0$ 时，不等式 $e^{-x} \leqslant f(x) \leqslant 1$ 成立.

【解】　(1) 由等式得 $f'(0) = -f(0) = -1$，变形为

$$(x+1)[f'(x) + f(x)] = \int_0^x f(t)\,dt,$$

两端求导 $f'(x) + f(x) + (x+1)[f''(x) + f'(x)] = f(x)$，

即 $f''(x) + \dfrac{x+2}{x+1} f'(x) = 0$，

令 $f'(x) = P$，则 $P' + \dfrac{x+2}{x+1} P = 0$，解此一阶线性齐次方程得

$$P = f'(x) = Ce^{-\int \frac{x+2}{x+1}dx} = Ce^{-[x+\ln(x+1)]} = C\frac{e^{-x}}{x+1}，\quad 由\ f'(0) = -1$$

得 $C = -1$，

故 $f'(x) = -\dfrac{e^{-x}}{x+1}$；

(2) 当 $x \geqslant 0$ 时，$f'(x) < 0$，即 $f(x)$ 单调递减，由题设 $f(0) = 1$ 得 $f(x) \leqslant 1$；

由于 $f'(x) = -\dfrac{e^{-x}}{x+1} \geqslant e^{-x}$，

两端积分 $\displaystyle\int_0^x f'(t)\,dt \geqslant \int_0^x (-e^{-t})\,dt$，

因为 $\int_0^x f'(t)\,\mathrm{d}t = f(x) - f(0) = f(x) - 1$，$\int_0^x (-\mathrm{e}^{-t})\,\mathrm{d}t = \mathrm{e}^{-x} - 1$，

所以 $f(x) \geqslant \mathrm{e}^{-x}$，

故有 $\mathrm{e}^{-x} \leqslant f(x) \leqslant 1$。

【提示】 运用变上限的积分函数求 $f(x)$ 的方法常常被使用，其积分下限的值依据初始条件而定，若给出条件为 $f(x_0) = y_0$，则 x 的积分下限为 x_0，y 的积分下限为 y_0。

11. 设函数 $f(x)$ 具有连续的二阶导数，且满足 $f'(x) + 3\int_0^x f'(t)\,\mathrm{d}t +$

$2x\int_0^1 f(xt)\,\mathrm{d}t + \mathrm{e}^{-x} = 0$，$f(0) = 1$，求 $f(x)$。

（提示：对 $\int_0^1 f(xt)\,\mathrm{d}t$ 作变量代换 $u = xt$）

【解】 $f(0) = 1$ 代入原方程得 $f'(0) = -1$，令 $u = xt$，则

$\int_0^1 f(xt)\,\mathrm{d}t = \dfrac{1}{x}\int_0^x f(u)\,\mathrm{d}u$，

代入原等式 $f'(x) + 3\int_0^x f'(t)\,\mathrm{d}t + 2\int_0^x f(u)\,\mathrm{d}u + \mathrm{e}^{-x} = 0$，

求导整理得 $\begin{cases} f''(x) + 3f'(x) + 2f(x) = \mathrm{e}^{-x} \\ f(0) = 1,\ f'(0) = -1 \end{cases}$，这是二阶线性常系数

非齐次线性方程，对应的齐次方程的特征根为 $r_1 = -1$，$r_2 = -2$，

对应的齐次方程的通解为 $\bar{y} = C_1\mathrm{e}^{-x} + C_2\mathrm{e}^{-2x}$，

设非齐次方程的特解为 $y_0 = ax\mathrm{e}^{-x}$（-1 是特征根），

代入非齐次方程得 $a = 1$，故 $y_0 = x\mathrm{e}^{-x}$。

由线性非齐次方程的通解结构定理知所求通解为 $y = C_1\mathrm{e}^{-x} + C_2\mathrm{e}^{-2x} + x\mathrm{e}^{-x}$，代入初值解得 $C_1 = 0$，$C_2 = 1$，所以 $f(x) = \mathrm{e}^{-2x} + x\mathrm{e}^{-x}$。

12. 设 $y = y(x)$ 的二阶导函数连续，且 $y'(0) = 0$，求由方程

$y(x) = 1 + \dfrac{1}{3}\int_0^x [6x\mathrm{e}^{-x} - 2y(x) - y''(x)]\,\mathrm{d}x$ 确定的函数 $y(x)$。

【解】 求导得 $y'' + 3y' + 2y = 6x\mathrm{e}^{-x}$，这是二阶线性常系数非齐次线性方程，对应的齐次方程的特征根为 $r_1 = -1$，$r_2 = -2$，

对应的齐次方程的通解为 $\bar{y} = C_1\mathrm{e}^{-x} + C_2\mathrm{e}^{-2x}$，

设非齐次方程的特解为 $y_0 = x(a + bx)\mathrm{e}^{-x}$ （ -1 是特征根），

代入非齐次方程得 $a = -6$，$b = 3$，故 $y_0 = (3x^2 - 6x)\mathrm{e}^{-x}$.

故所求通解为 $y = C_1\mathrm{e}^{-x} + C_2\mathrm{e}^{-2x} + (3x^2 - 6x)\mathrm{e}^{-x}$，

代入初值 $y(0) = 1$，$y'(0) = 0$ 得 $C_1 = 8$，$C_2 = -7$，

故 $y = 8\mathrm{e}^{-x} - 7\mathrm{e}^{-2x} + (3x^2 - 6x)\mathrm{e}^{-x}$.

13. 某湖泊的水量为 V，每年排入湖泊内含污染物 A 的污水量为 $\dfrac{V}{6}$，流入湖泊内不含 A 的水量为 $\dfrac{V}{6}$，流出湖泊的水量为 $\dfrac{V}{3}$. 已知 1999 年底湖中 A 的质量为 $5m_0$，超过国家规定指标，为了治理污染，从 2000 年初起，限定排入湖泊中含 A 污水的质量浓度不超过 $\dfrac{m_0}{V}$. 问至多需经过多少年，湖泊中污染物 A 的质量降至 m_0 以内？（设湖水中 A 的质量浓度是均匀的）

【解】 以 $t = 0$ 表示 2000 年初，第 t 年湖泊中污染物 A 的总量为 $m(t)$，浓度为 $\dfrac{m(t)}{V}$.

在时间间隔 $[t,\ t + \mathrm{d}t]$ 内，排入湖泊中 A 的量为 $\dfrac{m_0}{V} \cdot \dfrac{V}{6}\mathrm{d}t$，

流出湖泊的水中 A 的量为 $\dfrac{m}{V} \cdot \dfrac{V}{3}\mathrm{d}t$，

故 $\mathrm{d}t$ 时间内 A 的改变量为 $\mathrm{d}m = \left(\dfrac{m_0}{6} - \dfrac{m}{3}\right)\mathrm{d}t$，

即 $\begin{cases} \dfrac{\mathrm{d}m}{\mathrm{d}t} + \dfrac{m}{3} = \dfrac{m_0}{6} \\ m(0) = 5m_0 \end{cases}$，这是一阶线性非齐次方程，

故 $m = \mathrm{e}^{-\int \frac{1}{3}\mathrm{d}t}\left(\int \dfrac{m_0}{6}\mathrm{e}^{\int \frac{1}{3}\mathrm{d}t}\mathrm{d}t + C\right) = \dfrac{m_0}{2} + C\mathrm{e}^{-\frac{t}{3}}$，

由初值得 $C = \dfrac{9}{2}m_0$，$m = \dfrac{m_0}{2}\left(1 + 9\mathrm{e}^{-\frac{t}{3}}\right)$，

当 $m = m_0$ 时，得 $t = 6\ln 3$.

14. 一个半球体状的雪堆，其融化的速率（体积）与半球面面积 A 成正比，比例常数 $k > 0$. 假设在融化过程中雪堆始终保持半球体状，已知半径为 r_0 的雪堆在开始融化的 3h 内，融化了其体积的

$\dfrac{7}{8}$，问雪堆全部融化需要多长时间？

【解】 由题意得 $\begin{cases} \dfrac{\mathrm{d}V}{\mathrm{d}t}=-kA, V=\dfrac{2}{3}\pi R^3, A=2\pi R^2 \\ R(0)=r_0, V(3)=\dfrac{1}{8}V(0)=\dfrac{2}{3}\pi\left(\dfrac{r_0}{2}\right)^3 \end{cases}$，

因为 $\dfrac{\mathrm{d}V}{\mathrm{d}t}=2\pi R^2\dfrac{\mathrm{d}R}{\mathrm{d}t}=A\dfrac{\mathrm{d}R}{\mathrm{d}t}$，所以 $\dfrac{\mathrm{d}R}{\mathrm{d}t}=-k$，

解得 $R=-kt+C$，由初值得 $C=r_0$，

故 $R=r_0-kt$，所以 $V=\dfrac{2}{3}\pi(r_0-kt)^3$，

由 $V(3)=\dfrac{2}{3}\pi\left(\dfrac{r_0}{2}\right)^3$，得 $k=\dfrac{r_0}{6}$，即 $R=r_0-\dfrac{r_0}{6}t$，也即

$$t=6\left(1-\dfrac{R}{r_0}\right),$$

当 $R=0$ 时，$t=6$，所以雪堆全部融化需要 6h.

四、 自测题

5.1 微分方程的基本概念

1. 指出下列微分方程的阶数.

(1) $xy''+2y=\sin x$；   (2) $(y+x^2)\mathrm{d}x+x\mathrm{d}y=0$；

(3) $y'''+4y''+3y=\mathrm{e}^x$；   (4) $(y')^3+3y=2x$.

2. 验证下列各题中的函数是所给微分方程的解，并指出是通解还是特解.

(1) $(xy^2+x)\mathrm{d}x+(y-x^2y)\mathrm{d}y=0, 1+y^2=C(1-x^2)$；

(2) $\begin{cases} xy'+y=\sin x \\ y(\pi)=1 \end{cases}$，$y=\dfrac{1}{x}(\pi-1-\cos x)$；

(3) $3y''-2y'=\mathrm{e}^x, y=\mathrm{e}^x+C$；

(4) $y'''-\sin x=0, y=\cos x+C_1x^2+x+C_2+C_3$.

3. 设有曲线 $g(x)=x^2+\ln(1+x)$ 及 $y=f(x)$，在任意一点 $x>0$ 处，设两条曲线的距离为 $d(x)$，曲线 $y=f(x)$ 与直线 $y=0$，$x=0$，$x=x$ 所围成的曲边梯形的面积为 $A(x)$，已知曲线 $y=f(x)$ 过原点，$g(x)>f(x)>0(x>0)$，且在数值上 $A(x)=d(x)$，试建立未知函数

$f(x)$ 所满足的微分方程.

4. 设有曲线 $y = f(x)$，曲线上点 $M(x, y)$ 处的切线与 y 轴的交点为 N，已知点 M 到 y 轴的距离与点 N 到 x 轴的距离相等，曲线过点 $P(1, 1)$，且该点处切线斜率为 2，试建立未知函数 $f(x)$ 所满足的微分方程.

5.2 一阶微分方程

解下列微分方程：

1. $(y^3 - x^3) \, dy + x^2 y \, dx = 0$；

2. $\dfrac{dy}{dx} = \dfrac{y - x + 1}{y + x + 5}$；

3. $\begin{cases} y' + 2xy = 2x \\ y(0) = 2 \end{cases}$；

4. $\dfrac{dy}{dx} = \dfrac{1}{x^3 y^3 + xy}$.

5.3 可降阶的高阶方程

1. $y'' = e^x + \cos x$；

2. $xy'' = y' \ln y'$；

3. $y'' = (y')^3 + y'$；

4. $xy''' = y''$.

5.4 线性微分方程解的结构

1. 用观察法求下列方程的一个特解.

(1) $y'' + (\sin^2 x) y' - (\cos^2 x) y = 0$；

(2) $(\cos^2 x) y'' + (\sin^2 x) y' - y = 0$.

2. 已知方程 $(x^3 + 1) y'' - 3x^2 y' + 3xy = 0$ 的一个特解 $y_1 = x$，求方程的通解.

3. 已知二阶线性非齐次方程的三个特解 $y_1 = 2$，$y_2 = 2 + x$，$y_3 = 2 + x + \cos x$，求该方程满足初始条件 $y(0) = 1$，$y'(0) = 1$ 的特解.

4. 求方程 $y'' + \dfrac{1}{x} y' - \dfrac{1}{x^2} y = 4x$ 的通解.

5.5 线性常系数齐次方程

1. 求 $y'' + 2y' - 3y = 0$ 的通解；

2. 求 $y'' + 4y' + 4y = 0$ 的通解；

3. 求 $y^{(4)} - 2y''' + 2y'' - 2y' + y = 0$ 的通解；

4. 试证：适合方程 $f'(x) = f(\pi - x)$ 的 $f(x)$ 必满足 $f''(x) + f(x) = 0$，若已知 $f\left(\dfrac{\pi}{2}\right) = -1$，求 $f(x)$.

5.6 线性常系数非齐次方程

1. 求方程 $y'' + 3y' + 2y = 3\sin x$ 的通解.

2. 求方程 $y'' + y' = 2\mathrm{e}^x + 2x + 1$ 的通解.

3. 求方程 $x^2 y'' + xy' + y = x$ 的通解.

4. 设函数 $y(x)$ 在区间 $[0, \infty)$ 具有连续的导数, 且满足方程 $y(x) = \mathrm{e}^x - 2\int_0^x (x - t) y'(t)\,\mathrm{d}t$, 求 $y(x)$.

5.7 常系数线性微分方程组

1. $\begin{cases} 2\dfrac{\mathrm{d}y}{\mathrm{d}x} + \dfrac{\mathrm{d}z}{\mathrm{d}x} = x + 2 \\ \dfrac{\mathrm{d}y}{\mathrm{d}x} + \dfrac{\mathrm{d}z}{\mathrm{d}x} = y + 1 \end{cases}$; 2. $\begin{cases} \dfrac{\mathrm{d}x}{\mathrm{d}t} + \dfrac{\mathrm{d}y}{\mathrm{d}t} = x + y + 3 \\ \dfrac{\mathrm{d}x}{\mathrm{d}t} - \dfrac{\mathrm{d}y}{\mathrm{d}t} = -x + y - 1 \end{cases}$.

5.8 用常微分方程求解实际问题

1. 如图 5-9 所示的 RLC 串联电路, 当开关 S 合上时, 试列出电容器的电压所满足的初值问题.

2. 设跳伞运动员打开降落伞时, 其速度为 176m/s, 假定空气阻力是 $\dfrac{m}{16}v$ 千克力$^{\ominus}$ (其中 m 是人伞系统的总质量), 试求降落伞打开后 ts 时的运动速度以及其极限速度.

3. 设 $y(x)$ 在 $[0, +\infty)$ 内单调递增且可导, 又知对任意的 $x > 0$, 曲线 $y = y(x)$ 上点 $(0, 1)$ 到点 (x, y) 之间的弧长为 $s = \sqrt{y^2 - 1}$, 试导出函数 $y = y(x)$ 所满足的微分方程及初始条件, 并求 $y(x)$ 的表达式.

4. 一圆柱形桶内有 500L 含盐溶液, 其浓度为每升溶液中含盐 10g. 现用浓度为每升含盐 20g 的盐溶液以 5L/min 的速率由 A 管注入桶内 (假设瞬间即可均匀混合), 同时桶内的混合溶液也以 5L/min 的速率从 B 管流出. 假设桶内的溶液始终保持为 500L, 求任意 t 时刻桶内溶液的含盐量.

5.9 综合例题

1. 求微分方程 $xy' + 2y = x\ln x$ 满足 $y(1) = -\dfrac{1}{9}$ 的解.

2. 求微分方程 $xy'' = (1 + 2x^2)y'$ 的通解.

3. 求微分方程 $y'' - 2y' = 4x + 1$ 的通解.

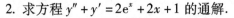

图 5-9

$\ominus$ 1千克力 = 9.8 牛顿 (N). ——编辑注

4. 某游艇在速度为 5m/s 时关闭发动机靠惯性在河道中滑行.
假设游艇滑行时所受到的阻力与其速度成正比. 已知 4s 后游艇的速
度为 2.5m/s. 求游艇速度 v 与时间 t 的关系 $v(t)$，并求游艇滑行的
最长距离.

五、　自测题答案

5.1　微分方程的基本概念

1. （1）2 阶；（2）1 阶；（3）3 阶；（4）1 阶.

2. （1）原方程化为 $(y^2 + 1)x\mathrm{d}x + (1 - x^2)y\mathrm{d}y = 0$，　　　　(5-53)

对 $1 + y^2 = C(1 - x^2)$，　　　　　　　　　　　　　　(5-54)

两端求微分得 $y\mathrm{d}y = -Cx\mathrm{d}x$，　　　　　　　　　　(5-55)

将式（5-54）、式（5-55）代入式（5-53）即知满足原方程，
是通解.

（2）把函数化为 $xy = \pi - 1 - \cos x$，

两端求导即知满足原方程. 且初始条件也满足函数，故是
特解.

（3）将函数的各阶导数代入原方程使之成为了恒等式，由于
只含有一个任意常数，故此函数是方程的解但既不是通解也不是
特解.

（4）将函数的各阶导数代入原方程使之成为了恒等式，由于只
含有两个独立的任意常数，故此函数是方程的解但既不是通解也不
是特解.

3. 由题意可得 $\int_0^x f(t)\,\mathrm{d}t = x^2 + \ln(1 + x) - f(x)$，

等式两端求导得 $f(x) = 2x + \dfrac{1}{1 + x} - f'(x)$

故 $f(x)$ 所满足的微分方程为 $\begin{cases} f'(x) + f(x) = 2x + \dfrac{1}{1 + x}. \\ f(0) = 0 \end{cases}$

4. 点 $M(x, y)$ 处的切线方程为 $Y - f(x) = f'(x)(X - x)$，
令 $X = 0$，得切线与 y 轴的交点坐标为 $(0, f(x) - xf'(x))$，
由题意，$|f(x) - xf'(x)| = |x|$，$f'(1) = 2$，

故 $f(x)$ 所满足的微分方程为 $\begin{cases} xf'(x) - f(x) = x \\ f(1) = 1 \end{cases}$.

5.2　一阶微分方程

1. 方程同除 x^3 得：$\left(\left(\dfrac{y}{x}\right)^3 - 1\right)\dfrac{\mathrm{d}y}{\mathrm{d}x} = -\dfrac{y}{x}$,

令 $u = \dfrac{y}{x}$, 则 $\dfrac{\mathrm{d}y}{\mathrm{d}x} = u + x\dfrac{\mathrm{d}u}{\mathrm{d}x}$, 代入得 $x\dfrac{\mathrm{d}u}{\mathrm{d}x} = \dfrac{-u^4}{u^3 - 1}$,

当 $u \neq 0$（即 $y \neq 0$）时, $\left(\dfrac{1}{u} - \dfrac{1}{u^4}\right)\mathrm{d}u = -\dfrac{1}{x}\mathrm{d}x$,

两端积分得 $\ln u + \dfrac{1}{3u^3} = -\ln x + \ln C$, 即 $u\mathrm{e}^{\frac{1}{3u^3}} = \dfrac{C}{x}$,

方程的通解为 $y\mathrm{e}^{\frac{x^3}{3y^3}} = C$, 另外, $y = 0$ 也是原方程的解（奇解）.

2. 解方程组 $\begin{cases} b - a + 1 = 0 \\ b + a + 5 = 0 \end{cases}$ 得 $\begin{cases} a = -2 \\ b = -3 \end{cases}$, 令 $\begin{cases} x = X - 2 \\ y = Y - 3 \end{cases}$, 则 $\begin{cases} \mathrm{d}x = \mathrm{d}X \\ \mathrm{d}y = \mathrm{d}Y \end{cases}$

代入原方程得 $\dfrac{\mathrm{d}Y}{\mathrm{d}X} = \dfrac{Y - X}{Y + X}$, 即 $\dfrac{\mathrm{d}Y}{\mathrm{d}X} = \dfrac{\dfrac{Y}{X} - 1}{\dfrac{Y}{X} + 1}$,

令 $u = \dfrac{Y}{X}$, 则 $u + X\dfrac{\mathrm{d}u}{\mathrm{d}X} = \dfrac{u - 1}{u + 1}$,

分离变量得 $\left(\dfrac{1}{1 + u^2} + \dfrac{u}{1 + u^2}\right)\mathrm{d}u = -\dfrac{1}{X}\mathrm{d}X$,

积分得 $\arctan u + \dfrac{1}{2}\ln(1 + u^2) = -\ln|X| + \dfrac{C}{2}$,

代入 $u = \dfrac{Y}{X} = \dfrac{y + 3}{x + 2}$,

整理得 $2\arctan\left(\dfrac{y + 3}{x + 2}\right) + \ln\left[(x + 2)^2 + (y + 3)^2\right] = C$.

3. 这是一阶线性非齐次方程, $P(x) = 2x$, $Q(x) = 2x$,

故通解 $y = \mathrm{e}^{-\int 2x\mathrm{d}x}\left[\int 2x\mathrm{e}^{\int 2x\mathrm{d}x}\mathrm{d}x + C\right] = \mathrm{e}^{-x^2}\left[\int 2x\mathrm{e}^{x^2}\mathrm{d}x + C\right]$

$\qquad = \mathrm{e}^{-x^2}\left[\mathrm{e}^{x^2} + C\right] = 1 + C\mathrm{e}^{-x^2}$,

由初值条件 $y(0) = 2$, 得 $C = 1$, 故特解为 $y = 1 + \mathrm{e}^{-x^2}$.

4. 视 x 为未知函数, 则 $\dfrac{\mathrm{d}x}{\mathrm{d}y} - xy = x^3y^3$, 这是 $n = 3$ 的伯努利方程,

则 $-2x^{-3}\dfrac{\mathrm{d}x}{\mathrm{d}y}+2yx^{-2}=-2y^3$,

令 $u=x^{-2}$, 故 $\dfrac{\mathrm{d}u}{\mathrm{d}y}+2yu=-2y^3$, 这是一阶线性非齐次方程,

$$u=\mathrm{e}^{-\int 2y\mathrm{d}y}\left[\int(-2y^3\mathrm{e}^{\int 2y\mathrm{d}y})\mathrm{d}y+C\right]=\mathrm{e}^{-y^2}[(1-y^2)\mathrm{e}^{y^2}+C],$$

所以原方程通解为 $\dfrac{1}{x^2}=(1-y^2)+C\mathrm{e}^{-y^2}$.

5.3　可降阶的高阶方程

1. 积分得 $y'=\mathrm{e}^x+\sin x+C_1$, 再积分得通解

$$y=\mathrm{e}^x-\cos x+C_1x+C_2.$$

2. 令 $y'=P(x)$, 则 $y''=\dfrac{\mathrm{d}P}{\mathrm{d}x}$, 代入方程得 $x\dfrac{\mathrm{d}P}{\mathrm{d}x}=P\ln P$,

分离变量 $\dfrac{\mathrm{d}P}{P\ln P}=\dfrac{\mathrm{d}x}{x}$, 积分得 $\ln\ln P=\ln x+\ln C_1$,

即 $y'=\mathrm{e}^{C_1x}$, 积分得 $y=\dfrac{1}{C_1}\mathrm{e}^{C_1x}+C_2$.

3. 令 $y'=P(y)$, 则 $y'''=P\dfrac{\mathrm{d}P}{\mathrm{d}y}$, 代入方程得 $P\dfrac{\mathrm{d}P}{\mathrm{d}y}=P(1+P^2)$,

当 $P\neq 0$ 时, 分离变量得 $\dfrac{1}{1+P^2}\mathrm{d}P=\mathrm{d}y$, 积分得 $\arctan P=y-C_1$,

即 $\dfrac{\mathrm{d}y}{\mathrm{d}x}=\tan(y-C_1)$, 分离变量得 $\cot(y-C_1)\mathrm{d}y=\mathrm{d}x$,

积分得 $\ln\sin(y-C_1)=x+\ln C_2$, 故通解为 $y=\arcsin(C_2\mathrm{e}^x)+C_1$,

当 $P=0$ 时, 解得 $y=C_1$, 此解已包含在上述通解中 ($C_2=0$).

4. 令 $y''=P$, 则 $y'''=\dfrac{\mathrm{d}P}{\mathrm{d}x}$, 代入方程得 $x\dfrac{\mathrm{d}P}{\mathrm{d}x}=P$,

由分离变量法得 $P=6C_1x$, 即 $y''=6C_1x$,

积分得 $y'=3C_1x^2+C_2$, 再积分得通解 $y=C_1x^3+C_2x+C_3$.

5.4　线性微分方程解的结构

1. (1) $p(x)=\sin^2x$, $q(x)=-\cos^2x$, 且 $1-p(x)+q(x)=0$,
故 $y=\mathrm{e}^{-x}$ 为方程的一个特解.

(2) 化为 $y''+(\tan^2x)y'-(\sec^2x)y=0$, $p(x)=\tan^2x$,

$q(x)=-\sec^2x$, 且 $1+p(x)+q(x)=0$, 故 $y=\mathrm{e}^x$ 为方程的一个特解.

2. 化为 $y'' - \dfrac{3x^2}{x^3+1}y' + \dfrac{3x}{x^3+1}y = 0$，由刘维尔公式得另一个线性无关的特解：

$$y_2 = x\int \dfrac{\mathrm{e}^{\int \frac{3x^2}{x^3+1}\mathrm{d}x}}{x^2}\mathrm{d}x = \dfrac{x^3}{2} - 1 ,$$

由线性齐次方程通解的结构定理知：$y = C_1 x + C_2\left(\dfrac{x^3}{2} - 1\right)$.

3. $y_2 - y_1 = x$，$y_3 - y_2 = \cos x$ 为对应的齐次方程的解，
由于这两个解线性无关，故对应的齐次方程的通解为
$$\bar{y} = C_1 x + C_2 \cos x,$$
由线性非齐次方程通解的结构定理知：所求通解
$$y = C_1 x + C_2 \cos x + 2.$$
代入初值得 $C_1 = 1$，$C_2 = -1$，
所求特解 $y = x - \cos x + 2$.

4. 观察法得对应的齐次方程的特解 $y_1 = x$，

利用刘维尔公式得到与 y_1 线性无关的特解 $y_2 = -\dfrac{1}{2x}$，

由性质知 $y_3 = \dfrac{1}{x}$ 也是与 y_1 线性无关的解，

故对应的齐次方程的通解 $\bar{y} = C_1 x + C_2\dfrac{1}{x}$，

设非齐次方程的特解为 $y_0 = C_1(x)x + C_2(x)\cdot\dfrac{1}{x}$，

则 $y_0' = C_1'(x)x + C_1(x) + C_2'(x)\cdot\dfrac{1}{x} - C_2(x)\cdot\dfrac{1}{x^2}$，

令 $C_1'(x)x + C_2'(x)\dfrac{1}{x} = 0$，　　　　　　　　　　(5-56)

故 $y_0' = C_1(x) - C_2(x)\cdot\dfrac{1}{x^2}$，

$y_0'' = C_1'(x) - C_2'(x)\cdot\dfrac{1}{x^2} + 2C_2(x)\dfrac{1}{x^3}$，

代入原方程得 $C_1'(x) + C_2'(x)\dfrac{1}{x^2} = 4x$，　　　　　　(5-57)

联立式 (5-56)、式 (5-57)，解得 $C_1'(x) = 2x$，$C_2'(x) = -2x^3$，

积分得 $C_1(x) = x^2$，$C_2(x) = -\dfrac{1}{2}x^4$，所以 $y_0 = \dfrac{1}{2}x^3$，

故原方程通解 $y = C_1 x + C_2 \dfrac{1}{x} + \dfrac{1}{2}x^3$.

5.5　线性常系数齐次方程

1. 特征方程为 $r^2 + 2r - 3 = 0$，特征根 $r_1 = 1$，$r_2 = -3$，

通解 $y = C_1 e^x + C_2 e^{-3x}$.

2. 特征方程为 $r^2 + 4r + 4 = 0$，特征根 $r_{1,2} = -2$，

通解 $y = (C_1 + C_2 x) e^{-2x}$.

3. 特征方程为 $r^4 - 2r^3 + 2r^2 - 2r + 1 = 0$，即 $(r-1)^2(r^2+1) = 0$，

特征根 $r_{1,2} = 1$，$r_{3,4} = \pm i$，

通解 $y = (C_1 + C_2 x) e^x + C_3 \cos x + C_4 \sin x$.

4. 由方程 $f'(x) = f(\pi - x)$ 可得

$$f'(\pi - x) = f(\pi - (\pi - x)) = f(x),$$

方程 $f'(x) = f(\pi - x)$ 两端对 x 求导得 $f''(x) = -f'(\pi - x)$，

从而 $f''(x) = -f(x)$，故有 $f''(x) + f(x) = 0$；

特征方程为 $r^2 + 1 = 0$，特征根为 $r_{1,2} = \pm i$，

故方程的通解为 $f(x) = C_1 \cos x + C_2 \sin x$，

所以 $f'(x) = -C_1 \sin x + C_2 \cos x$，

由 $f\left(\dfrac{\pi}{2}\right) = -1$，知 $f'\left(\dfrac{\pi}{2}\right) = f\left(\pi - \dfrac{\pi}{2}\right) = -1$，

代入得 $C_1 = 1$，$C_2 = -1$，故 $f(x) = \cos x - \sin x$.

5.6　线性常系数非齐次方程

1. 对应的齐次方程的特征根为 $r_1 = -1$，$r_2 = -2$，其通解

$$\bar{y} = C_1 e^{-x} + C_2 e^{-2x},$$

法 1：设辅助方程 $y'' + 3y' + 2y = 3(\cos x + i\sin x) = 3e^{ix}$，

由于 i 不是特征根，设其特解 $y^* = ae^{ix}$，

代入辅助方程得 $(1 + 3i)a = 3$，从而 $a = \dfrac{3}{10}(1 - 3i)$，

所以 $y^* = \dfrac{3}{10}(1 - 3i)e^{ix} = \left(\dfrac{9}{10}\sin x + \dfrac{3}{10}\cos x\right) + \left(\dfrac{3}{10}\sin x - \dfrac{9}{10}\cos x\right)i$，

由于原方程的自由项是辅助方程的虚部，由线性非齐次方程解

的性质知：

辅助方程特解的虚部是原方程的特解，即原方程的特解

$$y_0 = \frac{3}{10}\sin x - \frac{9}{10}\cos x.$$

法 2：由于 i 不是特征根，故设原方程的特解为

$$y_0 = a\cos x + b\sin x,$$

代入原方程得 $(b-3a)\sin x + (a+3b)\cos x = 3\sin x$，

故 $\begin{cases} b-3a=3 \\ a+3b=0 \end{cases}$，解得 $a = -\frac{9}{10}$，$b = \frac{3}{10}$，

即 $y_0 = -\frac{9}{10}\cos x + \frac{3}{10}\sin x$，

故原方程通解 $y = C_1 e^{-x} + C_2 e^{-2x} - \frac{9}{10}\cos x + \frac{3}{10}\sin x.$

2. 对应的齐次方程的特征根 $r_1 = -1$，$r_2 = 0$，其通解为

$$\bar{y} = C_1 e^{-x} + C_2,$$

由于 1 不是特征根，故设 $y_1 = ae^x$ 为 $y'' + y' = 2e^x$ 的一个特解，

代入方程得 $a = 1$，即 $y_1 = e^x$，

由于 0 是特征根，故设 $y_2 = x(bx+c)$ 为 $y'' + y' = 2x+1$ 的一个特解，

代入方程得 $b = 1$，$c = -1$，即 $y_2 = x^2 - x$，

由线性非齐次方程解的性质知：原方程的特解 $y_0 = e^x + x^2 - x$，

所以原方程的通解 $y = C_1 e^{-x} + C_2 + e^x + x^2 - x.$

3. 这是欧拉方程，令 $x = e^t$，则 $t = \ln x$，

代入方程得 $\dfrac{\mathrm{d}^2 y}{\mathrm{d}t^2} + y = e^t$，　　　　　　　　　　　　　(5-58)

这是二阶线性常系数非齐次方程，

对应的齐次方程的特征根为 $r_{1,2} = \pm i$，其通解

$$\bar{y} = C_1 \cos t + C_2 \sin t,$$

1 不是特征根，故设 $y_0 = ae^t$ 为式（5-58）的一个特解，

代入式（5-58）得 $a = \frac{1}{2}$，$y_0 = \frac{1}{2}e^t$，

故通解 $y = C_1 \cos t + C_2 \sin t + \frac{1}{2}e^t = C_1 \cos\ln x + C_2 \sin\ln x + \frac{1}{2}x.$

4. 由方程可得 $y(0) = 1$，

方程变形得 $y(x) = e^x + 2x \int_0^x y'(t)\,dt - 2\int_0^x t y'(t)\,dt$，

方程两端对 x 求导，整理得 $y'(x) = e^x - 2\int_0^x y'(t)\,dt$，由此得 $y'(0) = 1$，

上式两端再对 x 求导得 $y''(x) = e^x - 2y'(x)$，

即求解初值问题 $\begin{cases} y'' + 2y' = e^x \\ y(0) = 1, y'(0) = 1 \end{cases}$，这是二阶线性常系数非齐次方程，

特征根为 $r_1 = 0$，$r_2 = -2$，对应的齐次方程的通解为
$$\bar{y} = C_1 + C_2 e^{-2x},$$

由于 $\omega = 1$ 不是特征根，故设非齐次方程的特解为 $y_0 = A e^x$，代入方程得 $A = \dfrac{1}{3}$，

所以方程的通解为 $y = \bar{y} + y_0 = C_1 + C_2 e^{-2x} + \dfrac{1}{3} e^x$，由初值得 $C_1 = 1$，$C_2 = -\dfrac{1}{3}$，

方程的解为 $y = 1 - \dfrac{1}{3} e^{-2x} + \dfrac{1}{3} e^x$.

5.7　常系数线性微分方程组

1. $\begin{cases} 2\dfrac{dy}{dx} + \dfrac{dz}{dx} = x + 2 & \text{(5-59)} \\[2mm] \dfrac{dy}{dx} + \dfrac{dz}{dx} = y + 1 & \text{(5-60)} \end{cases}$

$2 \times$ 式 (5-59) $-$ 式 (5-60) 得 $\dfrac{dz}{dx} = 2y - x$，　　　　(5-61)

式 (5-61) 两端对 x 求导得 $\dfrac{d^2 z}{dx^2} = 2\dfrac{dy}{dx} - 1$，即

$$2\dfrac{dy}{dx} = \dfrac{d^2 z}{dx^2} + 1,\qquad (5\text{-}62)$$

式 (5-62) 代入式 (5-59) 得 $\dfrac{d^2 z}{dx^2} + \dfrac{dz}{dx} = x + 1$，　　　　(5-63)

这是二阶线性常系数非齐次方程，

对应的齐次方程的特征根为 $r_1 = 0$，$r_2 = -1$，

设方程（5-63）的特解为 $z_0 = x(ax + b)$，

代入得 $a = \dfrac{1}{2}$，$b = 0$，故 $z_0 = \dfrac{x^2}{2}$，

故方程（5-63）的通解为 $z = C_1 + C_2 e^{-x} + \dfrac{x^2}{2}$，因为

$$\frac{\mathrm{d}z}{\mathrm{d}x} = -C_2 e^{-x} + x, \tag{5-64}$$

式（5-64）代入式（5-61）得 $y = x - \dfrac{C_2}{2} e^{-x}$，

故方程组通解为 $\begin{cases} y = x - \dfrac{C_2}{2} e^{-x} \\ z = C_1 + C_2 e^{-x} + \dfrac{x^2}{2} \end{cases}$。

2. $\begin{cases} \dfrac{\mathrm{d}x}{\mathrm{d}t} + \dfrac{\mathrm{d}y}{\mathrm{d}t} = x + y + 3 & (5\text{-}65) \\ \dfrac{\mathrm{d}x}{\mathrm{d}t} - \dfrac{\mathrm{d}y}{\mathrm{d}t} = -x + y - 1 & (5\text{-}66) \end{cases}$，

式（5-65）$-$式（5-66）得 $\dfrac{\mathrm{d}y}{\mathrm{d}t} = x + 2$，$\tag{5-67}$

式（5-65）$+$式（5-66）得 $\dfrac{\mathrm{d}x}{\mathrm{d}t} = y + 1$，$\tag{5-68}$

式（5-68）两端对 t 求导得 $\dfrac{\mathrm{d}^2 x}{\mathrm{d}t^2} = \dfrac{\mathrm{d}y}{\mathrm{d}t}$，$\tag{5-69}$

式（5-67）代入式（5-69）得 $\dfrac{\mathrm{d}^2 x}{\mathrm{d}t^2} - x = 2$，$\tag{5-70}$

这是二阶线性常系数非齐次方程，

对应的齐次方程的特征根为 $r_1 = 1$，$r_2 = -1$，

设方程（5-70）的特解为 $x_0 = a$，代入得 $a = -2$，故 $x_0 = -2$，

方程（5-70）的通解为 $x = C_1 e^t + C_2 e^{-t} - 2$，

两端求导得 $\dfrac{\mathrm{d}x}{\mathrm{d}t} = C_1 e^t - C_2 e^{-t}$，$\tag{5-71}$

式（5-71）代入式（5-68）得 $y = C_1 e^t - C_2 e^{-t} - 1$，

故方程组通解为 $\begin{cases} x = C_1 e^t + C_2 e^{-t} - 2 \\ y = C_1 e^t - C_2 e^{-t} - 1 \end{cases}$。

5.8 用常微分方程求解实际问题

1. 设 u_R、u_L、u_C 分别表示电阻、电感、电容器上的电压，则有

$$u_R = RC \frac{\mathrm{d}u_C}{\mathrm{d}t}, \quad u_L = LC \frac{\mathrm{d}^2 u_C}{\mathrm{d}t^2},$$

由基尔霍夫回路电压定律，有

$$LC \frac{\mathrm{d}^2 u_C}{\mathrm{d}t^2} + RC \frac{\mathrm{d}u_C}{\mathrm{d}t} + u_C = E, \quad 当 \ t = 0 \ 时，\ u_C = 0，\ \frac{\mathrm{d}u_C}{\mathrm{d}t} = 0,$$

故初值问题为 $\begin{cases} LC \dfrac{\mathrm{d}^2 u_C}{\mathrm{d}t^2} + RC \dfrac{\mathrm{d}u_C}{\mathrm{d}t} + u_C = E \\ u_C \big|_{t=0} = 0, \dfrac{\mathrm{d}u_C}{\mathrm{d}t} \big|_{t=0} = 0 \end{cases}$.

2. 打开降落伞时刻记为 $t = 0$ 时刻，由牛顿第二定律有

$$\begin{cases} m \dfrac{\mathrm{d}v}{\mathrm{d}t} = mg - \dfrac{mg}{16} v, \\ v(0) = 176 \end{cases}$$

方程化简得 $\dfrac{\mathrm{d}v}{\mathrm{d}t} = -\dfrac{g}{16}(v - 16)$,

分离变量并积分得 $v = 16 + C e^{-\frac{g}{16}t}$，由初始条件得 $C = 160$,

所以 $v = 16 + 160 e^{-\frac{g}{16}t}$,

极限速度为 $v_{极} = \lim\limits_{t \to \infty} (16 + 160 e^{-\frac{g}{16}t}) = 16$.

3. 由题意知：$\sqrt{y^2 - 1} = \displaystyle\int_0^x \sqrt{1 + y'^2} \mathrm{d}x$,

两边对 x 求导，得 $\dfrac{yy'}{\sqrt{y^2 - 1}} = \sqrt{1 + y'^2}$,

整理得 $y' = \sqrt{y^2 - 1}$,

分离变量并积分，得 $y + \sqrt{y^2 - 1} = C e^x$,

由初始条件 $y(0) = 1$，得 $C = 1$，得 $y + \sqrt{y^2 - 1} = e^x$.

4. 设任意 t 时刻桶内溶液的含盐量为 $m(t)$ 考虑时间间隔 $[t, t + \mathrm{d}t]$ 内含盐量的改变量，得

$$\begin{cases} \mathrm{d}m = 20 \times 5\mathrm{d}t - \dfrac{m(t)}{500} \times 5\mathrm{d}t \\ m(0) = 5000\mathrm{g} \end{cases}, \quad 化简得 \begin{cases} \mathrm{d}m = \left(100 - \dfrac{m}{100}\right)\mathrm{d}t, \\ m(0) = 5000\mathrm{g} \end{cases}$$

解方程得 $m(t) = 10^4 + Ce^{-\frac{t}{100}}$，由初始条件得 $C = -5000$，

任意 t 时刻桶内溶液的含盐量为 $m(t) = 10^4 - 5000e^{-\frac{t}{100}}$.

5.9　综合例题

1. 方程变形为 $y' + \dfrac{2}{x}y = \ln x$，这是一阶线性非齐次方程，

通解 $y = e^{-\int \frac{2}{x}dx}\left[\int \ln x \cdot e^{\int \frac{2}{x}dx}dx + C\right]$

$\qquad = \dfrac{1}{x^2}\left[\int x^2 \ln x dx + C\right] = \dfrac{x}{3}\ln x - \dfrac{x}{9} + \dfrac{C}{x^2}$,

由初始条件 $y(1) = -\dfrac{1}{9}$ 得 $C = 0$,

故原方程的解为 $y = \dfrac{x}{3}\ln x - \dfrac{x}{9}$.

2. 令 $y' = P(x)$，则 $y'' = P'$，代入方程得 $xP' = (1 + 2x^2)P$，

由分离变量法得 $P = C_0 x e^{x^2}$，即 $y' = C_0 x e^{x^2}$，

积分得 $y = C_1 e^{x^2} + C_2$.

3. 对应的齐次方程的特征根为 $r_1 = 0, r_2 = 2$;

齐次方程的通解：$\bar{y} = C_1 + C_2 e^{2x}$,

设非齐次方程的特解为 $y_0 = x(ax + b)$,

代入方程得 $a = -1$，$b = -\dfrac{3}{2}$；$y_0 = -x^2 - \dfrac{3}{2}x$,

原方程的通解为 $y = C_1 + C_2 e^{2x} - x^2 - \dfrac{3}{2}x$.

4. 法 1：设 $x(t)$ 为游艇滑行的距离，关闭发动机的时刻为初始时刻，

由题意知：$\begin{cases} m\dfrac{d^2 x}{dt^2} = -k\dfrac{dx}{dt} \\ x(0) = 0, x'(0) = 5, x'(4) = 2.5 \end{cases}$,

特征根法得 $x = C_1 + C_2 e^{-\frac{k}{m}t}$,

代入初始条件得 $C_1 = \dfrac{20}{\ln 2}$，$C_2 = -\dfrac{20}{\ln 2}$，$\dfrac{k}{m} = \dfrac{\ln 2}{4}$,

故解为 $x = \dfrac{20}{\ln 2}(1 - e^{-\frac{\ln 2}{4}t})$

游艇滑行的最长距离 $\lim\limits_{t \to +\infty} \dfrac{20}{\ln 2}(1 - e^{-\frac{\ln 2}{4}t}) = \dfrac{20}{\ln 2}$ （m）.

法2：由题意知： $\begin{cases} m\dfrac{\mathrm{d}v}{\mathrm{d}t} = -kv \\ v(0) = 5, v(4) = 2.5 \end{cases}$ ，

分离变量法解得 $v = Ce^{-\frac{k}{m}t}$ ，

由 $v(0) = 5$ ，得 $C = 5$ ， $v(4) = 2.5$ ，得 $\dfrac{k}{m} = \dfrac{\ln 2}{4}$ ，所以 $v(t) = 5e^{-\frac{\ln 2}{4}t}$ ，

游艇滑行的最长距离 $s = \displaystyle\int_0^{+\infty} v(t)\,\mathrm{d}t = \int_0^{+\infty} 5e^{-\frac{\ln 2}{4}t}\,\mathrm{d}t = \dfrac{20}{\ln 2}$ （m）.

参 考 文 献

[1] 李忠，周建莹. 高等数学 [M]. 北京：北京大学出版社，2004.

[2] 林源渠，方企勤. 数学分析解题指南 [M]. 北京：北京大学出版社，2003.

[3] 毛京中. 高等数学学习指导 [M]. 北京：北京理工大学出版社，2001.

[4] 范周田，张汉林. 高等数学教程 [M]. 北京：机械工业出版社，2012.

[5] 张天德，李勇. 微积分习题精选精解 [M]. 济南：山东科学技术出版社，2015.

[6] 董梅芳，周后型，张华富. 高等数学习题课教程 [M]. 北京：高等教育出版社，2001.

[7] 陈文灯，黄先开. 数学题型集粹与练习题集 [M]. 北京：世界图书出版公司，2003.

[8] 陆子芬. 高等数学解析大全 [M]. 沈阳：辽宁科学技术出版社，1991.